"十三五"国家重点出版物出版规划项目
现代机械工程系列精品教材

工程材料与成形技术基础

第3版

主　编　庞国星
副主编　陈祝平　陈富强
参　编　胡晓珍　郭　会　赵东方
　　　　张巨成　李艳霞
主　审　崔占全　逯允海

机械工业出版社

全书共分为四篇十三章,每章后都附有一定量的习题与思考题。第一篇为工程材料基础理论,第二篇为常用工程材料,第三篇为工程材料成形技术基础,第四篇为工程材料应用及成形工艺的选择。本书对传统的金属工艺学内容进行了精选,以培养学生使用和选择工程材料及成形工艺的能力为主要目的,去掉了繁冗的细节,保留了必要的理论基础并增加了快速成形技术及新材料新工艺的介绍。

本书可作为高等工科院校本科机械类及近机类专业的教材,也可供有关工程技术人员参考。

图书在版编目(CIP)数据

工程材料与成形技术基础/庞国星主编. —3版. —北京:机械工业出版社,2018.8(2025.1重印)

"十三五"国家重点出版物出版规划项目 现代机械工程系列精品教材

ISBN 978-7-111-60283-5

Ⅰ.①工… Ⅱ.①庞… Ⅲ.①工程材料-成型-高等学校-教材 Ⅳ.①TB3

中国版本图书馆 CIP 数据核字(2018)第 140122 号

机械工业出版社(北京市百万庄大街22号 邮政编码100037)
策划编辑:丁昕祯 责任编辑:丁昕祯 程足芬
责任校对:王明欣 封面设计:张 静
责任印制:张 博
三河市国英印务有限公司印刷
2025年1月第3版第15次印刷
184mm×260mm・20.25 印张・498 千字
标准书号:ISBN 978-7-111-60283-5
定价:59.80元

电话服务 网络服务
客服电话:010-88361066 机 工 官 网:www.cmpbook.com
　　　　　010-88379833 机 工 官 博:weibo.com/cmp1952
　　　　　010-68326294 金 书 网:www.golden-book.com
封底无防伪标均为盗版 机工教育服务网:www.cmpedu.com

第 3 版前言
PREFACE

本书是在《工程材料与成形技术基础 第 2 版》的基础上修订的。该书第 1 版于 2005 年出版，多次重印，总发行量较大。现为了使教材内容更加符合专业教学基本要求，以及贯彻近几年来颁布的最新国家标准，特对第 2 版进行修订。

全书共分为四篇十三章，每章后都附有一定量的习题与思考题。第一篇为工程材料基础理论，包括工程材料的分类与性能、金属与合金的晶体结构和二元合金相图、钢的热处理；第二篇为常用工程材料，包括工业用钢、铸铁、非铁金属材料与硬质合金、非金属材料与新型材料；第三篇为工程材料成形技术基础，包括铸造成形、金属压力加工成形、焊接与胶接成形、其他工程材料的成形及快速成形技术；第四篇为工程材料应用及成形工艺的选择，包括机械零件的失效分析与表面处理、材料与成形工艺的选择。本书对传统的金属工艺学内容进行了精选，以培养学生使用和选择工程材料及成形工艺的能力为主要目的，去掉了繁冗的细节，保留了必要的理论基础并增加了快速成形技术的介绍。本书对工程材料与成形工艺两部分内容进行了有效的整合，避免了重复。

本书可作为高等工科院校本科机械类及近机类专业的教材，也可供相关工程技术人员参考。使用本书时，可结合专业的具体情况进行调整，有些内容可供学生自学。

本次修订是基于二十大报告中关于"深入实施科教兴国战略、人才强国战略、创新驱动发展战略"的要求，在详细讲授基础理论知识的同时融入探索性实践内容，以增强学生的自信心和创造力，即用学科理论知识促进学生活跃思维、敢于创新，尽可能地将新思路在实践中进行创造性的转化，推动科学技术实现创新性发展。

本书由北华航天工业学院庞国星教授任主编；燕山大学崔占全、逯允海两位教授主审。编写分工如下：北华航天工业学院庞国星（前言，绪论，第二、三、八、十三章和第十二章第一节以及第二节部分内容），集美大学陈祝平（第七、十一章以及第十二章第二节部分内容），安徽工业大学陈富强（第九章），浙江海洋工程学院胡晓珍（第十章），北华航天工业学院郭会（第一章），赵东方（第四章），张巨成（第五章），李艳霞（第六章）。本书的编写得到了许多兄弟院校的支持，并参考了大量文献资料，在此一并表示衷心的感谢。

因编者水平有限，书中不妥之处在所难免，敬请广大读者批评指正。

编 者

第1版前言
PREFACE

本书是依据国家教育部颁发的《工程材料及机械制造基础课程教学基本要求》，以及高等教育面向 21 世纪教学内容和课程体系改革项目"机械类专业人才培养方案和课程体系改革的研究与实践"的研究成果进行编写的。在编写过程中，又融合了各兄弟院校多年的实际教学经验，根据当前对本科机械类及近机类专业人员材料及成形技术知识的要求，以及学生的接受能力构建出本书的体系和结构。

全书共分为四篇十三章，每章后都附有一定量的习题与思考题。第一篇为工程材料基础理论，包括工程材料的分类与性能、金属与合金的晶体结构和二元合金相图、钢的热处理；第二篇为常用工程材料，包括工业用钢、铸铁、非铁金属材料与硬质合金、非金属材料与新型材料；第三篇为工程材料成形技术基础，包括铸造成形、金属压力加工成形、焊接与胶接成形、非金属材料与复合材料的成形；第四篇为工程材料应用及成形工艺的选择，包括机械零件的失效分析与表面处理、材料与成形工艺的选择。本书对传统的金属工艺学内容进行了精选，以培养学生使用和选择工程材料及成形工艺的能力为主要目的，去掉了繁冗的细节，保留了必要的理论基础并增加了新材料和新工艺及其发展趋势的介绍。教材对工程材料与成形工艺进行了有效的整合，避免了重复。

本书可作为高等工科院校本科机械类及近机类专业的教材，也可供有关工程技术人员参考。使用本书时，可结合专业的具体情况进行调整，有些内容可供学生自学。

本书由北华航天工业学院庞国星教授任主编，集美大学陈祝平教授和安徽工业大学陈富强副教授任副主编。

本书承蒙燕山大学崔占全、逯允海两位教授主审。燕山大学徐瑞、官应平审阅了部分章节。本书的编写得到了许多兄弟院校的支持，并参考了大量有关文献资料，在此一并表示衷心的感谢。

本书编写力求适应高等教育的改革和发展，但由于编者水平有限，难免出现错误和不足之处，敬请读者批评指正。

编　者
2005 年 5 月

目 录
CONTENTS

第 3 版前言

第 1 版前言

绪论 …………………………………………………………………………………… 1

Part 1 第一篇 工程材料基础理论

第一章　工程材料的分类与性能 …………………………………………………… 4
第一节　工程材料的分类 ……………………………………………………… 4
第二节　材料的力学性能 ……………………………………………………… 5
第三节　材料的其他性能 ……………………………………………………… 13
习题与思考题 ………………………………………………………………… 15

第二章　金属与合金的晶体结构和二元合金相图 ………………………………… 16
第一节　纯金属的晶体结构 …………………………………………………… 16
第二节　金属的结晶与同素异晶转变 ………………………………………… 20
第三节　合金的相结构、结晶与二元相图 …………………………………… 22
第四节　铁碳合金相图 ………………………………………………………… 28
习题与思考题 ………………………………………………………………… 36

第三章　钢的热处理 ………………………………………………………………… 38
第一节　钢的热处理基础 ……………………………………………………… 38
第二节　钢的普通热处理 ……………………………………………………… 48
第三节　钢的表面热处理 ……………………………………………………… 59
第四节　热处理新技术简介 …………………………………………………… 61
第五节　热处理工艺的应用 …………………………………………………… 62
习题与思考题 ………………………………………………………………… 65

Part 2 第二篇 常用工程材料

第四章 工业用钢 … 68
- 第一节 概述 … 68
- 第二节 工程结构用钢 … 77
- 第三节 机械结构用钢 … 82
- 第四节 滚动轴承钢 … 93
- 第五节 工具钢 … 95
- 第六节 特殊性能钢 … 101
- 习题与思考题 … 108

第五章 铸铁 … 110
- 第一节 概述 … 110
- 第二节 铸铁的石墨化 … 111
- 第三节 一般工程用铸铁 … 113
- 习题与思考题 … 126

第六章 非铁金属材料与硬质合金 … 127
- 第一节 铝及铝合金 … 127
- 第二节 铜及铜合金 … 135
- 第三节 滑动轴承合金 … 139
- 第四节 粉末冶金与硬质合金 … 141
- 习题与思考题 … 144

第七章 非金属材料与新型材料 … 146
- 第一节 高聚物材料 … 146
- 第二节 陶瓷材料 … 154
- 第三节 新型工程材料简介 … 157
- 习题与思考题 … 162

Part 3 第三篇 工程材料成形技术基础

第八章 铸造成形 … 164
- 第一节 铸造成形理论基础 … 164

第二节　砂型铸造 …………………………………………………… 173
　　第三节　特种铸造 …………………………………………………… 184
　　第四节　铸件的结构设计 …………………………………………… 195
　　习题与思考题 ………………………………………………………… 201

第九章　金属压力加工成形 …………………………………………… 204
　　第一节　压力加工理论基础 ………………………………………… 205
　　第二节　自由锻 ……………………………………………………… 210
　　第三节　模锻 ………………………………………………………… 217
　　第四节　板料冲压 …………………………………………………… 222
　　第五节　其他压力加工成形方法 …………………………………… 227
　　习题与思考题 ………………………………………………………… 229

第十章　焊接与胶接成形 ……………………………………………… 231
　　第一节　焊接工程理论基础 ………………………………………… 232
　　第二节　常用焊接方法 ……………………………………………… 241
　　第三节　常用金属材料的焊接 ……………………………………… 252
　　第四节　焊接结构设计 ……………………………………………… 256
　　第五节　焊接质量检验 ……………………………………………… 261
　　第六节　胶接成形 …………………………………………………… 264
　　习题与思考题 ………………………………………………………… 268

第十一章　其他工程材料的成形及快速成形技术 …………………… 271
　　第一节　高聚物材料成型 …………………………………………… 271
　　第二节　陶瓷材料成形 ……………………………………………… 272
　　第三节　复合材料成形 ……………………………………………… 275
　　第四节　快速成形技术 ……………………………………………… 276
　　习题与思考题 ………………………………………………………… 280

Part 4　第四篇　工程材料应用及成形工艺的选择

第十二章　机械零件的失效分析与表面处理 ………………………… 282
　　第一节　机械零件的失效分析 ……………………………………… 282
　　第二节　材料的表面处理 …………………………………………… 283
　　习题与思考题 ………………………………………………………… 292

第十三章　材料与成形工艺的选择 …………………………………… 293

第一节	材料与成形工艺的选择原则	293
第二节	材料与成形工艺选择的步骤与方法	297
第三节	典型零件的材料与成形工艺选择	303
第四节	计算机在零件材料与成形工艺选择时的应用	311
	习题与思考题	312

附录 常用力学性能指标新、旧标准对照表 …… 314

参考文献 …… 316

绪　　论

　　材料是人类生产和社会发展的重要物质基础，也是我们日常生活中不可分割的组成部分。在人类文明史上还曾以材料作为划分时代的标志，如石器时代、青铜时代、铁器时代等。在当代，材料科学又和制造科学、信息科学与生物科学一起，被认为是促进人类文明与发展的四大关键领域，对国民经济的发展起着重要作用。

　　工程材料与成形技术是机械制造生产过程的重要组成部分。机械制造的生产过程一般是先用铸造、压力加工或焊接等成形方法将材料制作成零件的毛坯（或半成品），再经切削加工制成尺寸精确的零件，最后将零件装配成机器。为了改善毛坯和工件的性能，常需在制造过程中穿插进行热处理。

　　工程材料及成形方法的选用直接影响零件的质量、成本和生产率。要合理选择毛坯的种类和制造方法，必须掌握各种材料的性能、特点、应用及其成形过程，包括各种成形方法的工艺实质、成形特点和选用原则等。

　　工程材料与成形技术是人类在长期生产实践中发展起来的一门科学。我国在原始社会开始有陶器，早在仰韶文化（距今约 6000 年）和龙山文化时期，制陶技术已经成熟。我国也是发现和应用金属材料最早的国家，远在新石器时代的仰韶文化开始，就已会炼制和应用黄铜。我国的青铜冶炼开始于夏代，在殷商、西周时期，技术已达到当时世界高峰，用青铜制造的工具、食具、兵器和车马饰，得到普遍应用，比较典型的为河南安阳出土的"司母戊"大鼎。在春秋战国时期，我国开始大量使用铁器，白口铸铁、麻口铸铁、可锻铸铁相继出现。1953 年在河北承德兴隆县出土了战国时期浇注农具的铁制模具，说明当时已掌握铁模铸造技术。随后出现了炼钢、锻造、钎焊和热处理技术。直到明朝之前的 2000 多年间，我国的钢铁生产及金属材料成形工艺技术一直在世界上遥遥领先。与此同时，我国劳动人民在长期的生产实践中，总结出一套完整的金属加工经验。明朝宋应星所著《天工开物》是世界上有关金属加工最早的科学技术著作之一。但是 18 世纪以后，长期的封建统治和闭关自守，严重束缚了我国生产力的发展，使我国科学技术处于停滞落后状态。直至 1949 年新中国成立后，我国的科学技术才得到较快发展。

　　18 世纪 20 年代初在欧美发生的产业革命极大地促进了钢铁工业、煤化学工业和石油化学工业的快速发展，各类新材料不断涌现。20 世纪 80 年代以来，一些新材料如信息材料、新型金属材料、先进复合材料、高性能塑料、纳米材料等的实用化，也给社会生产和人们的生活带来了巨大的变化。近年来，精密成形技术也不断产生，使毛坯形状、尺寸和表面质量更接近零件要求。当今世界，科学技术迅猛发展，微电子、计算机、自动化技术与传统制造工艺和设备相结合，构成了众多的先进制造技术。

　　尽管各种新技术、新工艺应运而生，新的制造理念不断形成，但铸造、压力加工、焊接、热处理及机械加工等传统的常规成形工艺至今仍是量大面广、经济适用的技术。因此，常规工艺的不断改进和提高，并通过各种途径实现成形的高效化、精密化、轻量化和绿色化，具有很大的技术经济意义。本课程也是学习上述基本知识的入门课程。

工程材料与成形技术基础（原"工程材料和热加工"）是机械类专业必修的一门主干技术基础课程，也是近机类和部分非机类专业普遍开设的一门课程。旨在使学生掌握生产过程的基本知识，了解新材料，掌握现代制造和工艺方法，培养学生的工程素质、实践能力和创新设计能力。本课程的教学目标和基本要求可以归纳如下：

1）建立工程材料和材料成形工艺的完整概念，培养良好的工程意识。

2）掌握必要的材料科学及有关成形技术的基础理论。

3）熟悉各类常用结构工程材料，包括金属材料、高聚物材料、陶瓷材料等的成分、结构、性能、应用特点及牌号表示方法；掌握强化金属材料的基本途径；了解新型材料的发展及应用。

4）掌握各种成形工艺方法的工艺特点及应用范围；掌握零件（毛坯）的结构工艺性，具有设计毛坯和零件结构的初步能力。

5）掌握选择零件材料及成形工艺的基本原则和方法步骤，了解失效分析方法及其应用，了解表面处理技术的应用；初步具有合理选择材料、成形工艺（毛坯类型）及强化（或改性、表面技术应用等）方法并正确安排工艺路线（工序位置）的能力。

6）了解与本课程有关的新材料、新技术、新工艺。

本课程融多种工艺方法为一体，信息量大，实践性强，叙述性内容较多，必须在金工实习、工程训练中获得感性认识的基础上进行课堂教学，才能获得预期效果。教学过程中应注意理论联系实际，使学生在掌握理论知识的同时，提高分析问题和解决问题的工程实践能力；学生应注意观察和了解平时接触到的机械装置，按要求完成一定量的作业及复习思考题。

本课程以课堂教学为主，并应采用必要的实验、微课、慕课、在线课程、现场教学等教学方法。

第一篇
Part 1

工程材料基础理论

第一章 CHAPTER 1　工程材料的分类与性能

第一节　工程材料的分类

材料是人类文明和物质生活的基础,是组成所有物体的基本要素。狭义的材料仅指可供人类使用的材料,是指那些能够用于制造结构、零件或其他有用产品的物质。人类使用的材料可以分为天然材料和人造材料。天然材料是所有材料的基础,在科学技术高速发展的今天,仍在大量使用水、空气、土壤、石料、木材、生物、橡胶等天然材料。随着社会的发展,人们对天然材料进行各种加工处理,使它们更适合人类使用,这就是人造材料。在我们生活、工作所见的材料中,人造材料占有相当大的比例。工程材料属于人造材料,它主要是指用于机械工程、建筑工程以及航空航天等领域的材料,按应用领域,可称为机械工程材料、建筑材料、生物材料、信息材料、航空航天材料等。工程材料按其性能特点可分为结构材料和功能材料两大类。结构材料以力学性能为主,兼有一定的物理、化学性能。功能材料以特殊的物理、化学性能为主,如那些要求具有声、光、电、磁、热等功能和效应的材料(本书主要介绍结构材料)。工程材料按其化学组成可分为:金属材料、高聚物材料、无机非金属材料、复合材料等。

金属材料是工业上所使用的金属及合金的总称。金属材料包括钢铁、非铁金属及其合金(有色金属及其合金)。 由于金属材料具有良好的力学性能、物理性能、化学性能及加工工艺性能,并能采用比较简单、经济的方法制造零件,因此金属材料是目前应用最广泛的材料。

高聚物材料包括塑料、橡胶、合成纤维、胶黏剂、涂料等。 人们将那些力学性能好,可以代替金属材料使用的塑料称为工程塑料。高聚物因其资源丰富、成本低、加工方便等优点,发展极其迅速。高聚物材料已成为国家建设和人民生活中必不可少的重要材料。

无机非金属材料主要指水泥、玻璃、陶瓷材料和耐火材料等。 这类材料不可燃,不老化,而且硬度高,耐压性能良好,耐热性和化学稳定性高,且资源丰富。在电力、建筑、机械等行业中有广泛的应用。随着技术的进步,无机非金属材料特别是陶瓷材料在结构和功能方面发生了很大变化,应用领域不断扩展。

复合材料是指由两种或两种以上组分组成、具有明显界面和特殊性能的人工合成的多相固体材料。 复合材料的组成包括基体和增强材料两个部分。它能综合金属材料、高聚物材料、无机非金属材料的优点,通过材料设计使各组分的性能互相补充并彼此关联,从而获得新的性能。复合材料范围广,品种多,性能优异,具有很大的发展前景。

材料的性能一般可分为两类:**一类是工艺性能**,是指材料在加工过程中所表现出来的性能;**另一类是使用性能**,是指在使用过程中所表现出来的性能,如物理性能(如导电性、导热性、磁性、热膨胀性、密度等)、化学性能(如耐蚀性、抗氧化性等)、力学性能等。力学性能是机械零件在设计选材与制造中应主要考虑的性能。要正确地选择和使用材料必须首先了解材料的性能。

第二节　材料的力学性能

材料的力学性能是指材料承受各种载荷时的行为。

金属的强度、塑性一般是通过金属拉伸试验来测定的。金属拉伸试验是在标准试样两端缓慢地施加拉伸载荷,试样的工作部分受轴向拉力作用产生变形,随着拉力的增大,变形也相应增加,直至断裂。根据试样在拉伸过程中承受的载荷与产生的伸长量之间的关系,可测出该金属的力-伸长曲线,并由此确定该金属的强度及塑性。

以拉伸载荷和试样伸长量为坐标所形成的曲线称为拉伸力-伸长曲线。图1-1所示为低碳钢的拉伸力-伸长曲线。由图1-1可见,低碳钢试样在拉伸过程中,材料经历了弹性变形、屈服、强化与缩颈四个阶段,并存在三个特征点。相应的应力依次为比例极限、屈服强度和强度极限。

在线性阶段,材料所发生的变形为弹性变形。**弹性变形指卸去载荷后,试样能恢复到原状的变形。**

在强化阶段,材料所发生的变形主要是塑性变形。**塑性变形指卸去载荷后,试样不能恢复到原状的变形,即留有残余变形。**

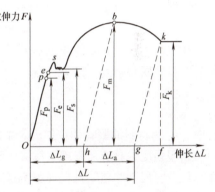

图1-1　低碳钢的拉伸力-伸长曲线

图1-1中,Oe阶段属于弹性变形阶段,其中Op阶段载荷与伸长量成线性正比关系,而pe阶段载荷与伸长量已不成正比。当载荷去除后,试样恢复原状。

e点以后,试样开始有塑性变形,当到达s点时,试样开始产生明显塑性变形,在拉伸曲线上出现了锯齿形的线段,这种现象称为屈服。

b点即载荷最大值,此时试样局部截面开始缩小,产生所谓的缩颈现象。

k点为拉伸曲线终点,试样已断裂。

由于拉伸力-伸长曲线上的载荷与伸长量不仅与试样的材料性能有关,还与试样的尺寸有关。为了消除尺寸的影响,应采用应力-应变曲线。

试样拉伸在横截面上所产生的应力(正应力)等于载荷除以试样原始横截面积,用符号R表示,即

$$R = \frac{F}{S_0}$$

式中,R为应力,单位为MPa;F为试样拉伸时所承受的拉力,单位为N;S_0为试样原始横截面积,单位为mm^2。

拉伸时所产生的应变（正应变）为试样伸长量除以原始长度，用符号 e 表示，即

$$e = \frac{\Delta L}{L_0}$$

式中，e 为应变；ΔL 为试样伸长量，单位为 mm；L_0 为试样原始标距长度，单位为 mm。

以 R 与 e 为坐标，绘出的曲线为应力-应变曲线，如图 1-2 所示。从图上可以直接获得金属材料的一些力学性能。

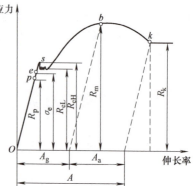

图 1-2 应力-应变曲线

一、强度

强度是材料在外力作用下抵抗塑性变形和断裂的能力。

1. 弹性极限

材料产生完全弹性变形时所承受的最大应力值即为弹性极限，也就是应力-应变曲线中 e 点所对应的应力值，用 σ_e 表示。

2. 屈服强度和规定残余延伸强度

在拉伸过程中，载荷变化不大，试件变形急剧增大的现象称为屈服，此时所对应的应力称为材料的屈服强度，用 R_e 表示，单位为 MPa，即

$$R_e = \frac{F_s}{S_0}$$

式中，F_s 为材料屈服时的拉伸力，单位为 N；S_0 为试样的原始横截面积，单位为 mm^2。

屈服强度是具有屈服现象材料所特有的强度指标，分为上屈服强度（R_{eH}）和下屈服强度（R_{eL}）。但某些金属材料（如高碳钢或某些经热处理后的钢等）在拉伸试验中并没有明显的屈服现象发生，故无法确定其屈服强度。因此，提出"规定残余延伸强度"作为相应的强度指标。国家标准规定：卸除应力后残余延伸率等于规定的原始标距 L_0 或引伸计标距 L_e 百分率时对应的应力，作为规定残余延伸强度 R_r。表示此应力的符号应附以下标说明，例如 $R_{r0.2}$ 表示规定残余延伸率为 0.2% 时的应力。

$$R_r = \frac{F_r}{S_0}$$

式中，F_r 为产生规定残余伸长时的拉力，单位为 N。

3. 规定塑性延伸强度

试样在加载过程中，其标距部分的塑性伸长达到规定的原始标距百分比时的应力称为规定塑性延伸强度，用 R_p 表示。使用的符号应附以下角标说明所规定的百分率。例如 $R_{p0.2}$ 表示规定塑性延伸率为 0.2% 时的应力。

4. 抗拉强度

材料在试样拉断前所承受的最大应力值，即

$$R_m = \frac{F_m}{S_0}$$

式中，F_m 为试样在断裂前所承受的最大载荷，单位为 N。

抗拉强度是零件设计时的重要依据,同时也是评定金属材料强度的重要指标之一。

二、塑性

断裂前材料发生不可逆永久变形的能力称为塑性。常用的塑性判据是材料断裂时的最大相对塑性变形,如拉伸时的断后伸长率和断面收缩率。

1. 断后伸长率 A

A 是指试样拉断后标距的伸长与原始标距的百分比,即

$$A = \frac{L_u - L_o}{L_o} \times 100\%$$

式中,L_u 为试样拉断后的标距,单位为 mm;L_o 为试样原始标距,单位为 mm。

试样标距长度对材料的 A 是有影响的。根据采用标距的不同,可以分为长、短两种试样。长试样标距满足 $L_o = 11.3\sqrt{S_o}$,短试样标距满足 $L_o = 5.65\sqrt{S_o}$。式中 S_o 为试样平行长度的原始横截面积。对于同一种材料,长试样伸长率小于短试样伸长率,长试样伸长率用 $A_{11.3}$ 表示,短试样伸长率用 A 表示。

2. 断面收缩率 Z

Z 是指试样拉断后缩颈处横截面积的最大缩减量与原始横截面积的百分比,即

$$Z = \frac{S_o - S_u}{S_o} \times 100\%$$

式中,S_u 为试样断裂处的最小横截面积,单位为 mm^2。

任何零件都要求具有一定的塑性。零件在使用中偶然会发生过载,但由于有一定的塑性,会产生一定的塑性变形从而防止了零件的突然脆断。另外,塑性变形还有缓和应力集中、削减应力峰的作用,因而在一定程度上保证了零件的工作安全。

例题:有一钢试样,原来长度为 200mm,直径为 20mm,进行拉伸试验。当外力增大到 104624N 时,开始产生塑性变形。试样拉断前的外力最大值为 184632N。拉断后的长度为 232mm,断口处直径为 15.5mm,求钢的 R_{eL}、R_m、A 和 Z。

解:$R_{eL} = \dfrac{F_s}{S_o} = \dfrac{104624}{3.14 \times 10^2} MPa = 333 MPa$

$R_m = \dfrac{F_m}{S_o} = \dfrac{184632}{3.14 \times 10^2} MPa = 588 MPa$

$A = \dfrac{232 - 200}{200} \times 100\% = \dfrac{32}{200} \times 100\% = 16\%$

$Z = \dfrac{3.14 \times 10^2 - 3.14 \times 7.75^2}{3.14 \times 10^2} \times 100\% = \dfrac{10^2 - 7.75^2}{10^2} \times 100\% = 40\%$

三、硬度

硬度是衡量金属材料软硬程度的指标。它是表征材料强度与塑性的一个综合判据。

硬度试验设备简单,操作迅速方便,又可直接地、非破坏性地在零件或工具上进行试验。根据所测硬度值可近似估计出材料的抗拉强度和耐磨性。此外,硬度与材料的切削加工性、焊接性、冷成形性能间存在着一定的联系,可作为选择加工工艺时的参考。因此,在工

程上被广泛应用于检验原材料和热处理件的质量，鉴定热处理工艺的合理性以及作为评定工艺性能的参考。

硬度试验方法很多，一般可分为三类：**压力法**，如布氏硬度、洛氏硬度、维氏硬度、超声波硬度；**划痕法**，如莫氏硬度、锉刀硬度；**回跳法**，如肖氏硬度等。目前在机械制造生产中应用最广泛的是布氏硬度、洛氏硬度和维氏硬度。

1. 布氏硬度

用一定大小的试验力 F，把直径为 D 的硬质合金球压入被测金属表面，如图 1-3 所示，保持规定时间后卸除试验力，测量试样表面的压痕直径 d，并计算出压痕球缺表面积 S 所承受的平均应力值，此值即为布氏硬度值，以 HBW 表示。

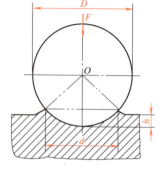

图 1-3 布氏硬度试验原理

当试验力 F 单位为 N 时，有

$$HBW = 0.102\frac{F}{S} = 0.102\frac{2F}{\pi D(D-\sqrt{D^2-d^2})}$$

布氏硬度的单位为 N/mm^2，习惯上只写明硬度的数值而不标出单位。硬度值位于符号前面，符号后面的数值依次为压头直径、载荷大小及载荷保持时间（10~15s 不标注）。例如：500HBW5/750 表示用直径 5mm 的硬质合金球在 7360N（750kgf）载荷作用下保持 10~15s，布氏硬度值为 500。

由于金属材料有硬有软，被测工件有厚有薄、有大有小，如果只采用一种标准的试验力 F 和压头球直径 D，就会出现对某些材料不适应的现象。因此在生产中进行布氏硬度试验时，要求使用不同大小的试验力和压头直径。对同一种材料采用不同的 F 和 D 进行试验时，能否得到同一布氏硬度值，关键在于压痕几何形状的相似，即建立 F 和 D 的某种选配关系，以保证布氏硬度的不变性。

国家标准（GB/T 231.1—2009）规定，可根据金属材料的种类和布氏硬度范围，按表 1-1 选定 F/D^2 值。从而确定出 D 值、F 值和保持时间。

由硬度计算公式可见，当载荷 F 与压头球直径 D 选定时，硬度值只与压痕直径 d 有关。实际工作中，一般用刻度放大镜测出压痕直径 d，然后根据 d 值查表，即可求得所测材料的硬度值。

表 1-1 不同材料的试验力-压头球直径平方的比率

材　料	布氏硬度 HBW	试验力-球直径平方的比率 $0.102×F/D^2/(N/mm^2)$
钢、镍基合金、钛合金	—	30
铸铁①	<140	10
	≥140	30
铜和铜合金	<35	5
	35~200	10
	>200	30
轻金属及其合金	<35	2.5
	35~80	5
		10
		15
	>80	10
		15
铅、锡	—	1

① 对于铸铁试验，压头的名义直径应为 2.5mm、5mm 或 10mm。

2. 洛氏硬度

洛氏硬度试验法是目前工厂中应用最广泛的试验方法。它是用一个锥顶角为 120°的金

8

刚石圆锥体或直径为 1.5875mm 或 3.175mm 的硬质合金球或淬火钢球为压头，在规定载荷作用下压入被测金属表面，通过测定压痕深度来确定硬度值。为了能用同一硬度计测定从极软到极硬材料的硬度，可采用不同的压头和载荷，从而组成多种不同的洛氏硬度标尺，国家标准规定了 A、B、C、D、E、F、G、H、K、15N、30N、45N、15T、30T、45T 共 15 种标尺，其中 A、B、C、D 标尺应用最广。图 1-4 所示为洛氏硬度试验示意图。其中 h_0 为施加主试验力前在初试验力下的压痕深度，单位为 mm；h_1 为试样在主试验力下的压痕增量，单位为 mm；e 为去除主试验力后，试样在初始试验力下的残余压痕深度增量，用 0.002mm 为单位表示。洛氏硬度的计算公式为

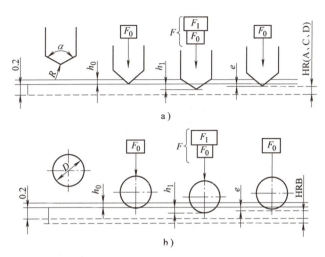

图 1-4 洛氏硬度试验示意图
a) HR（A、C、D）标尺 b) HRB 标尺

$$HR(A、C、D) = 100 - e$$
$$HRB = 130 - e$$

国家标准规定 HR 之前的数字为硬度值，符号后为标尺类型，例如 50HRC 表示标尺 C 下测定的洛氏硬度值为 50。表 1-2 列出了常用四种洛氏硬度标尺的试验条件和应用范围。

洛氏硬度试验法的优点是操作迅速简便，由于压痕较小，故对工件损伤较小，并可在工件表面或较薄的金属上进行试验。其缺点是因压痕较小，对于组织比较粗大且不均匀的材料，测得的硬度不够准确。

表 1-2 常用四种洛氏硬度标尺的试验条件和应用范围

硬度代号	压头类型	总试验力 F/N	洛氏硬度范围	应用范围
HRA	120°金刚石圆锥体	588.4	20~88	碳化物、硬质合金等
HRB	φ1.5875mm 球	980.7	20~100	非铁金属，退火、正火钢等
HRC	120°金刚石圆锥体	1471	20~70	淬火钢、调质钢等
HRD	120°金刚石圆锥体	980.7	40~77	薄钢板、中等厚度表面硬化零件

3. 维氏硬度

洛氏硬度试验虽可采用不同的标尺来测定由极软到极硬金属材料的硬度，但不同标尺的硬度值间没有简单的换算关系，使用上很不方便。为了能在同一硬度标尺上测定由极软到极硬金属材料的硬度值，特制定了维氏硬度试验法。

维氏硬度的试验原理和布氏硬度试验基本相同。图 1-5 所示为维氏硬度试验原理示意图。用一个相对面间夹角为 136°的金刚石正四棱锥体压头，在规定载荷 F 作用下压入被测试样表面，保持一定时间后卸除载荷，测量压痕对角线长度 d，进而计算压痕表面积，最后

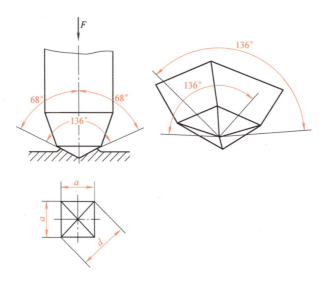

图 1-5 维氏硬度试验原理示意图

求出压痕表面积上的平均压力,即为金属的维氏硬度,用符号 HV 表示。在实际测量中,并不需要进行计算,而是根据所测 d 值直接查表得到所测硬度值。

维氏硬度表示方法为:符号 HV 前面为硬度值,HV 后面数值依次表示载荷和载荷保持时间(保持时间为 10~15s 时不标注),单位一般不标注。例如 640HV30 表示在 294N(30kgf)载荷作用下保持 10~15s 测定的维氏硬度值为 640;640HV30/20 表示在 294N(30kgf)载荷作用下,保持 20s 测定的维氏硬度值为 640。

维氏硬度试验法加载小,压入深度浅,适用于测试零件表面淬硬层及化学热处理的表面层(如渗碳层、渗氮层等),当试验力小于 1.961N 时,又称显微维氏硬度试验法;同时维氏硬度是一个连续一致的标尺,硬度值不随载荷变化而变化。但维氏硬度试验法测定较麻烦,工作效率不如测洛氏硬度高。

4. 其他硬度

(1) **肖氏硬度** 肖氏硬度又名回跳硬度,是把规定形状和质量的金刚石冲头从初始高度 h_0 落在试样表面上,冲头弹起一定高度 h,h 与 h_0 的比值与肖氏硬度系数 K 的乘积就是肖氏硬度值。肖氏硬度用符号 HS 表示。

$$HS = K\frac{h}{h_0}$$

肖氏硬度主要取决于材料弹性变形能力的大小。试验时,冲头回跳高度与材料硬度有关,材料越硬其弹性极限越高,冲头回跳高度越高。肖氏硬度值是一个无量纲的值,可在硬度计上直接读取。它适用于测量表面光滑的大型工件,如大型冷轧辊的验收就采用肖氏硬度。

(2) **努氏硬度** 将两相对棱边夹角分别为 172°30′ 和 130° 的菱形锥体金刚石压头以规定的试验力压入试样表面,经过规定的保持时间后卸除试验力,测量其压痕的长对角线,计算出压痕投影面积,则压痕投影单位面积所承受的平均压力值就是努氏硬度值。努氏硬度用符号 HK 表示。

努氏硬度试验既可以测量极薄、极细小试样,又可测量如玻璃、玛瑙、矿石等脆性材料的硬度。特别适用于经表面热处理或化学热处理的工件硬度和硬度梯度的测定。

(3) 莫氏硬度 莫氏硬度是一种划痕硬度。此时，硬度可以定义为材料抵抗划痕的能力。将十种矿物按硬度逐渐增高的次序排列，得到了莫氏硬度的等级如下：①滑石；②石膏；③方解石；④氟石；⑤磷灰石；⑥长石；⑦石英；⑧黄玉；⑨蓝宝石或刚玉；⑩金刚石。如果被测材料能划伤某一级莫氏等级的材料，而不能划伤相邻高一级的莫氏等级材料，则就此可以近似确定此材料的莫氏硬度值。如普通玻璃约为5.5级，淬硬钢约为6.5级，这种测量硬度的方法很粗略，适合于矿物识别。

(4) 锉刀硬度 锉刀硬度是一种划痕硬度，利用经过标定的硬度不同的几把锉刀，通过锉削试样或工件，可以确定被测物的硬度范围。

标准锉刀的形状、大小、刀纹都应当一致，每两把锉刀相差5HRC。如果工件能被55HRC 的锉刀锉削，而不能被50HRC 的锉刀锉削，则可确定该工件的硬度为50～55HRC。

(5) 超声波硬度 用一根镶有金刚石锥体压头的超声波传感器杆，在固定试验力作用下与试件接触，压头压入试件后，杆的谐振频率发生改变，通过测量传感器杆谐振频率的变化即可测定试样硬度。在试验中，其值可直接在刻度盘上读出，一般用洛氏硬度或维氏硬度来表示。

四、冲击韧性

许多零件和工具在工作过程中，往往受到冲击载荷的作用，如压力机的冲头、锻锤的活塞销与连杆等。由于冲击载荷的加载速度高，作用时间短，金属在受冲击时，应力分布与变形很不均匀。故对承受冲击载荷的零件来说，仅具有足够的静载荷强度指标是不够的，还必须具有足够的抵抗冲击载荷的能力，即冲击韧性。

目前最常用的冲击试样方法是摆锤式一次性冲击试验，其原理如图1-6所示。

把准备好的标准冲击试样放在试验机的机架上。试样缺口背向摆锤（图1-6），将摆锤抬到一定高度 H，使其具有势能，然后释放摆锤，将试样冲断，摆锤继续上升到一定高度 h，在忽略摩擦和阻尼等的条件下，摆锤冲断试样所做的功称为冲击吸收能量，以 K 表示。对一般常用钢材来说，所测冲击吸收能量 K 越大，材料的韧性越好。

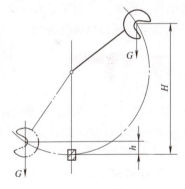

图1-6 冲击试验原理

K 值对材料组织缺陷十分敏感，是检验冶炼和热加工质量的有效方法。另外，温度对 K 值的影响较大，试验表明，K 值随温度的降低而减小，当温度降低到某一温度范围时，其冲击吸收能量值急剧降低，表明断裂由韧性状态向脆性状态转变，此时的温度称为韧脆转变温度。当冲击韧性试样带有 V 型、U 型缺口时，冲击韧性分别用 KV、KU 表示。

韧脆转变温度的高低是金属材料质量指标之一。韧脆转变温度越低，材料的低温冲击性能就越好。这对于在寒冷地区和低温下工作的机械结构（如运输机械、输送管道等）尤为重要。

五、疲劳极限

材料在交变应力作用下，在一处或几处产生局部永久性累积损伤，一定循环次数后产生裂纹或突然发生完全断裂的过程称为疲劳。

疲劳失效与静载荷下的失效不同，断裂前没有明显的塑性变形，发生断裂也比较突然。这种断裂具有很大的危险性，常造成严重的事故。

金属材料所承受的最大交变应力 σ 与断裂前所承受的应力循环次数 N 之间的关系曲线称为疲劳曲线或 S-N 曲线，如图 1-7 所示。金属材料承受的最大交变应力越大，则断裂时应力交变次数 N 越小；反之，最大交变应力越小，则 N 越大。当应力低于某值时，应力循环到无数次也不会发生疲劳断裂，此应力值称为材料的疲劳极限，用 σ_D 表示。光滑试样在对称应力循环条件下的纯弯曲疲劳极限，用 σ_{-1} 表示。图 1-7 中有两种曲线，其中钢铁材料的 S-N 曲线属于曲线 1 的形式，而其他大多数金属材料的 S-N 曲线属于曲线 2 的形式。曲线 1 有明显的水平部分，很容易得出疲劳极限值，而曲线 2 不存在水平部分，针对这种情况，人为规定某一循环次数断裂时所能承受的最大应力作为条件疲劳极限，以 σ_N 表示。

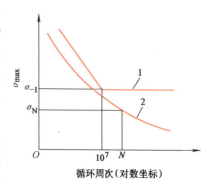

图 1-7 S-N 曲线

按 GB/T 4337—2015 规定，一般钢铁材料取循环周数为 10^7 次（非铁金属取 10^8 次）时，能承受的最大循环应力为疲劳极限。

疲劳断裂一般是由于在局部应力集中或强度较低部位首先出现裂纹源，载荷继续作用后，裂纹随后进行扩展导致断裂。所以，为了提高机件的抗疲劳能力，防止疲劳断裂，在进行机件设计时应选择合理的结构、形状，尽量减少表面缺陷和损伤。因为机件的疲劳极限还与结构、形状、表面质量有一定的关系，而且金属表面是疲劳裂纹源易于产生的地方，因此表面强化处理是提高疲劳极限的有效途径之一。

六、断裂韧度

一般认为零件在许用应力下工作是安全可靠的，既不会发生塑性变形，更不会断裂。但实际情况却并不总是如此，有些高强度钢制造的零件和中、低强度钢制造的大型零件，往往在工作应力远低于屈服强度时发生脆性断裂。这种在屈服强度以下的脆性断裂称为低应力脆断。

试验研究表明，大量的低应力脆断和机件内部存在微裂纹有关。因此，这些微裂纹在外力作用下是否易于扩展及扩展速度的快慢，将成为材料抵抗低应力脆断的一个重要指标。

根据应力和裂纹扩展的取向不同，裂纹扩展可分为张开型（Ⅰ型）、滑开型（Ⅱ型）和撕开型（Ⅲ型）三种基本形式，如图 1-8 所示。在实践中，三种裂纹扩展形式中以张开型（Ⅰ型）最危险，最容易引起脆性断裂，因此下面我们以这种形式作为讨论对象。

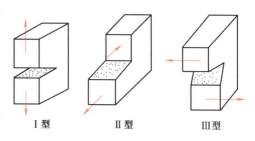

图 1-8 裂纹扩展基本形式

当材料受外力作用时，裂纹尖端附近会出现应力集中，形成一个裂纹尖端的应力场，反映这个应力场强弱程度的有关参量称为应力强度因子 K_I，单位为 $MPa \cdot m^{1/2}$，下标 Ⅰ 表示

Ⅰ型裂纹应力强度因子。$K_Ⅰ$ 越大,应力场的应力值也越大。

$$K_Ⅰ = Y\sigma\sqrt{a}$$

式中,Y 为与裂纹形状、加载方式及试样尺寸有关的量,是个无量纲的系数,一般 $Y = 1 \sim 2$;σ 为外加拉应力,单位为 MPa;a 为裂纹长度的一半,单位为 m。

当外加拉应力逐渐增大或裂纹逐渐扩展时,裂纹尖端的应力强度因子随之增大,故应力场的应力也随之增大,当增大到某一临界值时,就能使裂纹扩展,最终使材料断裂。这个应力强度因子 $K_Ⅰ$ 的临界值称为材料的断裂韧度,用 $K_{ⅠC}$ 表示。

断裂韧度是用来反映材料抵抗脆性断裂能力的性能指标。根据应力强度因子 $K_Ⅰ$ 和断裂韧度 $K_{ⅠC}$ 的相对大小,可判断含裂纹的材料在受力时裂纹是否会扩展而导致断裂。

断裂韧度是材料固有的力学性能指标,是强度和韧性的综合体现。它与裂纹的大小、形状、外加应力等无关,主要取决于材料的成分、内部组织和结构。

例题:某一构件上设计的拉应力为 690MPa,材料:①Ti-6Al-4V;②17-7 型奥氏体不锈钢。求上述两种材料的临界裂纹尺寸 a_c。

解:首先查得这两种材料的断裂韧度值($K_{ⅠC}$)和屈服强度 R_e

① Ti-6Al-4V:$K_{ⅠC} = 55\text{MPa} \cdot \text{m}^{1/2}$,$R_e = 1035\text{MPa}$

② 17-7 不锈钢:$K_{ⅠC} = 77\text{MPa} \cdot \text{m}^{1/2}$,$R_e = 1435\text{MPa}$

依公式:$K_Ⅰ = Y\sigma\sqrt{a}$,假设取 $Y = 1.77$

有

$$\sqrt{a} = \frac{K_Ⅰ}{Y\sigma}$$

$$a_c = \frac{K_{ⅠC}^2}{Y^2\sigma^2}$$

Ti-6Al-4V:$a_c = \dfrac{55^2}{1.77^2 \times 690^2}\text{m} = \dfrac{3025}{1491574}\text{m} = 2 \times 10^{-3}\text{m}$

17-7 不锈钢:$a_c = \dfrac{77^2}{1.77^2 \times 690^2}\text{m} = \dfrac{5929}{1491574}\text{m} = 4 \times 10^{-3}\text{m}$

很明显,Ti-6Al-4V 与 17-7 不锈钢相比,对裂纹更敏感。

考虑到部分力学性能标准的修订,教材附录提供了常用力学性能指标新、旧标准对照表。

第三节 材料的其他性能

一、物理性能

1. 密度和熔点

密度和熔点是最常见的物理性能。按密度大小,金属材料可以分为轻金属(密度小于 $5.0 \times 10^3 \text{kg/m}^3$)和重金属(密度大于 $5.0 \times 10^3 \text{kg/m}^3$)。材料的抗拉强度与密度之比称为比强度。熔点是指材料的熔化温度,它一般用摄氏温度(℃)表示。纯金属有固定的熔点,即熔化在恒定的温度下进行,而合金的熔化过程则在一个温度范围内进行。金属的熔点对材料的成形和处理工艺十分重要。按照熔点的高低,金属材料可分为易熔金属(如 Sn、Pb

等)和难熔金属(W、Mo 等)。

2. 电学性能

(1) 电阻率 材料对电流阻力的量度。一般用符号 $\rho(\Omega \cdot m)$ 表示。

$$\rho = \frac{S}{L}R$$

式中，R 为电阻，单位为 Ω；L 为导体长度，单位为 m；S 为导体横截面积，单位为 mm^2。

(2) 电导率 电导率是电阻率的倒数，用符号 σ 表示，单位为 S/m。S 代表西门子，它等于 $1/\Omega$。

(3) 介电常数 电介质的一种性能指标。它反映了电介质对电容器容量的影响程度，我们一般使用相对介电常数，用符号 ε_r 表示，其为原外加电场（真空）与介质中电场的比值。

(4) 铁电性 在一些材料中天然地存在有电偶极子，即电荷的不对称分布，而在另一些材料中则可感应出这种现象。

在外加电场作用下，电介质中的电偶极子能进行自发排列，我们把这种特性称为铁电性，如钛酸钡（$BaTiO_3$）是一种铁电陶瓷材料。

(5) 超导电性 恩涅斯在1900年测量低温下水银电阻时，发现在4.1K温度附近时水银电阻突然降到仪器无法觉察的程度，跃变前后电阻值的变化超过 10^4 倍，这样可以认为在温度4.1K以下，水银进入了电阻完全为零的状态，这种零电阻现象称为超导电性。具有超导电性的材料称为超导体。

3. 热学性能

(1) 导热性 材料传导热能的能力称为导热性。纯金属比合金的导热性好。导热性对热加工工艺十分重要。导热性会使工件产生内外温差，致使内外膨胀和收缩不同，最终使工件内部产生应力而发生变形或开裂。

(2) 热容 物体吸收热量后温度将要发生变化。任何一个物体，每升高一度所需的热量称为该物体的热容 C，单位为 J/K。

(3) 热膨胀系数 热胀冷缩是物体的重要性能。不管物体是热胀还是冷缩，长度（或体积）都将发生变化。当温度由 T_1 变到 T_2，长度相应地由 L_1 变到 L_2 时，材料在该温区的平均线胀系数为

$$\alpha_l = \frac{L_2 - L_1}{L_1(T_2 - T_1)} = \frac{\Delta L}{L_1 \Delta T}$$

式中，α_l 为平均线胀系数，单位为 K^{-1}；ΔL 为线长度增量，单位为 mm；ΔT 为温度增量，单位为 K。

在不同温度区段，线胀系数是不同的，上式是用单位长度、单位温度的平均增长量来代表该温区的线胀系数。

4. 磁学性能

(1) 磁导率 磁性材料的磁感应强度和磁场强度的比值，即为磁导率，用符号 μ 表示。它是各种磁性材料行为的区分标志。在实际中用得更多的是相对磁导率 μ_r，它是实际磁导率与真空磁导率的比值，即

$$\mu_r = \mu/\mu_0$$

式中，μ_0 为真空磁导率。

（2）其他磁学性能 如矫顽力、磁化强度等。

二、化学性能

1. 耐蚀性

耐蚀性是材料抵抗空气、水蒸气及其他化学介质腐蚀的能力。 材料在常温下和周围介质发生化学或电化学作用，而遭到破坏的现象称为腐蚀，包括化学腐蚀和电化学腐蚀两种类型。化学腐蚀一般是在干燥气体及非电解液中进行的，腐蚀时没有电流产生；电化学腐蚀是在电解液中进行的，腐蚀时有微电流产生。

根据介质侵蚀能力的强弱，对不同介质中工作的金属材料的耐蚀性要求也不相同。如海洋设备及船舶用钢，必须耐海水和海洋大气腐蚀；而贮存和运输酸类的容器、管道等，则应具有较强的耐酸性能。一种金属材料在某种介质、某种条件下是耐蚀的，而在另一种介质或条件下就可能不耐蚀。如镍铬不锈钢在稀酸中耐蚀，而在盐酸中则不耐蚀；铜及铜合金在一般大气中耐蚀，但在氨水中却不耐蚀。

2. 抗氧化性

金属材料在加热时抵抗氧化的能力称为抗氧化性（热稳定性）。 在高温（高压）工作的锅炉、各种加热炉、内燃机中的零件等都要求具有良好的抗氧化性。

三、工艺性能

金属材料的工艺性能是指材料适应某种加工的能力。 按工艺方法不同，可分为铸造性能、压力加工性能、焊接性能、热处理性能和切削加工性能。各种材料的工艺性能及其成形加工方法将在以后章节中分别介绍。

习题与思考题

1-1 由拉伸试验可以得出哪些力学性能指标？在工程上这些指标是怎样定义的？

1-2 有一低碳钢拉伸试样，$d_o = 10.0$mm，$L_o = 50$mm，拉伸试验时测得 $F_s = 20.5$kN，$F_m = 31.5$kN，$d_u = 6.25$mm，$L_u = 66$mm，试确定此钢材的 R_{eL}、R_m、Z、A。

1-3 下列各种工件应该采用何种硬度试验方法来测定其硬度？

锉刀、黄铜轴套、供应状态的各种碳素钢钢材、硬质合金刀片、耐磨工件的表面硬化层、调质态的机床主轴。

1-4 甲、乙、丙、丁四种材料的硬度分别为45HRC、90HRB、800HV、240HBW，试比较这四种材料硬度的高低。

1-5 当某一材料的断裂韧度 $K_{IC} = 62$MPa·m$^{1/2}$，材料中裂纹的长度 $2a = 5.7$mm 时，要使裂纹失稳扩展而导致断裂，需加多大的应力？（设 $Y = \sqrt{\pi}$）

1-6 工程材料有哪些物理性能和化学性能？

1-7 什么是材料的工艺性能？

第二章 CHAPTER 2　金属与合金的晶体结构和二元合金相图

不同的金属具有不同的力学性能,例如纯铜很软,而钢却很硬。这些性能上的差异主要是由于材料内部具有不同的成分、组织和结构。为便于掌握金属与合金的性能及应用,应首先研究金属与合金的内部组织结构以及它们与成分、温度、加工方法等因素的相互关系。

第一节　纯金属的晶体结构

一、晶体学基本知识

1. 晶体与非晶体

固态物质按其原子（或分子）的聚集状态不同可分为晶体和非晶体两大类。在自然界中,除少数物质（如普通玻璃、石蜡、松香等）是非晶体外,绝大多数固态无机物（包括金属和合金等）都是晶体。所谓晶体是指原子（或分子）在其内部按一定的几何规律作周期性重复排列的一类物质,这是晶体与非晶体的根本区别。

晶体有固定的熔点,且在不同方向上性能不同即具有各向异性。而非晶体无固定的熔点,各个方向上原子聚集密度大致相同,表现出各向同性。另外,晶体和非晶体在一定条件下可以相互转化。

2. 晶格、晶胞和晶格常数

实际晶体中,各类质点（包括离子、电子等）虽然都在不停地运动,但是,通常在讨论晶体结构时,常把构成晶体的原子看成是一个个刚性的小球,这些原子小球按一定的几何形式在空间紧密堆积,如图2-1a所示。

为了便于描述晶体内部原子排列的规律,将每个原子视为一个几何质点,并用一些假想的几何线条将各质点连接起来,便形成一个空间格架,这种抽象的用于描述原子在晶体中排列方式的几何空间格架称为晶格,如图2-1b所示。

由于晶体中原子作周期性规则排列,因此可以在晶格中选择一个能够完全反映晶格特征的最小几何单元来表示原子排列规律,这个最小的几何单元称为晶胞。

为研究晶体结构,在晶体学中还规定用一些参数来表示晶胞的几何形状及尺寸。这些参数包括晶胞的棱边长度 a、b、c 和棱边夹角 α、β、γ,如图2-1c所示。晶胞的各棱边长度称为晶格常数,其度量单位为 nm（$1\text{nm}=10^{-9}\text{m}$）。当三个晶格常数 $a=b=c$,三个夹角 $\alpha=\beta=\gamma=90°$ 时,这种晶胞组成的晶格称为简单立方晶格。

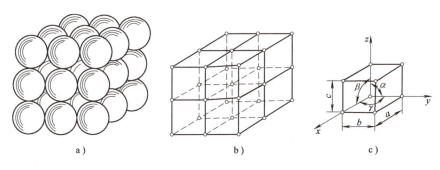

图 2-1　简单立方晶格与晶胞示意图

a）晶体中原子排列　b）晶格　c）晶胞及晶格参数

二、三种典型的金属晶体结构

根据原子排列规律不同，可以将晶格基本类型划分为 14 种，但大多数金属材料都属于以下三种晶格类型。

1. 体心立方晶格

体心立方晶格的晶胞是一个立方体，在立方体的中心和八个角上各有一个原子，如图 2-2 所示。每个角上的原子均为相邻八个晶胞所共有，而中心原子为该晶胞所独有，所以体心立方晶胞中的原子数为 2 个（$1+8×1/8$）。属于这种晶格类型的金属有 α-Fe、Cr、W、Mo、V 等。

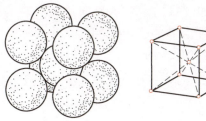 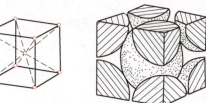

图 2-2　体心立方晶胞示意图

2. 面心立方晶格

面心立方晶格的晶胞也是一个立方体，立方体八个角和六个面各有一个原子，如图 2-3 所示。每个角上的原子均为相邻八个晶胞所共有，每个面上的原子均为相邻两个晶胞所共有，所以面心立方晶胞中的原子数为 4 个（$8×1/8+6×1/2$）。属于这种晶格类型的金属有 γ-Fe、Cu、Al、Ag、Au、Pb、Ni 等。

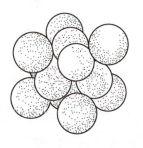 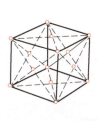 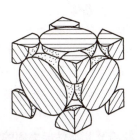

图 2-3　面心立方晶胞示意图

3. 密排六方晶格

密排六方晶格的晶胞是一个六方柱体，由六个呈长方形的侧面和两个呈六边形的底面所组成。如图2-4所示，六方柱体的每个角上原子为相邻六个晶胞所共有，上、下底面中心的原子为两个晶胞所共有，中心的三个原子为该晶胞所独有，所以密排六方晶胞中的原子数为6个（12×1/6 + 2×1/2 + 3）。属于这种晶格类型的金属有Mg、Zn、Be、Cd等。

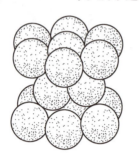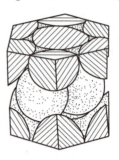

图2-4 密排六方晶胞示意图

三、晶面、晶向指数和晶格致密度

在金属晶体中，一系列原子所构成的平面称为晶面。通过两个以上原子的直线，表示某一原子列在空间的位向，称为晶向。为了便于研究，不同位向的晶面或晶向都用一定的符号表示，表示晶面的符号称为晶面指数，如（111）。表示晶向的符号称为晶向指数，如[110]。晶格致密度是指晶胞中原子所占体积与该晶胞体积之比。

在体心立方晶胞中含有2个原子。这2个原子的体积为 $2\times(4/3)\pi r^3$，式中 r 为原子半径。由图2-2可知，原子半径 r 与晶格常数 a 的关系为 $r=(\sqrt{3}/4)a$，晶胞体积为 a^3，故体心立方晶格致密度为

$$2个原子体积/晶胞体积 = \frac{2\times(4/3)\pi r^3}{a^3}\times 100\% = \frac{2\times(4/3)\times[(\sqrt{3}/4)a]^3\pi}{a^3}\times 100\% = 68\%$$

上式表明在体心立方晶格中，有68%的体积被原子占据，其余为空隙。同理也可求出面心立方和密排六方晶格的致密度均为0.74。致密度越大，原子排列越紧密。所以当晶体从面心立方晶格转变为体心立方晶格时，由于致密度减小而使体积膨胀。

四、金属的实际晶体结构

1. 单晶体和多晶体

晶体内部的晶格位向完全一致的晶体称为单晶体。在工业生产中，只有经过特殊制作才能获得单晶体。实际使用的金属材料，其内部包含许多颗粒状的小晶体，每个晶体内部的晶格位向一致，而各个小晶体彼此间位向都不同，这种外形不规则的小晶体称为晶粒。晶粒与晶粒之间的界面称为晶界。这种由许多晶粒组成的晶体称为多晶体。一般金属材料都是多晶体。

2. 晶体缺陷及其与性能之间的关系

实际金属由于结晶或其他加工等条件的影响，内部原子排列并不像理想晶体那样规则和

完整，存在大量的晶体缺陷。这些缺陷的存在，对金属性能会产生显著的影响。根据晶体缺陷存在形式的几何特点，通常将它们分为点缺陷、线缺陷和面缺陷三类。

(1) 点缺陷——空位和间隙原子 在实际晶体中，晶格的某些结点并未被原子占有，这种空着的位置称为空位。同时又可能在晶格空隙处出现多余的原子，这种不占正常晶格位置，而处在晶格空隙之间的原子称为间隙原子，如图 2-5 所示。

空位和间隙原子的存在，使其周围原子离开了原来的平衡位置，产生晶格畸变，从而导致某些性能改变。空位和间隙原子的运动是金属中原子扩散的主要方式之一。

(2) 线缺陷——位错 **晶体中，某一列或若干列原子发生有规律的错排现象，称为位错。** 位错有刃型位错和螺型位错，这里我们只介绍刃型位错。

图 2-6 所示为简单立方晶格晶体中刃型位错的几何模型。由图可见，在 ABCD 水平面上，多出了一个垂直原子面 HEFG，这个多余的原子面像刀刃一样切入晶体，使晶体上下两部分原子产生错排现象，因而称为刃型位错。多余原子面底边 EF 称为刃型位错线。在位错线附近，由于错排而产生了晶格畸变，使位错线上方附近的原子受压应力，下方的相邻原子受拉应力。离位错线越远，晶格畸变越小，应力也就越小。

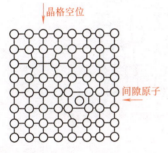

图 2-5 晶格点缺陷示意图

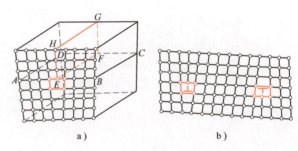

图 2-6 刃型位错的几何模型
a) 立体 b) 平面

晶体中位错的数量通常用单位体积内位错线长度即位错密度 ρ 来表示。位错密度的变化以及位错在晶体内的运动，对金属的性能、塑性变形及组织转变等都有着显著影响。图 2-7 所示为金属强度与位错密度之间关系的示意图。从图中可看出退火态时（$\rho = 10^6 \sim 10^8 \text{cm}^{-2}$）的强度最低，而其他状态无论位错密度减小还是增大其强度都高于退火态。冷变形后的金属，由于位错密度增大，均提高了强度。而金属晶须，因位错密度极低而达到很高的强度。

(3) 面缺陷——晶界和亚晶界 实际金属都是多晶体。多晶体中相邻晶粒之间有一定的位向差，一般在 15°以上，称为大角度晶界，如图 2-8 所示。晶界处原子从一种位向过渡到另一种位向，因而晶界成为不同位向晶粒之间的过渡层，其原子呈无规则排列。

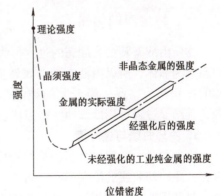

图 2-7 金属强度与位错密度之间关系的示意图

晶界处原子排列不规则，即晶格处于畸变状态，故晶界处能量较高，其性能与晶粒内部有所不同。如常温下，晶界强度和硬度较高，且晶界易被腐蚀，晶界的熔点较低，晶界处原子扩散速度较快等。

在一个晶粒内部，还可能存在许多更细小的晶块，它们之间晶格位向差很小，通常小于3°，这些小晶块称为亚晶粒。亚晶粒之间的界面称为亚晶界。晶粒中这种亚晶粒与亚晶界称为亚组织，如图2-9所示。

最简单的亚晶界实际上为由一系列刃型位错所形成的小角度晶界，如图2-10所示。亚晶界与晶界对金属性能有着相似的影响。

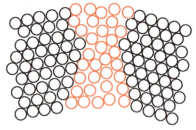

图2-8 大角度晶界的过渡结构模型

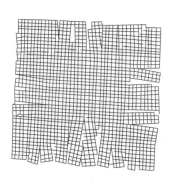

图2-9 亚组织示意图

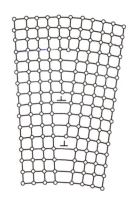

图2-10 小角度晶界结构示意图

第二节 金属的结晶与同素异晶转变

一、纯金属的结晶

物质由液态转变为固态的过程称为凝固，如果凝固形成晶体，则又称为结晶。由于金属固态下为晶体，所以由液态的金属转变为固态金属晶体的过程称为结晶。纯金属的结晶是在恒温下进行的，其结晶过程可用冷却曲线来描述。

1. 冷却曲线与过冷度

冷却曲线一般用热分析法来绘制。以工业纯铁为例，介绍冷却曲线的绘制过程。首先将纯铁加热到熔点（1538℃）以上呈液态，然后以非常缓慢的冷却速度冷却到室温，每隔一定的时间记录一次温度值直到室温，于是就建立起温度-时间的关系曲线，此即纯铁的冷却曲线，如图2-11所示。

从曲线看出，液态金属随冷却时间延长，温度不断降低。但冷却到某一温度时，温度不再随时间

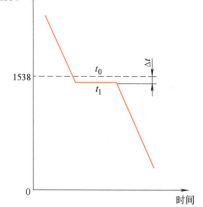

图2-11 纯铁的冷却曲线

的延长而变化，于是在曲线上出现了一个温度水平线段，线段所对应的温度就是纯铁的结晶温度（1538℃）。结晶时出现恒温的主要原因是，在结晶时放出的结晶潜热与液态金属向周围散失的热量相等。结晶完成后，由于金属散热的继续，温度又重新下降直到室温。

曲线上出现的温度水平线段对应的温度值称为理论结晶温度，用 t_0 表示。但实际生产中，液态结晶为固相时均有较大的冷却速度，因而液态金属的实际结晶温度（用 t_1 表示）均在 t_0 温度以下。**理论结晶温度与实际结晶温度之差称为过冷度**，用 "Δt" 表示，即

$$t_0 - t_1 = \Delta t$$

Δt 与冷却速度、金属纯度等因素有关。因此，实际液态金属的结晶总是在有过冷的条件下才能进行。

2. 结晶过程

纯金属结晶时，首先在液态金属中形成的细小晶体称为晶核，它不断吸附周围原子而长大。同时在液态金属中又会产生新的晶核，直到全部液态金属结晶完毕，最后形成许许多多外形不规则、大小不等的小晶体。因此，**液态金属的结晶过程包括晶核的形成与长大两个基本过程**，如图 2-12 所示。

图 2-12　纯金属结晶过程示意图

（1）晶核的形成　试验证实，当液态金属非常纯净时，其内部的微小区域内也存在一些原子排列规则、极不稳定的原子集团。当液态金属冷却到结晶温度以下时，这些微小的原子集团变成稳定的结晶核心——晶核，称为自发形核。形成晶核的另一种形式，是当液态金属中有杂质时（自带或人工加入），这些杂质在冷却时就会变成结晶核心并在其表面发生非自发形核。

（2）晶核的长大　晶核的长大即液态金属中的原子向晶核表面转移的过程。一般来说，由于形成晶核时晶体中的顶角、棱边散热条件优于其他部位而长得较快、较大，长出一次晶轴，后又在一次晶轴上长出二次晶轴，如此不断长大与分枝，直到液态金属全部消失，最后形成一个像树枝状的晶体，简称枝晶，如图 2-13 所示。

综上所述，纯金属的结晶总是在恒温下进行的，结晶时总有结晶潜热放出，结晶过程总是遵循形核和长大规律，在有过冷度的条件下才能进行结晶。

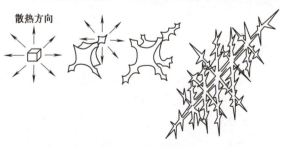

图 2-13　树枝状晶体长大示意图

3. 结晶后的晶粒大小

（1）晶粒大小与性能的关系　金属结晶后，由许许多多大小不等、外形各异的小晶粒构成多晶体。晶粒大小对金属的力学性能及其他性能会产生影响。在一般情况下，晶粒越小，其强度、塑性、韧性也越大。

（2）晶粒大小的控制　结晶后晶粒大小与晶体的长大速度、形核速度有关。若结晶时有较大的过冷度、形核率的增大速度比晶核的长大速度快则晶粒细。在生产中，常采用以下方法获得细晶粒：

1）提高结晶时的冷却速度、增大过冷度。但这种方法对铸锭或大铸件应用较困难。

2）进行变质处理。对于大体积的液态金属，在浇注前人工加入少量的变质剂（人工制造的晶核），从而形成大量非自发结晶核心而得到细晶粒组织，这种方法称为变质处理。变质处理在冶金和铸造中的应用十分广泛，如铸造铝硅合金中加入钠盐，铸铁中加入硅铁等。

3）液态金属结晶时采用机械振动、超声波振动、电磁搅拌等方法，造成枝晶破碎，使晶核的数量增加，从而细化组织。

二、金属的同素异晶转变

大多数金属从液态结晶成为固态晶体后，其晶体结构不再随温度的变化而变化。但有些金属（如铁、钛等）在固态下其晶体结构随着温度的变化而变化。从图 2-14 所示的工业纯铁冷却曲线可以看到晶体结构与温度的变化关系为

$$\delta\text{-Fe} \underset{\text{体心立方}}{\xrightleftharpoons{1394℃}} \gamma\text{-Fe} \underset{\text{面心立方}}{\xrightleftharpoons{912℃}} \alpha\text{-Fe} \atop \text{体心立方}$$

固态金属在一定温度下由一种晶体结构转变成另一种晶体结构的过程称为金属的同素异晶转变。 由于纯铁具有同素异晶转变性质，因而才有可能对钢和铸铁进行各种热处理，以改变其组织和性能。同素异晶转变是一种固态下的结晶，因此，转变时有较大的过冷度、应力与变形。

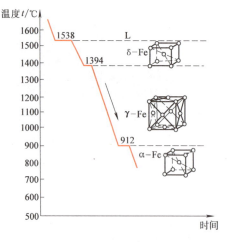

图 2-14　工业纯铁冷却曲线

第三节　合金的相结构、结晶与二元相图

一、概述

许多导电体、传热器、艺术品是由铜、铝、金、银等纯金属制成的。但纯金属力学性能较差，不宜制造机械零件和工模具等工件。实际生产中通过配制各种不同成分的合金材料以获得所需要的性能。

1. 合金

合金是通过熔化或其他方法使两种或两种以上的金属或非金属元素结合在一起所形成的

具有金属特性的物质,如碳素钢就是铁与碳组成的合金。

2. 组元

组元是指组成合金的最基本、独立的物质,如铁碳合金的组元就是铁和碳元素。稳定化合物也可作为组元。

3. 相

相是指在金属或合金中具有相同化学成分、相同结构并以界面分开的各个均匀的组成部分。

4. 组织

组织是指用肉眼或显微镜所观察到的不同相或相的形状、分布及各相之间的组合状态。它是决定合金性能的基本因素。组织可分为宏观组织与显微组织。尤其是显微组织,由于不同合金形成条件不同,各种相将以不同的数量、形状、大小互相结合。在显微镜下可观察到不同组织特征的形貌。在工业生产中,可通过控制和改变合金相的种类、大小、形态、分布以及合金相的不同组合,来改变组织,从而调整合金的性能。

二、合金的相结构

按组成合金的合金相原子排列方式是否相同,可把合金相分成固溶体和金属化合物两大类。

1. 固溶体

溶质原子溶于溶剂晶格中而仍保持溶剂晶格类型的合金相称为固溶体。按溶质原子在溶剂晶格中位置的不同,固溶体分为两大类。

(1) 间隙固溶体 溶质原子位于溶剂晶格的间隙处形成的固溶体称为间隙固溶体,如图 2-15a 所示。

(2) 置换固溶体 溶质原子取代部分溶剂原子而占据了溶剂晶格中的一些结点位置形成的固溶体称为置换固溶体,如图 2-15b 所示。按溶解度不同,固溶体又可分为无限溶解固溶体和有限溶解固溶体。

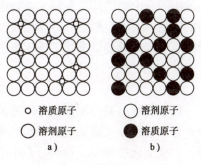

图 2-15 两种固溶体示意图
a) 间隙固溶体 b) 置换固溶体

由于溶质原子的溶入造成固溶体晶格产生畸变,使合金的强度与硬度提高,而塑性和韧性略有下降。这种通过溶入原子,使合金强度和硬度提高的方法称为固溶强化。在工业生产上,固溶强化是提高材料力学性能的重要途径之一。

2. 金属化合物

金属化合物(又称中间相)是指合金组元之间相互作用形成具有金属特征的物质。金属化合物的晶格类型和性能不同于组元,具有熔点高、硬度高、脆性大的特点。它在合金中能提高其强度、硬度,但降低其塑性、韧性。因此,通常将金属化合物作为重要的强化相来使用。

常见的金属化合物有正常价化合物、电子化合物、间隙化合物三大类。前两种是非铁合金(非铁金属)中重要的强化相,而后者是钢中的重要强化相。

间隙化合物是由原子直径较大的过渡族金属元素为溶剂与原子直径较小的非金属元素（C、N、B……）为溶质相互作用形成的。按间隙化合物的晶体结构复杂程度不同，可将它划分为两类。

一类是具有简单晶体结构的间隙化合物，也称为间隙相，如 VC、WC、TiC 等。另一类是具有复杂晶体结构的间隙化合物，如 Fe_3C，它具有由许多八面体及每个八面体中心的一个碳原子共同构成的复杂晶体结构。从表 2-1 可以看出间隙相比具有复杂晶体结构的间隙化合物具有更高的熔点、硬度，而且非常稳定。

表 2-1　各种碳化物性能比较

碳化物类型	间　隙　相							复杂结构间隙化合物	
成分	TiC	ZrC	VC	NbC	NaC	WC	MoC	$Cr_{23}C_6$	Fe_3C
硬度 HV	2850	2840	2010	2050	1550	1730	1480	1650	≈800
熔点/℃	3410	3805	3023	3770±125	4150±140	2867	2960±50	1520	1227

如果金属化合物呈细小颗粒均匀分布在固溶体的基体相上，则将使合金的强度、硬度、耐磨性明显提高，这一现象称为弥散强化。

3. 合金的组织

合金的组织是由合金相组成的，既可以是固溶体，也可以是金属化合物，但绝大多数合金的组织是由固溶体与金属化合物组成的复合组织。通过调整固溶体中溶质含量和金属化合物的数量、大小、形态、分布以及调整固溶体与金属化合物的比例，就可以改变其组织，从而改变合金的性能以满足工业生产的实际需要。

三、合金的结晶与二元合金相图

纯金属的结晶由于无成分因素的影响，往往在结晶后形成单相组织。而合金在结晶后，由于存在两种以上组元之间的相互作用，可能形成一种多相组织。为全面了解合金组织随成分、温度变化的规律，对合金系中不同成分的合金进行试验，观察分析其在极其缓慢加热、冷却过程中内部组织的变化，绘制成图。这种表示在平衡条件下（平衡：合金相在一定条件下不随时间而改变的状态），合金的成分、温度、合金相之间的关系图解，称为合金相图（又称合金状态图，也称合金平衡相图）。

依据相图可大致预测合金的性能，是制订铸造、锻造、焊接、热处理等工艺的重要依据。

1. 二元合金相图的建立

纯金属由于无成分因素的影响，它的相图可用一根温度坐标轴来表示在不同温度下纯金属所处的组织状态。但两组元合金相图，因合金成分是可变的，不能用一个温度坐标来表示，必须加一条合金成分的坐标轴，故二元合金相图是一个以温度轴为纵坐标、合金成分为横坐标的平面图形。

建立二元合金相图最常用的试验方法是热分析法。现以 Cu-Ni 二元合金相图为例，说明用热分析法建立相图的基本过程。

1）配制一系列不同成分的 Cu-Ni 合金，总计 6 组，见表 2-2。

表 2-2　6 组不同的 Cu-Ni 合金

序号		1	2	3	4	5	6
合金化学成分	w_{Cu}（%）	100	80	60	40	20	0
	w_{Ni}（%）	0	20	40	60	80	100

2）将 6 组合金分别加热到高温液态，然后以极其缓慢的冷却速度冷却到室温，分别测定它们的冷却曲线，正确标明各相变点。

3）将冷却曲线上各相变点投影到温度-成分坐标图中相应的合金成分线上，将意义相同的点连接起来就构成了 Cu-Ni 二元合金相图，如图 2-16 所示。

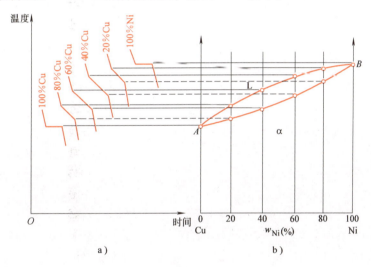

图 2-16　测定 Cu-Ni 合金相图
a) Cu-Ni 合金冷却曲线　b) Cu-Ni 合金相图

2. 二元匀晶相图

两组元在液态、固态下均能以任何比例互溶形成无限固溶体的相图称为二元匀晶相图。 图 2-16b 就是 Cu-Ni 二元匀晶相图。

（1）相图分析　A 点、B 点分别是 Cu、Ni 的熔点。ALB 线称为液相线，表示液态合金冷却时开始结晶的温度线，加热时表示所有固相转变成液相的熔化终了线。AαB 线称为固相线，表示液态合金结晶终了的温度线，加热时表示固相开始熔化的温度线。L 表示液相，在 ALB 线以上的状态。α 表示均匀固溶体相，在 AαB 线以下的状态。在 ALB 线与 AαB 线之间包围的区域为 L+α 的液、固双相区。

（2）固溶体合金的结晶过程　以含 Ni 为 X%（质量分数）的合金为例，从高温液态缓慢地冷却到室温的结晶过程如图 2-17 所示。

通过 X% 成分作垂线，与液相线、固相线的交点分别为 a_1、b_3。当 X% 成分的液态合金缓冷到 t_1 温度时，开始从液相 L 结晶出固相 α。随着温度的降低，剩余液相 L 不断减少，结晶出的固相不断增多。当温度一直降到 t_3 时，所有液相均转变成为 α 单相固溶体合金直到室温。

(3) 杠杆定律　实践证明,在两相区(L+α)内结晶过程中,剩余液相L的成分与结晶出的固相α的成分是不断变化的。在某一温度下,液相与固相成分的确定方法:在相图中,首先画出在某一温度下的水平线段,分别与液相线、固相线交点的横坐标投影,就是在该温度下平衡的两个相的成分。显然,当温度变化时($t_1 \to t_3$),它们的成分也在变化。剩余液相L的成分沿液相线变化($a_1 \to a_3$),结晶出固相α的成分沿固相线变化($b_1 \to b_3$)。当温度降到t_3温度以下时,形成具有$X\%$成分的单相固溶体α的合金。

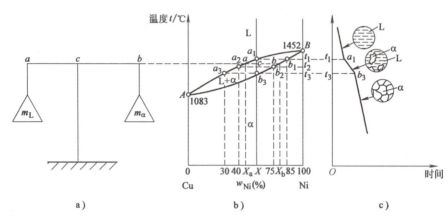

图2-17　Cu-Ni合金相图与冷却曲线

a) 杠杆定律的力学比喻　b) Cu-Ni合金相图　c) X合金的冷却曲线

在双相区内,在某一温度下平衡的两个相(液相L+固相α),它们的相对量可由杠杆定律求出,如图2-17a所示。设合金总质量为m、液相质量为m_L、固相质量为$m_α$,则有

$$m_L + m_α = m$$
$$m_L X_a + m_α X_b = mX$$

由上两式可求得

$$m_L(X - X_a) = m_α(X_b - X)$$

因为　　　　　　　　$X - X_a = ac$,　　$X_b - X = bc$

所以　　　　　　　　$m_L \cdot ac = m_α \cdot bc$

$m_L = bc/ab \times 100\%$　　或　　$m_α = ac/ab \times 100\%$

由上式看出,求出的两相相对量关系与杠杆定律很相似,故称为杠杆定律,它只适用于两个平衡相的相对量的计算。

从匀晶相图合金结晶过程可以看出,固溶体合金的结晶与纯金属的结晶是不同的:

1) 固溶体合金的结晶不是在恒温下进行的,而是在一个温度范围内进行。

2) 在结晶过程中,随着温度的降低,剩余液相不断减少,结晶出的固相不断增多,最后结晶出一个以任何比例互溶的无限固溶体合金。

3) 结晶过程中平衡的两个相的成分是不断变化的,液相成分沿液相线变化,固相成分沿固相线变化。

4) 结晶过程中,在某一温度下平衡的两个相的相对量可由杠杆定律求出。

(4）枝晶偏析　固溶体合金在结晶过程中，只有在冷却极其缓慢、使原子能进行充分扩散的条件下，固相的成分才能沿着固相线均匀地变化，最终获得与原合金成分相同的均匀 α 固溶体。但在实际生产条件下，由于合金在结晶过程中冷却速度一般都较快，而且固态下原子扩散又很困难，使固溶体内部的原子扩散来不及充分进行，结果先结晶出固溶体的成分（含高熔点组元 Ni）与后结晶出的固溶体成分是不同的。结晶后这种在一个晶粒内部化学成分不均匀的现象称为晶内偏析。因为固溶体的结晶一般是按树枝状方式长大的，这就使先结晶的枝干成分与后结晶的枝间成分不同，由于这种晶内偏析呈树枝状分布，故又称为枝晶偏析。

3. 二元共晶相图

两组元在液态下互溶，但在固态下这两种组元可以互不溶解或仅能部分溶解形成两种不同固相并发生共晶转变的相图称为二元共晶相图。

具有一定成分的液态合金，在一定温度下，同时结晶出两种不同成分、不同结构的固相的转变称为共晶转变，并以下式表示：

$$\text{一定成分液相} \underset{\text{一定的加热温度}}{\overset{\text{一定的冷却温度}}{\rightleftharpoons}} \text{固相 1} + \text{固相 2}$$

其转变产物为共晶组织或共晶体。这类二元合金相图有 Pb-Sn 相图、Al-Si 相图、Fe-Fe$_3$C 高温部分相图等。

二元合金相图有多种不同的基本类型。实用的二元合金相图大都比较复杂，但复杂的相图总是可以看作是由若干基本类型的相图组合而成的。图 2-18 所示为常见的二元合金相图。

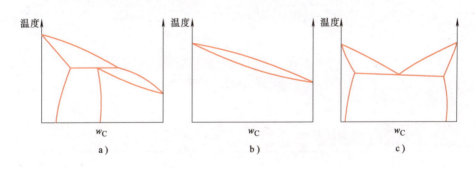

图 2-18　常见的二元合金相图
a）包晶相图　b）匀晶相图　c）共晶相图

4. 合金的性能与相图

相图是表示合金成分、温度、合金相之间关系的图解。而合金的性能主要取决于合金的成分与组织，因而合金相图与合金性能必然存在一定的关系。从图 2-19 中可清楚地了解到：固溶体合金（匀晶相图）的硬度、强度随成分呈凸透镜状曲线变化；共晶类合金（共晶相图）成线性比例关系，且在共晶点处由于组织细小而使强度、硬度达到最大值。

合金的铸造性能主要是指合金的流动性与产生缩孔的倾向等。固溶体合金由于流动性小、产生分散缩孔的可能性大而导致铸造性能差。相反，共晶合金的铸造性能好。

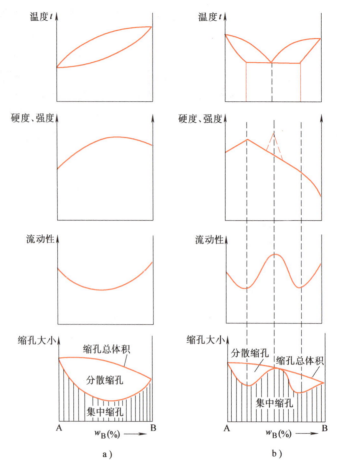

图 2-19 合金性能与相图的关系
a）固溶体合金 b）共晶类合金

第四节　铁碳合金相图

钢铁材料是现代制造行业中使用最广泛的金属材料，并且都是以铁碳为基本组元的合金。要了解钢铁材料，首先应研究铁碳合金相图。铁碳合金相图是分析研究铁碳合金在平衡条件下合金的成分、温度与合金相之间关系的图解。该相图对正确选择和使用材料、制订合理的材料成形工艺等都具有重要的指导作用。

由于铁和碳之间相互作用的复杂性，铁和碳可以形成一系列稳定的化合物，而稳定的化合物也可以作为一个独立的组元，因此整个铁碳合金相图可以分解为一系列二元相图。但是，由于 $w_C > 5\%$ 的铁碳合金没有太多的实用价值，因此这里介绍的仅是 Fe 和 Fe_3C 两个基本组元组成的 Fe-Fe_3C 相图。

一、铁碳合金的基本相与性能

由于铁碳合金中铁与碳组元相互作用的不同，铁碳合金的基本相分为：铁素体、奥氏体和渗碳体。

1. 铁素体

碳溶入 α-Fe 中形成的间隙固溶体称为铁素体，用符号"F"表示。α-Fe 是在 912℃ 以下以体心立方晶格存在的工业纯铁。虽然 α-Fe 的致密度小，但每个间隙位置尺寸很小，所以碳在 α-Fe 中的溶解度很小，在 727℃ 时溶解度最大，可达 $w_C = 0.0218\%$，室温时碳在 α-Fe 中的溶解度几乎为零（$w_C = 0.0008\%$）。因此，室温下的铁素体与工业纯铁的性能基本相同，见表 2-3。

表 2-3 铁素体性能

抗拉强度 R_m/MPa	180~280	屈服强度/MPa	100~170
断后伸长率 $A(\%)$	30~50	断面收缩率 $Z(\%)$	70~80
冲击吸收能量 K/J	128~160	硬度 HBW	≈80

2. 奥氏体

碳溶入 γ-Fe 中形成的间隙固溶体，称为奥氏体，用符号"A"表示。由于 γ-Fe 间隙较大，溶碳的能力较大，在 1148℃ 时，溶碳能力最大，$w_C = 2.11\%$。随温度降低，溶解度也逐渐下降，在 727℃ 时，溶碳量为 $w_C = 0.77\%$。奥氏体性能数值如下：抗拉强度 $R_m = 400$MPa，断后伸长率 $A = 40\% \sim 50\%$，硬度 = 160~200HBW。

3. 渗碳体

渗碳体是铁与碳形成的具有复杂晶体结构的间隙化合物，可用 Fe_3C 化学式表示。Fe_3C 中的碳含量为 $w_C = 6.69\%$，熔点很高约 1227℃，硬度很高可达 800HBW，塑性与韧性几乎为零，脆性大。Fe_3C 是钢中的强化相，它的形态、大小、数量与分布对铁碳合金性能产生很大影响。

二、铁碳合金相图

在铁碳合金中，铁与碳可形成一系列的化合物 Fe_3C、Fe_2C 等。其中 Fe_3C 中碳的质量分数为 $w_C = 6.69\%$。当碳的质量分数超此数值时铁碳合金脆性太大，而没有实用价值。因此，铁碳合金相图实质上仅研究 $Fe-Fe_3C$ 相图这一部分。经简化后 $Fe-Fe_3C$ 相图如图 2-20 所示。

1. 相图分析

$Fe-Fe_3C$ 相图可分成上、下两半部分。1000℃ 以上高温部分的 $Fe-Fe_3C$ 相图相当于二元（奥氏体、渗碳体）共晶相图，1000℃ 以下部分的 $Fe-Fe_3C$ 相图与上半部分相图为二元共析相图（铁素体、渗碳体）。

（1）$Fe-Fe_3C$ 相图中的特征点 A 为纯铁的熔点、D 为渗碳体的分解点、C 为共晶点。具有共晶点 C 点成分（碳质量分数 4.3%）的液相，冷却至 1148℃ 时，会从液相同时结晶出两种不同固相（E 点成分的 $A+F$ 点成分的 Fe_3C）的复合组织，发生共晶转变。

$$L_C \xrightleftharpoons{\text{一定温度}} (A_E + Fe_3C_F)$$

这种组织称为共晶组织，也称为莱氏体，用符号"Ld"表示。

相图中的 E 点、P 点分别是碳在奥氏体、铁素体中最大的溶解度；G 点是 α-Fe↔γ-Fe 同素异晶转变点；Q 点是 600℃ 时碳在铁素体中的溶解度；S 点是共析点，F 点、K 点是渗

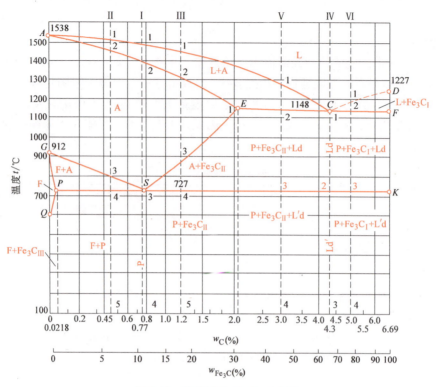

图 2-20 简化后的 Fe-Fe₃C 相图

碳体的成分点。

S 点：具有 S 点成分的奥氏体，在 727℃ 时从奥氏体中同时析出两种不同的固相（F_P + Fe_3C_K）的复相组织，称为珠光体，可用下式表示。

$$A_S \xrightleftharpoons{727℃} P(F_P + Fe_3C_K)$$

（2）Fe-Fe₃C 相图中的特征线 ACD 为液相线、$AECF$ 为固相线、ECF 为共晶转变线、PSK 线为共析线。当 $w_C > 2.11\%$ 的铁碳合金（从液态）缓慢冷却通过共晶转变线时会发生共晶转变，当 $w_C > 0.0218\%$ 的铁碳合金（奥氏体）缓慢冷却到共析转变线时均要发生共析转变。ES 线为碳在奥氏体中的溶解度曲线，凡 $w_C > 0.77\%$ 的铁碳合金，由 1148℃（奥氏体碳质量分数为 2.11%）缓慢冷却到 727℃（奥氏体碳质量分数为 0.77%）时，过剩的碳将以二次渗碳体形式（Fe_3C_{II}）从奥氏体的晶界上呈网状析出。PQ 线为碳在铁素体中的溶解度曲线，当温度从 727℃ 缓慢冷却至 600℃ 时，过剩的碳将以三次渗碳体形式（Fe_3C_{III}）析出。GS 线为铁碳合金缓冷时由奥氏体析出铁素体开始线或加热时铁素体转变奥氏体的终了线。

（3）Fe-Fe₃C 相图中的相区 相图中有 F、A、L 和 Fe₃C 四个单相区，以及由这四个单相组成的两相区。

2. 典型合金的结晶过程

（1）铁碳合金的类型 按 Fe-Fe₃C 相图，把铁碳合金分成三种七个类型：

1）$w_C < 0.02\%$ 的铁碳合金为工业纯铁。

2）$0.02\% < w_C < 2.11\%$ 的铁碳合金为钢，其中 $0.02\% < w_C < 0.77\%$ 的铁碳合金为亚共析钢，$w_C = 0.77\%$ 的铁碳合金为共析钢，$0.77\% < w_C < 2.11\%$ 的铁碳合金为过共析钢。

3) $2.11\% < w_C < 6.69\%$ 的铁碳合金为白口铸铁，其中 $2.11\% < w_C < 4.3\%$ 的铁碳合金为亚共晶白口铸铁，$w_C = 0.43\%$ 的铁碳合金为共晶白口铸铁，$4.3\% < w_C < 6.69\%$ 的铁碳合金为过共晶白口铸铁。

(2) 几种典型铁碳合金的结晶过程分析

1) 共析钢的结晶过程分析。共析钢结晶过程示意图如图 2-21 所示。图 2-20 中合金 Ⅰ 为 $w_C = 0.77\%$ 的共析钢。合金在 1 点以上为液相（L）。缓冷到 1 点时开始从液相结晶出奥氏体固相（A）。温度不断降低，剩余液相不断减少，奥氏体不断增多，同时液相成分沿 AC 线变化，奥氏体成分沿 AE 线变化。当温度降至 2 点时，液相全部结晶为奥氏体单相并保持到 3 点（S 点）以下。当温度降至 3 点（727℃）时，奥氏体成分为 $w_C = 0.77\%$，它将发生共析转变，生成珠光体（P）。直到冷却到室温，虽然从铁素体中析出微量的 Fe_3C_{III} 并与渗碳体同相，但因量少故可忽略不计。因此，共析钢缓冷到室温的组织为层片状的珠光体，如图 2-22 所示。

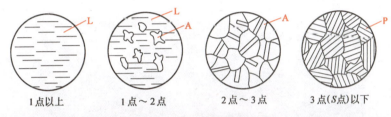

图 2-21 共析钢结晶过程示意图

2) 亚共析钢的结晶过程分析。图 2-20 中的合金 Ⅱ 为 $w_C < 0.77\%$ 的亚共析钢。合金 Ⅱ 在 3 点以前的结晶与合金 Ⅰ 相同。缓冷至 3 点时，从奥氏体中开始析出铁素体。随着温度的不断降低，奥氏体不断减少，其成分沿 GS 线变化，铁素体不断增多，其成分沿 GP 线变化。当温度降至 4 点时，剩余奥氏体成分达到 S 点（$w_C = 0.77\%$）、温度降至 727℃，奥氏体将发生共析转变生成珠光体（P）。继续冷却到室温，组织变化不大。亚共析钢的室温组织为铁素体和珠光体的混合物（F + P）。

图 2-22 共析钢显微组织示意图

亚共析钢结晶过程示意图如图 2-23 所示，亚共析钢显微组织如图 2-24 所示。

例题：确定碳含量 $w_C = 0.4\%$ 的亚共析钢在室温下的相组成和组织组分的相对量。

解：室温下的相组分为 $F + Fe_3C$ 两相，则两相的相对量为

$$w_F = \frac{6.69 - 0.4}{6.69 - 0} \times 100\% = 94\%$$

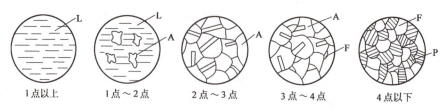

图 2-23 亚共析钢结晶过程示意图

$$w_{Fe_3C} = 100\% - 94\% = 6\%$$

室温下的组织组分为 F + P，则

$$w_F = \frac{0.77 - 0.4}{0.77 - 0} \times 100\% = 48\%$$

$$w_P = 52\%$$

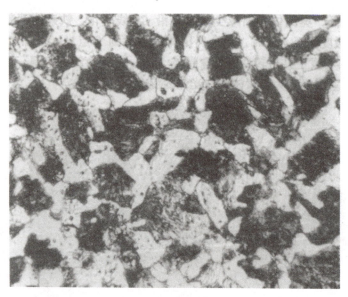

图 2-24 亚共析钢显微组织（$w_C = 0.45\%$）

3）过共析钢的结晶过程分析。过共析钢结晶过程示意图如图 2-25 所示。图 2-20 中合金 Ⅲ 为 $0.77\% < w_C < 2.11\%$ 的过共析钢。合金 Ⅲ 在 3 点以前的结晶与合金 Ⅰ、合金 Ⅱ 相同。当合金缓冷至 3 点时，由于奥氏体中碳达到过饱和而开始从奥氏体的晶界上析出二次渗碳体（$Fe_3C_Ⅱ$）。当温度继续降低至 727℃ 时，奥氏体成分达到 S 点（$w_C = 0.77\%$），奥氏体将发生共析转变形成珠光体。温度降至室温后得到的组织为（$P + Fe_3C_Ⅱ$），其显微组织如图 2-26 所示。

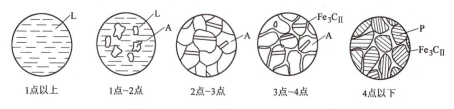

图 2-25 过共析钢结晶过程示意图

4）共晶白口铸铁的结晶过程分析。图 2-20 中合金Ⅳ具有 C 点成分（w_C = 4.3%），称为共晶白口铸铁，1 点（C 点）以上为液相。当温度降至 C 点所在的共晶线（1148℃）时，液态合金发生共晶转变形成高温莱氏体 Ld。随着温度下降，碳在奥氏体中的含量沿 ES 线变化并不断从奥氏体中析出 $Fe_3C_{Ⅱ}$。当温度下降至 2 点（727℃）时，奥氏体具备了共析转变条件产生珠光体（P）。故共晶白口铸铁室温组织为 L′d（P + $Fe_3C_{Ⅱ}$ + Fe_3C），称为低温或变态莱氏体，用符号"L′d"表示。共晶白口铸铁结晶过程示意图如图 2-27 所示。

图 2-26　过共析钢显微组织

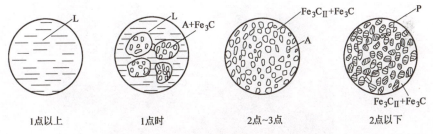

图 2-27　共晶白口铸铁结晶过程示意图

5）亚共晶白口铸铁的结晶过程分析。图 2-20 中合金Ⅴ为 w_C < 4.3% 的亚共晶白口铸铁。1 点以上为液相，1 点时开始从液相结晶出奥氏体固相。随着温度的降低，剩余液相不断减少，其成分沿 AC 线变化。奥氏体固相不断增多，其成分沿 AE 线变化。当温度降至 2 点（1148℃）时，剩余液相成分达到 C 点，发生共晶转变形成高温莱氏体。温度继续下降，奥氏体中不断析出 $Fe_3C_{Ⅱ}$ 且成分沿 ES 线变化。当温度降至 3 点（727℃）时，奥氏体达到 S 点成分，奥氏体将发生共析转变形成珠光体。因此，亚共晶白口铸铁的室温组织为 P + $Fe_3C_{Ⅱ}$ + L′d（P + $Fe_3C_{Ⅱ}$ + Fe_3C）。

亚共晶白口铸铁结晶过程示意图如图 2-28 所示。

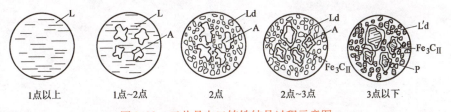

图 2-28　亚共晶白口铸铁结晶过程示意图

6）过共晶白口铸铁的结晶过程分析。图 2-20 中合金Ⅵ为 4.3% < w_C < 6.69% 的过共晶白口铸铁。1 点以上为液相。1 点时开始从液相结晶出一次渗碳体 $Fe_3C_Ⅰ$。当温度降至 2 点

时，剩余液相成分达到 C 点，温度达到 1148℃，具备了共晶转变条件形成高温莱氏体。温度继续降低时，Fe_3C_{II} 不断从奥氏体中析出。降至 3 点时，奥氏体成分、温度具备了共析转变条件形成珠光体。因此，过共晶白口铸铁的室温组织为 $Fe_3C_I + L'd(P + Fe_3C_{II} + Fe_3C)$ 过共晶白口铸铁结晶过程示意图如图 2-29 所示。

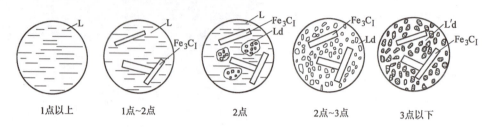

图 2-29 过共晶白口铸铁结晶过程示意图

上述亚共晶、共晶和过共晶白口铸铁室温组织如图 2-30 所示。

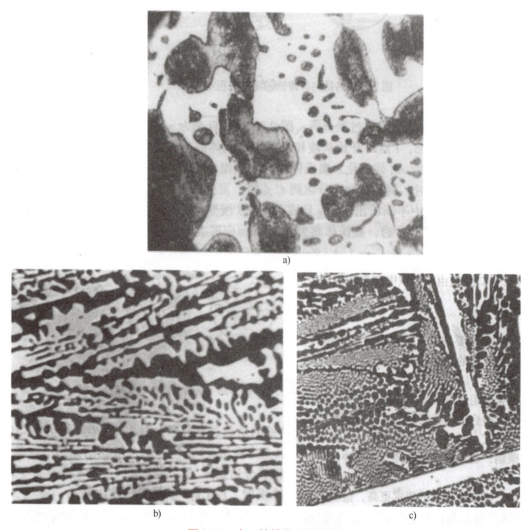

图 2-30 白口铸铁的室温组织
a) 亚共晶 b) 共晶 c) 过共晶

三、含碳量与铁碳合金组织与性能的关系

铁碳合金室温组织虽然都是由铁素体和渗碳体两相组成，但是，因其含碳量不同，故组织中两个相的相对数量、相对分布及形态不同，因而不同成分的合金具有不同的性能。

1. 铁碳合金中含碳量对平衡组织的影响

从相图中可以看出，随着碳含量增加，铁素体的量不断减少，渗碳体的量不断增多，它们的形态与分布也有了变化。

在室温下，随着碳含量增多，其组织发生如下变化：

碳含量变化（质量分数）：$0 \to 0.77\% \to 2.11\% \to 4.3\% \to 6.69\%$

组织变化：$F \to F + P \to P \to P + Fe_3C_{II} \to P + Fe_3C_{II} + L'd \to L'd \to L'd + Fe_3C_{I} \to Fe_3C$

同时铁素体形态（如块状、层片状、半网状等）和渗碳体形态（层片状、网状、树枝状等）与分布随着铁碳合金成分变化而发生变化。

2. 铁碳合金中含碳量对力学性能的影响

如图 2-31 所示，铁碳合金中随着含碳量增加，铁素体不断减少、渗碳体不断增多而使合金的强度、硬度升高而塑性、韧性降低。但当 $w_C > 0.9\%$ 时，由于晶界中存在网状 Fe_3C_{II} 而使强度下降，对于白口铸铁由于组织中存在又硬又脆的莱氏体，工业应用较少而没有在图中描述。

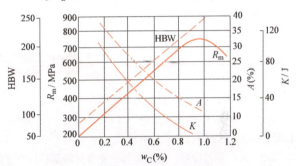

图 2-31　钢的成分对力学性能的影响

四、铁碳相图的应用

铁碳相图对生产实践具有重要意义。除了在材料选用时参考外，还可作为制订铸造、锻压、焊接及热处理等工艺的重要依据。

1. 在选材方面的应用

铁碳相图总结了铁碳合金组织和性能随成分的变化规律。这样，就可以根据零件的服役条件和性能要求，来选择合适的材料。例如，若需要塑性好、韧性高的材料，可选用低碳钢；若需要强度、硬度、塑性等都好的材料，可选用中碳钢；若需要硬度高、耐磨性好的材料可选用高碳钢；若需要耐磨性高，不受冲击的工件用材料，可选用白口铸铁等。

随着生产技术的发展，对钢铁材料的要求更高，这就需要按照新的要求，根据国内资源研制新材料，而铁碳相图可作为材料研制中预测其组织的基本依据。例如，碳素钢中加入 Mn，可改变共析点的位置，组织中可提高珠光体的相对含量，从而提高钢的硬度和强度。

2. 在铸造成形方面的应用

根据相图中液相线的位置，可确定各种铸钢和铸铁的浇注温度，为制订铸造工艺提供依据。由相图可见，共晶成分的铁碳合金熔点最低，结晶温度范围最小，具有良好的铸造性能。因此，在铸造生产中，经常选用接近共晶成分的铸铁。与铸铁相比，钢的熔化温度和浇注温度要高得多，其铸造性能较差，易产生收缩，因而钢的铸造工艺比较复杂。

3. 在压力加工成形方面的应用

奥氏体的强度较低，塑性较好，便于塑性变形。因此，钢材的锻造、轧制均选择在单相奥氏体区适当温度范围内进行。

4. 在焊接成形方面的应用

焊接时从焊缝到母材各区域的加热温度是不同的，由 Fe-Fe₃C 相图可知，加热温度不同的各区域在随后的冷却中可能会出现不同的组织与性能。这就需要在焊接后采用热处理方法加以改善。

5. 在热处理方面的应用

Fe-Fe₃C 相图对制订热处理工艺有着特别重要的意义，这将在后续章节中详细介绍。应该指出，铁碳相图不能说明快速加热或冷却时铁碳合金组织变化的规律。因此，不能完全依据铁碳相图来分析生产过程中的具体问题，需结合转变动力学的有关理论综合分析。

习题与思考题

2-1 试计算面心立方晶格的致密度。

2-2 已知 γ-Fe 的晶格常数（$a = 3.63$Å）大于 α-Fe 的晶格常数（$a = 2.89$Å），为什么 γ-Fe 冷却到 912℃ 转变为 α-Fe 时，体积反而增大？

2-3 什么是过冷度？过冷度与冷速有何关系？过冷度对金属结晶后的晶粒大小有何影响？

2-4 晶粒大小对金属的力学性能有何影响？为什么？简述在凝固阶段晶粒细化的途径。

2-5 什么是固溶体？固溶体有何晶格特性和性能特点？何为固溶强化？

2-6 什么是金属化合物？金属化合物有何晶格特征和性能特点？何为弥散强化？

2-7 判断下列情况是否有相变：

液态金属结晶，同素异晶转变。

2-8 A-B 二元合金形成的相图如图 2-32 所示。试问：

1）K 合金的结晶过程中，由于固相成分随固相线变化，所以已结晶出来的固溶体的含 B 量总是高于原液相中的含 B 量，为什么？

2）固溶体合金结晶时，由于结晶过程中成分是变化的，因此，在平衡态下固溶体合金的成分是否均匀？为什么？

3）固溶体合金结晶的一般规律。

2-9 比较下列名词的异同：

1）α-Fe、α 相与铁素体。

2）γ-Fe、γ 相与奥氏体。

3）Fe₃C$_I$、Fe₃C 共晶、Fe₃C$_{II}$、Fe₃C 共析、Fe₃C$_{III}$。

4）结晶、重结晶、再结晶。

5）相组分与组织组分、高温莱氏体与变态莱氏体。

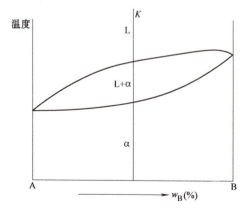

图 2-32 题 2-8 图

2-10 默画出 Fe-Fe₃C 相图。填出各区域的相组分和组织组分。分析碳的质量分数分别为 0.4%、0.77%、1.2% 的钢的结晶过程。指出这三种钢在 1400℃、1100℃、800℃ 时奥氏体中碳的质量分数。

2-11 设珠光体的硬度为 200HBW，断后伸长率 $A = 20\%$；铁素体硬度为 80HBW，断后伸长率 $A = 50\%$。计算 $w_C = 0.45\%$ 碳素钢的硬度与伸长率。

2-12　根据 Fe-Fe$_3$C 相图，解释下列现象：

1）在室温下，$w_C = 0.8\%$ 的碳素钢比 $w_C = 0.4\%$ 碳素钢硬度高，比 $w_C = 1.2\%$ 的碳素钢强度高。

2）钢铆钉一般用低碳钢制造。

3）绑扎物件一般用镀锌低碳钢丝（俗称铁丝），而起重机吊重物时都用钢丝绳（用 60 钢、65 钢等制成）。

4）在 1000℃ 时，$w_C = 0.4\%$ 的钢能进行锻造，而 $w_C = 4.0\%$ 的铸铁不能进行锻造。

5）钳工锯削 T8、T10、T12 等退火钢料比锯削 10 钢、20 钢费力，且锯条易磨钝。

6）钢适宜压力加工成形，而铸铁适宜铸造成形。

第三章 钢的热处理

CHAPTER 3

钢的热处理是将钢在固态下以适当的方式进行加热、保温和冷却,以获得所需组织和性能的工艺过程。热处理是改善金属材料使用性能和工艺性能的一种非常重要的工艺方法,它在机械行业中占有十分重要的地位,机床、汽车、拖拉机等产品中 60%~80% 的零件需要进行热处理,而轴承、弹簧、工模具则 100% 需要热处理。

第一节 钢的热处理基础

一、概述

图 3-1 所示为 Fe-Fe$_3$C 相图的一部分。碳素钢在缓慢加热或缓慢冷却条件下,其临界转变温度分别为 A_1、A_{cm}、A_3。但在实际生产中,其加热与冷却不是缓慢的,致使 Fe-Fe$_3$C 相图中相变点与相变线的位置也发生了变化,加热与冷却速度越大,相变点或相变线偏离相图相应点或线也越大。碳素钢在加热时的临界温度分别为 Ac_1、Ac_{cm}、Ac_3,而在实际冷却时的临界温度分别为 Ar_1、Ar_{cm}、Ar_3。

尽管热处理工艺种类繁多,但其过程均由加热、保温、冷却三个阶段组成,图 3-2 所示为最基本的热处理工艺曲线形式。也可以把加热与保温阶段作为加热阶段。因此,热处理过程由加热和冷却两个阶段组成。只要弄清加热阶段和冷却阶段的组织变化,就可容易地理解热处理工艺的目的与作用。

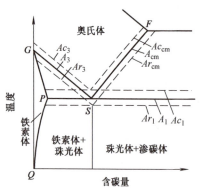

图 3-1 加热和冷却时 Fe-Fe$_3$C 相图上各相变的位置

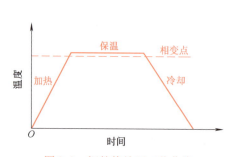

图 3-2 钢的热处理工艺曲线

依据热处理加热与冷却方法的不同及钢的组织和性能变化的特点,钢的热处理可分为普通热处理（如淬火、回火、正火、退火等）和表面热处理（如表面淬火和化学热处理）。

二、钢在加热时的转变

1. 共析钢的奥氏体化

从 Fe-Fe_3C 相图可知，将钢加热到 A_1 线以上时，将发生珠光体向奥氏体的转变，钢在加热时获得奥氏体组织的过程称为钢的奥氏体化。可由下式表示：

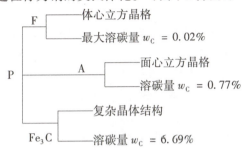

从上式可知，珠光体向奥氏体的转变过程中，总是伴随着晶体结构的改组和 Fe、C 原子的扩散。奥氏体的形成也是要通过奥氏体（以符号"A"表示）形核与长大、渗碳体的溶解及奥氏体成分的均匀化三个基本阶段来完成的，如图 3-3 所示。

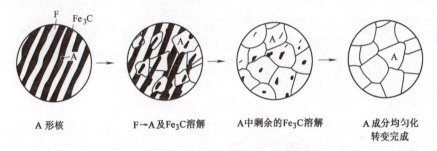

图 3-3　共析钢中奥氏体形成过程示意图

2. 亚共析钢与过共析钢的奥氏体化

亚共析钢与过共析钢的奥氏体化与共析钢奥氏体化相似。除了珠光体转变成奥氏体以外，还有先共析的铁素体和渗碳体的转变。

亚共析钢：$F + P \xrightarrow[(Ⅰ)]{A_1} A + F \xrightarrow[(Ⅱ)]{A_3} A$

过共析钢：$Fe_3C + P \xrightarrow[(Ⅰ)]{A_1} A + Fe_3C \xrightarrow[(Ⅱ)]{A_{cm}} A$

式中，（Ⅰ）为部分奥氏体化；（Ⅱ）为完全奥氏体化。

钢的奥氏体化的主要目的是获得晶粒细小、成分均匀的奥氏体组织。

3. 奥氏体晶粒度及其影响因素

奥氏体晶粒的大小对冷却转变后钢的性能有很大的影响。热处理加热时，若获得细小、均匀的奥氏体，则冷却后钢的力学性能就好。因此，奥氏体晶粒的大小是评定热处理加热质量的主要指标之一。

（1）晶粒度　晶粒度是表示晶粒大小的尺度，一般用单位长度、面积、体积的晶粒数

量或晶粒级别来表示。奥氏体晶粒度级别可以由下式求出，即
$$n = 2^{G-1}$$
式中，n 为放大 100 倍时，645.16mm² （1in²）视场中含有平均晶粒的数目；G 为晶粒度级别，一般认为，G 在 1~4 级为粗晶粒，G 在 5~8 级为细晶粒，G 在 8~12 级为超细晶粒。

（2）奥氏体晶粒度的种类　奥氏体一般有三种晶粒度概念，即起始晶粒度、实际晶粒度和本质晶粒度。

1）起始晶粒度：指珠光体刚刚全部转变为奥氏体时的晶粒度。一般比较细小而均匀。

2）实际晶粒度：指钢在实际加热或具体的热处理条件下获得的奥氏体晶粒的大小。实际晶粒度一般比起始晶粒度大，其大小直接影响钢热处理后的性能。

3）本质晶粒度：表示某种钢在规定的加热条件下，奥氏体晶粒长大的倾向，不是晶粒大小的实际度量。

实践表明，不同成分的钢在加热时奥氏体晶粒长大的倾向不同。工业上，将钢加热到（930±10）℃，保温一定时间（一般 3~8h），冷却到室温，在放大 100 倍的视场中可测量奥氏体的晶粒长大倾向。如图 3-4 所示，曲线 1 与曲线 2 相比，在 930℃以下时，本质粗晶粒钢比本质细晶粒钢晶粒要粗，而在 930℃以上时，本质粗晶粒钢却比本质细晶粒钢晶粒要细。即本质细晶粒钢在 930℃以上时具有较大的晶粒长大倾向，而在 930℃以下时，本质粗晶粒钢具有较大的晶粒长大倾向。这与钢的脱氧方法有关。当用铝脱氧时，脱氧产物 Al_2O_3 微粒分布在晶界上阻碍晶粒长大，这是本质细晶粒钢。当温度在 930℃以上时，Al_2O_3 微粒发生偏聚，引起晶粒急剧长大。

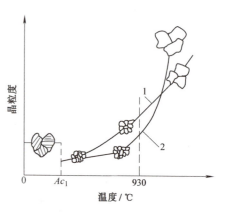

图 3-4　加热温度与晶粒大小的关系

（3）影响奥氏体晶粒度的因素　奥氏体晶粒大小直接影响冷却后组织的粗细程度和力学性能。因此，有效控制奥氏体晶粒长大因素，对控制冷却后组织的粗细非常重要。

奥氏体的形成是通过形核和长大过程来实现的。因此，形成奥氏体的速度取决于奥氏体的形核速率和晶核的长大速率。而它们又取决于加热温度、保温时间、原始成分与组织等。为控制奥氏体晶粒长大应采取以下措施：

1）合理选择加热速度、加热温度和保温时间。加热温度越高、保温时间越长，晶粒越粗大；加热速度越快，晶粒越细小。

2）成分。若在钢中加入一些形成碳化物（Cr、W、Mo、V、Ti……）的合金元素，则由于形成的碳化物分布在奥氏体的晶界上，可有效地阻止晶粒长大（Mn、P 除外）。

3）合理选择原始组织。一般原始组织越细，加热后的起始晶粒也越细。

三、钢在冷却时的转变

钢经奥氏体化后，由于冷却条件不同，其转变产物在组织和性能上有很大的差别。所以，钢的加热并不是热处理的最终目的，而冷却才是热处理的关键阶段。钢在加热后获得的

奥氏体冷却到 A_1 点以下时，处于不稳定状态，有自发转变为稳定状态的倾向。把处于未转变的、暂时存在的、不稳定的奥氏体称为过冷奥氏体。在热处理生产实践中，过冷奥氏体的冷却方式有两种：

一种是等温冷却方式，即将过冷奥氏体迅速冷却到相变点以下某一温度进行等温转变，然后冷却到室温，如图 3-5 中虚线所示。

另一种是连续冷却方式，即将过冷奥氏体以不同的冷速连续地冷却到室温使之发生转变的方式，如图 3-5 中实线所示。

1. 过冷奥氏体的等温转变

为了研究过冷奥氏体等温转变，需要建立一个等温转变图（C 曲线）来描述过冷奥氏体在不同过冷度条件下的等温转变过程中，转变温度、转变时间、转变产物之间的关系。此图是利用过冷奥氏体

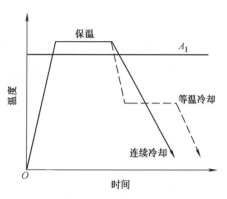

图 3-5 冷却方式示意图

在不同温度下发生等温转变时，必然会引起物理、力学、化学等一系列性能变化的这一特点，用热分析法、膨胀法、磁性法、金相硬度法等测定等温转变过程。

（1）共析钢的等温转变图

1）共析钢等温转变图的建立。将共析钢制成许多小圆形薄片试样（$\phi 10mm \times 1.5mm$），分成若干组，每组有若干片。首先，将每组试样在同样加热条件下进行奥氏体化。然后，将每组试片分别快速地投入到 A_1 点以下不同温度（如 720℃、700℃、680℃、650℃、600℃、550℃、450℃、300℃……）的恒温槽中进行等温转变。每隔一定时间从恒温槽中取出一片试样水冷后观察金相试样的组织。白色代表未转变的奥氏体（奥氏体水冷变成与它成分相同的马氏体）、暗色代表奥氏体已转变成的其他产物。这样就可以记录奥氏体开始转变时间和转变终了时间，并将这些点标明在温度-时间坐标中，然后将意义相同的点连接起来，形成一个很像英文字母 C 的曲线，故称为 C 曲线，即等温转变图。

当过冷奥氏体以极大的冷速快速冷却到室温时，则会形成碳在 α-Fe 中的过饱和固溶体，即马氏体。马氏体的开始转变温度为 Ms、转变终了温度为 Mf，把它们也画在等温转变图上。共析钢等温转变图如图 3-6b 所示。

2）等温转变图分析。可以分成五个区域：曲线左面为过冷奥氏体区，曲线右面是奥氏体转变产物区，两曲线中间为过冷奥氏体＋转变产物的混合区，在 Ms 与 Mf 之间为马氏体区，在 A_1 线以上是稳定的奥氏体区。左面的过冷奥氏体区中，最不稳定、奥氏体转变较快的是鼻尖温度（550℃左右）。而在高温区和低温区时，过冷奥氏体较为稳定。这主要是过冷度和原子扩散这两个因素综合作用的结果。

3）共析钢的过冷奥氏体等温转变产物分析。由表 3-1 可以看出，过冷奥氏体在 A_1 温度以下不同温度范围内，可发生三种不同类型的转变：高温珠光体型转变、中温贝氏体型转变和低温马氏体型转变。

① 珠光体型转变。珠光体型转变发生在 A_1 ~550℃温度范围内。在转变过程中铁、碳原子都进行扩散，故珠光体转变是扩散型转变。珠光体转变是以形核和长大的方式进行的，A_1 ~550℃时，奥氏体等温分解为层片状的珠光体组织。珠光体层间距随过冷度的增大而减

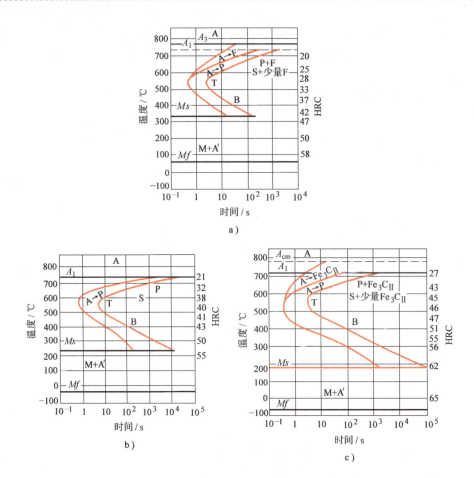

图 3-6 三种类型钢的等温转变图

a) 亚共析钢 b) 共析钢 c) 过共析钢

小。按其间距的大小,高温转变的产物可分为珠光体(以符号 P 表示)、索氏体(细珠光体,以符号"S"表示)和托氏体(极细珠光体,以符号"T"表示)三种。这三种产物的硬度随层间距的减小而增大。

表 3-1 共析钢等温转变产物及性能

转变性质	转变产物		转变温度 /℃	过冷度/℃ $\Delta T = A_1 - T_n$	大小	组织形态	性 能
	名 称	符号					
高温扩散型转变 (Fe、C 原子扩散) ($A_1 \sim 550$℃)	珠光体类型 (F + Fe₃C)	P	$A_1 \sim 650$	727 − 650 = 77	ΔT 小	光学显微镜下呈粗层片状	片间距 > 0.3μm, 17 ~ 23HRC
		S	650 ~ 600	727 − 600 = 127	ΔT 稍大	高倍光学显微镜下呈细层片状	片间距为 0.1 ~ 0.3μm, 23 ~ 32HRC
		T	600 ~ 550	727 − 550 = 177	ΔT 较大	电子显微镜下呈极细层片状	片间距 < 0.1μm, 33 ~ 40HRC

(续)

转变性质	转变产物		转变温度/℃	过冷度/℃ $\Delta T = A_1 - T_n$	大小	组织形态	性能
	名称	符号					
中温过渡型转变（Fe原子不能扩散，只有C原子作短距离扩散）（550℃~Ms）	贝氏体类型（含碳过饱和的铁素体+碳化物）	$B_上$	550~350	727-350 =377	ΔT很大	呈羽毛状	硬度约为45HRC，韧性差
		$B_下$	350~230	727-230 =497	ΔT更大	呈针叶状	硬度约为50HRC，韧性高，综合力学性能高
低温非扩散型转变（Fe、C原子不能扩散）（Ms~Mf）	马氏体（C在α-Fe中过饱和的固溶体）	M	Ms~Mf 230~50	Ms~Mf 间连续冷却 727-50 =677	ΔT 非常大	板条状马氏体 ($w_C<0.2\%$)	硬度为50~55HRC，韧性高
						片状马氏体 ($w_C>1.0\%$) 双凸透镜状	硬度约为60HRC，脆性大

② 贝氏体型转变。贝氏体型转变发生在550℃~Ms。由于贝氏体型转变的温度较低，在转变过程中铁原子扩散困难，因此，贝氏体（以符号"B"表示）的组织形态和性能与珠光体不同。根据组织形态和转变温度不同，贝氏体一般分为上贝氏体和下贝氏体两种，其显微组织如图3-7所示。与上贝氏体相比，下贝氏体不仅硬度、强度较高，而且塑性和韧性也较好，具有良好的综合力学性能。因此，在生产中常用等温淬火来获得下贝氏体组织。

a)

图3-7 共析钢等温转变产物显微组织

a) 上贝氏体 450×

b)

图 3-7 共析钢等温转变产物显微组织（续）

b) 下贝氏体 450×

③ 马氏体型转变。当奥氏体被迅速过冷至马氏体点 Ms 以下时则发生马氏体（以符号"M"表示）转变。与前两种转变不同，马氏体转变是在一定温度范围内（$Ms \sim Mf$）连续冷却时完成的。马氏体转变的特点在研究连续冷却时再进行分析。

（2）亚共析钢、过共析钢的等温转变图　亚共析钢、过共析钢的等温转变图如图 3-6a 和图 3-6c 所示。它们与共析钢的等温转变图相比：

1）多出一条先共析的铁素体或 Fe_3C_{II} 的析出线。

2）等温转变图鼻尖离纵向温度坐标轴较近，说明过冷奥氏体不稳定。

（3）影响等温转变的因素　等温转变图的形状与位置不仅对过冷奥氏体的转变速度及转变产物性能有影响，而且也对热处理工艺产生重大影响。

1）奥氏体成分的影响。碳是稳定奥氏体的元素，随着碳含量增加，等温转变图右移。但在过共析钢中，由于在同一奥氏体化温度下，虽然钢的碳含量增加，但奥氏体中碳含量却无增加，而未溶 Fe_3C 的数量增多，因而易形成结晶核心，促进奥氏体的转变，使等温转变图左移。因此，对碳素钢来说，奥氏体最为稳定的是共析钢。除 Co 以外的合金元素均能使等温转变图右移，有些合金元素还可使等温转变图形状发生变化。

2）奥氏体化条件的影响。加热温度越高、保温时间越长、奥氏体成分越均匀，奥氏体的稳定性也越高，促使等温转变图右移。

2. 过冷奥氏体的连续冷却转变

为了描述过冷奥氏体在连续冷却条件下的转变，需要建立一个连续冷却转变图。过冷奥氏体的连续冷却转变是指钢经奥氏体化后，在不同的冷却速度连续冷却的条件下转变温度、转变时间、转变产物之间的关系曲线。

共析钢连续冷却转变图如图 3-8 所示。从图 3-8 可以看出,只有 P、M 转变区,无 B 转变区,Ps、Pf 为过冷奥氏体向珠光体转变的开始线和终了线。AB 线是珠光体的停止转变线。当冷却曲线与 AB 线相交时,过冷奥氏体不再发生珠光体型转变,未转变的过冷奥氏体直接冷却到 $Ms \sim Mf$ 点之间进行马氏体转变。冷却曲线与 A 点相切的冷却速度 v_k 称为上临界冷却速度,通常称为马氏体的临界冷却速度,它是获得全部马氏体的最小冷却速度。v_k 越小,越容易获得马氏体。v_k' 是下临界冷却速度,它是获得全部珠光体的最大冷却速度。在 $v_k \sim v_k'$ 之间的冷却速度一般能获得马氏体与珠光体的混合组织。从图 3-8 中还可看到连续冷却转变不是在恒温下,而是在一个温度范围内进行。由于转变温度高低不同,转变后的产物粗细也不一致。

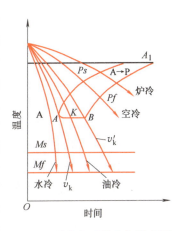

图 3-8 共析钢连续冷却转变图

连续冷却转变图测定困难,资料少,而等温转变图资料较多。因此,在热处理生产上,经常把冷却速度线画在等温转变图上,如图 3-9 所示。依据它与 C 曲线的相交位置,可粗略估计所获得的组织与性能。图中的 $v_1 < v_2 < v_3 < v_4$。v_1 相当于炉冷,从与 C 曲线的相交位置可判断获得珠光体组织,硬度为 170~220HBW;v_2 相当于空冷,转变产物判断为索氏体,硬度为 25~35HRC;v_3 相当于油冷,在 $v_k \sim v_k'$ 之间,得到的是马氏体 + 托氏体,硬度为 45~55HRC;v_4 相当于水冷,获得的组织是马氏体 + 残留奥氏体,硬度为 55~65HRC。

3. 过冷奥氏体向马氏体的转变

(1) 马氏体的形成　当过冷奥氏体在过冷度非常大的条件下,以大于 v_k 的冷速快速地连续冷却到 $Ms \sim Mf$ 时,由于转变温度很低,转变速度极快,故 Fe、C 原子已不能扩散,只能靠 Fe 原子的切变方式来完成晶格改组,使具有面心立方晶格的奥氏体改组为体心正方晶格,形成了碳过饱和溶入 α-Fe 的固溶体,称为马氏体。过冷奥氏体的成分与马氏体的成分相同。

(2) 马氏体的晶格结构　马氏体中由于过饱和的碳强制地分布在晶胞某一晶轴的空隙

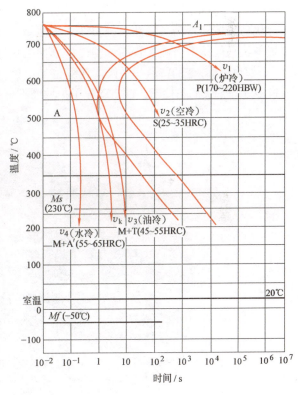

图 3-9 等温转变图在连续冷却中的应用

处，使 α-Fe 的体心立方晶格歪挤成体心正方晶格，使晶轴 z 晶格常数增大为 c，如图 3-10 所示。c/a 为马氏体的正方度。随着碳含量增多，c/a 增大。马氏体的比体积明显大于奥氏体，容易产生变形与开裂。

（3）马氏体的组织形态　马氏体的组织形态主要取决于奥氏体的含碳量。当奥氏体中碳的质量分数 $w_C > 1\%$ 时，马氏体基本为双凸透镜状的片状，又称为高碳马氏体。当 $w_C < 0.2\%$ 时，基本为具有椭圆形截面近于互相平行的长条状的板条状马氏体，又称为低碳马氏体。当 w_C 在 0.2%～1.0% 时，一般由板条状马氏体 + 片状马氏体的混合组织构成。马氏体的形态如图 3-11 所示。

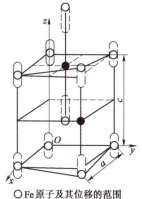

○ Fe 原子及其位移的范围
● C 原子可能存在的位置

图 3-10　马氏体的晶格结构

（4）马氏体的性能　马氏体中由于碳过饱和地溶入使其晶格产生畸变，阻碍变形，引起硬度与强度的升高。随着碳含量的增加，硬度与强度也提高。但当 $w_C > 0.6\%$ 以后，硬度随碳含量增加而升高的趋势不明显，如图 3-12 所示。

片状马氏体硬度高，脆性大，塑性、韧性差。

板条状马氏体不仅硬度较高，塑性、韧性也较好，因此具有良好的综合力学性能。

（5）马氏体转变的特点　马氏体转变也是形核与长大的过程。但由于转变发生在温度很低、过冷度非常大的条件下，铁、碳原子扩散已不可能，所以马氏体转变有以下几个特点：

a)

图 3-11　马氏体的形态
a) 片状马氏体 450×

b)

图 3-11 马氏体的形态（续）

b）板条状马氏体 450×

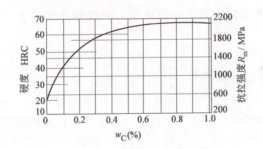

图 3-12 马氏体硬度与碳含量的关系

1）无扩散型的转变。

2）马氏体晶核的长大速度极快，高达 10^3 m/s。

3）当连续冷却到 Ms 点时，马氏体开始转变。当温度降至 Mf 点时，马氏体转变结束。在 $Ms \sim Mf$ 停留一段时间，马氏体量不会显著增加。因此，对于碳素钢来讲，只能在 $Ms \sim Mf$ 连续冷却，马氏体才能转变完成。

Ms 点与 Mf 点的位置与冷却速度无关，主要取决于奥氏体的成分。奥氏体中含碳量与 Ms、Mf 的关系如图 3-13 所示。

4）马氏体转变的不彻底性。从图 3-13 可知，当 $w_C > 0.5\%$ 时，Mf 点降到 0℃以下。因此，过冷奥氏体快速冷却到室温后，并不是所有奥氏体都转变成马氏体，而有一部分残留的奥氏体没有转变。而且随着奥氏体碳含量的增加，残留奥氏体的量也增加，如图 3-14 所示。

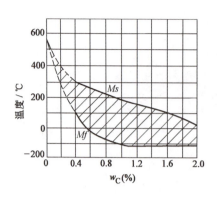
图 3-13 奥氏体中碳含量与 M_s、M_f 的关系

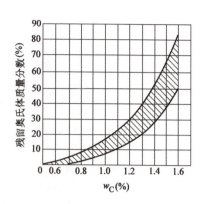
图 3-14 残留奥氏体量与碳含量的关系

由于残留奥氏体的存在,降低了钢的硬度和耐磨性,又会带来尺寸的不稳定性,影响尺寸精度。所以,对于那些精密零件与工具,常常在淬火后采用冷处理的方法(如用干冰、酒精可冷却到 $-78℃$),使残留奥氏体继续转变成马氏体。

第二节 钢的普通热处理

钢的最普通的热处理工艺有退火、正火、淬火和回火等。

一、钢的退火

将钢件加热到适当温度并保温一定时间后,缓慢地冷却(炉冷)到室温的热处理工艺方法称为退火。

1. 退火的目的

1)降低硬度,改善切削加工性。
2)消除残余内应力,稳定尺寸,减小变形与开裂倾向。
3)细化晶粒,改善组织,消除组织缺陷,为最终热处理做好组织准备。

2. 退火的种类

依据退火目的与工艺特点的不同,退火可分为均匀化退火、完全退火、等温退火、球化退火、再结晶退火、去应力退火等。下面介绍常用的四种退火方法。

(1)完全退火 将钢件加热到 Ac_3 以上 $30\sim50℃$,保温足够时间后随炉冷却到550℃以下,再出炉空冷的热处理称为完全退火。完全退火主要适用于亚共析钢各种铸件、锻件、热轧件及焊接件的退火。

(2)等温退火 将钢件奥氏体化后快冷至 Ar_1 以下某一温度进行等温转变成珠光体组织,然后空冷到室温的热处理工艺称为等温退火。等温退火可大大缩短退火时间。主要用于高碳钢、合金工具钢和高合金钢。

(3)球化退火 将钢件加热到 Ac_1 以上 $30\sim50℃$,保温一定时间后随炉冷却到 $550\sim600℃$ 出炉空冷的热处理工艺称为球化退火。它可使片状、网状的渗碳体变成球状。组织中有严重的网状 Fe_3C_{II} 时,可在球化退火前先进行一次正火用于消除网状 Fe_3C_{II}。球化退火主要适用于过共析钢。

(4) 去应力退火 将钢件加热到 Ac_1 以下某一温度，保温足够时间后随炉冷却至 200～300℃ 出炉空冷的热处理工艺称为去应力退火。去应力退火加热温度低，在退火过程中无组织转变，主要适用于毛坯件及经过切削加工的零件，目的是消除毛坯和零件中的残余应力，稳定工件尺寸及形状，减小零件在切削加工和使用过程中的变形和开裂倾向。

二、钢的正火

正火是将钢件加热奥氏体化后（Ac_3 或 Ac_{cm} 线以上 30～50℃），保温足够时间后出炉在空气中自然冷却到室温的一种热处理工艺方法。正火的主要目的是：

1）减少碳和其他合金元素的成分偏析。
2）使奥氏体晶粒细化和碳化物弥散分布，以便在随后的热处理中增加碳化物的溶解量。

正火的冷却速度高于退火，获得的组织为更细的层片状珠光体和较少的先共析相组织。当碳素钢中碳的质量分数 w_C > 0.6% 时，正火后的组织为索氏体。

由于正火的上述特点，使它具有以下几个方面的应用：

1）对力学性能要求不高的普通结构钢零件，也可用正火作为最终热处理。
2）用于低碳钢调整硬度，改善切削加工性。低碳钢正火后，一般硬度可达 160～230HBW，其切削加工性好。
3）对于过共析钢可消除其网状二次渗碳体，为球化退火做好组织准备；退火与正火是常用的预备热处理方法，一般安排在毛坯生产之后，切削加工之前进行。

三、钢的淬火

淬火是将钢件加热到相变点（Ac_1 或 Ac_3）以上某一温度，保温足够时间获得奥氏体后，以大于 v_k 的冷却速度冷却获得马氏体（或下贝氏体）组织的一种热处理工艺方法。

1. 淬火的目的

淬火的主要目的是获得马氏体或下贝氏体组织，然后再配以适当的回火工艺，用以满足零件使用性能的要求。淬火是强化钢件的重要热处理工艺方法。

2. 淬火工艺

淬火工艺主要包括淬火加热温度的确定、淬火加热时间的确定与淬火冷却介质的选择等。

（1）淬火加热温度的确定 碳素钢淬火加热温度的确定主要取决于钢的成分，一般均按 Fe-Fe_3C 相图中的相变点来考虑。

1）亚共析钢正常淬火加热温度一般选择在 Ac_3 以上 30～50℃，可获得晶粒细小、成分均匀的奥氏体组织，冷却后得到的也是晶粒细小的马氏体组织。若温度过高（远高于 Ac_3），由于奥氏体晶粒粗化，将导致淬火后的马氏体组织粗大而且内应力增大，氧化脱碳严重，加大了变形与开裂的倾向。若加热温度选择在 Ac_1～Ac_3，则加热获得 A+F 的双相组织、淬火后转变成 M+F 组织。由于组织中存在硬度、强度较低的铁素体，会严重影响钢件的整体性能，造成强度和硬度不足。

2）共析钢、过共析钢正常淬火加热温度一般选择在 Ac_1 以上 30～50℃，可获得晶粒细小的奥氏体或晶粒细小的奥氏体加少量颗粒状的 Fe_3C。淬火后获得细小的马氏体或细小的马氏体和颗粒状的 Fe_3C。颗粒状渗碳体的存在，不仅使硬度升高，而且耐磨性也提高。若

加热温度选择在 Ac_{cm} 以上的高温时，渗碳体全部溶解于奥氏体中使其碳含量提高，降低了 Ms 点、Mf 点，使淬火后的残留奥氏体大量增加，硬度降低。同时由于温度过高，使得奥氏体晶粒粗大，致使冷却后获得的马氏体粗大，性能变差。而且加热温度过高，氧化、脱碳、变形、开裂的倾向也增大。共析钢、过共析钢件在淬火之前，应进行正火和球化退火处理，以消除网状二次渗碳体并使渗碳体变成球状或颗粒状。

（2）淬火加热时间的确定　淬火加热时间包括升温和保温时间。加热时间的确定原则主要是达到预定的加热温度和使获得的奥氏体均匀化，同时也要避免加热带来的内应力。在热处理实际生产中，淬火加热时间的确定主要考虑加热介质、加热速度、装炉方式、钢种以及装炉量和钢件的形状、尺寸等因素，常用有关经验公式估算加热时间（见相关热处理手册）。

（3）淬火冷却介质的选择　冷却是决定钢的淬火质量的关键。淬火时既要保证奥氏体转变为马氏体，又要在淬火过程中减少内应力、降低变形与开裂的危险性。为保证钢件的淬火质量，必须选择合理的淬火冷却介质。从图 3-15 中的等温转变图可以看出理想的淬火冷却介质在鼻尖温度（A_1～550℃）以上，冷却速度可慢一些。在鼻尖温度（650～500℃）附近，冷却速度一定要大于 v_k，要快冷，以避免不稳定的奥氏体转变成其他组织。在鼻尖温度以下，特别是在马氏体转变温度区间（300～200℃），冷却速度要慢一些，以减小马氏体转变时产生内应力、变形与开裂的倾向。

常用的淬火冷却介质有碱水、盐水、水、油以及其他类型的人工合成淬火冷却介质，见表 3-2。

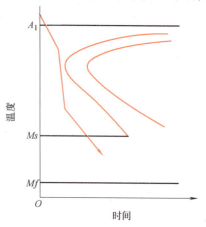

图 3-15　理想冷却曲线

表 3-2　淬火冷却介质及特性

淬火冷却介质	最大冷却速度时		平均冷却速度/（℃/s）	
	所在温度/℃	冷却速度/（℃/s）	650～500℃	300～200℃
静止自来水（20℃）	340	775	135	450
$w_{NaOH}=15\%$ 水溶液（20℃）	560	2830	2750	775
$w_{NaOH}=10\%$ 水溶液（20℃）	580	2000	1900	1000
盐水自来水（20℃）	340	775	135	450
盐水自来水（60℃）	220	275	80	185
机油（20℃）	430	230	60	65
机油（60℃）	430	230	70	55

水是最廉价、冷却能力很强的淬火冷却介质，其特点是 650～500℃ 时冷却能力强，对保证工件淬硬十分有利。但是 300～200℃ 时冷却速度也大，容易使工件严重变形和开裂。碱水、盐水在 650～500℃、300～200℃ 冷却能力均比水强，易淬硬，但内应力大，同时也会对工件有一定的腐蚀作用。它们均适用于形状简单的碳素钢零件。

油类淬火冷却介质分为矿物油和植物油，其中植物油使用较少。油类淬火冷却介质在 650～500℃、300～200℃ 的冷却能力均较弱，很适合于过冷奥氏体比较稳定的合金钢零件。

为适应淬火冷却的需要，还研制了各种新型的、冷却速度介于水和油之间的淬火冷却介质，如聚乙烯醇水溶液等。

3. 常用的淬火工艺方法

为了保证淬火效果，减少淬火变形和开裂，应根据工件的材料、形状尺寸和质量要求，选用不同的淬火冷却方法，常用的淬火方法有以下几种。常见淬火方法的冷却曲线如图3-16所示。

(1) **单介质淬火法** 单介质淬火法是把奥氏体化后的零件投入到一种冷却介质中冷却到室温的淬火方法，此法适用于形状简单的零件。

(2) **双介质淬火法** 双介质淬火法是把奥氏体化后

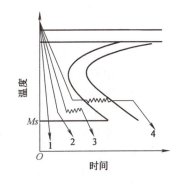

图3-16 常见淬火方法的冷却曲线
1—单介质淬火 2—双介质淬火
3—分级淬火 4—等温淬火

的零件先投入冷却能力较强的介质中（$>v_k$），然后取出再投入到冷却能力较弱的介质中进行马氏体转变的淬火方法，如水-油等。该方法既能获得马氏体，又可减小变形与开裂倾向。该方法的关键是如何控制由第一种介质转入第二种介质的温度。

(3) **预冷淬火法** 预冷淬火法是把奥氏体化后的零件从炉中取出后，在空气中预冷到一定温度后，再进行淬火的方法。

(4) **分级淬火法** 分级淬火法是把奥氏体化后的零件先投入到Ms点附近的恒温槽中停留适当时间，然后取出空冷的淬火方法。此法适合尺寸不大、形状复杂的零件。

(5) **等温淬火法** 等温淬火法是把奥氏体化后的零件投入到稍高于Ms点温度的恒温槽中进行等温转变，获得下贝氏体组织后取出空冷的淬火方法。此法用于形状复杂、尺寸小、要求较高强度与韧性的零件。

四、钢的回火

将经过淬火后的钢重新加热到A_1点以下某一温度，保温足够时间后以适当的速度冷却到室温的热处理工艺称为回火。淬火后的工件必须用回火的工艺方法来调整钢的组织与性能，以满足工件的使用要求。

1. 回火的目的

1）减少或消除淬火内应力，减小变形与开裂倾向。

2）稳定工件的组织与尺寸。室温下马氏体与残留奥氏体不是稳定组织，它们有向稳定组织转变的趋势，必然会引起组织和工件尺寸的变化。

3）通过不同的回火方法，来调整零件的力学性能，获得所需的组织与性能。

2. 淬火钢回火时的组织转变

淬火后获得的马氏体与残留奥氏体在A_1点以下不同温度重新加热时，将发生下列四个阶段的组织转变：

（1）马氏体分解阶段（<200℃） 在80℃以下时，由于温度太低，只发生马氏体中碳原子偏聚现象，在80~200℃回火时，马氏体中过饱和的碳原子将以亚稳定的碳化物相（$\varepsilon = Fe_2C$）形式细小弥散地析出在基体上，并与过饱和的α固溶体相界面保持共格关系（相界面上的原子为相邻两相所共有）。由于碳原子析出，使马氏体内应力降低，c/a正方度

降低。经过这一阶段回火后的组织由过饱和的 α 固溶体和亚稳定的 η 碳化物组成,称为回火马氏体。钢的硬度没有明显降低,内应力下降。

(2) 残留奥氏体分解阶段(200~300℃) 当回火温度在 200~300℃时,残留奥氏体分解为下贝氏体组织(过饱和的铁素体 + ε 碳化物)。马氏体继续分解到 350℃左右,内应力进一步降低,正方度(c/a)继续下降。但硬度不明显降低。

(3) 碳化物转变阶段(250~400℃) 当回火温度在 250℃以上时,η 碳化物(Fe_2C)随温度升高逐步转变为稳定的渗碳体 Fe_3C。当回火温度达到 450℃以上时,所有的 ε 碳化物全部转变成 Fe_3C,共格关系消失了,$c/a = 1$,这时 α 固溶体实际上已变成仍保持淬火时形态的铁素体。这一阶段的回火组织为铁素体 + 颗粒状渗碳体的复合组织,称为回火托氏体。内应力已基本消除,硬度明显下降。

(4) 渗碳体集聚长大和铁素体再结晶阶段(450~700℃) 当回火温度升至 450℃以上时,渗碳体集聚长大成较大的颗粒状。同时,铁素体形态在 600℃以下回火时仍保持淬火时的板条状或片状。而在 600℃以上时,铁素体的形状变成近似等轴的多边形晶粒。这时铁素体已经发生了再结晶(再结晶是指变形金属在固态下,通过形核与核长大形成新的晶粒的无相变过程)。于是,得到了经过再结晶的多边形的铁素体和较大颗粒的渗碳体组成的组织,称为回火索氏体。

如果回火温度升高到 650℃ ~ A_1,则颗粒状的 Fe_3C 进一步长大,回火后形成多边形的铁素体 + 大颗粒 Fe_3C 组织,称为回火珠光体。

上述回火转变组织(回火马氏体、回火托氏体、回火索氏体)的组织如图 3-17 所示。

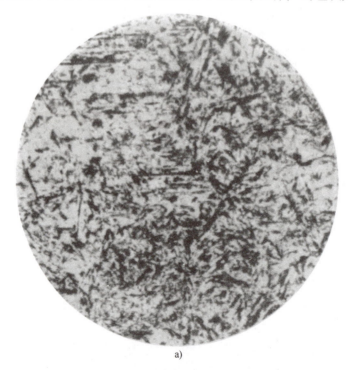

a)

图 3-17　回火后组织

a) 回火马氏体 450×

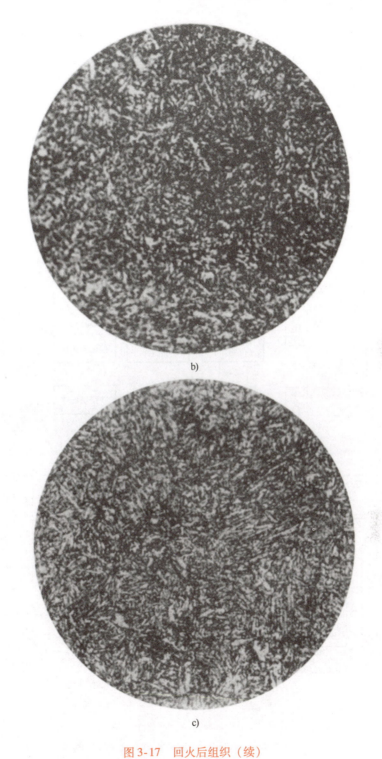

图 3-17 回火后组织（续）
b）回火托氏体 450× c）回火索氏体 450×

碳素钢回火过程的组织转变示意图如图 3-18 所示。
淬火钢在回火过程中的变化如图 3-19 所示。

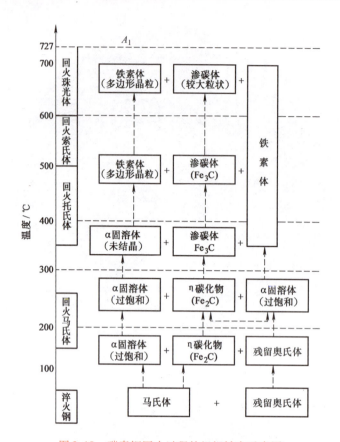

图 3-18 碳素钢回火过程的组织转变示意图

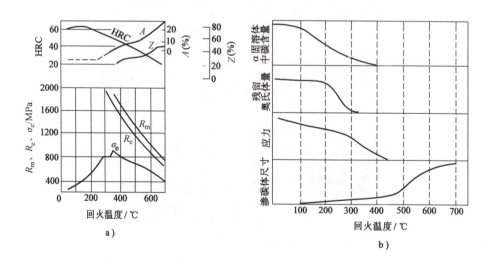

图 3-19 淬火钢在回火过程中的变化
a) $w_C = 0.82\%$ 的碳素钢回火时力学性能变化　b) 回火时参量变化示意图

3. 回火种类、组织、性能与应用

按回火温度不同可分为三种类型的回火。

(1) 低温回火（150～250℃）　回火后的组织为回火马氏体。淬火内应力降低，并保持淬火时的高硬度和耐磨性。回火后的硬度为 58～65HRC。主要用于高碳钢和合金钢制作的刀具、量具、模具、滚动轴承、渗碳及表面淬火的工件的热处理。

(2) 中温回火（350～500℃） 回火后的组织为回火托氏体，具有较高的弹性极限、屈服强度和一定的韧性，硬度为 35～50HRC。主要用于各种弹簧类零件的热处理。

(3) 高温回火（500～650℃） 通常将淬火加高温回火称为调质处理。调质后的组织为回火索氏体，具有较高的综合力学性能，硬度为 20～35HRC。用于重要的受力件如轴承、齿轮、螺栓、连杆等的热处理。对于某些精密零件与工具和某些表面淬火、化学热处理的零件，也可作为预备热处理。

对于某些精密零件，在精加工后经常采用 100～150℃ 加热保温较长时间（10～15h）处理的方法，用以消除内应力，稳定尺寸。这种处理方法称为时效处理。

综上所述，淬火钢回火过程中的组织与性能主要取决于回火温度，回火时的组织转变时间一般不大于 0.5h。而回火后的冷却速度与冷却方式对回火后的组织、性能影响不大。为了避免重新产生内应力，在空气中冷却为宜。如有需要也可采用其他的冷却方式或冷却介质。

(4) **回火脆性** 淬火钢在某些温度区间回火时会产生冲击韧度的显著下降，这种脆化现象称为回火脆性，它有两种类型：

1) 第一类回火脆性。一般在 250～350℃ 回火时产生，有人认为这可能与相界面析出薄片渗碳体或夹杂元素的偏聚有关。这类回火脆性不易消除，应避免在此温度区间回火。

2) 第二类回火脆性。一般在 450～650℃ 回火后缓冷时产生。有人认为与某些析出物的产生有关。如果在该段温度回火后快冷，脆性消失。对于大体积的钢件一般加入 Mo 或 W 可避免这类回火脆性的产生，另外，就是尽量提高合金的纯度，减少 N、O、P 等杂质元素的含量。

五、钢的淬透性

钢的淬透性是指钢在淬火冷却时，获得马氏体组织深度的能力。 淬透性是钢的一种重要的热处理工艺性能，其高低以钢在规定的标准淬火条件下能够获得的有效淬硬深度来表示。用不同钢种制造的相同形状和尺寸的工件，在同样条件下淬火，有效淬硬深度深的淬透性好。

工件在淬火后，整个截面的冷却速度不同，工件表层的冷却速度最大，中心层的冷却速度最小。凡是冷却速度大于临界冷速的部分可以获得马氏体组织，而低于临界冷速的部分将会产生非马氏体组织而不能被完全淬硬，如图 3-20 所示。

判定淬硬层深度的标准组织马氏体总是有少量非马氏体组织，在显微镜下或用测定硬度的方法很难将它们区别开来。因此，一般将从工件表层向中心到半马氏体组织（对结构钢定为 50% 马氏体+50% 非马氏体，工具钢定为 95% 马氏体+5% 非马氏体等）的距离定为淬硬层深度。

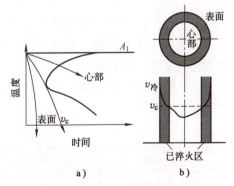

图 3-20 钢的有效淬硬深度与冷却速度的关系

钢的淬透性和淬硬性是两个完全不同的概念。**钢的淬硬性是指钢在正常淬火条件下马氏体达到最高硬度的能力。**它决定于马氏体中的碳含量，而合金元素的影响较小。因此，硬度高的钢淬透性不一定高，而硬度低的钢淬透性有时却很高。

钢的淬透性与实际工件的淬硬层深度是有区别的。钢的淬透性是钢本身固有的特性，对一定成分的钢种来说是完全确定的，它的大小可用规定条件下的淬硬层深度来表示。而实际工件的淬硬层深度，是受许多条件制约的，是变化的，如工件的形状、大小、淬火冷却介质不同等均会对淬硬层深度产生影响。

1. 淬透性的测定方法

不同成分钢材的淬透性是不同的，为了便于比较，供选材和制订热加工工艺时参考，就必须测定它们的淬透性。常用的测定方法有端淬试验法和临界淬透直径法。

（1）**端淬试验法**（GB/T 225—2006） 该方法采用标准试样，加热到规定温度后，置于试验架上，末端喷水冷却，如图3-21a所示。冷却后将试样沿轴线方向磨出一个纵向小平面，从淬火端开始，每隔一定距离测一次硬度，将硬度变化与距淬火端面距离绘成曲线，此曲线称为淬透性曲线，如图3-21b所示。该曲线说明水冷端冷速大、硬度高。与水冷端距离越大，冷速越低，对于同一钢种，由于成分有波动，因此曲线变成一条带，称为淬透性带。钢的淬透性可用 J××-d 表示，J 表示淬透性；d 表示测量点至淬火端面的距离，单位为 mm；×× 表示该处的硬度值，或为 HRC，或为 HV30。如 J35-15 表示距淬火端 15mm 处硬度值为 35HRC，JHV450-10 表示距淬火端 10mm 处硬度值为 450HV30。

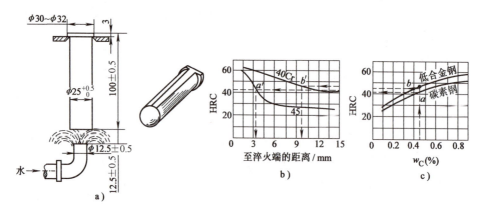

图 3-21 端淬试验法

a）端淬试验示意图 b）淬透性曲线 c）钢的半马氏体区（50% M 区）硬度与钢中碳含量的关系

（2）**临界淬透直径法** 该方法是一种比较直观的衡量淬透性的方法。它是指钢在某种介质中淬火，其心部能淬透的最大直径。该方法简单、直观，在热处理生产实践中有重要的指导意义，但是这种方法操作不方便，工作量大，不如端淬试验法使用广泛。常用钢的临界淬透直径见表 3-3。

表 3-3 常用钢的临界淬透直径 （单位：mm）

钢 号	D_c 水	D_c 油	心部组织
45	10~18	6~8	50% M
60	20~25	9~15	50% M

(续)

钢　　号	D_c 水	D_c 油	心部组织
40Mn	18～38	10～18	50％M
40Cr	20～36	12～24	50％M
20CrMnTi	32～50	12～20	50％M
T8～T12	15～18	5～7	95％M
9CrSi	—	30～35	95％M
CrWMn	—	40～50	95％M
Cr12	—	200	90％M

2. 影响钢淬透性的因素

影响钢淬透性的主要因素是钢的临界冷却速度，临界冷却速度越小，钢的淬透性越高。影响临界冷却速度的主要因素是奥氏体成分和奥氏体化条件。

（1）奥氏体成分　除 Co 外，凡是能溶入奥氏体的合金元素均能提高过冷奥氏体的稳定性，使等温转变图右移，临界冷却速度越低，淬透性越高。

（2）奥氏体化条件　奥氏体化温度越高，保温时间越长，奥氏体成分越均匀，过冷奥氏体越稳定，使等温转变图右移，临界冷却速度越低，淬透性越高。

3. 钢的淬透性与力学性能

钢的淬透性是机械设计人员和热处理工作者制订热处理工艺的主要数据。钢的淬透性高低直接影响热处理后的力学性能，如图 3-22 所示。很明显，淬透性不好的钢件，心部的屈服强度 R_e 尤其是冲击吸收能量 K 下降显著，影响使用。

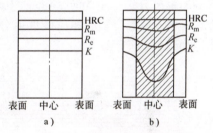

图 3-22　调质后的力学性能
a）淬透的轴　b）未淬透的轴

4. 淬透性曲线的应用

淬透性曲线对于选材、预测钢的组织与性能、制订合理的热处理工艺有重要的实用价值。

（1）利用淬透性曲线可比较不同钢件的淬透性高低　图 3-21b 所示为 45、40Cr 两种钢淬透性高低的比较。首先，在图 3-21c 中找到 w_C 为 0.45％ 的横坐标位置向上作垂线，与碳素钢、低合金钢曲线的交点分别为 a、b，然后向左作水平线分别交图 3-21b 所示 40Cr 的曲线于 b' 点、45 钢的曲线于 a' 点。它们的横坐标投影值就是距淬火端的距离，分别是 10.5mm、3mm。即 40Cr 钢的淬透性高于 45 钢的淬透性。

（2）利用淬透性曲线可确定临界淬透直径

例题：求出 40Cr 钢在水中能淬透的最大直径。

解：首先，在图 3-21 中依据碳含量找出 40Cr 钢至淬火端的距离为 10.5mm。然后，在图 3-23 的上图中找到至淬火端的距离 10.5mm，向上作垂线，从其与中心曲线的交点向左作水平线交纵坐标轴于一点 45mm。此值就是 40Cr 钢理论计算的临界淬透直径。

（3）利用淬透性曲线和图 3-23 可推算不同直径钢棒截面上的硬度分布曲线

例题：求 45Mn2 钢 ϕ50mm 的轴水淬后，其截面上的硬度分布曲线。

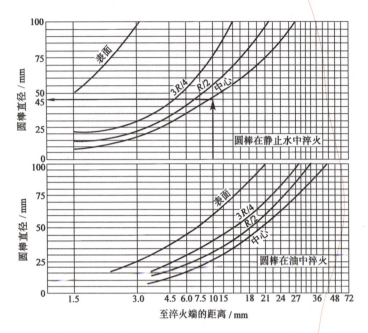

图3-23 淬透试样各点冷速与不同直径对应位置关系

解：首先在图3-23中，找到ϕ50mm钢棒水淬时的表面、$3R/4$、$R/2$、中心相当于距淬火端的距离分别是1.5mm、6mm、9mm、12mm。再由45Mn2钢的淬透性曲线（图3-24），查表得水淬后各位置的相应硬度值分别为55HRC、52HRC、40HRC、32HRC。画出硬度分布图如图3-25所示。

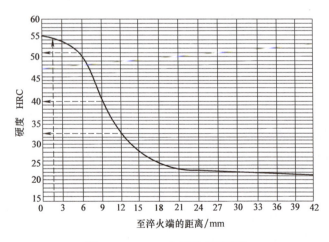

图3-24 45Mn2钢的淬透性曲线

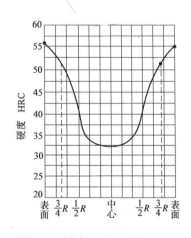

图3-25 直径ϕ50mm的45Mn2钢水淬后硬度分布图

（4）依据工艺要求选择钢种及热处理工艺 钢的淬透性是选择材料的重要依据之一，合理地选择材料的淬透性，可以充分发挥材料的潜力，防止产生热处理缺陷，提高材料使用寿命。常用钢材的淬透性值和临界淬透直径可查有关手册。

第三节　钢的表面热处理

某些零件是在弯曲扭转、交变载荷、冲击载荷以及摩擦条件下工作的，如齿轮、凸轮、曲轴、活塞销等。因此，这类零件表面要求有较高的强度、硬度和耐磨性，而心部为了能抵抗冲击载荷而要求有足够的强度、韧性和塑性。显然，这类零件的表面和心部具有不同的性能要求。为了满足上述性能要求，生产中广泛应用表面热处理。表面热处理包括表面淬火和化学热处理。

一、表面淬火

钢的表面淬火是通过对钢表面进行快速加热后，使表层获得奥氏体组织，待热量还没有传导到钢件心部时，以大于临界速度的冷速快冷到室温，使表层获得马氏体组织而心部仍保持淬火前的组织状态的热处理工艺方法。

目前，钢的表面淬火方法很多，如感应淬火、火焰淬火、接触电阻加热淬火、电解液淬火、激光淬火及电子束淬火等。生产中广泛应用的是感应淬火和火焰淬火。

1. 感应淬火

感应淬火的基本原理是将钢制零件置于一个相应的用空心铜管绕制的感应线圈中，当感应线圈通入一定频率的交变电流时，感应线圈内部和周围便产生了交变磁场，于是，在工件中感应出频率相同、方向相反的感应电流，该电流在工件内成回路，称为涡流。涡流在零件上分布是不均匀的，靠近表层，电流密度大。频率越高这种效应越明显，称为趋肤效应。电流密度很高的涡流在钢件的表层产生电阻热，从而迅速地加热钢件表层使之奥氏体化，随即喷水冷却，使表层淬硬。

感应加热的深度 δ 与电流频率 f 之间有如下经验公式

$$\delta = \frac{500 \sim 600}{\sqrt{f}}$$

式中，δ 为感应加热的深度，单位为 mm；f 为电流频率，单位为 Hz。

依据感应电流的频率不同，感应淬火可分为以下几种：

（1）高频感应淬火　电流频率为 70～1000kHz，常用 200～300kHz，淬硬层深度一般为 0.5～2mm。主要用于中、小型零件的表面淬火。

（2）中频感应淬火　电流频率为 500～10000Hz，常用 2500～8000Hz。淬硬层深度一般为 2～8mm。主要用于淬硬层较深的较大型零件的表面淬火。

（3）工频感应淬火　电流频率为 50Hz，淬硬层深度为 10～15mm。用于大型零件的表面淬火。

（4）超音频感应淬火　电流频率为 20～40kHz，淬硬层深度介于高频与中频之间，淬火后可获得基本上能沿零件轮廓分布的淬硬层。

感应淬火工件宜选用中碳钢和中碳低合金钢，如 45、40Cr、40MnB 等。在某些条件下，也可用于高碳工具钢、低合金工具钢及铸铁等工件。

感应淬火对原始组织有一定的要求。一般钢件应预先进行正火或调质处理。表面淬火后需进行低温回火，以降低内应力。

2. 火焰淬火

使用氧-乙炔焰或氧-煤气焰，将工件表面快速加热到淬火温度，立即喷水冷却的淬火方法称为火焰淬火。火焰淬火所用设备简单，投资少，但是加热时易过热，淬火质量不稳定。

二、化学热处理

把工件置于一定活性的介质中加热、保温，使介质分解出活性元素渗入工件的表层，以改变表层的化学成分，从而使表层与心部具有不同成分与组织性能的工艺方法，称为表面化学热处理。 化学热处理种类很多，一般以渗入的元素来命名。化学热处理有渗碳、渗氮、碳氮共渗（氰化）、渗硫、渗硼、渗铝及多元共渗等。

无论是哪一种化学热处理，都由如下基本过程组成：

（1）分解 分解是指介质分解出待渗入元素的活性原子。如：$2CO \rightarrow CO_2 + [C]$，$2NH_3 \rightarrow 3H_2 + 2[N]$，$[C]$、$[N]$均是活性原子。

（2）吸收 工件表面吸收活性原子的过程。

（3）扩散 吸收的活性原子在一定的温度下，在基体金属内扩散，形成一定厚度的渗层。

1. 钢的渗碳

渗碳就是把钢件置于渗碳介质中去，加热到高温（900~950℃的单相奥氏体区），保温足够时间后，使渗碳介质中分解出的活性碳原子渗入钢件表层，从而获得表层高碳、心部仍保持原有成分的热处理工艺。按渗碳介质的不同，渗碳工艺分为固体渗碳、气体渗碳和液体渗碳三种，其中气体渗碳方法应用广泛。

渗碳的适用钢种为碳的质量分数在0.1%~0.25%的低碳钢和低碳合金钢。渗碳后表层的碳的质量分数可达0.85%~1.05%，而心部为原有的成分。若渗碳后的钢件缓慢冷却到室温，则渗碳钢件的表层为过共析钢组织、次层为共析钢组织、内层直到心部为亚共析钢组织。

渗碳件必须进行随后的热处理才能发挥表层渗碳的作用。常用的热处理方法有三种：

（1）直接淬火法 将渗碳后的工件出炉后在空气中预冷至800~850℃后进行淬火，然后低温回火。该法适用于表层与心部不易过热的合金渗碳钢或受力不大的渗碳件。

（2）一次淬火法 将渗碳件出炉缓冷到室温，再加热到淬火温度进行淬火和低温回火的处理方法。加热温度略高于心部的Ac_3温度，防止铁素体析出。该方法处理后表层组织粗大，只适用于细晶粒的钢种。

（3）二次淬火法 第一次淬火是为了细化心部组织和消除表层网状Fe_3C_{II}，加热温度选择在略高于心部的Ac_3以上，第二次淬火是使表层得到细片状马氏体和均匀分布的颗粒状Fe_3C，因此加热温度选择在表层的Ac_1以上。该方法工艺复杂、成本高，仅用于重要的渗碳件。

2. 钢的渗氮

钢的渗氮是把钢件置入渗氮介质中，加热到规定温度，保温足够时间后，渗氮介质中分解出的活性氮原子渗入钢件表层，从而提高工件表层的硬度、耐磨性、疲劳性能和耐蚀性的一种化学热处理方法。依据渗氮的目的不同，渗氮可分为耐磨渗氮和耐蚀渗氮两种。

(1) 耐磨渗氮　一般渗氮温度为 500～570℃，渗氮层深度为 0.15～0.75mm。典型的渗氮钢种为 38CrMoAlA。渗氮后表层主要获得合金氮化物，它不仅硬度高、耐磨性好和具有优良的抗疲劳性能，而且在 500℃时基体硬度无明显变化。

(2) 耐蚀渗氮　一般渗氮温度为 590℃左右，渗氮层深度极薄。渗氮后的组织为一层耐蚀性较高的致密白亮组织（$Fe_{2,3}N$）。

钢在渗氮前，钢件的组织状态一般为调质态。渗氮层深度一般控制在 0.1～0.4mm，表面硬度高于 60HRC，且钢件从表层至心部的硬度降落要缓慢，用于提高渗氮件的使用寿命。

渗氮虽有上述优点，但同时也存在工艺复杂、生产周期长、成本高的缺点，且渗氮层薄而脆，不宜承受集中的重载荷，并需要专用钢。为了克服渗氮周期长的缺点，在原渗氮工艺的基础上发展了氮碳共渗和离子渗氮等先进的工艺方法。

第四节　热处理新技术简介

随着工业及科学技术的发展，热处理工艺在不断改进，许多新的热处理工艺的应用越来越广泛。

一、真空热处理

在真空中进行的热处理称为真空热处理。它包括真空淬火、真空退火、真空回火和真空化学热处理（真空渗碳、渗铬等）。

真空热处理是在真空度为 1.33～0.0133Pa 的真空介质中加热工件。真空热处理可以减少工件变形，使钢脱氧、脱氢和净化表面，使工件表面无氧化、不脱碳、表面光洁，可显著提高耐磨性和疲劳极限。

真空热处理的工艺操作条件好，有利于实现机械化和自动化，而且节约能源，减少污染。

二、可控气氛热处理

在炉气成分可控制在预定范围内的热处理炉中进行的热处理称为可控气氛热处理。其目的是有效地进行控制表面碳浓度的渗碳、碳氮共渗等化学热处理，或防止工件在加热时的氧化和脱碳，还可用于实现低碳钢的光亮退火及中、高碳钢的光亮淬火。该炉气可分渗碳性、还原性和中性气氛等。

目前我国常用的可控气氛有吸热式气氛、放热式气氛、放热-吸热式气氛和有机液滴注式气氛等，其中以放热式气氛的制备最便宜。

三、形变热处理

形变热处理是将塑性变形同热处理有机结合在一起，获得形变强化和相变强化综合效果的工艺方法。这种工艺方法不仅可提高钢的强韧性，还可以大大简化金属材料或工件的生产流程。

形变热处理的方法很多，有低温形变热处理、高温形变热处理、等温形变淬火、形变时效和形变化学热处理等。

1. 高温形变热处理

高温形变热处理是将钢加热到稳定的奥氏体区内，在该状态下进行塑性变形，随即进行淬火、回火的综合热处理工艺，又称为高温形变淬火。与普通热处理相比，某些钢材经高温形变淬火能提高抗拉强度10%~30%，提高塑性40%~50%。一般碳钢、低合金钢均可采用这种热处理。

2. 低温形变热处理

低温形变热处理是将钢加热到奥氏体状态后，快速冷却到Ar_1以下，进行大量（50%~70%）的变形，随即淬火、回火的工艺，又称为亚稳奥氏体的形变淬火。与普通热处理相比，低温形变热处理能在保持塑性不变的情况下，提高抗拉强度30~70MPa，有时甚至提高100MPa。这种工艺适用于某些珠光体与贝氏体之间有较长孕育期的合金钢。

形变热处理主要受设备和工艺条件限制，应用还不普遍，对形状比较复杂的工件进行形变热处理尚有困难，形变热处理后对工件的切削加工和焊接也有一定影响。这些问题都有待进一步研究解决。

四、化学热处理新工艺

1. 电解热处理

电解热处理是将工件和加热容器分别接在电源的负极和正极上，容器中装有渗剂，利用电化学反应使欲渗元素的原子渗入工件表层。电解热处理可以进行电解渗碳、电解渗硼和电解渗氮等。

2. 离子化学热处理

离子化学热处理是在真空炉中进行的。炉内通入少量与热处理目的相适应的气体，在高压直流电场作用下，稀薄的气体放电、起辉来加热工件。与此同时，欲渗元素从通入的气体中离解出来，渗入工件表层。离子化学热处理比一般化学热处理速度快，在渗层较薄的情况下尤为显著。离子化学热处理可进行离子渗氮、离子渗碳、离子碳氮共渗、离子渗硫和渗金属等。

五、激光淬火和电子束淬火

激光淬火是利用专门的激光器发出能量密度极高的激光，以极快的速度加热工件表面，自冷淬火后使工件表面强化的热处理。

电子束淬火是利用电子枪发射成束电子，轰击工件表面，使之急速加热，自冷淬火后使工件表面强化的热处理。其能量利用率大大高于激光淬火，可达80%。

这两种表面热处理工艺不受钢材种类限制，淬火质量高，基体性能不变。

第五节　热处理工艺的应用

热处理在制造业中应用相当广泛，它穿插在机械零件制造过程的各个冷、热加工工序之间，工序位置的正确、合理安排是一个重要的问题。再者，工件在热处理过程中，往往由于热处理工艺控制不当和材料质量、工件的结构工艺性不合理等原因，造成工件经热处理后产生许多缺陷，影响工件的热处理质量。因此，必须正确地提出热处理技术条件和制订热处理工艺规范。

一、常见的热处理缺陷

1. 过热与过烧

由于加热温度过高或者保温时间过长引起晶粒粗化的现象称为过热。一般采用正火来消除过热缺陷。

由于加热温度过高，使分布在晶界上的低熔点共晶体或化合物被熔化或氧化的现象称为过烧。过烧是无法挽救的，是不允许存在的缺陷。

2. 氧化与脱碳

氧化是指当空气为传热介质时，空气中的 O_2 与工件表面形成氧化物的现象。对于那些表面质量要求较高的精密零件或特殊金属材料，在热处理过程中应采取真空或保护气氛进行加热以避免氧化。

脱碳是指工件表层中的碳被氧化烧损而使工件表层中碳含量下降的现象。脱碳影响工件的表面硬度和耐磨性。

3. 变形与开裂

工件在热处理时，尺寸和形状发生变化的现象称为变形。一般只要控制变形量在一定范围内即可。

当工件在热处理时产生的内应力值瞬间超过材料的抗拉强度时，工件就会因产生开裂而报废。

二、热处理工件的结构工艺性

设计零件结构时，不仅要考虑到其结构适合零件结构的需要，而且要考虑到加工和热处理过程中工艺的需要，特别是热处理工艺，结构设计不合理会给热处理工艺带来困难，甚至造成无法修补的缺陷，造成很大的经济损失。因此，在设计热处理工件时，其结构应满足热处理工艺的要求，其结构应考虑以下原则：

1) 避免尖角和棱角。
2) 避免厚薄悬殊的截面。
3) 尽量采用封闭结构。
4) 尽量采用对称结构。
5) 当有开裂倾向和特别复杂的热处理工件时，尽量采用组合结构，把整体件改为组合件。

三、热处理技术条件的标注及热处理工序位置安排

1. 热处理技术条件的标注

设计者依据工件的工作特性，提出热处理技术条件并在零件图上标出代号（企业标准，省、部颁标准，国家标准代号）。由于硬度检验属于非破坏性的检验，因此在零件图上常常标注硬度值。一般规定：布氏硬度变化范围在 30~40 个硬度单位，洛氏硬度变化范围为 5 个硬度单位。

对于那些非常重要的零件，在零件图上有时也标注抗拉强度、伸长率、金相组织等。表

面淬火、表面热处理工件要标明处理部位、层深及组织等要求。

2. 热处理的工序位置

根据热处理目的不同，热处理可分为预备热处理和最终热处理两大类，它们的工序位置一般是按着下面的一些原则来安排的。

（1）预备热处理的工序位置　预备热处理包括退火、正火或调质等热处理工艺方法。主要是为了消除前一道工序的某些缺陷并为后一道工序做好准备，一般安排在毛坯生产之后、切削加工之前或粗加工之后、精加工之前进行。

1）退火、正火工序的位置。一般在毛坯生产之后，切削加工之前进行，工序安排如下：

毛坯生产（铸造、锻压、焊接等）→正火（或退火）→切削加工

在一般情况下尽量选择操作方便、成本较低的正火工艺。但正火由于冷速较快，对于某些钢尤其是一些高合金钢，正火后可能得到高硬度而不能进行切削加工或产生其他缺陷，退火是优先选择的工艺方法。

2）调质工序的位置。调质是为了提高工件的综合力学性能、减少工件的变形或为以后的表面热处理做好组织准备（有时调质处理也直接作为最终热处理使用）。因此，调质处理一般安排在粗加工后、精加工之前进行，主要目的是保证淬透性差的钢种表面调质层（回火索氏体）的组织不被切削掉，工序安排如下：

下料→锻造→正火（或退火）→粗加工→调质→半精加工

（2）最终热处理的工序位置　最终热处理包括各种淬火、回火、表面淬火、表面化学热处理等。在一般情况下处理后的硬度较高，除磨削加工外很难再用其他切削方法加工。因此，最终热处理一般安排在半精加工之后、磨削加工之前进行。最终热处理决定工件的组织状态、使用性能与寿命。

1）整体淬火的工序位置如下：

下料→锻造→退火（或正火）→粗、半精加工（留余量）→淬火、回火（低温、中温回火）→磨削

2）表面淬火的工序位置如下：

下料→锻造→正火或退火→粗加工→调质→半精加工（留余量）→表面淬火、回火→磨削

3）渗碳淬火的工序位置如下：

下料→锻造→正火→粗、半精加工→渗碳、淬火→低温回火→磨削

4）渗氮的工序位置如下：

下料→锻造→退火→粗加工→调质→半精、精加工→去应力退火→粗磨→渗氮→精磨或超精磨

上述热处理工序安排不是固定不变的，应根据实际生产情况作某些调整。如工件性能要求不高的大批大量生产的工件，就可以由原料不经热处理而直接进行切削加工等。

3. 确定热处理工序位置的实例

例题：一车床主轴由中碳结构钢制造（如45钢），为传递力的重要零件，它承受一般载荷，轴颈处要求耐磨。热处理技术条件为：整体调质，硬度为220~250HBW；轴颈处表面淬火，硬度为50~52HRC。现确定加工工艺路线并指出其中热处理各工序的作用。

解: 1) 该轴的制造工艺路线为:

下料→锻造→正火→机加工(粗)→调质处理(淬火、高温回火)→机加工(半精加工)→轴颈处高频感应淬火、低温回火→磨削

2) 该轴各热处理工序的作用。

正火:作为预备热处理,目的是消除锻件内应力,细化晶粒,改善切削加工性。

调质:获得回火索氏体,使该主轴整体具有较好的综合力学性能,为表面淬火做好组织准备。

轴颈处高频感应淬火、低温回火,作为最终热处理。高频感应淬火是为了使表面得到高的硬度、耐磨性和疲劳强度;低温回火是为了消除应力,防止磨削时产生裂纹,并保持高硬度和耐磨性。

习题与思考题

3-1 比较下列名词:

1) 奥氏体、过冷奥氏体、残留奥氏体。

2) 马氏体与回火马氏体、索氏体与回火索氏体、托氏体与回火托氏体、珠光体与回火珠光体、上贝氏体与下贝氏体。

3) 淬透性与淬硬性、淬透性与实际工件的淬硬层深度。

4) 起始晶粒度、实际晶粒度与本质晶粒度。

3-2 判断下列说法是否正确:

1) 钢在奥氏体化后,冷却时形成的组织主要取决于钢的加热温度。

2) 低碳钢与高碳钢件为了方便切削,可预先进行球化退火。

3) 钢的实际晶粒度主要取决于钢在加热后的冷却速度。

4) 过冷奥氏体冷却速度越快,钢冷却后的硬度越高。

5) 钢中合金元素越多,钢淬火后的硬度越高。

6) 同一钢种在相同的淬火条件下,水淬比油淬的淬透性好,小件比大件的淬透性好。

7) 钢经淬火后处于硬脆状态。

8) 冷却速度越快,马氏体的转变点 M_s、M_f 越低。

9) 淬火钢回火后的性能主要取决于回火后的冷却速度。

10) 钢中的含碳量就等于马氏体的含碳量。

3-3 什么是马氏体?其组织有哪几种基本形态?它们的性能各有何特点?马氏体的硬度与奥氏体中含碳量有何关系?马氏体转变有何特点?马氏体转变点 M_s、M_f 与含碳量有何关系?残留奥氏体与含碳量有何关系?

3-4 什么是钢的回火?钢回火时组织转变经历哪些过程?钢的性能与钢的回火温度有何关系?指出回火的种类、组织、性能及应用。

3-5 两种碳的质量分数均为 1.2% 的碳素钢试件,分别加热到 760℃ 和 900℃,保温相同时间,达到平衡状态后以大于临界冷速的速度快速冷却至室温。问:

1) 哪个温度的试件淬火后晶粒粗大?

2) 哪个温度的试件淬火后未溶碳化物较少?

3) 哪个温度的试件淬火后马氏体的含碳量较高?

4) 哪个温度的试件淬火后残留奥氏体量较多?

5）哪个试件的淬火温度较为合理？为什么？

3-6　45钢调质后的硬度为240HBW，若再进行200℃回火，硬度能否提高？为什么？该钢经淬火和低温回火后硬度为57HRC，若再进行高温回火，其硬度可否降低？为什么？

3-7　T12钢经760℃加热后，由图3-26所示的冷却方法进行冷却。问它们各获得什么组织？并比较它们的硬度。

3-8　一根直径为6mm的45钢棒，先经860℃淬火、160℃低温回火后的硬度为55HRC，然后从一端加热，使钢棒各点达到如图3-27所示的温度。

问：

1）各点的组织是什么？

2）从各点的图示温度缓慢冷却到室温后的组织是什么？

3）从各点的图示温度水冷却到室温后的组织是什么？

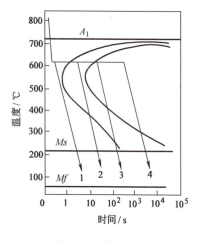

图3-26　题3-7图

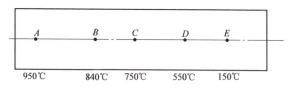

图3-27　题3-8图

3-9　现有20钢和40钢制造的齿轮各一个，为提高齿面的硬度和耐磨性，宜采用何种热处理工艺？热处理后在组织和性能上有何不同？

3-10　用T12钢制造锉刀和用45钢制造较重要的螺栓，工艺路线均为：锻造→热处理→机加工→热处理→精加工。对两种工件：

1）说明预备热处理的工艺方法及其作用。

2）制订最终热处理工艺规范（温度、淬火冷却介质），并指出最终热处理后的显微组织及大致硬度。

第二篇 Part 2

常用工程材料

第四章 工业用钢

CHAPTER 4

工业用钢是主要的金属材料，占据工程材料的主导地位。碳素钢应用较广，但由于工业生产不断对钢提出更高的要求，如提高力学性能，改善工艺性能，得到某些特殊物理、化学及其他性能等，因此，需要有目的地向碳素钢中加入某些合金元素而成为合金钢。

不同的钢材具有不同的使用性能和工艺性能。因此，通过了解工业用钢，可以为正确选用各类钢材，制订合理的加工工艺打下基础。

第一节 概述

一、钢的分类

工业用钢的种类繁多，根据不同的需要，如使用、管理、贸易和行业特点等，可采用不同的分类方法，在有些情况下，还可以混合使用几种分类方法。

1. 我国的习惯分类方法

（1）按钢的品质（指冶金质量，特别是硫、磷含量） 可分为普通质量钢、优质钢、高级优质钢。

（2）按冶炼方法 可分为平炉钢、转炉钢、电炉钢；根据炼钢时所用脱氧方法，可分为沸腾钢、镇静钢和特殊镇静钢。

（3）按钢的用途 可分为建筑及工程用钢、机械制造用钢、工具钢、特殊性能钢、专业用钢（如桥梁、容器、锅炉、兵器用钢）等，每一大类又可分为许多小类。

（4）按钢中的含碳量 可大致分为低碳钢（$w_C < 0.25\%$）、中碳钢（$w_C = 0.25\% \sim 0.6\%$）、高碳钢（$w_C > 0.6\%$）。

（5）合金钢按钢中的合金元素含量 可分为低合金钢（$w_{Me} \leq 5\%$）、中合金钢（$w_{Me} = 5\% \sim 10\%$）、高合金钢（$w_{Me} > 10\%$）。

（6）根据钢中合金元素的种类 可分为锰钢、铬钢、硼钢、硅锰钢、铬镍钢等。

（7）按合金钢在空气中冷却所得到的组织 可分为珠光体钢、贝氏体钢、马氏体钢、奥氏体钢、莱氏体钢等。

（8）按最终加工方法 分为热轧材和冷轧材、拔材、锻材、挤压材、铸件等。

（9）按轧制成品和最终产品（GB/T 15574—2016） 可分为长材（盘条、钢丝、热成形棒材、热轧棒）、圆钢、方钢、铁道用钢、钢板桩、扁平产品（无涂层扁平产品、电工钢、包装用镀锡和相关产品、热轧和冷轧扁平镀层产品、压型钢板、复合产品）、钢管、中空棒材及经过表面处理的扁平成品、复合产品等。

2. 现行钢的分类方法

国家标准 GB/T 13304—2008《钢分类》是参照国际标准制定的。钢的分类分为"按化学成分分类"和"按主要质量等级和主要性能或使用特性的分类"两部分。

（1）按化学成分分类　依据钢中含有合金元素规定含量的界限值，将钢分成三大类，即非合金钢、低合金钢和合金钢，见表4-1。

表4-1　非合金钢、低合金钢和合金钢中合金元素规定质量分数的界限值

合金元素	合金元素规定质量分数界限值（%）			合金元素	合金元素规定质量分数界限值（%）		
	非合金钢	低合金钢	合金钢		非合金钢	低合金钢	合金钢
Al	<0.10	—	≥0.10	Se	<0.10	—	≥0.10
B	<0.0005	—	≥0.0005	Si	<0.50	0.50~<0.90	≥0.90
Bi	<0.10	—	≥0.10	Te	<0.10	—	≥0.10
Cr	<0.30	0.30~<0.50	≥0.50	Ti	<0.05	0.05~<0.13	≥0.13
Co	<0.10	—	≥0.10	W	<0.10	—	≥0.10
Cu	<0.10	0.10~<0.50	≥0.50	V	<0.04	0.04~<0.12	≥0.12
Mn	<1.0	1.00~<1.40	≥1.40	Zr	<0.05	0.05~<0.12	≥0.12
Mo	<0.05	0.05~<0.10	≥0.10	La系（每一种元素）	<0.02	0.02~<0.05	≥0.05
Ni	<0.30	0.30~<0.50	≥0.50				
Nb	<0.02	0.02~<0.06	≥0.06	其他元素（S、P、C、N除外）	<0.05		≥0.05
Pb	<0.40	—	≥0.40				

1）非合金钢。 钢中的合金元素规定含量见表4-1。这类钢主要是以Fe为基本元素，$w_C \leq 2\%$ 的Fe-C合金。依据铁碳合金中碳含量的多少，把非合金钢分为：工业纯铁（$w_C < 0.04\%$）、低碳钢（$w_C < 0.25\%$）、中碳钢（$w_C = 0.25\% \sim 0.6\%$）和高碳钢（$w_C > 0.6\%$）。

2）低合金钢。 钢中的合金元素规定含量见表4-1。低合金钢中加入的合金元素的总量较少，一般不大于5%。

3）合金钢。 钢中的合金元素规定含量见表4-1。根据加入合金元素总量的多少，合金钢可分为：低合金钢（合金元素总质量分数≤5%）、中合金钢（合金元素总质量分数5%~10%）和高合金钢（合金元素总质量分数>10%）。

低合金钢中同时含有一组元素Cr、Ni、Mo、Cu或另一组元素Nb、Ti、V、Zr中的2种或2种以上时，应同时考虑这些元素的规定含量总和。如果钢中这些元素的规定含量总和大于表4-1中规定的每种元素最高界限值总和的70%，则应划为合金钢。

此外，根据表4-1的分类，采用"非合金钢"一词代替传统的"碳素钢"。但在1992年施行新的钢分类以前所制定的有关技术标准中均采用"碳素钢"。这类标准中，有的仍属于现行标准，故在本书中与此类标准有关的术语，仍为碳素钢，如碳素结构钢、碳素工具钢等术语。

（2）按主要质量等级和主要性能或使用特性的分类

1）按钢的主要质量等级分类。钢的主要质量等级是指钢在生产过程中是否需要控制的质量要求以及控制质量要求的严格程度。主要质量的含义更为广泛，如S、P含量，残余元素含量，力学性能，电磁性能，表面质量，非金属夹杂物，热处理等要求。依据主要质量等级不同，可把钢分成三类：

① 普通质量钢。普通质量钢分为普通质量非合金钢、普通质量低合金钢两类。

② 优质钢。优质钢分为优质非合金钢、优质低合金钢、优质合金钢三类。

③ 特殊质量钢。特殊质量钢分为特殊质量非合金钢、特殊质量低合金钢、特殊质量合金钢三类。

2）非合金钢按主要性能和使用特性分类。主要性能和使用特性是指规定或限制钢的主要性能指标，钢具有某种使用特性，这样，钢的用途可细化或专门化。

① 以规定最高强度（或硬度）为主要特性的非合金钢（如冷成形薄钢板）。

② 以规定最低强度为主要特性的非合金钢（如造船、压力容器等用的结构钢）。

③ 以限制碳含量为主要特性的非合金钢（如线材、调质钢）。

④ 非合金易切削钢。

⑤ 非合金工具钢。

⑥ 具有专门规定磁性或电性能的非合金钢（如电磁纯铁）。

⑦ 其他非合金钢。

3）低合金钢按主要性能和使用特性的分类。

① 可焊接的低合金高强度结构钢。

② 低合金耐候钢。

③ 低合金混凝土用钢及预应力用钢。

④ 铁道用低合金钢。

⑤ 矿用低合金钢。

⑥ 其他低合金钢。

4）合金钢按主要性能和使用特性的分类。

① 工程结构用合金钢，包括一般工程结构用合金钢、供冷成形用的热轧或冷轧扁平产品用合金钢（压力容器用钢、汽车用钢和输送管线用钢）、预应力用合金钢、矿用合金钢、高锰耐磨钢等。

② 机械结构用合金钢，包括：

a. 调质处理合金结构钢。

b. 表面硬化合金结构钢（如渗碳钢、渗氮钢、感应加热表面淬火钢等）。

c. 合金弹簧钢。

d. 冷塑成形钢。

③ 不锈钢、耐蚀钢和耐热钢，包括不锈钢、耐酸钢、抗氧化钢和热强钢等。按金相组织不同，可分为：马氏体型钢、铁素体型钢、奥氏体型钢、奥氏体-铁素体型钢、沉淀硬化型钢等。

④ 工具钢，包括合金工具钢和高速工具钢。合金工具钢又可分为量具刃具钢、耐冲击工具用钢、冷作模具钢、热作模具钢、塑料模具钢、无磁模具钢等。高速工具钢又可分为钨系、钨钼系、钴系高速工具钢。

⑤ 轴承钢，包括高碳高铬轴承钢、渗碳轴承钢、不锈轴承钢、高温轴承钢等。

⑥ 特殊物理性能钢，包括软磁钢、永磁钢、无磁钢、高电阻钢与合金等。

⑦ 其他合金钢类。

二、工业用钢牌号表示方法

1. 碳素结构钢和低合金高强度结构钢牌号表示方法

（1）碳素结构钢牌号　碳素结构钢牌号由代表屈服强度"屈"字的汉语拼音第一个字母 Q + 屈服强度数值 + 质量等级代号 + 脱氧方法组成。质量等级代号有 A、B、C、D 四个级别，表示由 A 至 D，钢中 S、P 含量依次降低。脱氧方法是用符号 F、Z、TZ 分别表示沸腾钢、镇静钢和特殊镇静钢，"Z"和"TZ"可以省略。如 Q235AF 的碳素结构钢，表示屈服强度 $R_{eL} \geq 235MPa$，质量等级为 A 级的沸腾钢。

碳素结构钢牌号有 Q195、Q215、Q235、Q275。

（2）低合金高强度结构钢牌号　低合金高强度结构钢牌号与碳素结构钢牌号相似，由代表屈服强度"屈"字的汉语拼音第一个字母 Q + 屈服强度数值 + 质量等级代号组成。质量等级代号有 A、B、C、D、E 五个级别，并由 A 至 E，钢中的 S、P 含量依次降低。如 Q460E，表示屈服强度 $R_{eL} \geq 460MPa$，质量等级数为 E 级的低合金高强度结构钢，低合金高强度结构钢牌号有 Q345、Q390、Q420、Q460、Q500、Q550、Q620、Q690。

2. 优质碳素结构钢牌号表示方法

优质碳素结构钢牌号是由两位数字（平均万分数）表示钢中的碳的质量分数。按钢中锰含量多少，将优质碳素结构分为普通含锰量组（$w_{Mn} = 0.25\% \sim 0.8\%$）和较高含锰量组（$w_{Mn} = 0.7\% \sim 1.2\%$）并在两位数字后面加"Mn"符号表示。如 45 钢表示平均碳含量 $w_C = 0.45\%$ 的普通含锰量组的优质碳素结构钢。45Mn 钢表示平均碳含量 $w_C = 0.45\%$ 的较高含锰量组的优质碳素结构钢。它们的牌号分别为：

08F、10F、15F、08、10、15、20、25、30、35、40、45、50、55、60、65、70、75、80、85、15Mn、20Mn、25Mn、30Mn、35Mn、40Mn、45Mn、50Mn、60Mn、65Mn、70Mn。

3. 非合金易切削钢（易切削结构钢）牌号表示方法

此类钢的牌号是在同类结构钢牌号前面冠以符号"Y"，表示易切削钢，如 Y20，表示平均碳含量 $w_C = 0.2\%$ 的易切削结构钢。

4. 碳素工具钢牌号表示方法

碳素工具钢牌号是由"碳"的汉语拼音第一个字母"T"后加数字组成的。用名义千分数表示钢中碳的质量分数。碳素工具钢均为优质钢。当钢号末尾有"A"符号时，表示该钢为高级优质钢（$w_S \leq 0.02\%$，$w_P \leq 0.03\%$）。如 T13A，表示 $w_C = 1.3\%$ 的高级优质碳素工具钢。碳素工具钢牌号有 T7、T8、T8Mn、T9、T10、T11、T12、T13 及牌号后面加"A"组成的牌号等。

5. 合金钢牌号表示方法

我国低合金钢、合金钢牌号的表示方法是按钢的碳含量及所含合金元素的种类及含量来确定的。

（1）合金结构钢牌号　合金结构钢牌号由"两位数字 + 元素符号 + 数字"来表示。前面的两位数字是以平均万分数表示钢中碳的质量分数，加入的合金元素用化学符号表示，其后的数字表示该合金元素的质量分数。当合金的质量分数 ≤1.5% 时不标明数字；当合金元素含量为 1.50%~2.49%、2.50%~3.49%、3.50%~4.49%、4.50%~5.49%……时，则应分别标出2、3、4、5……。例如20Cr，表示平均碳含量$w_C = 0.2\%$、$w_{Cr} \leq 1.0\%$的合金结构钢。

（2）合金工具钢牌号　**合金工具钢牌号表示方法为，当$w_C < 1\%$时，牌号前面以千分数表示碳的质量分数（一位数字）；当$w_C \geq 1\%$时，牌号前面无数字**。合金元素的表示方法与合金结构钢相同。如CrWMn，表示钢中平均$w_C \geq 1.00\%$，并含有Cr、W、Mn，其质量分数均小于或等于1.5%的合金工具钢。又如9CrWMn，表示钢中平均w_C为0.91%，Cr、W、Mn的质量分数均小于或等于1.5%的合金工具钢。但高速工具钢的牌号例外。

（3）滚动轴承钢牌号　**其牌号是用"滚"的汉语拼音第一个字母"G"为首位，其后加入合金元素Cr的平均质量千分数来表示**。如GCr15，表示钢中平均$w_{Cr} = 1.5\%$的滚动轴承钢。

（4）不锈钢和耐热钢牌号　**碳含量用两位或三位阿拉伯数字表示碳含量最佳控制值（以万分之几或十万分之几计）**。只规定碳含量上限者，当碳的质量分数上限不大于0.10%时，以其上限的3/4表示碳含量；当碳的质量分数上限大于0.10%时，以其上限的4/5表示碳含量。对超低碳不锈钢（即碳的质量分数不大于0.030%），用三位阿拉伯数字表示碳含量最佳控制值（以十万分之几计）。规定上、下限者，以平均碳的质量分数乘以100表示。合金元素含量以化学元素符号及阿拉伯数字表示，表示方法同合金结构钢。钢中有意加入的铌、钛、锆、氮等合金元素，虽然含量很低，也应在牌号中标出。

如06Cr19Ni10，表示w_C不大于0.08%、w_{Cr}为18.00%~20.00%、w_{Ni}为8.00%~11.00%的不锈钢。

（5）铸钢牌号

1）**工程用铸造碳钢牌号前面为"铸钢"汉语拼音字母组合"ZG"，随后的一组数字表示屈服强度，第二组数字表示抗拉强度，若牌号末尾标字母H（焊），则表示该钢是焊接结构用碳素铸钢**。例如，ZG230-450表示屈服强度不小于230MPa、抗拉强度不小于450MPa的工程用铸钢。

2）GB/T 5613—2014《铸钢牌号表示方法》。该标准规定**在牌号前面用"铸钢"汉语拼音字母组合"ZG"，后面用万分数表示碳的名义质量分数，并依次排列各主要合金元素符号及质量分数**。如ZG15Cr1Mo1V，表示平均$w_C = 0.15\%$，$w_{Cr} = 0.9\%$~1.4%、$w_{Mo} < 0.9\%$~1.4%、$w_V < 0.9\%$的铸造合金钢。

3）工程结构用合金钢铸钢。这类铸钢如ZGMn13型，**合金元素符号后的数字为该合金元素的平均质量分数**。

三、常存杂质和合金元素在钢中的作用

钢在冶炼过程中，由于受所用原料以及冶炼工艺方法等因素影响，不可避免地存在一些并非有意加入或保留的元素，如硅、锰、硫、磷、非金属夹杂物以及某些气体，如氮、氢、氧等，一般将它们作为杂质看待，这些杂质元素的存在将对钢的质量和性能产生影响。

为一定目的而加入到钢中，并能起到改善钢的组织和获得所需性能的元素，才称为合金元素，常用的有铬、锰、硅、镍、钼、钨、钒、钴、钛、铝、铜、硼、氮、稀土等。硫、磷在特定条件下也可以是合金元素，如易切削钢中的硫、磷。

1. 钢中常存杂质元素对钢性能的影响

（1）锰的影响　锰在碳素钢中的质量分数一般小于0.8%。锰能溶于铁素体，使铁素体

强化，也能形成合金渗碳体，提高硬度。锰还能增加并细化珠光体，从而提高钢的强度和硬度。锰还可与硫形成 MnS，以消除硫的有害作用，因此锰在钢中是有益元素。

（2）硅的影响　硅在碳素钢中的质量分数一般小于 0.37%。硅能溶于铁素体使之强化，从而使钢的强度、硬度、弹性都得到提高，特别是有硅存在时，钢的屈强比提高，因此硅在钢中也是有益元素。

但是用作冲压件的非合金钢，常因硅对铁素体的强化作用，致使钢的弹性极限升高，而冲压性能变差。因此冲压件常采用含硅量低的沸腾钢制造。

（3）硫的影响　硫是冶炼时由矿石和燃料中带入的有害杂质，炼钢时难以除尽。硫在固态铁中的溶解度很小，以硫化亚铁化合物形式存在于钢中。由于硫化亚铁（FeS）塑性差，同时 FeS 与 Fe 形成低熔点（985℃）的共晶体，分布在奥氏体的晶界上。当钢加热到 1200℃ 以上进行锻压加工时，奥氏体晶界上低熔点共晶体早已熔化，晶粒间的结合受到破坏，使钢在压力加工时沿晶界开裂，这种现象称为热脆性。

为了消除硫的影响，可提高钢中锰的含量，锰与硫优先形成高熔点（1620℃）的 MnS，其在高温时具有塑性，可避免钢的热脆性。

在易切削钢中，S 与 Mn 形成的 MnS 易于断屑，方便切削。因此，它又作为有利的合金元素存在于易切削钢中。

（4）磷的影响　磷是在冶炼时由矿石带入的有害杂质，炼钢时很难除尽。在一般情况下，磷能溶入铁素体中，使铁素体的强度、硬度升高，但塑性、韧性显著下降。另外，磷在结晶过程中偏析倾向严重，使局部地区含磷量偏高，导致韧脆转变温度升高，从而发生冷脆。冷脆对高寒地带和其他低温条件下工作的结构件具有严重的危害性。

但是磷可提高钢的脆性，因此在易切削钢中可适当提高其含量。另外，爆炸性武器的作战部分用钢需要具备较高的脆性，可含有较高的磷。

硫、磷是钢中常见的有害杂质。因此，常以钢中硫、磷含量的多少来评定冶金质量的高低。按硫、磷的含量，钢可分为以下几类。

1）普通质量钢：$w_S \leq 0.05\%$，$w_P \leq 0.045\%$。
2）优质钢：w_S、$w_P \leq 0.035\%$。
3）高级优质钢：$w_S \leq 0.025\%$，$w_P \leq 0.035\%$。
4）特高级质量钢：$w_S \leq 0.015\%$，$w_P \leq 0.025\%$。

高级优质钢牌号后面加"A"，特高级质量钢牌号后面加"E"。

（5）非金属夹杂物的影响　在炼钢过程中，少量炉渣、耐火材料及冶金反应产物可能进入钢液，形成非金属夹杂物。例如氧化物、硫化物、氮化物、硼化物、硅酸盐等。它们都会降低钢的质量和性能，特别是力学性能中的塑性、韧性及疲劳强度。严重时，还会使钢在热加工与热处理时产生裂纹，或在使用时突然脆断。非金属夹杂物也促使钢形成热加工纤维组织与带状组织，使材料具有各向异性。严重时，横向塑性仅为纵向的一半，并使冲击韧度大为降低。故对于重要用途的钢，特别是要求疲劳性能的滚动轴承钢、弹簧钢等，要检查非金属夹杂物的数量、形状、大小与分布情况，并按相应的等级标准进行评级检验。

（6）气体的影响　钢在冶炼过程中要与空气接触，因而钢液中总会吸收一些气体，如氮、氧、氢等。它们对钢的质量和性能都会产生不良影响，特别是影响力学性能中的韧性和疲劳性能。尤其是氢对钢的危害性更大，它使钢变脆，称为氢脆，也可使钢中产生微裂纹，称为白点，严重影响钢的力学性能，使钢易于脆断。

氮和氧含量高时易形成微气孔和非金属夹杂物，和氢一样会影响钢的韧性和疲劳性能，使钢易于发生疲劳断裂。

2. 合金元素在钢中的作用

铁(Fe)-碳(C)-合金元素（合金元素）是合金钢的基本组元，由于它们之间作用不同，因而可使钢获得不同的组织与性能。

(1) 合金元素与碳的作用　钢中的碳常与铁形成 Fe_3C，而合金元素存在于钢中时也会与碳发生反应。依据合金元素是否与碳形成碳化物，可将合金元素分成两大类。

1) 形成碳化物的合金元素。合金元素，如 Zr、Ti、Nb、V、W、Mo、Cr、Mn、Fe 等，可与碳形成碳化物。按照这些合金元素与 C 亲合力的强弱，又可分为：

① 强碳化物形成元素。如 Zr、Ti、Nb、V 等，这些碳化物在钢中主要形成稳定的特殊碳化物，如 VC、TiC、NbC 等，它们是具有简单晶格的间隙相碳化物。

② 中强碳化物形成元素。如 W、Mo、Cr 等，这些元素在钢中形成的碳化物性质视其含量而定。当合金元素含量较高时，也形成特殊碳化物，如 Fe_3W_3C、Cr_7C_3、$Cr_{23}C_6$ 等，它们具有复杂晶格类型。当合金元素含量较低时，形成合金渗碳体，如 $(Fe,W)_3C$、$(Fe,Cr)_3C$ 等。

合金渗碳体是一般低合金钢中碳化物的主要存在形式。

③ 弱碳化物形成元素。如 Mn、Fe 等，这些元素只能形成合金渗碳体或渗碳体，如 $(Fe,Mn)_3C$、Fe_3C 等。

强碳化物形成元素，即使含量较少，但只要有足够的碳，就倾向于形成特殊碳化物；而中强碳化物形成元素，只有当其质量分数较高（大于 5%）时，才倾向于形成特殊碳化物。

碳化物的稳定性从高到低的顺序为特殊碳化物、合金渗碳体、渗碳体，特别是特殊碳化物中的间隙相碳化物，具有最高的熔点、硬度和耐磨性，最为稳定，不易分解，可达约 2000HV。

碳化物的稳定性越高，就越难溶于奥氏体，也越不易聚集长大。随着碳化物数量的增加，钢的硬度、强度提高，塑性、韧性下降。而稳定性差的碳化物，利用加热与冷却时的溶解析出，可直接影响钢的相变和性能。

合金碳化物的种类、性能和在钢中的分布状态会直接影响钢的性能及热处理时的相变。例如，当钢中存在弥散分布的特殊碳化物时，将显著提高钢的强度、硬度和耐磨性，而不降低韧性，这对提高工具的使用性能是极为有利的。

2) 非碳化合物合金元素。如 Ni、Si、Al、Co、Cu 等，这些元素只能溶入铁素体形成固溶体或者以第二相形式分布在钢中。

(2) 合金元素与铁的作用　合金元素溶入到铁素体中形成合金铁素体，产生固溶强化。合金元素对铁素体性能的影响如图 4-1 所示。

根据合金元素对 Fe 同素异晶转变点的影响，可把这些合金元素分成两大类，如图 4-2 所示。

1) 加入能扩大 γ 相区的合金元素使 Fe 的 A_3 点下降，A_4 点（γ-Fe 与 δ-Fe 的同素异晶转变点 1394℃）上升，结果扩大 γ 相区的同时缩小 α 相区的状态。当合金元素增加到 E 点或 E 点以右时，会得到单相 γ 相，如图 4-2a 所示。这类合金元素主要有 Mn、Ni、Co 等。

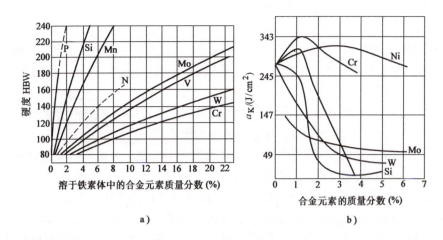

图 4-1 合金元素对铁素体性能的影响

a）对硬度的影响 b）对韧性的影响

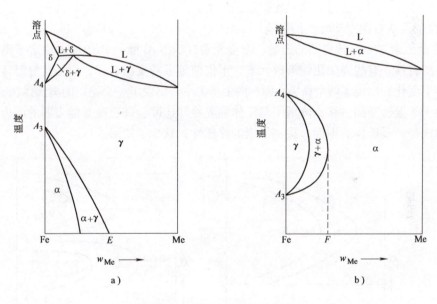

图 4-2 合金元素作用示意图

a）扩大 γ 相区的合金元素 b）扩大 α 相区的合金元素

2）加入能扩大 α 相区的合金元素使 Fe 的 A_3 点上升，A_4 点下降，结果扩大 α 相区的同时也缩小 γ 相区的状态。当合金元素增加到 F 点以及 F 点以右时，会得到单相 α 相，如图 4-2b 所示。这类合金元素主要有 Cr、V、Mo 等。

实际上，α 相、γ 相中总是有 C 元素存在。因此，可形成相应的奥氏体和铁素体相。只要加入一定量的合适的合金元素，就可在室温下获得单相的奥氏体、单相的铁素体，这是不锈钢的基本原理之一。

（3）合金元素对 Fe-Fe_3C 相图的影响 加入合金元素后对 Fe 的同素异晶转变点有影响，因而，也必然对 Fe-Fe_3C 相图中的 S 点、E 点的位置产生影响。

1)凡是扩大 γ 相区的合金元素，会使 S 点、E 点向左下方移动。凡是扩大 α 相区的合金元素，会使 S 点、E 点向左上方移动。

2)S 点左移，意味着共析点（S）碳含量的降低。如当钢中 $w_{Cr}=12\%$ 时，共析点中 $w_C=0.4\%$。如钢中 $w_C=0.4\%$ 时的碳素钢属于亚共析钢，该钢 $w_{Cr}=12\%$ 时，该钢由亚共析成分变成共析成分的合金。

3)E 点左移，意味着得到莱氏体的碳含量降低，从而有可能在钢中也会出现莱氏体。如高速工具钢在铸态组织中出现莱氏体，也称为莱氏体钢。

4)S 点、E 点上升或下降，使钢的相变点也发生了变化，因而影响了热处理工艺。

(4)合金元素对钢热处理工艺的影响

1)合金元素对钢加热时奥氏体化的影响。合金钢的奥氏体化过程基本上是由碳的扩散来控制的。碳化物形成元素加入钢后减慢了碳的扩散速度，因而降低了奥氏体的形成速度，提高了奥氏体化的温度。为了能充分发挥合金元素的作用，就需要更高的加热温度和更长的保温时间。

除 Mn 以外，几乎所有的合金元素均能阻止加热时奥氏体晶粒的长大。因此，合金钢在相同的奥氏体化条件下获得的晶粒比碳素钢细小。

2)合金元素对钢冷却转变的影响。

① 合金元素对等温转变图的影响。合金元素（Co、Al 除外）的加入稳定了奥氏体，使等温转变图右移。有些强碳化物形成元素，不仅使等温转变图右移，而且使等温转变图的形状也发生了变化，出现了两个鼻尖，而在两个鼻尖中，出现了一个稳定的奥氏体区，如图 4-3 所示。由于等温转变图右移，降低了马氏体临界冷却速度，即在冷却能力弱的淬火冷却介质中淬火也能得到马氏体。因而，提高了钢的淬透性，减少了变形。

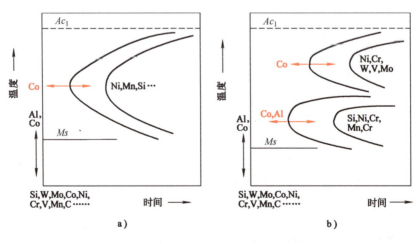

图 4-3 合金元素对等温转变图的影响
a)只改变位置 b)位置、形状均改变

② 合金元素对过冷奥氏体的马氏体转变的影响。除 Co、Al 外，大多数合金元素均能降低 Ms 点，使残留奥氏体量增加。影响最显著的合金元素是 Mn、Ni、Cr、Mo 等。

3)合金元素对钢回火转变的影响。

① 合金元素提高了耐回火性。由于合金元素阻碍了马氏体在回火过程中的转变，在相

同回火温度下,合金钢的硬度高于碳素钢。若需硬度相同,则合金钢的回火温度要高于碳素钢,因而提高了耐回火性,如图4-4所示。

② 在含有大量W、Mo、V、Co等的高合金钢中,淬火后在500~600℃回火时,由于特殊碳化物弥散析出,使回火钢的硬度不但不降低反而升高,这种现象称为二次硬化。

这类钢淬火后产生大量(50%~60%)的残留奥氏体。残留奥氏体在500~600℃回火时也要析出合金碳化物,使残留奥氏体中的碳及合金元素的含量降低,而使M_s点上升,致使残留奥氏体在回火冷却时转变为马氏体而使硬度升高,也称为二次淬火。这是产生二次硬化的另一个重要原因。二次硬化可使合金钢在较高温度工作时仍保持较高硬度(58~60HRC),这种性能称为热硬性(也称为红硬性)。

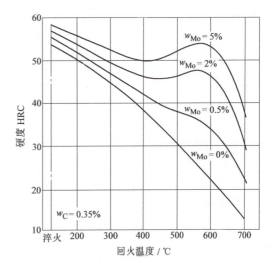

图4-4 回火温度与硬度的关系

③ 某些含有Mn、Cr、Ni、V等合金元素的钢,在高温回火(500~600℃)后缓冷时,会使钢的韧性下降,称为回火脆性。为避免这类回火脆性产生,经常在钢中加入Mo、W等合金元素来降低此类脆性。对于中小工件来说,高温回火后快冷也可避免此类回火脆性产生。

第二节 工程结构用钢

一、概述

工程结构用钢主要是指用于制造各种工程结构的钢,包括用于制造工程结构的**碳素结构钢**、**低合金钢**和**合金钢**。这类钢大多数要进行焊接施工、变形加工等,所以其碳含量均是低碳的($w_C<0.25\%$)。工程结构用钢使用时一般不进行热处理,大多是在热轧状态下或热轧后正火状态下使用。供货形态多为型钢、钢带、钢板、钢管等。这类钢常用于建造锅炉、高压电线塔、车辆构架、起重机械构架、各种压力容器、船舶、桥梁、建筑用屋架与钢筋、地质石油钻探、铺设石油输气管线、铁道钢轨等。

二、碳素结构钢

$w_C=0.06\%~0.38\%$、用于建筑及其他工程结构的铁碳合金称为碳素结构钢。

这类钢冶炼简单、价格低廉,能够满足一般工程结构与普通机械结构零件的性能要求,用量很大。此类钢对化学成分要求不严格,钢的磷、硫含量较高($w_P \leq 0.045\%$,$w_S \leq 0.055\%$),但必须保证其力学性能。这类钢通常以各种规格(圆钢、方钢、工字钢、钢筋等)在热轧空冷状态下供货,一般不进行热处理。表4-2列出了碳素结构钢的牌号、成分及力学性能。

表4-2 碳素结构钢的牌号、成分及力学性能（摘自GB/T 700—2006）

牌号	等级	主要化学成分（质量分数，%，不大于）					脱氧方法	拉伸试验								断后伸长率 A（%）					冲击试验（V型缺口）	
		C	Mn	Si	S	P		屈服强度 R_{eH}/MPa 钢材厚度（直径）/mm						R_m/MPa	钢材厚度（直径）/mm					温度/°C	冲击吸收能量（纵向）/J
								≤16	>16~40	>40~60	>60~100	>100~150	>150~200		≤40	>40~60	>60~100	>100~150	>150~200		不小于
								不小于							不小于						
Q195	—	0.12	0.50	0.30	0.040	0.035	F、Z	195	185	—	—	—	—	315~430	33	—	—	—	—	—	—
Q215	A	0.15	1.20	0.35	0.050	0.045	F、Z	215	205	195	185	165	—	335~410	31	30	29	27	26	—	—
	B				0.045															20	27
Q235	A	0.22	1.40	0.35	0.050	0.045	F、Z	235	225	215	205	185	—	375~500	26	25	24	22	21	—	—
	B	0.20			0.045	0.045	F、Z													20	27
	C	0.17			0.040	0.040	Z													0	27
	D	0.17			0.035	0.035	TZ													-20	27
Q275	A	0.24	1.50	0.35	0.050	0.045	F、Z	275	265	255	245	215	—	415~540	22	21	20	18	17	—	—
	B	0.21			0.045	0.045	Z													20	27
	C	0.22			0.040	0.040	Z													0	27
	D	0.20			0.035	0.035	TZ													-20	27

碳素结构钢的应用举例：

① Q195、Q215。用于制造地脚螺栓、烟筒以及轻载荷的焊接结构件。

② Q235。用于制造钢筋、钢板、不重要的农业机械零件。

③ Q275。用于建筑、桥梁工程要求高的焊接件。而Q235C、Q235D用于质量要求高的重要焊接件。

三、低合金结构钢

1. 低合金高强度结构钢

低合金高强度结构钢是在碳素结构钢的基础上，加入合金元素的总质量分数小于5%，用于承载大、自重轻、高强度的工程结构用的低合金钢。主要用于房屋构架、桥梁、船舶、车辆、铁道、高压容器、石油天然气管线、矿用等工程结构件。大都经过塑性变形与焊接加工，并长期暴露在一定的腐蚀介质中。

（1）性能特点

1）具有较高的屈服强度、塑性和韧性。

2）良好的焊接性、冷成形性，尤其是焊接性好是这类钢的重要性能。

3）较好的耐蚀性和低的韧脆转变温度。

（2）成分特点

1）$w_C \leq 0.2\%$，主要是为了获得良好的塑性、韧性、焊接性和冷成形性能。

2）主加元素为锰，可起到强化铁素体的作用。同时加入一些细化晶粒和第二相强化的元素，如V、Ti、Nb等。为了提高耐大气腐蚀性，相应地加入一些如Cu、P、Al、Cr、Ni等合金元素。为了改善性能，在高级别屈服强度的低合金钢中加入一些Mo、稀土等合金元素。

3）该类钢的S、P含量有五个等级（A、B、C、D、E）。

（3）热处理特点　该类钢在一般情况下不进行热处理，以热轧空冷状态供货。常用低合金高强度结构钢的牌号及成分见表4-3。

表4-3　常用低合金高强度结构钢的牌号及成分（摘自GB/T 1591—2008）

牌号	质量等级	化学成分[①,②]（质量分数，%）													
		C	Si	Mn	P	S	Nb	V	Ti	Cr	Ni	Cu	N	Mo	B	Al
					不大于											不小于
Q345	A	≤0.20	≤0.50	≤1.70	0.035	0.035	0.07	0.15	0.20	0.30	0.50	0.30	0.012	0.10	—	—
	B				0.035	0.035										
	C				0.030	0.030										
	D	≤0.18			0.030	0.025										0.015
	E				0.025	0.020										
Q390	A	≤0.20	≤0.50	≤1.70	0.035	0.035	0.07	0.20	0.20	0.30	0.50	0.30	0.015	0.10	—	—
	B				0.035	0.035										
	C				0.030	0.030										
	D				0.030	0.025										0.015
	E				0.025	0.020										

（续）

牌号	质量等级	化学成分①,② （质量分数,%）													
		C	Si	Mn	P	S	Nb	V	Ti	Cr	Ni	Cu	N	Mo	B	Al
							不大于									不小于
Q420	A	≤0.20	≤0.50	≤1.70	0.035	0.035	0.07	0.20	0.20	0.30	0.80	0.30	0.015	0.20	—	—
	B				0.035	0.035										
	C				0.030	0.030										0.015
	D				0.030	0.025										
	E				0.025	0.020										
Q460	C	≤0.20	≤0.60	≤1.80	0.030	0.030	0.11	0.20	0.20	0.30	0.80	0.55	0.015	0.20	0.004	0.015
	D				0.030	0.025										
	E				0.025	0.020										
Q500	C	≤0.18	≤0.60	≤1.80	0.030	0.030	0.11	0.12	0.20	0.60	0.80	0.55	0.015	0.20	0.004	0.015
	D				0.030	0.025										
	E				0.025	0.020										
Q550	C	≤0.18	≤0.60	≤2.00	0.030	0.030	0.11	0.12	0.20	0.80	0.80	0.80	0.015	0.30	0.004	0.015
	D				0.030	0.025										
	E				0.025	0.020										
Q620	C	≤0.18	≤0.60	≤2.00	0.030	0.030	0.11	0.12	0.20	1.00	0.80	0.80	0.015	0.30	0.004	0.015
	D				0.030	0.025										
	E				0.025	0.020										
Q690	C	≤0.18	≤0.60	≤2.00	0.030	0.030	0.11	0.12	0.20	1.00	0.80	0.80	0.015	0.30	0.004	0.015
	D				0.030	0.025										
	E				0.025	0.020										

① 型材及棒材P、S含量可提高0.005%，其中A级钢上限可为0.045%。

② 当细化晶粒元素组合加入时，$20w_{Nb+V+Ti} ≤ 0.22\%$，$20w_{Mo+Cr} ≤ 0.30\%$。

2. 低合金耐候钢

低合金耐候钢是在碳素结构钢的基础上加入少量的 Cu、Cr、Ni、Mo、P 等合金元素，使其在钢的表面形成一层连续致密的保护膜，使其可耐大气腐蚀。

我国的低合金耐候钢有两类：

（1）高耐候性结构钢 如 Q295GNH（$w_C ≤ 0.12\%$、$w_{Si} = 0.10\% \sim 0.40\%$、$w_{Mn} = 0.20\% \sim 0.50\%$、$w_P = 0.07\% \sim 0.12\%$、$w_S ≤ 0.020\%$、$w_{Cu} = 0.25\% \sim 0.45\%$、$w_{Cr} =$

$0.30\% \sim 0.65\%$、$w_{Ni} = 0.25\% \sim 0.50\%$），主要用于车辆、建筑、塔架及其他耐候性要求高的工程结构件。

（2）焊接结构用耐候钢　如 Q295NH（$w_C \leq 0.15\%$、$w_{Si} = 0.16\% \sim 0.50\%$、$w_{Mn} = 0.30\% \sim 1.00\%$、$w_S$、$w_P \leq 0.030\%$、$w_{Cu} = 0.25\% \sim 0.55\%$、$w_{Cr} = 0.40\% \sim 0.85\%$、$w_{Ni} \leq 0.65\%$），主要用于桥梁、建筑及有耐候要求的焊接结构件。

3. 其他低合金专业用结构钢

为了满足某些专业特定工作条件的需要，国家对低合金结构钢的成分及工艺进行了调整和补充，发展了门类众多、专业范围较广、使用工业部门较多的低合金工程结构钢，许多钢号已纳入国家标准。例如：各种压力容器、低温压力容器、锅炉、船舶、桥梁、汽车、自行车、农机、矿山、石油天然气管线、铁道、建筑用钢筋等低合金工程结构钢均有标准，用户可根据构件或零件的工作条件和使用性能、工艺要求来选择合适的低合金结构钢牌号。

另外还有一类低合金高强度结构钢，它们具有很高的强度，正在不断发展中。

（1）微合金化钢　这类钢加入钛、钒、铌、氮等微量合金元素，可明显细化晶粒，实现沉淀硬化，强化低碳钢以形成低合金高强度钢。如加入质量分数为 $0.1\% \sim 0.2\%$ 的钛可使钢的屈服强度超过 540MPa。

（2）贝氏体钢　要求在热轧状态下获得 $450 \sim 900$ MPa 的屈服强度，贝氏体是一个较为理想的组织，要求钢的成分有如下的特征：

1）碳含量低。
2）奥氏体晶粒细小。
3）奥氏体在冷却时容易转变成贝氏体。

通过加入 Mo、B 等合金元素，使等温转变图（铁素体-珠光体）尽可能右移。贝氏体部分尽可能保留在等温转变图左侧，从而有利于在热轧后冷却时形成贝氏体组织。典型的钢种：$w_C = 0.03\%$，$w_{Mn} = 1.9\%$，$w_{Nb} = 0.04\%$，$w_{Ti} = 0.01\%$，$w_B = 0.001\%$，屈服强度为 500MPa 的贝氏体钢。

（3）双相钢　许多压力加工用钢不仅要求高的强度，而且还要求高的冷成形性，双相钢［即由多边形的铁素体加马氏体（包括奥氏体）岛组成的低合金钢］可以满足要求。双相钢可在相变温度下退火和用热轧控制冷却速度的方法获得。如：将某一成分的低合金钢加热到奥氏体和铁素体的双相区域，奥氏体量控制在 $10\% \sim 30\%$，这种高合金化的奥氏体在淬火时将变成由细小的马氏体岛和多边形铁素体组成的双相钢。

四、工程用铸造碳素钢

在机械制造业中，用锻造方法难以生产的、力学性能要求较高，而使用铸铁难以达到性能要求的复杂形状零件，常用铸造碳素钢来制造。它广泛用于制造重型机械、矿山机械、冶金机械、机车车辆的某些零件、构件。但铸钢的铸造性能与铸铁相比较差，特别是流动性差，凝固收缩率大，易偏析。工程用铸造碳素钢是用废钢等有关原料配料后经三相电弧炉或感应电炉（工频或中频）熔炼，然后浇注而成的，其牌号、成分、力学性能及用途见表4-4。

表 4-4　工程用铸造碳素钢的牌号、成分、力学性能及用途（摘自 GB/T 11352—2009）

牌　号	主要化学成分 w_{Me}（%）				室温力学性能						用　途　举　例
	C ≤	Si ≤	Mn ≤	P、S ≤	$R_{eL}(R_{p0.2})$ /MPa	R_m /MPa	A (%)	Z (%)	KV /J	KU /J	
ZG200-400	0.20	0.60	0.80	0.035	200	400	25	40	30	47	良好的塑性、韧性和焊接性，用于受力不大的机械零件，如机座、变速箱壳等
ZG230-450	0.30	0.60	0.90	0.035	230	450	22	32	25	35	一定的强度和良好的塑性、韧性、焊接性。用于受力不大、韧性好的机械零件，如砧座、外壳、轴承座、阀体、犁柱等
ZG270-500	0.40	0.60	0.90	0.035	270	500	18	25	22	27	较高的强度和较好的塑性，铸造性良好，焊接性尚好，切削加工性好。用于轧钢机机架、轴承座、连杆、箱体、曲轴、缸体等
ZG310-570	0.50	0.60	0.90	0.035	310	570	15	21	15	24	强度和切削性良好，塑性、韧性较低。用于载荷较高的大齿轮、缸体、制动轮、棍子等
ZG340-640	0.60	0.60	0.90	0.035	340	640	10	18	10	16	有较高的强度和耐磨性，切削加工性好，焊接性较差，流动性好，裂纹敏感性较大。用于齿轮、棘齿等

第三节　机械结构用钢

一、概述

机械结构用钢是指适用于制造机器和机械零件或构件的钢。这类钢均属于优质的、特殊质量的结构钢，一般经热处理后才可使用。主要包括调质结构钢、表面硬化钢、弹簧钢、冷塑成形钢等。机械结构用钢包括优质碳素结构钢和合金钢两大类，它们多以钢棒、钢管、钢板、钢带、钢丝等规格供货。

二、优质碳素结构钢

优质碳素结构钢是 $w_C = 0.05\% \sim 0.90\%$、$w_{Mn} = 0.25\% \sim 1.2\%$ 的铁碳合金。除了 65Mn、70Mn、70～85 钢是特殊质量外，其余牌号均为优质的。它们主要用于机械结构中的零件与构件。该类钢一般要进行热处理后才能使用。优质碳素结构钢的牌号、成分、性能及用途见表 4-5。

表 4-5　优质碳素结构钢的牌号、成分、性能及用途（摘自 GB/T 699—2015）

牌号	w_C（%）	R_{eL} /MPa	R_m	A	Z	KU_2 /J	HBW 热轧	HBW 退火	用途举例
		不小于		（%）			不大于		
08	0.05~0.11	195	325	33	60	—	131	—	塑性高，焊接性好，易制冲压件、焊接件及一般螺钉、铆钉、垫圈、渗碳件等
10	0.07~0.13	205	335	31	55	—	137	—	
15	0.12~0.18	225	375	27	55	—	143	—	
20	0.17~0.23	245	410	25	55	—	156	—	
25	0.22~0.29	275	450	23	50	71	170	—	
30	0.27~0.34	295	490	21	50	63	179	—	综合力学性能优良，宜制承载力较大的零件，如连杆、曲轴、主轴、活塞杆等
35	0.32~0.39	315	530	20	45	55	197	—	
40	0.37~0.44	335	570	19	45	47	217	187	
45	0.42~0.50	355	600	16	40	39	229	197	
50	0.47~0.55	375	630	14	40	31	241	207	
55	0.52~0.60	380	645	13	35	—	255	217	
60	0.57~0.65	400	675	12	35	—	255	229	屈服强度高，宜制弹性元件（如各种螺旋弹簧、板簧等）及耐磨零件
65	0.62~0.70	410	695	10	30	—	255	229	
70	0.67~0.75	420	715	9	30	—	269	229	
75	0.72~0.80	880	1080	7	30	—	285	241	
80	0.77~0.85	930	1080	6	30	—	285	241	
85	0.82~0.90	980	1130	6	30	—	302	255	
15Mn	0.12~0.18	245	410	26	55	—	163	—	渗碳零件、受磨损零件及较大尺寸的各种弹性元件等
20Mn	0.17~0.23	275	450	24	50	—	197	—	
25Mn	0.22~0.29	295	490	22	50	71	207	—	
30Mn	0.27~0.34	315	540	20	45	63	217	187	
35Mn	0.32~0.39	335	560	18	45	55	229	197	
40Mn	0.37~0.44	355	590	17	45	47	229	207	
45Mn	0.42~0.50	375	620	15	40	39	241	217	
50Mn	0.48~0.56	390	645	13	40	31	255	217	
60Mn	0.57~0.65	410	695	11	35	—	269	229	
65Mn	0.62~0.70	430	735	9	30	—	285	229	
70Mn	0.67~0.75	450	785	8	30	—	285	229	

　　优质碳素结构钢，按主要工艺特点不同也可分为：非合金表面硬化钢、非合金调质钢、非合金弹簧钢、非合金行业用钢、非合金冷塑成形钢、非合金冷镦钢等。

　　除表 4-5 外，其他常用的碳素结构钢主要有易切削结构钢、冷塑成形钢（冲压、冷锻、冷挤压用钢）、碳素冷镦用钢等。

易切削钢是在钢中加入一种或几种元素，利用其本身或与其他元素形成一种对切削加工有利的夹杂物，来改善钢材的切削加工性。

冷塑成形钢是指在冷塑性变形条件下，能够获得符合要求的形状、尺寸以及较高力学性能的原材料、毛坯件和零件的专用钢种。该类钢具有高的塑性和较小的变形抗力。主要包括：碳素冷塑成形钢和低合金冷塑成形钢两大类。

(1) 碳素冲压用钢　冲压生产工艺在汽车、拖拉机、航空、电器、仪表等行业中占有极其重要的地位。利用冲压设备和模具对薄板材料进行冲压，可获得形状复杂、尺寸精度高、生产率高的冲压件。冲压所用的原材料是必须具有高塑性的薄板。专门用于冷塑成形的非合金钢对成分、显微组织与性能有特殊要求。

冲压所用薄钢板（$\delta \leqslant 4mm$），多采用冷轧碳素薄钢板。依据冲压时的变形程度，可分为普通拉深（P）、深拉深（S）、最深拉深（Z）。它们使用的牌号见表4-6。抗拉强度与伸长率应符合冷塑性变形要求。伸长率越高、屈服强度越低，变形能力好，故屈强比≤0.65时具有良好的冲压性能，当板厚≤2mm时，还要求进行杯突试验。

表4-6　薄钢板使用的非合金钢牌号

拉伸程度	沸腾钢	镇静钢
P	08F、10F、15F	08、08Al、10、15、20、25、30、35、40、45、50
S	08F、10F、15F	08、08Al、10、15、20、25、30、35、40、45、50
Z	08F、10F、15F	08、08Al、10、15、20、25、30、35、40、45、50

冲压对显微组织如晶粒度、游离渗碳体、带状组织有一定的要求。钢中C、S、P等元素也会影响冲压性能。

(2) 碳素冷锻用钢　**可承受冷锻成形用的碳素结构钢为碳素冷锻用钢**。用冷锻生产零件时，材料承受压缩比较高。因此，要求冷锻钢具有很高的塑性、高的表面质量（如钢的表面不允许有肉眼可见的皱纹、折叠、刻痕、裂纹等缺陷）以及内部不允许有严重的夹杂物、夹层、疏松、缩孔和显著的偏析，这些表面和内部缺陷都将导致钢在冷锻时开裂。钢的显微组织也对冷锻性有影响，如粒状珠光体较好。当$w_C > 0.26\%$时，应进行球化退火以改善钢的塑性。常用碳素冷锻用钢的主要成分见表4-7。钢中的其他成分是：$w_{Si} \leqslant 0.20\%$，$w_{Cr} \leqslant 0.20\%$，w_S、$w_P \leqslant 0.035\%$。碳素冷锻用钢丝的牌号前面用"铆螺"的拼音ML表示。其成分与优质碳素结构钢相比，碳含量相同。但对Mn、Si、Cr、S、P的含量控制较严，主要用于制造铆钉、螺柱、螺母等紧固件（冷镦成形）。

表4-7　常用碳素冷锻用钢的主要成分

钢号	牌号	铆螺10	铆螺15	铆螺20	铆螺25	铆螺30	铆螺35	铆螺40	铆螺45
	代号	ML10	ML15	ML20	ML25	ML30	ML35	ML40	ML45
主要成分	w_C（%）	0.07~0.14	0.12~0.19	0.17~0.24	0.22~0.30	0.27~0.40	0.32~0.40	0.37~0.45	0.42~0.50
	w_{Mn}（%）	≤0.60	≤0.60	≤0.60	≤0.60	≤0.60	≤0.60	≤0.60	≤0.60

(3) 易切削结构钢　易切削钢常加入的元素是硫、磷、铅、钙、硒、碲等。例如

Y15Pb 中 $w_P = 0.05\% \sim 0.10\%$，$w_S = 0.23\% \sim 0.33\%$，$w_{Pb} = 0.15\% \sim 0.35\%$。采用高效专用自动机床加工的零件，大多用低碳易切削钢。Y12、Y15 是硫磷复合低碳易切削钢，用来制造螺栓、螺母、管接头等不重要的标准件；Y20 切削加工后可渗碳处理，用来制造表面耐磨的仪器仪表零件；Y45Ca 钢适合高速切削加工。该类结构钢比 45 钢的生产率提高了一倍以上，用来制造铣床的齿轮轴和花键轴等热处理零件。

GB/T 8731—2008 中的 Y40Mn 属于优质低合金钢，其余均为优质非合金钢。随着汽车工业的发展，用合金易切削钢制造承受载荷大的齿轮和轴类零件日益增多。例如加铅的 20CrMo 加工传动齿轮，在相同的加工条件下比 20CrMo 节省工时 34%，节约加工费用 31%，显示出采用合金易切削钢的优越性。

三、机械结构用钢

机械结构用钢主要用于制造各种机械零件和构件，大多须经热处理后使用。该类钢若按主要工艺特点不同，又可分为表面硬化钢、调质钢、弹簧结构钢、冷塑成形钢、非调质钢和低碳马氏体钢以及航空、航天、兵器等专业用合金结构钢。它们通常以钢棒、钢管、钢板、钢带、钢丝等不同规格供货。

1. 表面硬化钢

表面硬化钢是指用表面淬火、渗碳、渗氮等表面热处理工艺方法能充分发挥表面硬化作用的钢种。主要包括：非合金和合金渗碳钢、非合金和合金感应淬火钢、合金渗氮钢三类。

（1）渗碳钢　$w_C = 0.1\% \sim 0.25\%$，经过渗碳、淬火-低温回火后使用的非合金渗碳钢和合金渗碳钢。

1）非合金渗碳钢。这类钢主要用于受力不大，表面要求耐磨的一般齿轮、凸轮等机械零件。也可以不经热处理，利用该类钢中碳含量低、强度低、塑性高、韧性高，有良好焊接性和成形性的特点，用于制造受力不大的冲击件、焊接件，如螺栓、螺母、螺钉、杠杆、轴套、焊接容器等零件或构件。常用的钢种为 15、20，见表 4-8。

2）合金渗碳钢。合金渗碳钢的性能与特点如下：

① 性能特点。这类钢经渗碳、淬火-低温回火后，钢的表面具有高的硬度和耐磨性，心部具有足够的强度、塑性和韧性。用于制造在承受交变应力和摩擦作用的同时，也能承受一定的冲击载荷的机械零件，如齿轮、凸轮、活塞销等。

② 成分特点。首先是低碳的，为了确保零件心部有足够的塑性、韧性要求，同时也是为了能够进行表面渗碳。其次加入的合金元素为 Cr、Ni、Mn、B、W、Mo、V、Ti 等，有提高钢的淬透性及细化晶粒的作用。

③ 热处理特点。这类钢的预备热处理经常采用正火（或退火）处理。当钢的原始组织为马氏体时，应采用高温回火。该类钢的最终热处理采用渗碳、淬火-低温回火工艺。也可根据需要采用淬火-低温回火工艺获得板条状马氏体的强韧性处理方法。

④ 常用的钢种见表 4-8。

（2）感应淬火钢　感应淬火最合适的钢种是中碳非合金钢和中碳合金钢，$w_C = 0.25\% \sim 0.6\%$。碳含量过高会增加表面淬火后淬硬层的脆性，降低心部的塑性和韧性，并增加表面淬火的开裂倾向。若碳含量过低，会降低表面淬硬层的硬度和耐磨性。碳含量过高、过低均

表 4-8 常用渗碳钢的牌号、成分、热处理、力学性

种类	牌号	化学成分（质量分数,%）									试样毛坯尺寸/mm
		C	Mn	Si	Cr	Ni	Mo	V	Ti	其他	
碳素钢[2]	15	0.12~0.18	0.35~0.65	0.17~0.37	—	—	—	—	—	P、S≤0.035	25
	20	0.17~0.23	0.35~0.65	0.17~0.37	—	—	—	—	—	P、S≤0.035	25
低淬透性合金渗碳钢	20Mn2	0.17~0.24	1.40~1.80	0.17~0.37	—	—	—	—	—	—	15
	15Cr	0.12~0.17	0.40~0.70	0.17~0.37	0.70~1.00	—	—	—	—	—	15
	20Cr	0.18~0.24	0.50~0.80	0.17~0.37	0.70~1.00	—	—	—	—	—	15
	20MnV	0.17~0.24	1.30~1.60	0.17~0.37	—	—	—	0.07~0.12	—	—	15
中淬透性合金渗碳钢	20CrMnTi	0.17~0.23	0.80~1.10	0.17~0.37	1.00~1.30	—	—	—	0.04~0.10	—	15
	12CrNi3	0.10~0.17	0.30~0.60	0.17~0.37	0.60~0.90	2.75~3.15	—	—	—	—	15
	20CrMnMo	0.17~0.23	0.90~1.20	0.17~0.37	1.10~1.40	—	0.20~0.30	—	—	—	15
	20MnVB	0.17~0.23	1.20~1.60	0.17~0.37	—	—	—	0.07~0.12	—	B 0.0005~0.0035	15
高淬透性合金渗碳钢	12Cr2Ni4	0.10~0.16	0.30~0.60	0.17~0.37	1.25~1.65	3.25~3.65	—	—	—	—	15
	20Cr2Ni4	0.17~0.23	0.30~0.60	0.17~0.37	1.25~1.65	3.25~3.65	—	—	—	—	15
	18Cr2Ni4WA	0.13~0.19	0.30~0.60	0.17~0.37	1.35~1.65	4.00~4.50	—	—	—	W 0.80~1.20	15

① 力学性能试验用试样尺寸：碳素钢直径25mm，合金钢直径15mm。
② 按 GB/T 699—1988。

能及用途（摘自 GB/T 699—2015、GB/T 3077—2015）

渗碳	热处理工艺			力学性能（不小于）[①]					用途举例
	第一次淬火温度/℃	第二次淬火温度/℃	回火温度/℃	R_{eL}/MPa	R_m/MPa	A(%)	Z(%)	KU_2/J	
900~950℃	~920 空气	—	—	225	375	27	55	—	形状简单、受力小的小型渗碳件
	~900 空气	—	—	245	410	25	55	—	形状简单、受力小的小型渗碳件
	850 水、油	—	水200 空气	590	785	10	40	47	代替20Cr
	880 水、油	780~820 水、油	水200 空气	490	735	11	45	55	船舶主机螺钉、活塞销、凸轮、机车小零件及心部韧性高的渗碳零件
	880 水、油	780~820 水、油	水200 空气	540	835	10	40	45	机床齿轮、齿轮轴、蜗杆、活塞销及气门顶杆等
	880 水、油	—	水200 空气	590	785	10	40	55	代替20Cr
	850 油	870 油	水200 空气	853	1080	10	45	55	工艺性优良，用于制作汽车、拖拉机的齿轮、凸轮，是Cr-Ni钢代用品
	860 油	780 油	水200 空气	685	930	11	50	71	大齿轮、轴
	850 油	—	水200 空气	885	1175	10	45	55	代替含镍较高的渗碳钢制作大型拖拉机齿轮、活塞销等大截面渗碳件
	860 油	—	水200 空气	885	1080	10	45	55	代替20CrMnTi、Cr-Ni钢
	860 油	780 油	水200 空气	835	1080	10	50	71	大齿轮、轴
	880 油	780 油	水200 空气	1080	1175	10	45	63	大型渗碳齿轮、轴及飞机发动机齿轮
	950 空气	850 空气	水200 空气	835	1175	10	45	78	同12Cr2Ni4，制作高级渗碳零件

不能满足工件对表层与心部的不同组织和性能要求。该类钢主要用于低速、冲击小的不重要的齿轮。

1）中碳非合金结构钢。$w_C = 0.25\% \sim 0.60\%$，常用的钢的牌号为40、45等。

2）中碳合金结构钢。$w_C = 0.25\% \sim 0.45\%$，加入的合金元素有Cr、Mn、B等，以增加淬透性。常用钢的牌号为40Cr、40MnB等。

上述两种类型的感应淬火钢属于调质结构钢范畴。

（3）合金渗氮结构钢　为了保证渗氮后的钢件表层具有高的硬度和耐磨性，心部具有足够的强度、塑性和韧性，用于渗氮的钢中必须含有Al、V、Mo、Cr、W、Mn等能与N形成合金氮化物和提高钢淬透性的元素。由于该类钢经常在调质后渗氮，因此，要求该类钢的碳含量是中碳的，即 $w_C = 0.25\% \sim 0.60\%$。常用的渗氮钢均是调质钢，如38CrMoAlA、35CrMo等钢号。

2. 调质钢

将调质后使用的中碳非合金结构钢和中碳合金结构钢称为调质结构钢。钢经调质后由于获得回火索氏体，因而具有良好的综合力学性能。常用调质钢的牌号、成分、热处理、力学性能及用途见表4-9。

（1）非合金调质钢　非合金调质钢的 $w_C = 0.30\% \sim 0.50\%$，调质处理后，能获得良好的综合力学性能。主要用于制造受力比较大，在一定的冲击载荷条件下工作的机械零件，如曲轴、连杆、齿轮、机床主轴等。40、45、40Mn钢应用较为广泛。

（2）合金调质钢　合金调质钢是指经调质后使用的合金结构钢种。主要用于制造在重载和冲击载荷作用下工作的一些重要的受力件。要求高强度的同时，还要求有高的塑性、韧性的良好配合。只有中碳合金结构钢调质处理后才能达到上述要求。

1）性能特点。具有良好的综合力学性能和合适的淬透性要求。

2）成分特点。碳含量为中碳（$w_C = 0.25\% \sim 0.45\%$）。碳含量过高、过低均不能满足经调质后获得良好综合力学性能的要求，加入的合金元素为Mn、Si、Cr、Ni、B、V、Mo、W等，其主要作用是提高淬透性，强化铁素体和细化晶粒。W、Mo可防止第二类回火脆性产生。

3）热处理特点。原始组织为珠光体时，预备热处理可采用正火（或退火）处理；原始组织为马氏体时，预备热处理可采用高温回火处理。合金调质钢最终热处理均采用淬火后在500~650℃的高温回火工艺即调质处理工艺。

4）常用钢种见表4-9。

3. 弹簧结构钢

弹簧结构钢是指用来制造各种弹簧的钢种。弹簧在工作时产生的弹性变形可吸收储存能量，有减振、缓冲的作用。因此，要求弹簧有较高的弹性极限。弹簧在工作时还要承受循环交变载荷作用，故要求有高的疲劳强度和一定的塑性、韧性。有时还有耐热、耐腐蚀的要求。弹簧结构钢主要包括非合金弹簧结构钢和合金弹簧结构钢两大类，见表4-10。

（1）非合金弹簧结构钢　非合金弹簧结构钢是 $w_C = 0.6\% \sim 0.9\%$ 的高碳结构钢，经过淬火-中温回火后使用的钢种，具有较高的强度、硬度、疲劳强度、弹性极限和足够的韧性，尤其是弹性极限较高。主要用于制造直径小于10mm的不太重要的弹性零件和易磨损零件，如弹簧、弹簧垫圈、轧辊等。常用的非合金弹簧结构钢有65、85、60Mn。

(2) 合金弹簧结构钢 合金弹簧结构钢专门制造大截面的，在受到较大冲击、振动、周期性扭转、弯曲等交变载荷作用，可以吸收振动能、冲击能和储存能量时用于驱动机件运动的一些重要的弹性元件。

1) 性能特点。根据弹簧的工作条件，要求合金弹簧结构钢具有高的弹性极限、高的屈强比、高的疲劳强度和足够的塑性、韧性，同时还要求有良好的淬透性和表面质量。在一些特殊条件下，还要求有一定的耐热性和耐蚀性。

2) 成分特点。碳含量必须是中、高碳的，$w_C = 0.45\% \sim 0.7\%$，用于保证得到高的弹性。加入的合金元素有 Si、Cr、Mo、W、V 等，主要用于提高合金弹簧结构钢的弹性极限、淬透性并细化晶粒。W、Mo 还可减少第二类回火脆性、提高耐回火性。

3) 热处理特点。由于弹簧尺寸与加工工艺不同，其热处理工艺方法也不同。

① 热成形弹簧的热处理。热成形弹簧是指截面直径不小于 10mm，在热轧状态下成形的弹簧，利用成形后的余热淬火，再在 420～450℃ 的温度下进行中温回火，硬度为 40～48HRC。有时采用喷丸处理以提高其疲劳强度。

② 冷成形弹簧的热处理。冷成形弹簧是指截面直径小于 10mm，利用冷拔钢丝成形的弹簧，它可分为三种：

a. 铅淬冷拔钢丝。将坯料加热到奥氏体化后在铅槽中等温，再经多次冷拔成形所需尺寸的冷卷弹簧，然后进行一次 200～300℃ 低温去应力退火即可。

b. 油淬回火钢丝。冷拔到规定尺寸后进行淬火和中温回火处理，冷卷后在 200～300℃ 低温去应力退火即可。

c. 退火钢丝。冷拔后退火，再进行淬火和中温回火的弹簧，应用较少。

4) 常用钢种见表 4-10。

4. 其他机械结构用钢

(1) 非调质合金结构钢 近年来为了节省能源、简化工艺，通过锻造时控制终锻温度和锻后的冷却速度，获得了具有很高强韧性的钢，称为非调质合金结构钢。它的基本原理就是在中碳钢的基础上加入微量的合金元素（V、Ti、Nb、N 等），在热加工后冷却时，从铁素体中析出弥散的沉淀化合物质点，形成沉淀强化，同时又有细化晶粒的作用。该类钢的主要缺点是塑性、韧性稍低。

我国的非调质合金钢有两种，见表 4-11。

(2) 低碳马氏体钢 低碳马氏体又称板条马氏体。该组织具有高强度的同时还有良好的塑性、韧性，其综合力学性能可达到中碳合金调质钢热处理后的水平，近年来也得到应用。如 20SiMn2MoVA 钢可用于石油钻机吊环、吊卡等，可减重 42.3%。

(3) 冷锻用合金结构钢 主要用于重要的受力件。常用冷锻用合金结构钢的主要成分见表 4-12。

(4) 超高强度钢 强度极限高于 1471MPa，同时兼有适当韧性的钢为超高强度钢。这类钢按成分和使用性能可分为三大类：

1) 低合金超高强度钢。$w_C = 0.27\% \sim 0.45\%$，合金元素总量 $w_{合金元素} < 5\%$，最终热处理为淬火、低温回火的钢种。如 40CrMnSiMoVA（$R_m = 2000\text{MPa}$，飞机起落架用钢）和 Ni 基的马氏体时钢效（$R_m = 2000\text{MPa}$，$Z = 58\%$）。

表 4-9 常用调质钢的牌号、成分、热处理、力学性

种类	牌号	化学成分（质量分数）(%)								
		C	Mn	Si	Cr	Ni	W	V	Mo	其他
碳素钢	40	0.37~0.44	0.17~0.37	0.50~0.80	—	—	—	—	—	—
	45	0.42~0.50	0.17~0.37	0.50~0.80	—	—	—	—	—	—
	40Mn	0.37~0.44	0.17~0.37	0.70~1.00	—	—	—	—	—	—
低淬透性合金调质钢	40Mn2	0.37~0.44	0.17~0.37	0.40~1.80	—	—	—	—	—	—
	40Cr	0.37~0.44	0.17~0.37	0.50~0.80	0.80~1.10	—	—	—	—	—
	35SiMn	0.32~0.40	1.10~1.40	1.10~1.40	—	—	—	—	—	—
	42SiMn	0.39~0.45	1.10~1.40	1.10~1.40	—	—	—	—	—	—
	40MnB	0.37~0.44	0.17~0.37	1.10~1.40	—	—	—	—	—	B 0.0005~0.0035
	40CrV	0.37~0.44	0.17~0.37	0.50~0.80	0.80~1.10	—	—	0.10~0.20	—	—
中淬透性合金调质钢	40CrMn	0.37~0.45	0.17~0.37	0.90~1.20	0.90~1.20	—	—	—	—	—
	40CrNi	0.37~0.44	0.17~0.37	0.50~0.30	0.45~0.75	1.00~1.40	—	—	—	—
	42CrMo	0.38~0.45	0.17~0.37	0.50~0.80	0.90~1.20	—	—	—	0.15~0.25	—
	30CrMnSi	0.27~0.34	0.90~1.20	0.80~1.10	0.80~1.10	—	—	—	—	—
	35CrMo	0.32~0.40	0.17~0.37	0.40~0.70	0.80~1.20	—	—	—	0.15~0.25	—
	38CrMoAlA	0.35~0.42	0.20~0.45	0.30~0.60	1.35~1.65	—	—	—	0.15~0.25	Al 0.70~1.10
高淬透性合金调质钢	37CrNi3	0.34~0.41	0.17~0.37	0.30~0.60	1.20~1.60	—	—	—	—	—
	40CrNiMoA	0.37~0.44	0.17~0.37	0.50~0.80	0.60~0.90	—	—	—	0.15~0.25	—
	25Cr2Ni4WA	0.21~0.28	0.17~0.37	0.30~0.60	1.35~1.65	—	—	—	—	—
	40CrMnMo	0.37~0.45	0.17~0.37	0.90~1.20	0.90~1.20	—	—	—	0.20~0.30	—

① 力学性能试验用试样毛坯尺寸直径：除 38CrMoA 以外（30mm），其余均为 25mm。

能及用途（摘自 GB/T 699—2015、GB/T 3077—2015）

热处理		力学性能（不小于）[①]					用途举例
淬火温度/℃	回火温度/℃	R_{eL}/MPa	R_m/MPa	A(%)	Z(%)	KU_2/J	
840 水	600 水、油	335	570	19	45	47	同 45 钢
840 水	600 水、油	335	600	16	40	39	机床中形状较简单、中等强度和韧性的零件，如轴、齿轮、曲轴、螺栓、螺母
840 水	600 水、油	335	590	15	—	47	比 45 钢强度要求稍高的调质件，如轴、万向联轴器轴、曲轴、连杆、螺栓、螺母
840 水、油	550 水	735	685	10	45	47	直径 60mm 以下时，性能与 40Cr 相当，制作万向联轴器轴、蜗杆、齿轮、连杆、摩擦盘
850 油	520 水、油	785	980	9	45	47	重要的调质零件，如齿轮、轴、曲轴、连杆螺栓
900 水	570 水、油	735	885	15	45	47	除要求低温（-20℃以下）、韧性很高的情况外，可全面代替 40Cr 制作调质零件
880 水	590 水、油	735	885	15	40	47	与 35SiMn 同，并可制作表面淬火零件
850 油	500 水、油	785	980	10	45	47	代替 40Cr
880 油	650 水、油	735	885	10	50	71	机车连杆、强力双头螺柱、高压锅炉给水泵轴
840 油	550 水、油	835	980	9	45	47	代替 40CrNi、42CrMo 制作高速、高载荷而冲击载荷不大的零件
820 油	500 水、油	785	980	10	45	55	汽车、拖拉机、机床的轴、齿轮、连接机件螺栓、电动机轴
850 油	560 水、油	930	1080	12	45	63	代替含 Ni 较高的调质钢，也用作重要大锻件用钢，机车牵引大齿轮
880 油	520 水、油	885	1080	10	45	39	高强度钢，高速载荷砂轮轴、齿轮、轴、联轴器、离合器等重要调质件
850 油	550 水、油	835	980	12	45	63	代替 40CrNi 制作大断面齿轮与轴、汽轮发电机转子，480℃以下工作的紧固件
940 水、油	640 水、油	835	980	14	50	71	高级渗氮钢，制作硬度高于 900HV 的渗氮件，如镗床镗杆、蜗杆、高压阀门
820 油	500 水、油	980	1130	10	50	47	高强度、高韧性的重要零件，如活塞销、凸轮轴、齿轮、重要螺栓、连杆
850 油	600 水、油	835	980	12	55	78	受冲击载荷的高强度零件，如锻压机床的传动偏心轴、压力机曲轴等大断面重要零件
850 油	550 水、油	930	1080	11	45	71	断面 200mm 以下、完全淬透的重要零件，也与 12Cr2Ni4 相同，可制作高级渗碳零件
850 水	600 水、油	785	980	10	45	63	代替 40CrNiMoA

表 4-10 常用弹簧钢的牌号、成分、热处理、力学性能(摘自 GB/T 1222—2007)及用途

种类	牌号	化学成分(质量分数,%)						热处理温度/℃		力学性能(不小于)				用途举例
		C	Si	Mn	Cr	V	其他	淬火	回火	R_{eL}/MPa	R_m/MPa	$A_{11.3}$(%)	A(%)	Z(%)	
非合金弹簧钢	65	0.62~0.70	0.17~0.37	0.50~0.80	—	—	—	840 油	500	800	1000	9	—	35	小于 φ12mm 的一般机械上的弹簧,或拉成钢丝制作小型机械弹簧
	85	0.82~0.90	0.17~0.37	0.50~0.80	—	—	—	820 油	480	1000	1150	6	—	30	小于 φ12mm 的汽车、拖拉机和机车等机械上承受振动的螺旋弹簧
	65Mn	0.62~0.70	0.17~0.37	0.90~1.20	—	—	—	830 油	540	800	1000	8	—	30	小于 φ12mm 的各种弹簧,如弹簧发条、制动弹簧等
合金弹簧钢	55SiMnVB	0.52~0.60	0.70~1.00	1.00~1.30	≤0.35	0.08~0.16	B0.0005~0.0035	860 油	460	1225	1375	5	—	30	代替 60Si2Mn 制作重型、中小型汽车的板簧和其他中型断面的板簧和螺旋弹簧
	60Si2Mn	0.56~0.64	1.50~2.00	0.70~1.00	—	—	—	870 油	480	1200	1300	5	—	25	用于 φ25~φ30mm 的减振板簧与螺旋弹簧,工作温度低于 230℃
	50CrVA	0.46~0.54	0.17~0.37	0.50~0.80	0.80~1.10	0.10~0.20	—	850 油	500	1150	1300	—	10	40	用于 φ30~φ50mm 承受大应力的各种重要的螺旋弹簧,也可用作大截面的及工作温度低于 400℃ 的气阀弹簧、喷油嘴弹簧等
	60Si2CrVA	0.56~0.64	1.40~1.80	0.40~0.70	0.90~1.20	0.10~0.20	—	850 油	410	1700	1900	—	6	20	用于 <φ50mm 的弹簧,工作温度低于 250℃ 的板簧和重载荷下工作的板簧与螺旋弹簧
	30W4Cr2VA	0.26~0.34	0.17~0.37	≤0.40	2.00~2.50	0.50~0.80	W4~4.5	1050~1100 油	600	1350	1500	—	7	40	用于高温下(500℃以下)的弹簧,如锅炉安全阀用弹簧等

表 4-11 非调质合金钢的成分、性能

牌号	化学成分（质量分数,%）						力学性能					
	C	Mn	Si	P	S	V	R_m /MPa	R_{eL} /MPa	A (%)	Z (%)	K /J	HBW
YF35MnV	0.32~0.39	1.00~1.50	0.30~0.60	≤0.035	0.035~0.075	0.06~0.13	≥735	≥460	≥17	≥35	≥37	≥257
F40MnV	0.37~0.44	1.00~1.50	0.20~0.40	≤0.035	≤0.035	0.06~0.13	≥785	≥490	≥15	≥40	≥36	≥257

表 4-12 常用冷锻用合金结构钢的主要成分

牌号	化学成分（质量分数,%）						
	C	Si	Mn (V)	Cr	B	Mo	S、P
ML15Cr	0.12~0.18	≤0.30	0.40~0.70	0.70~1.00	—	—	≤0.035
ML40Cr	0.37~0.44	≤0.30	0.50~0.80	0.80~1.10	—	—	≤0.035
MLMnVB	0.12~0.18	≤0.30	1.20~1.60	—	0.0005~0.0035	0.07~0.12	≤0.035
ML35CrMo	0.32~0.40	≤0.30	0.40~0.70	0.80~1.10	—	0.15~0.25	≤0.035

2) 中合金超高强度钢。由热作模具钢改进，主要加入 Cr、Mo、W、V 合金元素的钢种。利用淬火、回火后碳化物沉淀产生的二次硬化来达到超高强度。如 4Cr5MoSiV 和基体钢如 012Al、65Nb 等，它们的强度 R_m = 2000MPa（成分接近于高速工具钢基体成分而达到的超高强度）。

3) 高合金超高强度钢。其合金元素的质量分数大于 10%。应用较多的是超高强度不锈钢、马氏体时效钢和基体钢。

第四节 滚动轴承钢

滚动轴承钢主要用于制造轴承的内外套圈以及滚珠、滚柱、滚针，此外还可用于制造某些工具，例如模具、量具等。

1. 性能特点

1) 具有很高的接触疲劳强度和足够的弹性极限。
2) 具有较高的、均匀的硬度和耐磨性，硬度≥62~64HRC。
3) 足够的韧性。
4) 良好的尺寸稳定性、耐蚀性。

2. 成分特点

对常用的典型高碳铬滚动轴承轴钢来说，它的成分特点是：碳含量是过共析的，w_C = 0.95%~1.1%，以获得高硬度、高耐磨性能。主加元素 Cr，再配以 Si、Mn 等合金元素，其作用是细化晶粒，提高耐磨性，同时也可提高淬透性；钢中的 S、P 含量控制严格，w_S ≤ 0.02%，w_P ≤ 0.027%。钢中的非金属夹杂物含量、尺寸、形态均会影响疲劳性能，因此均要控制，一般认为夹杂物的下限尺寸为 8μm。

3. 热处理特点

根据滚动轴承钢的成分特点和使用要求，其预备热处理采用球化退火，最终热处理采用淬火、低温回火工艺。有时为了消除残留奥氏体，在热处理工序中增加冷处理工艺，使残留奥氏体转变成马氏体，然后再进行低温回火工艺。

4. 常用的钢种

依据用途与成分不同，滚动轴承钢可分为：高碳铬轴承钢、渗碳轴承钢、高碳铬不锈轴承钢、高温轴承钢、无磁轴承钢五类，表 4-13 仅列出了常用的四种轴承钢。

表 4-13 滚动轴承钢

一、高碳铬轴承钢

牌 号	w_C（%）	w_{Si}（%）	w_{Mn}（%）	w_{Cr}（%）	w_S（%）	w_P（%）
GCr9	1.00~1.10	0.15~0.35	0.25~0.45	0.90~1.2	≤0.025	≤0.025
GCr15	0.95~1.105	0.15~0.35	0.25~0.45	0.90~1.2	≤0.025	≤0.025
GCr15SiMn	0.95~1.05	0.45~0.75	0.95~1.25	0.90~1.65	≤0.025	≤0.025

二、渗碳轴承钢

牌 号	w_C（%）	w_{Si}（%）	w_{Mn}（%）	w_{Cr}（%）	w_{Ni}（%）	w_{Mo}（%）	w_{Cu}（%）	w_S、w_P（%）
G20CrMo	0.17~0.25	0.20~0.35	0.65~0.95	0.35~0.65	—	0.08~0.15	≤0.25	≤0.03
G20Cr2Ni4	0.17~0.23	0.15~0.40	0.30~0.60	1.25~2.00	3.25~3.75	—	≤0.25	≤0.03
G20Cr2Mn2Mo	0.17~0.23	0.15~0.40	1.30~1.60	1.70~2.00	≤0.30	0.20~0.30	≤0.25	≤0.03

三、高碳铬不锈轴承钢

牌 号	w_C（%）	w_{Si}（%）	w_{Mn}（%）	w_{Cr}（%）	w_{Mo}（%）	w_S（%）	w_P（%）
9Cr18	0.90~1.00	≤0.80	≤0.80	17.00~19.00	—	≤0.03	≤0.035
9Cr18Mo	0.95~1.10	≤0.80	≤0.80	16.00~18.00	0.40~0.70	≤0.03	≤0.035

四、高温轴承钢

牌 号	w_C（%）	w_{Cr}（%）	w_{Mo}（%）	w_V（%）	w_{Mn}（%）	w_{Si}（%）	w_S（%）	w_P（%）	w_{Ni}（%）	w_{Cu}（%）
Cr4Mo4V	0.75~0.85	3.75~4.25	4.00~4.50	0.90~1.10	≤0.35	≤0.80	≤0.02	≤0.027	≤0.20	≤0.20

（1）高碳铬滚动轴承钢　主要用于汽车、拖拉机、内燃机、机床及其他工业所用的轴承，应用广泛。

（2）渗碳轴承钢　主要用于轧钢、矿山挖掘机械中载荷较大，不仅表面要求高硬度、高耐磨、高接触疲劳性能，而且心部也要求有一定韧性、足够强度的大型轴承。

（3）高温轴承钢　用于工作温度较高的条件下，要求轴承材料有足够高的高温强度、高温硬度、耐磨性、抗氧化性和耐蚀性，良好的尺寸稳定性和高温下的长寿命。目前高温轴承钢有三类：高速工具钢类、Cr4Mo4V 类、Cr15Mo4 类。尤其是 Cr4Mo4V 类钢，可在 430℃

（硬度≥54HRC）下长期工作。

（4）高碳铬不锈轴承钢 高碳铬不锈轴承钢主要是 95Cr18 型钢。这种钢在淬火、低温回火后，硬度可达 58~62HRC，且具有良好的耐蚀性。

第五节　工具钢

工具钢是指用于制造刀具、量具、模具和其他耐磨工具的钢。按化学成分，可分为非合金工具钢（碳素工具钢）、合金工具钢和高速工具钢三大类。按用途则分为刃具钢、模具钢和量具钢。

一、刃具钢

专门用于制造如车刀、铣刀、钻头等切削刃具的工具钢称为刃具钢。刀具在工作时受到工件压力、刃部与切屑产生的摩擦的作用，还受一定的振动与冲击作用。因此，刃具钢应具备高的硬度（一般硬度≥60HRC）和耐磨性、高的热硬性、足够的塑性和韧性等。常用的刃具钢有三类：非合金工具钢、合金量具刃具钢、高速工具钢。

1. 非合金工具钢（碳素工具钢）

$w_C = 0.65\% \sim 1.35\%$，用于制造工具的碳素钢。其性能特点是：高的硬度与耐磨性；切削工艺性好；淬透性低，易变形；价格便宜。钢中 S、P 含量较少，该类钢均是优质的或高级优质的（后面加"A"符号）。它的预备热处理为球化退火，最终热处理为淬火、低温回火。常用的钢种见表 4-14。

表 4-14　碳素工具钢的牌号、成分及用途（摘自 GB/T 1298—2008）

牌　号	主要化学成分（质量分数,%）			最终热处理		用　途
	C	Si	Mn	退火态硬度 HBW 不大于	试样淬火硬度① HRC 不小于	
T7 T7A	0.65~0.74	≤0.35	≤0.4	187	800~820℃水 62	承受冲击，韧性较好、硬度适当的工具，如扁铲、手钳、大锤、螺钉旋具、木工工具
T8 T8A	0.75~0.84	≤0.35	≤0.4	187	780~800℃水 62	承受冲击，要求硬度较高的工具，如冲头、压缩空气工具、木工工具
T8Mn T8MnA	0.80~0.90	≤0.35	0.4~0.6	187	700~800℃水 62	同 T8、T8A，但淬透性较大，可制作断面较大的工具
T9 T9A	0.85~0.94	≤0.35	≤0.4	192	760~780℃水 62	韧性中等、硬度高的工具，如冲头、木工工具、凿岩工具
T10 T10A	0.95~1.04	≤0.35	≤0.4	197	760~780℃水 62	不受剧烈冲击、高硬度、耐磨的工具，如车刀、刨刀、冲头、丝锥、钻头、手锯条
T11 T11A	1.05~1.14	≤0.35	≤0.4	207	760~780℃水 62	不受剧烈冲击、高硬度、耐磨的工具，如车刀、刨刀、冲头、丝锥、钻头、手锯条

(续)

牌号	主要化学成分（质量分数,%）			最终热处理		用途
	C	Si	Mn	退火态硬度 HBW 不大于	试样淬火硬度[①] HRC 不小于	
T12 T12A	1.15～1.24	≤0.35	≤0.4	207	760～780℃水 62	不受冲击、要求高硬度和高耐磨的工具，如锉刀、刮刀、精车刀、丝锥、量具
T13 T13A	1.25～1.35	≤0.35	≤0.4	217	760～780℃水 62	同T12、T12A，要求更耐磨的工具，如刮刀、剃刀

① 淬火硬度不是指用途举例中各种工具的硬度，而是指碳素工具钢材料在淬火后的最低硬度。

2. 合金量具刃具钢

合金量具刃具钢是在碳素工具钢的基础上，加入合金元素总量≤5%（质量分数），专门用于制造量具、切削刃具的钢种。

量具属于测量工具，如卡尺、千分尺、塞尺、量块、样板等。要求具有高的硬度和耐磨性、尺寸稳定性和一定的耐蚀性。该类钢不仅能够用于制造刃具，也可制造量具。它的性能与碳素工具钢相比，不仅淬透性高、变形小，而且具有在300℃下硬度不降低的热硬性。用于制造形状复杂、薄刃、热硬性在300℃以下的刃具与大批量生产使用的量具。

（1）成分特点　w_C = 0.75%～1.5%，加入Cr、Mn、Si、W、V等合金元素，主要用于提高淬透性（Cr、Mn等）、改善碳化物分布（W、V等）、细化晶粒、提高耐磨性。

（2）热处理特点　预备热处理为锻后正火消除网状渗碳体，然后进行球化退火。最终热处理为淬火、低温回火。

常用钢种见表4-15。

表4-15　常用量具刃具钢的牌号、化学成分、热处理及用途（摘自GB/T 1299—2014）

牌号	化学成分（质量分数,%）						热处理		用途举例
	C	Si	Mn	Cr	P	S	淬火温度/℃	淬火后硬度 HRC	
					不大于				
9SiCr	0.85～0.95	1.20～1.60	0.30～0.60	0.95～1.25	0.03	0.03	820～860	≥62	用作要求耐磨性高、切削不剧烈的刃具，如板牙、丝锥、钻头、铰刀、齿轮铣刀、拉刀等，还可制作冲模、冷轧辊等
8MnSi	0.75～0.85	0.30～0.60	0.80～1.10	—	0.03	0.03	800～820	≥60	木工凿子、锯条或其他刀具等
Cr06	1.30～1.45	≤0.40	≤0.40	0.50～0.70	0.03	0.03	780～810	≥64	制作剃刀、刀片、外科医疗刀具以及刮刀、刻刀等
Cr2	0.95～1.10	≤0.40	≤0.40	1.30～1.65	0.03	0.03	830～860	≥62	用作低速、进给量小、加工材料不很硬的切削刀具，还可制作样板、量规、冷轧辊等
9Cr2	0.80～0.95	≤0.40	≤0.40	1.30～1.70	0.03	0.03	820～850	≥62	主要用于制作冷轧辊、钢印、冲孔凿、冲模、冲头及木工工具等

3. 高速工具钢

用于高速切削（切削速度 $v_{切} = 25 \sim 55\text{m/s}$）、加入合金元素总量（质量分数）大于 10% 的高合金刃具钢称为高速工具钢， 简称高速钢（俗称白钢、锋钢等）。

（1）性能特点　该类钢有较高的热硬性，在 600℃ 时仍能保持高硬度（>58HRC）；高的淬透性，空冷可得到马氏体；高的耐磨性；在铸态下有大量莱氏体存在，又称为莱氏体钢。

（2）成分特点

1）$w_C = 0.75\% \sim 1.65\%$，应用最多的 $w_C = 0.75\% \sim 1.05\%$。碳含量过多、过少均影响高速工具钢的工艺性能和使用性能。

2）加入质量分数为 4% 的铬可提高钢的淬透性。过多的铬会使残留奥氏体大量增加，降低硬度，增加回火次数。

3）加入大量的 W、Mo、V 等可产生二次硬化现象，形成 W_3Fe_3C、W_2C、Mo_2C、VC 等特殊碳化物。当加热溶入奥氏体后，在淬火后 560℃ 左右回火时，基体会析出大量弥散分布的特殊碳化物，硬度不但不会降低反而升高，即所谓的二次硬化现象。

4）Co 能提高淬火加热温度，使更多的二次硬化元素溶入奥氏体，淬火、回火后也会间接产生二次硬化现象。

（3）铸态组织与锻造加工　高速工具钢铸造后，组织为马氏体、莱氏体、残留奥氏体、珠光体和大量的碳化物，其化学成分、组织严重不均，偏析严重。铸态组织中粗大的碳化物不仅大大降低了钢的力学性能，特别是韧性，而且不能用热处理来消除，必须经过反复锻造将其击碎，使之均匀分布在基体上。因此，高合金工具钢制坯时必须反复锻透，以便碳化物细小弥散分布。

（4）热处理特点

1）预备热处理。高速工具钢经过锻造后必须球化退火，加热温度为 $Ac_1 + (30 \sim 50)$℃，得到不是全部合金化的奥氏体，在随后缓慢冷却过程中才能较为容易地转变成索氏体和颗粒状碳化物，降低硬度，便于切削。

2）最终热处理

① 淬火加热时，由于该类钢含有较多的合金元素而使其导热性差，为防止在加热时产生较大的内应力和防止变形，应进行一次（800~850℃）或两次预热（500~600℃、800~850℃）。

② 淬火加热温度较高，一般加热温度为 1200~1300℃。高温使尽量多的特殊碳化物（如 $Cr_{23}C_6$ 在 900~1100℃ 溶解、VC 1200℃ 开始溶解、WC 在 1150~1300℃ 溶解）溶解于奥氏体中，使得在淬火回火后获得二次硬化效果。

③ 在 560~580℃ 进行三次回火。在 560~580℃ 回火时正处于二次硬化峰所在的温度区间，可获得最高的热硬性。三次回火的主要原因：其一是淬火后组织中有 25%~30% 的残留奥氏体存在，一次回火不可能完全转变，需要两次、三次回火才能完成；其二是残留奥氏体回火冷却时在转变成马氏体的过程中要产生较大的内应力，后一次回火可消除前一次回火产生的内应力。回火后的组织为回火马氏体加上颗粒状的碳化物。

（5）常用钢种　常用高速工具钢的牌号、成分、热处理、硬度及热硬性见表 4-16。

表 4-16 常用高速工具钢的牌号、成分、热处理、硬度及热硬性（摘自 GB/T 9943—2008）

种类	牌号	主要化学成分（质量分数,%）						热处理			硬度		热硬性[①] HRC
		C	Cr	W	Mo	V	其他	预热温度/℃	淬火温度/℃ 盐浴炉	回火温度/℃	退火硬度 HBW	淬火+回火硬度 HRC	
											不小于		
钨系	W18Cr4V (18-4-1)	0.73~0.83	3.80~4.50	17.20~18.70	—	1.00~1.20	—	800~900	1250~1270	550~570	≤255	63	61.5~62
钨钼系	CW6Mo5Cr4V2	0.86~0.94	3.80~4.50	5.90~6.70	4.70~5.20	1.75~2.10	—		1190~1210	540~560	≤255	64	—
	W6Mo5Cr5V2 (6-5-4-2)	0.80~0.90	3.80~4.40	5.50~6.75	4.50~5.50	1.75~2.20	—		1200~1220	540~560	≤255	64	60~61
	W6Mo5Cr4V3 (6-5-4-3)	1.15~1.25	3.80~4.50	5.90~6.70	4.70~5.20	2.70~3.20	—		1190~1210	540~560	≤262	64	64
	W6Mo5Cr4V2Al	1.05~1.15	3.80~4.40	5.50~6.75	4.50~5.50	1.75~2.20	Al 0.80~1.20		1200~1220	550~570	≤269	65	65

① 热硬性是将淬火、回火试样在600℃加热4次，每次1h的条件下测定的。

二、模具钢

模具钢是用来制造各种模具的工具钢。依使用性质不同，**模具钢可分为冷作模具钢、热作模具钢、塑料模具钢和无磁模具钢**等。

1. 冷作模具钢

冷作模具钢是用于制造在冷态下使金属变形与分离的模具的钢种（如弯曲模、冲裁模、落料模、拉丝模、拉深模、冷锻模、冷挤模等）。模具的刃口部位承受较大的压力、弯曲力、冲击力，模具表面与坯料之间还有摩擦作用。因此冷作模具钢要求有较高的硬度和耐磨性，高的强度和疲劳性能，足够的韧性，良好的工艺性能等。制作冷作模具的钢种常见有以下几类：非合金工具钢类（如 T8A）、低合金冷作模具钢（CrWMn）、Cr12 型冷作模具钢（Cr12MoV）、高碳中铬冷作模具钢（Cr5Mo1V）、高速工具钢类（W6Mo5Cr4V2、6W6Mo5Cr4V）、基体钢（6Cr4W3Mo2VNb）等，见表 4-17。

表 4-17 常见冷作模具钢的牌号、主要成分、热处理及用途（摘自 GB/T 1299—2014）

牌号	主要化学成分（质量分数,%）							热处理		用途
	C	Cr	W	V	Mo	Nb	Mn	淬火温度/℃	硬度 HRC	
Cr12MoV	1.45~1.70	11.00~12.50	—	0.15~0.30	0.40~0.60	—	≤0.40	950~1000	≥58	大型复杂的冷切剪刀、切边模、拉丝模、量规等，高耐磨冲模、冲头

（续）

牌号	主要化学成分（质量分数,%）							热处理		用途
	C	Cr	W	V	Mo	Nb	Mn	淬火温度/℃	硬度HRC	
CrWMn	0.90~1.05	0.90~1.20	1.20~1.60	—	—	—	0.80~1.10	800~830	≥62	板牙、量块、样板、样套、形状复杂的高精度冲模
Cr5Mo1V	0.95~1.05	4.75~5.50	—	0.15~0.50	0.90~1.40	—	≤1.00	950±6	≤60	五金冲模、钢球冷锻模、切刀等
6W6Mo5Cr4V（6W6）	0.55~0.65	3.70~4.30	6.00~7.00	0.70~1.00	4.50~5.50	—	≤0.60	1180~1200	≥60	冷挤凹模、上下冲头
6Cr4W3Mo2VNb（65Nb）	0.60~0.70	3.80~4.40	2.50~3.50	0.80~1.20	1.80~2.50	0.20~0.35	≤0.40	1100~1160	≤60	冷挤压模具、冷锻模具

尤其是 Cr12 型冷作模具钢（如 Cr12MoV 钢）属于高碳（$w_C = 1.45\% \sim 1.70\%$）高铬（11%~12.5%）型的莱氏体钢。此类钢均应锻造后进行等温球化退火，最终热处理有两种类型。

① 一次硬化型。低的淬火温度和低温回火，如 Cr12，950~980℃淬火，160~180℃回火，硬度可达 61~64HRC，具有高硬度和耐磨性。

② 二次硬化型。高的淬火温度和高的回火温度。如 Cr12，1080~1100℃淬火，510~520℃多次回火，硬度为 60~62HRC，可用于 400~450℃温度下工作的模具。

2. 热作模具钢

热作模具钢是用于制造在热态下对固态或液态金属进行变形加工的模具的钢种。常用于热锻模、热挤压模、压铸模等各种模具。这些模具在工作时承受较大的压力、冲击，反复加热与冷却，因此要求具有抗热疲劳性以及良好的淬透性、耐高温性能等。这类钢均为中碳钢（$w_C = 0.3\% \sim 0.6\%$），加入 Cr、Mn、Ni、Mo、W 等用于提高淬透性（Cr、Mn、Ni 等）、耐回火性（W、Mo 等）、抗热疲劳性（Cr、W、Mo、Si 等）。常用的钢种见表 4-18。

表 4-18 热作模具钢的牌号、主要成分、热处理及用途（摘自 GB/T 1299—2014）

牌号	主要化学成分（质量分数,%）								热处理		用途
	C	Ni	W	Mo	V	Si	Mn	Cr	淬火温度/℃	回火温度及硬度	
5CrNiMo	0.50~0.60	1.40~1.80	—	0.15~0.30	—	≤0.40	0.50~0.80	0.50~0.80	850	500℃二次 41~42HRC	各种形状复杂、较大冲击下边长≥400mm 的大中型锤锻模
5CrMnMo	0.50~0.60	—	—	0.15~0.30	—	0.25~0.60	1.20~1.60	0.60~0.90	850	500℃ 41~44HRC	边长≤400mm 的中型锤锻模

99

(续)

牌号	主要化学成分（质量分数,%）								热处理		用途
	C	Ni	W	Mo	V	Si	Mn	Cr	淬火温度/℃	回火温度及硬度	
3Cr2W8V	0.30~0.40	—	7.50~9.00	—	0.20~0.50	≤0.40	≤0.40	2.20~2.70	800~1130	610℃二次 48~49HRC	高温应力下、冲击不大的凸模、凹模，如压铸模、热挤压模、非铁金属成形模
4Cr5W2VSi	0.32~0.42	—	1.60~2.40	—	0.60~1.00	0.80~1.20	≤0.40	4.50~5.50	850~1060	595℃二次 48~49HRC	热挤压模、非铁金属压铸模、热顶锻结构钢、耐热钢用工具、高速锤用模
4Cr5MoSiV1	0.32~0.45	—	—	1.10~1.75	0.80~1.20	0.80~1.20	0.20~0.50	4.75~5.50	850~1020	550℃二次 48~50HRC	铝铸件用压铸模、穿孔工具压力机锻模、塑料模及400~450℃下工作的零件

3. 塑料模具钢

工业和生活中，塑料制品的发展对模具材料的要求趋向多样化。适合制作塑料制品用模具的钢种为塑料模具钢。由塑料模具的工作特点可知，其要求具有非常洁净和高光洁的表面、耐磨、耐蚀、具有一定的表面硬化层、足够的强度与韧性。塑料模具钢可分为以下几种：

1) 中、小型且形状不复杂的塑料模具，可采用 T7A、T10A、9Mn2V、CrWMn、Cr2 等钢种，大型复杂的塑料模具采用 4Cr5MoSiV、Cr12MoV 等钢种。

2) 复杂精密的塑料模具常采用 20CrMnTi、12CrNi3A 等渗碳钢，也可采用预硬钢种等。

3) 应用于腐蚀环境下的塑料模具，则采用耐蚀的马氏体不锈钢如 20Cr13、30Cr13 等钢种。

塑料模具钢种见表 4-19。

表 4-19 部分塑料模具钢的牌号、主要化学成分、热处理及用途

牌号	主要化学成分（质量分数,%）								热处理		用途
	C	Cr	Ni	Mo	V	Mn	Ca	S	淬火温度/℃	回火温度及硬度	
S48C[①]	0.45~0.51	≤0.20	≤0.20	—	—	0.50~0.80			810~860	550~650℃ 20~27HRC	适用于标准注塑模架、模板

(续)

牌号	主要化学成分（质量分数,%）								热处理		用途
	C	Cr	Ni	Mo	V	Mn	Ca	S	淬火温度/℃	回火温度及硬度	
3Cr2Mo	0.28~0.40	1.40~2.00	—	0.30~0.55	—	0.60~1.00	—	—	830~860	580~650℃ 28~36HRC	用于各种塑料模具及低熔点金属压铸模
5NiSCa	0.50~0.60	0.30~2.00	0.90~1.30	0.10~1.00	0.10~0.80	—	0.002~0.02	0.06~0.15	880~890	550~680℃ 30~45HRC	各种精度、光洁度要求高的塑料模具
40CrMnNiMo	0.40	2.00	1.10	0.20	—	1.50	—	4.59~5.50	830~870	180~300℃ 52~48HRC 500~650℃ 27~34HRC	大型电视机外壳、洗衣机面板、厚度大于400mm 的塑料模具
Y55CrNiMnMoV②	0.50~0.60	0.80~1.20	1.00~1.50	0.20~1.50	0.10~0.30	0.80~1.20	—	4.75~5.50	830~850	620~650℃ 36~42HRC	用于热塑性模具、线路板冲孔模、精密冲板导向板，热固性塑料模具

① S 表示塑料模类。
② Y 表示预硬态类。

第六节 特殊性能钢

特殊性能钢是指具有特殊物理、化学性能的钢，如不锈钢、耐热钢和耐磨钢等。

一、不锈钢

具有抵抗大气、酸、碱、盐等腐蚀作用的合金钢统称为不锈钢。

1. 金属的腐蚀

腐蚀是指金属受到外部介质的作用而发生破坏的现象。按其性质可分为化学腐蚀和电化学腐蚀两种。

2. 提高钢耐蚀性的一般途径

1) 向钢中加入合金元素使钢基体电极电位升高，可提高抵抗电化学腐蚀的能力。如钢中 $w_{Cr} \geq 12\%$ 时，使铁的电极电位由 $-0.56V$ 跃升到 $+0.2V$。

2) 向钢加入 Cr、Al、Si 等合金元素，使金属表面极易形成一层致密、连续、结合力高的氧化膜（如 Cr_2O_3、Al_2O_3、SiO_2 等），使钢与外部介质隔开而提高了耐蚀性。

3）向钢中加入合金元素形成单相，阻碍微电池的产生，提高耐蚀性。

3. 不锈钢的成分特点

1）$w_C = 0.03\% \sim 1.2\%$。

2）加入质量分数大于12%的Cr，在提高基体电位的同时还可形成铁素体单相组织。加入形成奥氏体单相的合金元素Ni、Mn、N等。降低Cr与Ni的含量比，易获得奥氏体。提高Cr与Ni的含量比，有助于马氏体的转变。加入少量Al、Ti、Mo、Cu等合金元素，可形成沉淀硬化不锈钢。有时在钢中加入Ti、Nb等可减小不锈钢的晶间腐蚀倾向（它是一种沿晶界发生的局部腐蚀）。

4. 常用不锈钢的分类、牌号与热处理

按不锈钢空冷后的组织不同，可分为奥氏体型、铁素体-奥氏体型、铁素体型、马氏体型四种不锈钢。

（1）奥氏体不锈钢　这类钢的成分特点为$w_C = 0.03\% \sim 0.12\%$、$w_{Cr} = 17\% \sim 19\%$、$w_{Ni} = 8\% \sim 11\%$等，属于镍铬不锈钢。这类钢经1100℃加热后水淬得到单相的奥氏体组织。该类钢不能用热处理来强化，唯一的强化方法是形变强化。

奥氏体不锈钢在450~850℃退火，在晶界处会析出铬的碳化物，使铬含量降低（$w_{Cr} \leq 12\%$），引起晶界腐蚀（称为晶间腐蚀）。

（2）铁素体-奥氏体不锈钢　此类钢的成分特点为$w_C = 0.03\% \sim 0.18\%$、$w_{Cr} = 18\% \sim 26\%$、$w_{Ni} = 4\% \sim 7\%$，再依不同用途加入Mn、Mo、Si等合金元素。

（3）铁素体不锈钢　它的成分特点为$w_C < 0.15\%$、$w_{Cr} = 12\% \sim 30\%$，属于铬不锈钢。这类钢可得到单相铁素体。如10Cr17，可耐大气、稀硫酸等的腐蚀。

（4）马氏体不锈钢　这类钢中$w_C = 0.07\% \sim 1.2\%$、$w_{Cr} = 18\% \sim 26\%$。依需要加入Ni、Mo、Nb、Al、V等合金元素。该类钢淬火后得到马氏体。由于碳含量较高，因而力学性能较高、耐蚀性下降。马氏体不锈钢又可分成以下三种类型：

1）低碳的Cr13型马氏体不锈钢，如12Cr13、20Cr13，类似于调质处理的钢件。用于力学性能要求较高、又有一定耐蚀性要求的零件，如汽轮机叶片、医疗器械等。

2）中高碳的Cr13型马氏体不锈钢，如30Cr13、95Cr18等，类似于工具钢。均要进行淬火、低温回火处理来获得高硬度和高耐磨性。用于制造医疗手术工具、量具、不锈轴承钢和弹簧等。

3）马氏体沉淀硬化不锈钢，如07Cr17Ni7Al。该钢加热到1050℃，使沉淀化合物溶解于奥氏体，水淬后获得马氏体。然后重新加热到510℃进行时效，析出极细的沉淀化合物（金属间化合物）产生强化。

常用不锈钢的牌号、成分、热处理、力学性能及用途见表4-20。

二、耐热钢

耐热钢是在高温下具有较高强度和良好化学稳定性的一类合金钢的总称。按钢的主要特性可分为抗氧化钢（高温不起皮钢）和热强钢两大类。

1. 抗氧化钢

一般要求抗氧化钢在高温下具有较好的化学稳定性，但承受的载荷较低，主要加入与氧亲和力较大的合金元素，如Cr、Al、Si等，形成一层致密的、高熔点、完整的并牢

第四章 工业用钢

表 4-20 常用不锈钢的牌号、成分、热处理、力学性能及用途（摘自 GB/T 1220—2007）

类别	牌号 新牌号	牌号 旧牌号	主要化学成分（质量分数,%）C	主要化学成分（质量分数,%）Cr	主要化学成分（质量分数,%）其他	热处理 淬火温度/℃	热处理 回火温度/℃	力学性能 R_{eL}/MPa	力学性能 R_m/MPa	力学性能 A(%)	力学性能 HBW	用途举例
马氏体型	12Cr13	1Cr13	0.08~0.15	11.50~13.50	—	950~1000 油	700~750 快冷	≥343	≥540	≥25	≥159	汽轮机叶片、水压机阀、螺栓、螺母等弱腐蚀介质中承受冲击下的零件
马氏体型	20Cr13	2Cr13	0.16~0.25	12.00~14.00	—	920~980 油	600~750 快冷	≥440	≥635	≥20	≥192	汽轮机叶片、水压机阀、螺栓、螺母等弱腐蚀介质中承受冲击下的零件
马氏体型	30Cr13	3Cr13	0.26~0.35	12.00~14.00	—	920~980 油	600~750 快冷	540	≥735	≥12	≥217	制作耐磨的零件，如热油泵轴、阀门、刀具等
马氏体型	68Cr17	7Cr17	0.60~0.75	16.00~18.00	—	1010~1070 油	100~180 快冷	—	—	—	≥54HRC	制作轴承、刀具、量具等
铁素体型	06Cr13Al	0Cr13Al	≤0.08	11.50~14.50	Al 0.10~0.30	780~830 空冷或缓冷	—	≥177	≥410	≥20	≤183	汽轮机材料、复合钢材、淬火用部件
铁素体型	10Cr17	1Cr17	≤0.12	16.00~18.00	—	780~850 空冷或缓冷	—	≥205	≥450	≥22	≤183	通用钢种、建筑内装饰用、家庭用具等
铁素体型	008Cr30Mo2	00Cr30Mo2	≤0.01	28.50~32.00	Mo 1.50~2.50	900~1050 快冷	—	≥295	≥450	≥20	≤228	C、N 含量极低，耐蚀性很好，制造氢氧化钠设备及有机酸设备
奥氏体型	Y12Cr18Ni9	Y1Cr18Ni9	≤0.15	17.00~19.00	P≤0.20 S≥0.15 Ni8.00~10.00	固溶处理 1050~1150 快冷	—	≥205	≥520	≥40	≤187	提高可加工性，最适用于自动车床，制作螺栓、螺母等
奥氏体型	06Cr19Ni10	0Cr19Ni9	≤0.08	18.00~20.00	Ni8.00~11.00	固溶处理 1050~1150 快冷	—	≥205	≥550	≥40	≤187	作为不锈耐热钢使用最广泛。食品用设备、化工设备、核工业用

103

(续)

类别	牌号		主要化学成分（质量分数,%）				热处理		力学性能			用途举例
	新牌号	旧牌号	C	Cr	其他		淬火温度/℃	回火温度/℃	R_{eL}/MPa	R_m/MPa	A（%）	HBW	
奥氏体型	06Cr19Ni10N	0Cr19Ni9N	≤0.08	18.00~20.00	Ni8.00~11.00 N0.10~0.16		固溶处理 1050~1150 快冷	—	≥275	≥520	≥35	≤217	在06Cr19Ni10中加N，强度提高，塑性不降低。制作结构构用强度部件
	06Cr18Ni11Ti	0Cr18Ni10Ti	≤0.08	17.00~19.00	Ni8.00~12.00 Ti5w_C~0.70		固溶处理 920~1150 快冷	—	≥205	≥520	≥40	≤187	制作焊芯、抗磁仪表、医疗器械、耐酸容器、输送管道
铁素体-奥氏体型	14Cr18Ni11Si4AlTi	1Cr18Ni11Si4AlTi	0.10~0.18	17.50~19.50	Ni10.00~12.00 Si3.40~4.00 Ti0.40~0.70 Al0.10~0.30		固溶处理 950~1100 快冷	—	≥440	≥715	≥25	—	可用于制作抗高温、浓硝酸介质的零件和设备，如排酸阀门等
	022Cr19Ni5Mo3Si2N	0Cr18Ni5Mo3Si2	≤0.03	18.00~19.50	Ni4.50~5.50 Si1.30~2.00 Mo2.50~3.00		固溶处理 950~1100 快冷	—	≥390	≥588	≥20	≤30HRC	制作石油化工等工业热交换设备或冷凝器等
沉淀硬化型	07Cr17Ni7Al	0Cr17Ni7Al	≤0.09	16.00~18.00	Ni5.50~7.75 Al0.75~1.50		固溶处理 1000~1100 快冷	565 时效	≥960	≥1140	≥5	≥363	制作弹簧垫圈，机器部件

104

固覆盖于钢表面的氧化膜（Cr_2O_3、Al_2O_3、SiO_2），起机械保护的作用，避免钢的进一步氧化。

2. 热强钢

要求热强钢有较高的高温强度和合适的抗氧化性，主要加入 Cr、Mo、Mn、Nb、Ti、V、W、Mo 等合金元素，用于提高钢的再结晶温度和在高温下析出弥散相来达到强化的目的。

按使用状态下组织不同，可分为铁素体型、奥氏体型、马氏体型等几种类型，见表4-21。

三、耐磨钢

耐磨钢主要应用于承受严重磨损和强烈冲击的零件，如车辆履带板、挖掘机铲斗、破碎机颚板、铁轨分道叉和防弹板等。对这类钢的要求是具有很高的耐磨性和韧性。

高锰钢能很好地满足这些要求，它是重要的耐磨钢。例如：ZGMn13 型（ZG 是"铸钢"的代号），$w_C = 0.9\% \sim 1.5\%$、$w_{Mn} = 11\% \sim 14\%$、$w_S \leqslant 0.05\%$、$w_P \leqslant 0.07\% \sim 0.09\%$。该类钢在1100℃水淬后得到单相奥氏体，硬度很低（20HRC 左右）。但在强烈冲击摩擦条件下工作时，表面层产生强烈的形变硬化，使奥氏体转变成马氏体，表层硬度可达 52～56HRC，而心部仍保持为原来的高韧性状态。

除高锰钢外，还有其他种类的马氏体中低合金耐磨钢。

四、特殊物理性能钢

特殊物理性能钢是指在钢的定义范围内具有特殊的磁、电、弹性、热膨胀等特殊物理性能的合金钢，包括软磁钢、永磁钢、低磁钢、特殊弹性钢、特殊膨胀钢、高电阻钢及合金等。

1. 软磁钢

软磁钢是指要求磁导率特性的钢种，如铝铁系软磁合金等。

2. 永磁钢

永磁钢是指具有永久磁性的钢种。它包括变形永磁钢、铸造永磁钢、粉末烧结永磁钢等，国内按精密合金进行管理。

3. 低磁钢

低磁钢是指在正常状态下不具有磁性的稳定的奥氏体合金钢，常见的有铬镍奥氏体钢（如06Cr19Ni10）。

4. 特殊弹性钢

特殊弹性钢是指具有特殊弹性的合金钢。国内一般不包括常用的碳素与合金系弹簧钢。

5. 特殊膨胀钢

特殊膨胀钢是指具有特殊膨胀性能的钢种。如 $w_{Cr} = 28\%$ 的合金钢，在一定温度范围内与玻璃的膨胀系数相近。

6. 高电阻钢及合金

高电阻钢及合金是指具有高的电阻值的钢及合金。主要是指铁铬系合金钢和镍铬系高电阻合金组成的一个电阻电热钢和合金系列。

表 4-21 常用耐热钢的牌号、成分、热处理及用途（摘自 GB/T 1221—2007）

类别	牌号		主要化学成分（质量分数，%）							热处理	用途举例
	新牌号	旧牌号	C	Mn	Si	Ni	Cr	Mo	其他		
铁素体型	16Cr25N	2Cr25N	≤0.20	≤1.50	≤1.00	—	23.00~27.00	—	N≤0.25	退火780~880℃（快冷）	耐高温、耐蚀性强，1082℃以下不产生易剥落的氧化皮，用在1050℃以下炉用构件
	06Cr13Al	0Cr13Al	≤0.08	≤1.00	≤1.00	—	11.50~14.50	—	Al≤0.10~0.30	退火780~830℃（空冷）	最高使用温度为900℃，制作各种承受应力不大的炉用构件，如喷嘴、退火罩等
奥氏体型	06Cr25Ni20	0Cr25Ni20	≤0.08	≤2.00	≤1.50	19.00~22.00	24.00~26.00	—	—	固溶处理1030~1180℃（快冷）	可作1035℃以下炉用材料
	12Cr16Ni35	1Cr16Ni35	≤0.15	≤2.00	≤1.50	33.00~37.00	14.00~17.00	—	—	固溶处理1030~1180℃（快冷）	抗渗碳、抗渗氮性好，在1035℃以下可反复加热
	26Cr18Mn12Si2N	3Cr18Mn12Si2N	0.22~0.30	10.50~12.50	1.40~2.20	—	17.00~19.00	—	N0.22~0.33	固溶处理1100~1150℃（快冷）	最高使用温度1000℃，制作渗碳炉构件、加热炉传送带、料盘等
	06Cr18Ni11Ti	0Cr18Ni10Ti	≤0.08	≤2.00	≤1.00	9.00~12.00	17.00~19.00	—	Ti 0.50~0.70	固溶处理920~1150℃（快冷）	用作400~900℃腐蚀条件下使用的部件，高温用焊接结构部件
	45Cr14Ni14W2Mo（14-14-2）	4Cr14Ni14W2Mo（14-14-2）	0.40~0.50	≤0.70	≤0.80	13.00~15.00	13.00~15.00	0.25~0.40	W2.00~2.75	固溶处理820~850℃（快冷）	具有高热强性，用于内燃机重负荷排气阀

第四章 工业用钢

类型	牌号	C	Si	Mn	Cr	Mo	其他	热处理	用途
马氏体型	12Cr13	0.08~0.15	≤1.00	≤1.00	11.50~13.50	—	—	950~1000℃油淬或700~750℃回火（快冷）	用作800℃以下的耐氧化部件
马氏体型	13Cr13Mo	0.08~0.18	≤1.00	≤0.60	11.50~14.50	—	—	970~1000℃油淬或650~750℃回火（快冷）	汽轮机叶片、高温高压耐氧化部件
马氏体型	14Cr11MoV	0.11~0.18	≤0.60	≤0.50	10.00~11.50	0.50~0.70	V0.25~0.40	1050~1100℃空淬或720~740℃回火（空冷）	有较高的热强性、良好的减振性及组织稳定性，用于涡轮机叶片及导向叶片
马氏体型	42Cr9Si2	0.35~0.50	2.00~3.00	≤0.60	8.00~10.00	—	—	1020~1040℃油淬或700~780℃回火（油冷）	有较高的热强性，制作内燃机气阀、轻载荷发动机的排气件
珠光体型	15CrMo①	0.12~0.18	0.17~0.37	0.40~0.70	0.80~1.10	0.40~0.55	—	930~960℃正火	用于制造高压锅炉等
珠光体型	35CrMoV①	0.35~0.38	0.17~0.37	0.40~0.70	1.00~1.30	0.20~0.30	V0.10~0.20	980~1020℃正火或调质处理	高应力下工作的重要机件，如520℃以下的汽轮机转子叶轮、压缩机转子等

① 15CrMo、35CrMoV 为 GB/T 3077－2015 中的牌号。

习题与思考题

4-1 依据下表所列内容,归纳各类钢的特点。

钢 类		成分特点及合金元素作用	典型牌号	预备热处理	最终热处理	热处理后组织	主要性能及用途
工程结构用钢	碳素结构钢						
	低合金高强度结构钢						
机械结构用钢	渗碳钢						
	调质钢						
	冷塑成形钢						
	弹簧结构钢						
	滚动轴承钢						
工具钢	量具刃具钢						
	碳素工具钢						
	高速工具钢						
模具钢	冷作模具钢						
	热作模具钢						
特殊性能钢	不锈钢						
	耐热钢						
	耐磨钢						

4-2 在一般情况下,结构钢与工具钢的主要区别是什么?

4-3 在 20Cr、40Cr、GCr9、50CrV 等钢中,Cr 的质量分数均小于 1.5%,铬在这些钢中存在的形式以及对钢性能的影响是否相同?为什么?

4-4 解释下列现象:

1) 在含碳量相同时,大多数合金钢热处理加热温度均比碳素钢高,保温时间长。

2) $w_C = 0.4\%$ 、$w_{Cr} = 12\%$ 的铬钢为共析钢,$w_C = 1.5\%$ 、$w_{Cr} = 12\%$ 的铬钢为莱氏体钢。

3) 高速工具钢在热锻后空冷,能获得马氏体。

4) 12Cr13 和 Cr12 钢中 Cr 的质量分数均大于 11.7%,但 12Cr13 属不锈钢,而 Cr12 钢却不属于不锈钢。

4-5 高速工具钢铸造后为什么反复锻造?高速工具钢切削加工前又为什么要进行低温奥氏体化退火?该钢淬火加热温度为什么要高达近 1280℃?淬火后为什么要进行三次 560℃回火?高速工具钢在 560℃回火是否称为调质处理?为什么?

4-6 试分析比较 T9 及 9SiCr 钢:

1) 二者相比,其淬火加热温度哪个高?为什么?

2) 直径为 30~40mm 的工件,9SiCr 钢可在油中淬透而 T9 钢能在油中淬透吗?

3) 二者相比,9SiCr 钢适合制造变形小、硬度高、耐磨性较高的圆板牙等薄刃刀具,为什么?

4）9SiCr 钢圆板牙应如何进行热处理？

4-7 为下列工件选择合适的材料及热处理方法。

工件：发动机连杆螺栓、发动机排气阀门弹簧、镗床镗杆、自行车车架、车辆缓冲弹簧、车床尾座顶尖、机用大钻头、螺钉旋具、车床丝杠螺母、普通机床地脚螺栓。

材料：38CrMoAl、40Cr、45、Q235A、50CrVA、T7、T10、W18Cr4V、60Si2Mn。

第五章
CHAPTER 5

铸　铁

第一节　概述

铸铁是碳的质量分数大于 2.11% 的一系列由铁、碳、硅等元素组成的合金的总称，其化学成分范围为：$w_C = 2.4\% \sim 4.0\%$，$w_{Si} = 0.6\% \sim 3.0\%$，$w_{Mn} = 0.2\% \sim 1.2\%$，$w_P = 0.1\% \sim 1.2\%$，$w_S = 0.008\% \sim 0.15\%$。有时还加入其他合金元素，以获得特种性能的铸铁。

一、铸铁的分类

铸铁的种类很多。如根据铸铁的强度，可分为低强度铸铁和高强度铸铁；按照化学成分可分为普通铸铁和合金铸铁；根据金相组织又可分为珠光体铸铁、铁素体铸铁等。目前，工业生产中通常是按照铸铁中碳的存在形式和石墨的形态来划分的。

碳在铸铁中，除少量溶于基体外，绝大部分以石墨或碳化物的形式存在。根据碳的存在形式及石墨的形态，可将铸铁分为白口铸铁、灰铸铁、可锻铸铁、球墨铸铁、蠕墨铸铁、麻口铸铁。

1. 白口铸铁

白口铸铁的碳全部或大部分以渗碳体形式存在，其断口呈银白色。这种铸铁组织中含有大量渗碳体和共晶莱氏体，故其性能硬而脆，很少用作结构材料而只用于生产强度要求不高的耐磨件（如小直径磨机的磨球、衬板及犁铧等）。

2. 灰铸铁

灰铸铁的碳全部或大部分以片状石墨形式存在，其断口呈暗灰色。一般情况下铸铁中的石墨片都比较粗大。石墨本身强度极低，大量低强度石墨存在于铸铁基体中相当于铸铁有效承载面积的减少，片状石墨对基体产生割裂作用并在尖端造成应力集中，故其力学性能较差，通常称为普通灰铸铁。

3. 可锻铸铁

可锻铸铁的碳全部或大部分以团絮状石墨存在。它是由一定成分的白口铸铁经长时间高温石墨化退火而形成的。可锻铸铁的力学性能，因团絮状石墨对基体的割裂作用及应力集中作用得到改善而较灰铸铁好，尤其塑性、韧性更为明显，故又称其为韧性铸铁或玛钢（玛铁）。

4. 球墨铸铁

球墨铸铁的碳全部或大部分以球状石墨形式存在。它是在浇注前向铁液中加入孕育剂和球化剂经球化处理形成的。这种铸铁石墨呈球状，球状石墨对基体的割裂和应力集中现象基本得到消除，力学性能较可锻铸铁又有较大的提高，而且生产工艺比可锻铸铁简单，所以得到了广泛的应用。

5. 蠕墨铸铁

碳大部分以蠕虫状石墨存在。因石墨端头圆滑变钝，具有比灰铸铁高的强度，比球墨铸铁高的耐热性等优点。因而在一些耐热件中得到应用，如钢锭模、玻璃模具以及热辐射管等。

铸铁中的石墨形态如图 5-1 所示。

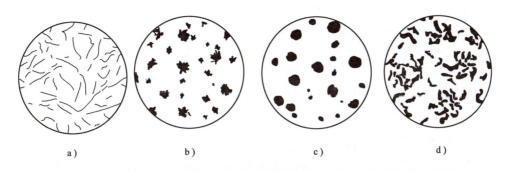

图 5-1　铸铁中的石墨形态
a) 片状石墨　b) 团絮状石墨　c) 球状石墨　d) 蠕虫状石墨

二、铸铁的性能

铸铁的性能取决于铸铁的组织和成分。铸铁的力学性能主要取决于基体组织以及石墨的数量、形状、大小及分布特点。石墨的力学性能很低，硬度仅为 3~5HBW，抗拉强度约为 20MPa，断后伸长率近于零。石墨与基体相比强度和塑性都要小得多，故分布于金属基体中的石墨可视为空洞，减小了铸铁的有效承载面积。所以铸铁的强度、塑性和韧性要比碳素钢低。

石墨的存在使铸铁的力学性能不如钢，但却使铸铁具有良好的减摩性、高的消振性、低的缺口敏感性以及优良的切削加工性等。此外，铸铁含碳量高，熔点比钢要低，铸造流动性好，铸造收缩小，故其铸造性能优于钢。因其含碳量高故金属液不易吸气及氧化，并且熔炼设备及熔炼工艺简单。

在工业上，由于铸铁具备优良的工艺性能和使用性能、生产工艺简单、成本低廉，因此，被广泛用于机械制造、冶金、矿山、石油化工、交通运输、建筑和国防等领域。在各类机械中，铸铁件占机器总重量的 45%~90%。

第二节　铸铁的石墨化

一、铁碳合金双重相图

碳含量超过在 α-Fe、γ-Fe 中的溶解度后，过饱和的碳可以有两种存在形式：渗碳体和石墨。在通常情况下，铁碳合金按铁-渗碳体系进行转变，但是，渗碳体是一个亚稳定相，在一定的条件下可以分解成铁基固溶体和石墨，因此，铁-石墨系是更稳定的状态。反映铁碳合金结晶过程和组织转变规律的相图便有两种：Fe-Fe$_3$C 系（亚稳定系）相图和 Fe-G 系（稳定系）相图。铸铁的结晶过程和组织转变依化学成分和铸造工艺条件不同，可以按 Fe-Fe$_3$C 系和 Fe-G 系进行。为了方便研究铸铁将两种相图叠加在一起，表示为 Fe-Fe$_3$C 和 Fe-G 的双重相图，如图 5-2 所示。图中实线表示 Fe-Fe$_3$C 相图，虚线表示 Fe-G 相图，凡虚线与实线重合的线条都用实线表示。

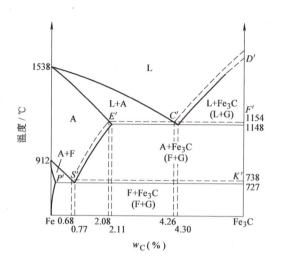

图 5-2　铁碳合金双重相图

二、铸铁的石墨化过程

铸铁中石墨的形成过程称为石墨化过程。

铸铁中的碳主要以石墨形式存在，石墨的数量、形状、大小和分布对铸铁的性能有重要影响。

石墨既可以直接从液体和奥氏体中析出，也可以通过渗碳体分解获得。灰铸铁和球墨铸铁中的石墨主要从液体中结晶出来，可锻铸铁中的石墨则完全由白口铸铁经长时间高温退火使渗碳体分解得到。

按照 Fe-G 相图分析铁液由高温到室温的冷却过程，可以将铸铁的石墨化过程分为以下三个阶段：

第一阶段：液相至共晶阶段。包括从过共晶成分的液相中直接结晶出一次石墨和共晶石墨。

第二阶段：共晶至共析转变阶段。此时从奥氏体中直接析出二次石墨。

第三阶段：共析转变阶段。包括共析转变时奥氏体转变为铁素体 + 石墨。

当然，也可按 Fe-Fe$_3$C 相图进行上述三个阶段的石墨化过程。不同的是，先结晶或析出 Fe$_3$C，然后 Fe$_3$C 在高温下分解出石墨。

三、影响石墨化的因素

通过控制铸铁的石墨化过程可以获得所需的组织和性能。铸铁的石墨化过程受化学成分、熔炼条件以及铸造时的冷却速度等一系列因素的影响，其中主要因素为化学成分和结晶时的冷却速度。

1. 化学成分的影响

铸铁中常见的元素为碳、硅、锰、硫、磷五大元素。它们对铸铁的石墨化过程和组织均有较大影响。

（1）碳和硅　碳和硅都是强烈促进石墨化的元素。正确控制碳、硅含量可以获得所需组织和性能,这是生产实际常采用的措施之一。

碳以自由态析出形成石墨,碳含量增加,铁液中的碳浓度增加,未溶的石墨微粒增多,有利于石墨的形核,从而促进石墨化。过多的碳会生成过多的石墨从而降低铸铁的力学性能。

硅与铁原子的结合力大于碳与铁原子的结合力,硅溶于铁的固溶体中,可以促使碳原子的析出,从而促进石墨化。此外硅能提高铸铁的共晶温度和共析温度,这有利于碳原子的扩散与石墨的形成。一般认为硅促进石墨化的作用是碳的三分之一。

随着碳、硅含量的增加,铸铁的基体组织由珠光体向珠光体和铁素体转变,增加一定量后可以获得铁素体基体。

(2) 锰　锰是阻碍石墨化的元素。它能溶于铁素体和渗碳体中,起固碳作用,从而阻碍石墨化。锰阻碍石墨化有利于获得珠光体基体铸铁,锰还能与硫化合生成 MnS 降低硫的有害作用,所以锰是有益元素。普通灰铸铁的 w_{Mn} 一般在 0.5%~1.4%,过高时易产生游离渗碳体。

(3) 硫　硫是有害元素。硫强烈阻碍石墨化、降低铸铁的铸造性能和力学性能并使铸铁热脆性增大。

(4) 磷　磷促进石墨化但不显著。磷在奥氏体和铁素体中的溶解度很小,磷在铸铁中形成硬而脆的磷共晶,且呈尖角多边形存在于晶界,降低了强度并增大铸铁的脆性,特别是降低了铸铁的低温冲击韧性。除用于制作耐磨铸铁以外,铸铁中磷的质量分数一般控制在 0.12% 以下。

2. 冷却速度的影响

铸铁结晶过程中的冷却速度对石墨化影响较大。若冷速较大,因碳原子来不及扩散而使石墨化难以充分进行,有利于按 Fe-Fe_3C 亚稳定系进行结晶,易得到白口组织。若冷速较小,碳原子有充分的时间进行扩散,有利于按 Fe-G 稳定系结晶与转变,充分进行石墨化,因而易获得灰口组织。

铸造时的冷却速度是一个综合因素,它与浇注温度、铸型材料的导热能力以及铸件的壁厚等因素有关。在铸铁生产中,同一铸件,厚壁处易获得灰口组织而薄壁处易得到白口组织。化学成分、铸件壁厚(冷却速度)对铸件组织的影响如图 5-3 所示。

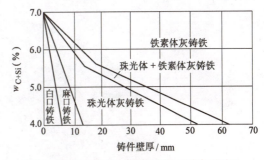

图 5-3　化学成分、铸件壁厚(冷却速度)对铸件组织的影响

第三节　一般工程用铸铁

一、灰铸铁及其熔炼

1. 灰铸铁的化学成分和组织

灰铸铁的化学成分一般为:w_C = 2.5%~3.6%、w_{Si} = 1.1%~2.5%、w_{Mn} = 0.6%~1.2%、w_S ≤ 0.15%、w_P ≤ 0.15%。

灰铸铁的组织为金属基体上分布着片状石墨。其金属基体组织因共析阶段石墨化进行的程度不同,可分为铁素体、铁素体+珠光体、珠光体三种。相应地,铸铁的组织也有三种:铁素体+石墨,铁素体+珠光体+石墨,珠光体+石墨,如图5-4所示。

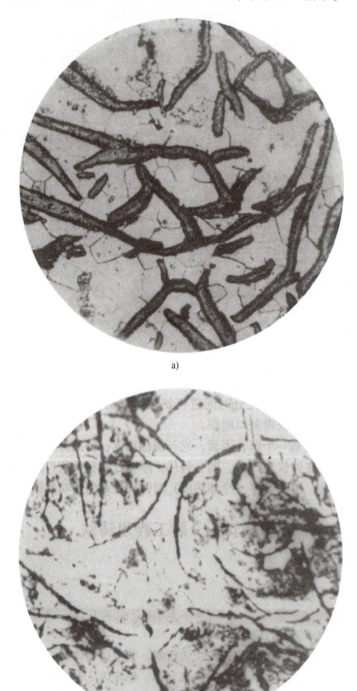

图5-4 灰铸铁的显微组织
a) 铁素体+石墨 450× b) 铁素体+珠光体+石墨 450×

图 5-4 灰铸铁的显微组织（续）

c）珠光体 + 石墨 450×

石墨为简单六方晶格（图 5-5）。在其六方层面内原子结合力较强，但由于两基面之间的原子间距相差较大，而导致原子结合力较弱。由于石墨基面间的结合力弱，易滑移，故石墨的强度、塑性和韧性极低，几乎为零，硬度仅为 3HBW。

研究表明，灰铸铁中的石墨是呈花瓣状的多晶集合体。在金相显微镜下，花瓣状的石墨呈细条状，每一细条石墨就是花瓣状石墨多晶集合体的一片石墨。

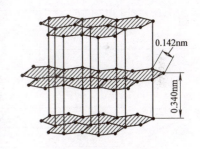

图 5-5 石墨的晶体结构

铸铁的化学成分及冷却条件不同，不仅对铸铁的基体生成有影响，而且对石墨片的大小、形状、分布影响也很大，从而对力学性能产生影响。

2. 灰铸铁的孕育处理

灰铸铁组织中由于有片状石墨存在，因而它的力学性能较低。同时因为普通灰铸铁壁厚敏感性大，对于同一铸件，不同壁厚的部位其组织和力学性能存在不均匀性。为细化组织和提高力学性能并使之均匀一致，可进行孕育处理，即在浇注前往铁液中加入少量（0.2%~0.6%）强烈促进石墨化的物质（即孕育剂）进行处理。常用的孕育剂有硅铁、硅钙、硅锶及石墨等，其中最常用的为 75FeSi 合金（w_{Si} = 75% 的硅铁合金）。孕育的作用是增加石墨非自发晶核，因而既能促进灰铸铁的生成又能获得细小均匀分布的片状石墨组织，从而减小灰铸铁的壁厚敏感性，使铸铁的性能显著提高。孕育处理后的灰铸铁称为孕育铸铁。

孕育铸铁的化学成分，一般控制在普通灰铸铁和白口铸铁之间，孕育后形成石墨数量较少、细小且均匀分布在珠光体基体上的组织。

孕育铸铁的性能与普通灰铸铁相比壁厚敏感性小，同一铸件不同壁厚处的组织性能均匀一致，强度、硬度和耐磨性以及冲击吸收能量、断后伸长率均得到提高。所以孕育铸铁应用于动载荷较小，而静载荷强度要求较高的重要零件，如缸体、齿轮及机床铸件等。

3. 灰铸铁的牌号、性能及应用

灰铸铁的牌号是由"灰铁"的拼音首字母"HT"后面加一组数字（最低抗拉强度，单位为MPa）来表示的，灰铸铁的牌号和力学性能见表5-1。

表5-1 灰铸铁的牌号和力学性能（GB/T 9439—2010）

牌 号	铸件壁厚/mm		最小抗拉强度 R_m（强制性值）/MPa		铸件本体最小预期抗拉强度 R_m/MPa
	>	≤	单铸试棒	附铸试棒或试块	
HT100	5	40	100	—	—
HT150	5	10	150	—	155
	10	20		—	130
	20	40		120	110
	40	80		110	95
	80	150		100	80
	150	300		90	—
HT200	5	10	200	—	205
	10	20		—	180
	20	40		170	155
	40	80		150	130
	80	150		140	115
	150	300		130	—
HT225	5	10	225	—	230
	10	20		—	200
	20	40		190	170
	40	80		170	150
	80	150		155	135
	150	300		145	—
HT250	5	10	250	—	250
	10	20		—	225
	20	40		210	195
	40	80		190	170
	80	150		170	155
	150	300		160	—
HT275	10	20	275	—	250
	20	40		230	220
	40	80		205	190
	80	150		190	175
	150	300		175	—

(续)

牌 号	铸件壁厚/mm		最小抗拉强度 R_m （强制性值）/MPa		铸件本体最小预期抗拉强度 R_m/MPa
	>	≤	单铸试棒	附铸试棒或试块	
HT300	10	20	300	—	270
	20	40		250	240
	40	80		220	210
	80	150		210	195
	150	300		*190*	—
HT350	10	20	350	—	315
	20	40		290	280
	40	80		260	250
	80	150		230	225
	150	300		*210*	—

注：1. 当铸件壁厚超过 300mm 时，其力学性能由供需双方商定。
  2. 当某牌号的铁液浇注壁厚均匀、形状简单的铸件时，壁厚变化引起抗拉强度的变化，可从本表查出参考数据，当壁厚不均匀，或有型芯时，此表只能给出不同壁厚处大致的抗拉强度值，铸件的设计应根据关键部位的实测值进行。
  3. 表中斜体数值表示指导值，其余抗拉强度值均为强制性值，铸件本体最小预期抗拉强度值不作为强制性值。

4. 灰铸铁的熔炼

灰铸铁熔炼设备目前主要为冲天炉、感应电炉以及冲天炉+感应电炉双联熔炼炉。

冲天炉以焦炭为燃料，将金属料在下降的过程中熔化。冲天炉可连续熔炼、连续出铁浇注，熔炼成本低，操作简单。但污染大，铁液成分、温度不易控制，增碳、增硫严重。

感应电炉熔炼是把金属料放在炉体内通过在炉料中产生感应涡流加热熔化金属，其特点是铁液成分、温度易控制，铁液纯净不增碳、不增硫，且污染小、操作简便。但不能连续熔炼，熔炼成本高于冲天炉。

冲天炉+感应电炉双联熔炼是以冲天炉连续熔炼出的铁液再经感应电炉进行进一步的提温、成分调整。这种熔炼方式克服了冲天炉和感应电炉单独熔炼的缺点，在降低熔炼成本的同时提高了铁液质量。

二、可锻铸铁及其熔炼

1. 可锻铸铁的化学成分和组织

可锻铸铁的化学成分为：$w_C = 2.2\% \sim 2.8\%$、$w_{Si} = 1.2\% \sim 2.0\%$、$w_{Mn} = 0.4\% \sim 1.2\%$、$w_P \leq 0.1\%$、$w_S \leq 0.2\%$。可锻铸铁的化学成分特点是碳、硅含量较低，以便铸态下获得全白口组织。铸件经长时间石墨化退火其金相组织一般有两种：铁素体+石墨，珠光体+石墨，如图5-6所示。

2. 可锻铸铁的牌号、性能及应用

可锻铸铁是由白口铸铁经长时间石墨化退火而得到团絮状石墨的一种高强度铸铁。根据退火条件不同，又可分为黑心可锻铸铁和白心可锻铸铁。可锻铸铁的石墨呈团絮状，较之片状石墨对基体的割裂作用要小得多，应力集中也大为减少，故其力学性能比灰铸铁高。可锻

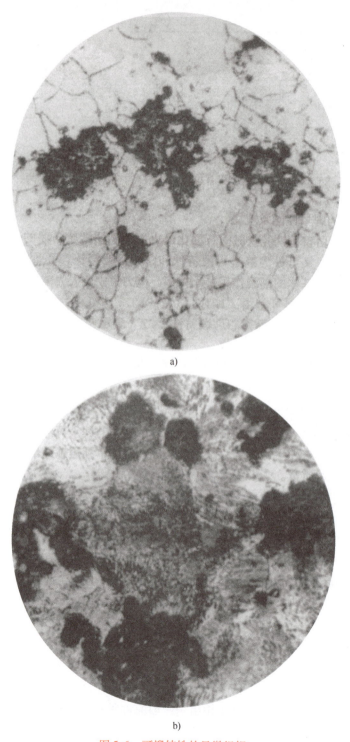

图 5-6 可锻铸铁的显微组织
a）铁素体可锻铸铁 450× b）珠光体可锻铸铁 450×

铸铁的牌号由"KTH"（或"KTZ""KTB"）和其后的两组数字组成。其中"KT"表示"可锻"，"H"表示黑心可锻铸铁、"Z"表示珠光体可锻铸铁、"B"表示白心可锻铸铁。

后面两组数字分别为最低抗拉强度和断后伸长率。

可锻铸铁的力学性能除与石墨团的形状、大小、数量和分布有关外,还与金属基体的组织有很大的关系。铁素体可锻铸铁具有一定的强度和较高的塑性与韧性,主要用于承受冲击和振动的铸件。珠光体可锻铸铁具有高的强度、硬度和耐磨性以及一定的塑性、韧性,主要用于要求高强度、高硬度和耐磨的铸件。可锻铸铁适于生产形状复杂的薄壁小件。

可锻铸铁的生产工艺周期长、工艺复杂、成本高,除管件及建筑脚手架扣件仍采用可锻铸铁外,不少传统的可锻铸铁件已逐渐被球墨铸铁件所取代。黑心可锻铸铁和珠光体可锻铸铁的牌号和力学性能见表 5-2。

表 5-2 黑心可锻铸铁和珠光体可锻铸铁的牌号和力学性能（摘自 GB/T 9440—2010）

牌　号	试样直径 $d^{①,②}$/mm	抗拉强度 R_m/MPa 不小于	屈服强度 $R_{p0.2}$/MPa 不小于	断后伸长率 $A(\%)$ ($L_0=3d$) 不小于	布氏硬度 HBW
KTH275-05[③]	12 或 15	275	—	5	≤150
KTH300-06[③]	12 或 15	300	—	6	
KTH330-08	12 或 15	330	—	8	
KTH350-10	12 或 15	350	200	10	
KTH370-12	12 或 15	370	—	12	
KTZ450-06	12 或 15	450	270	6	150～200
KTZ500-05	12 或 15	500	300	5	165～215
KTZ550-04	12 或 15	550	340	4	180～230
KTZ600-03	12 或 15	600	390	3	195～245
KTZ650-02[④,⑤]	12 或 15	650	430	2	210～260
KTZ700-02	12 或 15	700	530	2	240～290
KTZ800-01[④]	12 或 15	800	600	1	270～320

① 如果需方没有明确要求,供方可以任意选取两种试样直径的一种。
② 试样直径代表同样壁厚的铸件,如果铸件为薄壁件时,供需双方可以协商选取直径 6mm 或者 9mm 试样。
③ KTH275-05 和 KTH300-06 为专门用于保证压力密封性能,而不要求高强度或高延展性工作条件的。
④ 油淬加回火。
⑤ 空冷加回火。

3. 可锻铸铁的熔炼

可锻铸铁的熔炼与灰铸铁相似,以冲天熔炼为主或采用冲天炉 + 感应电炉双联熔炼。

三、球墨铸铁及其熔炼

1. 球墨铸铁的化学成分和组织

球墨铸铁的生产过程是在一定成分的铁液中加入一定量的球化剂（稀土镁等）和孕育剂,通过球化剂在铁液中的作用使石墨化后的石墨变成球状。

球墨铸铁的化学成分,是在有利于石墨化的前提下,根据铸件的壁厚大小、组织性能要求来选定的,特点是碳、硅含量较高,锰、磷及硫含量低并保证一定量的残留镁和稀土元素。大概范围是:$w_C = 3.6\% \sim 3.9\%$、$w_{Si} = 2.0\% \sim 2.8\%$、$w_{Mn} = 0.6\% \sim 0.8\%$、$w_S \leq 0.04\%$、$w_P \leq 0.1\%$、$w_{Mg残} = 0.03\% \sim 0.05\%$、$w_{Re残} = 0.03\% \sim 0.05\%$。

球墨铸铁的基体组织与许多因素有关,除了化学成分的影响外,还与铁液处理和铁液的凝固条件以及热处理有关。球墨铸铁的基体组织在铸态下通过化学成分和孕育处理控制，也可以通过退火或正火处理来进一步调整其基体组织。球墨铸铁的金相组织有：铁素体＋石墨，铁素体＋珠光体＋石墨，珠光体＋石墨等，如图 5-7 所示。

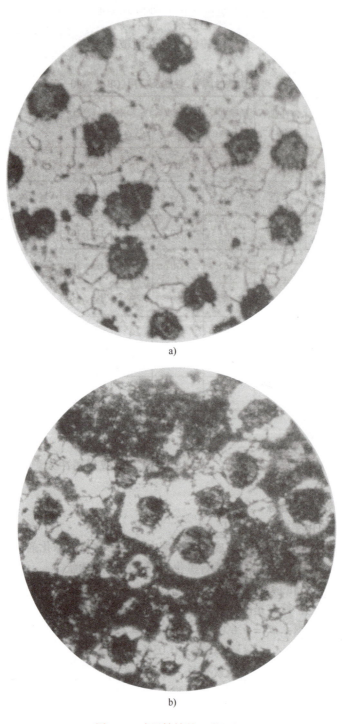

图 5-7　球墨铸铁的显微组织
a）铁素体球墨铸铁 450× 　b）珠光体球墨铸铁 450×

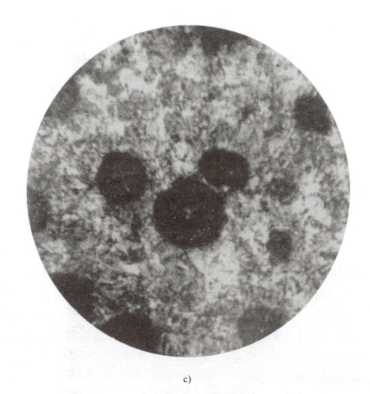

c)

图 5-7 球墨铸铁的显微组织（续）

c）铁素体-珠光体球墨铸铁 450×

2. 球墨铸铁的牌号、性能及应用

球墨铸铁的牌号和力学性能（单铸试样）、基体组织见表 5-3。其中"QT"表示"球铁"，后面两组数字分别表示最低抗拉强度（MPa）和断后伸长率（%）。

表 5-3 球墨铸铁的牌号和力学性能（单铸试样）、基体组织（摘自 GB/T 1348—2009）

材料牌号	抗拉强度 R_m/MPa 不小于	屈服强度 $R_{p0.2}$/MPa 不小于	断后伸长率 A(%) 不小于	布氏硬度 HBW	主要基体组织
QT 350-22L	350	220	22	≤160	铁素体
QT 350-22R	350	220	22	≤160	铁素体
QT 350-22	350	220	22	≤160	铁素体
QT 400-18L	400	240	18	120~175	铁素体
QT 400-18R	400	250	18	120~175	铁素体
QT 400-18	400	250	18	120~175	铁素体
QT 400-15	400	250	15	120~180	铁素体
QT 450-10	450	310	10	160~210	铁素体
QT 500-7	500	320	7	170~230	铁素体+珠光体
QT 550-5	550	350	5	180~250	铁素体+珠光体

(续)

材料牌号	抗拉强度 R_m/MPa 不小于	屈服强度 $R_{p0.2}$/MPa 不小于	断后伸长率 A(%) 不小于	布氏硬度 HBW	主要基体组织
QT 600-3	600	370	3	190~270	珠光体+铁素体
QT 700-2	700	420	2	225~305	珠光体
QT 800-2	800	480	2	245~335	珠光体或索氏体
QT 900-2	900	600	2	280~360	回火马氏体或托氏体+索氏体

注：1. 字母"L"表示该牌号有低温（-20℃或-40℃）下的冲击性能要求，字母"R"表示该牌号有室温（23℃）下的冲击性能要求。
2. 断后伸长率是从原始标距 $L_o=5d_o$ 上测得的， d_o 是试样原始标距处的直径。

球墨铸铁具有优良的力学性能，它的强度、塑性、韧性等均高于其他铸铁。它的疲劳极限接近于中碳钢，多次冲击抗力高于中碳钢、屈强比几乎是钢的一倍多。此外，球墨铸铁还保留了灰铸铁的优良性能，如良好的铸造性、切削加工性、减振性、耐磨性及低的缺口敏感性等。所以，在机械工业中，球墨铸铁已成功地代替了许多碳素钢、合金钢、可锻铸铁和非铁金属，用来制造一些受力复杂，强度、韧性和耐磨性要求高的零件。

3. 球墨铸铁的熔炼

球墨铸铁的熔炼设备和灰铸铁的熔炼设备相似。

四、蠕墨铸铁

1. 蠕墨铸铁的化学成分和组织

蠕墨铸铁的化学成分大致为： $w_C=3.5\%\sim3.9\%$ 、 $w_{Si}=2.1\%\sim2.8\%$ 、 $w_{Mn}=0.4\%\sim0.8\%$ 、 $w_S<0.1\%$ 、 $w_P<0.1\%$ 。

蠕墨铸铁和球墨铸铁生产工艺相近，是在一定成分的铁液中加入蠕化剂及孕育剂处理，使石墨呈蠕虫状。蠕墨铸铁的基体组织和球墨铸铁相似。蠕化处理工艺控制比较严，处理不足生成片状石墨成为灰铸铁，处理过量石墨球化成为球墨铸铁。

蠕墨铸铁的显微组织如图 5-8 所示。它与灰铸铁显微组织的不同之处在于灰铸铁中片状石墨的特征是片长而薄，端部较尖。而蠕墨铸铁中石墨片短而厚，端部较钝。它的基体组织与灰铸铁一样，也有三种。

2. 蠕墨铸铁的牌号、性能及应用

蠕墨铸铁是 20 世纪 60 年代开始发展并逐步受到重视的一种新型铸铁材料。蠕墨铸铁是一种综合性能良好的铸铁材料，其力学性能介于球墨铸铁与灰铸铁之间，抗拉强度、屈服强度、断后伸长率、弯曲疲劳极限均优于灰铸铁，接近于铁素体球墨铸铁；而导热性、切削加工性均优于球墨铸铁，与灰铸铁相近。常用于抗热疲劳的铸件，如钢锭模、发动机排气管、玻璃模具以及耐磨件。

蠕墨铸铁的牌号和力学性能见表 5-4。其中"RuT"表示"蠕铁"，后面数字表示最低抗拉强度（MPa）。

第五章 铸 铁

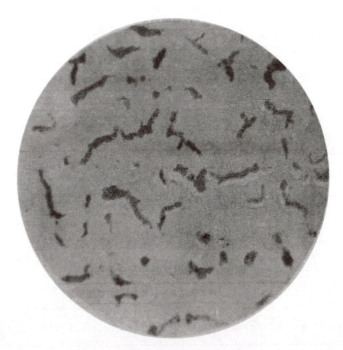

图 5-8 蠕墨铸铁的显微组织 200×

表 5-4 蠕墨铸铁的牌号和力学性能（单铸试样、性能、基体组织）（摘自 GB/T 26655—2011）

材料牌号	抗拉强度 R_m/MPa 不小于	屈服强度 $R_{p0.2}$/MPa 不小于	断后伸长率 A（%）不小于	布氏硬度/HBW	主要基体组织
RuT 300	300	210	2.0	140~210	铁素体
RuT 350	350	245	1.5	160~220	铁素体+珠光体
RuT 400	400	280	1.0	180~240	铁素体+珠光体
RuT 450	450	315	1.0	200~250	珠光体
RuT 500	500	350	0.5	220~260	珠光体

注：布氏硬度（指导值）仅供参考。0.2%屈服强度 $R_{p0.2}$ 一般不作为验收依据。需方有特殊要求时，也可以测定。

五、特殊性能铸铁

随着科学技术的发展，对铸铁也提出了更高的要求，除现有的力学性能外，有时还要求某些特殊性能，如耐磨性、耐热性及耐蚀性等。为此，可向铸铁中加入某些合金元素，以获得合金铸铁，或称为特殊性能铸铁。表 5-5 列举了几种耐磨铸铁。

表 5-5 几种耐磨铸铁及应用举例

铸铁名称	化学成分（质量分数,%）	应用举例
高磷铸铁	P:0.4~0.6	汽车、拖拉机或柴油机的气缸套、机床导轨、活塞环等
铜铬钼铸铁	Cu:0.7~1.2 Cr:0.1~0.25 Mo:0.2~0.5	精密机床铸件、发动机上的气门垫圈、缸套、活塞环等
磷铜钛铸铁	P:0.35~0.6 Cu:0.6~1.2 Ti:0.09~0.15	普通机床及精密机床的床身
钒钛铸铁	V:0.1~0.3 Ti:0.06~0.2	机床导轨
硼铸铁	B:0.02~0.2	汽车发电机的气缸套

1. 耐磨铸铁

为提高铸铁的耐磨性，可在铸铁中加入一些铜、钼、铬、锰、镍、磷等合金元素。

2. 耐热铸铁

为提高铸铁的耐热性，可在铸铁中加入一些铝、硅、铬等合金元素，见表5-6。

表5-6 几种耐热铸铁及应用举例

铸铁名称	w_C（%）	w_{Si}（%）	w_{Mn}（%）	w_P（%）	w_S（%）	其他（质量分数,%）	使用温度/℃	应用举例
中硅耐热铸铁	2.2~3.0	5.0~6.0	<1.0	<0.2	<0.12	Cr:0.5~0.9	≤350	烟道挡板、换热器等
中硅球墨铸铁	2.4~3.0	5.0~6.0	<0.7	<0.1	<0.03	Mg:0.04~0.07（Re:0.15~0.35）	900~950	加热炉底板、熔铝电阻炉坩埚等
高铝球墨铸铁	1.7~2.2	1.0~2.0	0.4~0.8	<0.2	<0.01	Al:21~24	1000~1100	加热炉底板，渗碳罐、炉子传递链构件等
铝硅球墨铸铁	2.4~2.9	4.4~5.4	<0.5	<0.1	<0.02	Al:40~50	950~1050	
高铬耐热铸铁	1.5~2.2	1.3~1.7	0.5~0.8	≤0.1	≤0.1	Cr:32~36	1100~1200	加热炉底板、炉子传递链构件等

3. 耐蚀铸铁

为提高铸铁的耐蚀性，可在铸铁中加入较多的硅、铝、铬等合金元素，见表5-7。

表5-7 几种耐蚀铸铁及应用举例

铸铁名称	化学成分（质量分数,%）	应用举例
高硅耐酸铸铁	C:0.5~0.8 Si:14.4~16.0 Mn:0.3~0.8	在酸中均有良好的耐蚀性，化工、化肥、石油、医药设备中的零件
高铝耐蚀铸铁	C:2.8~3.3 Al:4~6 Si:1.2~2.0 Mn:0.5~1.0	氯化铵及碳酸氢铵设备中的零件

4. 几种常用特殊铸铁的代号及牌号

几种常用特殊铸铁的代号及牌号见表5-8。

表5-8 几种常用特殊铸铁的代号及牌号（摘自 GB/T 5612—2008）

分类	名称	代号	牌号
抗磨类	耐磨灰铸铁	HTM	HTM Cu1CrMo
	抗磨球墨铸铁	QTM	QTM Mn8-30
	抗磨白口铁	BTM	BTM Cr15Mo
耐蚀类	耐蚀灰铸铁	HTS	HTS Ni2Cr
	耐蚀球墨铸铁	QTS	QTS Ni20Cr2
	耐蚀白口铁	BTS	BTS Cr28
耐热类	耐热灰铸铁	HTR	HTR Cr
	耐热球墨铸铁	QTR	QTR Si5
	耐热白口铁	BTR	BTR Cr16

六、铸铁的热处理

1. 灰铸铁的热处理

热处理只能改变铸铁的基体组织，不能改变石墨的形状、大小、数量和分布情况。所以，灰铸铁的热处理一般只用于消除铸件的内应力和白口组织，稳定尺寸和提高工作表面的硬度和耐磨性。

(1) 去应力退火 铸件的内应力会导致铸件的变形和开裂，尤其是对于大型、复杂的铸件或精密铸件，在切削加工前要进行一次去应力退火。

去应力退火一般是将铸件缓慢加热到 500～600℃，保温一段时间，然后随炉冷却到 200℃ 出炉空冷。这一处理过程也称为人工时效处理。

(2) 消除铸件白口的退火 铸件的表层及薄壁处，由于冷却速度较快，易出现白口组织，使铸件的硬度和脆性增大，给切削加工带来很大困难。消除的方法是将铸件加热到 850～950℃，保温 2～4h，然后随炉冷却至 400～500℃ 出炉空冷。

(3) 正火 当铸件中铁素体过多时，为了增加珠光体量，提高铸件的硬度和强度，则需采用正火。即将铸件加热到 860～920℃ 保温后空冷或风冷。对于形状复杂的零件，正火后还要对铸件进行去应力退火。

(4) 表面热处理 为了提高灰铸铁的表面硬度和耐磨性，可进行表面热处理。除感应淬火外，还可用接触电阻加热淬火。其工作原理是用低电压、大电流表面接触加热，使零件迅速加热到 900～950℃，利用工件本身的散热以达到快速冷却的效果。淬火后硬度为 55HRC 左右，淬硬层深度为 0.2～0.3mm，变形量极小，达到提高机床导轨耐磨性的目的。

随着科学技术的飞速发展，为满足高新技术的需要，目前国外已开始对石墨粒状机理进行研究，并已初步建立了对具有微细片状石墨（即共晶石墨）的铸铁施以热处理，而使石墨被分割成粒状的方法，使其抗拉强度和伸长率都有较大的提高，并且由于石墨被分割，高温下无膨胀，从而成为耐热的优异材质。

2. 球墨铸铁的热处理

由于球墨铸铁中石墨呈球状，所以热处理已成为球墨铸铁生产中的重要环节。生产中常采用退火、正火、调质处理、等温淬火等热处理工艺。

(1) 退火 退火的目的是去除铸态组织中的自由渗碳体及获得铁素体球墨铸铁。常采用以下两种退火工艺：

1) 高温退火。球墨铸铁存在渗碳体时，应进行高温退火。加热到 900～950℃，保温 2～5h，随炉冷却至 600℃ 左右出炉空冷。

2) 低温退火。不存在渗碳体时，采用低温退火。加热到 720～760℃，保温 3～6h，随炉冷至 600℃ 后出炉空冷。

(2) 正火 正火的目的在于增加金属基体中珠光体的含量并使其细化，提高强度、硬度和耐磨性。根据加热温度的不同，常用以下两种正火工艺：

1) 高温正火。加热到 880～920℃，保温 3h 左右，然后空冷。为了提高基体中珠光体的含量，还常采用风冷、喷雾等加快冷却速度的方法，保证铸铁的强度。

2) 低温正火。加热到 820～860℃，保温 1～4h，然后空冷，得到珠光体和少量破碎状铁素体，故低温正火可提高铸件的韧性和塑性，但强度比高温正火略低。

无论高、低温正火，都会产生一定的内应力，故在正火后均应进行一次去应力退火。

（3）**调质处理** **要求综合力学性能较高的球墨铸铁，可采用调质处理。其目的是获得以回火索氏体为基体的球墨铸铁。** 其工艺为：加热到 850 ~ 900℃，使基体全部奥氏体化后在油中淬火，得到细片状马氏体基体与球状石墨，然后经 550 ~ 600℃ 回火，空冷后得到回火索氏体基体组织。

（4）**等温淬火** **对于一些综合力学性能要求高、外形比较复杂、热处理易变形或开裂的零件，可采用等温淬火。** 其工艺为：加热到 840 ~ 900℃，保温后，立即在 250 ~ 350℃ 的等温盐浴中进行等温，时间为 0.5 ~ 1.5h，然后空冷。其组织为下贝氏体 + 少量残留奥氏体 + 马氏体 + 球状石墨。

球墨铸铁除可用上述热处理方法外，还可采用表面淬火和化学热处理等表面热处理方法，用以提高工件表面强度、耐磨性、耐蚀性及疲劳极限等。

习题与思考题

5-1　白口铸铁、灰铸铁和钢在成分、组织和性能上有何主要区别？

5-2　试述石墨对铸铁性能的影响。

5-3　说明铸铁石墨化三个阶段进行程度对其组织的影响。

5-4　从综合力学性能和工艺性能来比较灰铸铁、球墨铸铁和可锻铸铁。

5-5　灰铸铁石墨化过程中，若第一、第二阶段完全石墨化，第三阶段石墨化完全进行、部分进行、没有进行时，问它们各获得什么组织的铸铁？

5-6　判断下列说法是否正确，为什么？

1）石墨化过程中，第一阶段石墨化最不易进行。

2）采用球化退火可以获得球墨铸铁。

3）可锻铸铁可以锻造加工。

4）白口铸铁由于硬度较高，可作切削工具使用。

5）灰铸铁不能整体淬火。

5-7　常用合金铸铁有哪几类？

5-8　为什么一般机器的支架、箱体和机床的床身常用灰铸铁制造？

第六章 非铁金属材料与硬质合金

CHAPTER 6

钢铁材料以外的金属材料通常称为非铁金属材料，也称为有色金属。非铁金属材料在工程上应用较多的主要有铝、铜、钛、镁、锌等及其合金，以及轴承合金等。与钢铁材料相比，非铁金属材料具有许多钢铁材料所没有的特殊的物理、化学和力学性能，因而成为现代工业尤其是许多高科技产业中不可缺少的材料。本章主要介绍常用的非铁金属材料，对粉末冶金及硬质合金也作简要介绍。

第一节 铝及铝合金

一、纯铝

铝是目前工业中用量最大的非铁金属材料。纯铝为银白色金属，其密度为 $2.7g/cm^3$，大约是钢的三分之一。纯铝具有面心立方结构，无同素异晶转变，熔点为 660℃。纯铝的密度小，抗氧化，易加工。纯铝的导电性和导热性高，仅次于银、铜和金，在金属中列第四位。纯铝在大气中极易和氧结合生成致密的 Al_2O_3 膜，阻止了铝的进一步氧化，因而具有良好的耐大气腐蚀性能，但不耐酸、碱、盐的腐蚀。纯铝的强度、硬度低（$R_m \approx 80 \sim 100MPa$、20HBW），塑性好（$A \approx 50\%$，$Z \approx 80\%$），适合进行各种冷热加工，特别是塑性加工。纯铝不能热处理强化，冷变形是提高其强度的唯一手段。纯铝主要用作导线材料及制作某些要求质轻、导热或防锈但强度要求不高的器具。

纯铝分为高纯度铝和工业纯铝，后者的纯度为 98%~99%，含铁、硅等杂质。工业纯铝的牌号为 1070A、1060A、1050A……（对应的旧牌号为 L1、L2、L3……）。工业高纯铝的牌号为 1A85、1A90、……、1A99（对应的旧牌号为 LG1、LG2、……、LG5）。纯铝中杂质含量增加，其电导性、热导性、耐蚀性及塑性会有所下降。

二、铝合金的分类

纯铝的强度低，不宜作为受力的结构材料使用。所以，在铝中加入适量的硅、铜、镁、锌、锰等合金元素制成较高强度的铝合金。

铝合金根据化学成分和生产工艺特点，可分为变形铝合金和铸造铝合金两大类。在二元铝合金相图中（图6-1），凡成分位于 D' 以左的合金，在加热时能形成单相固溶体组织，合金的塑性较高，适于压力加工，故称为变形铝合金。凡成分位于 D' 以右的合金，由于合金中含有共晶组织，因而熔点低、液态流动性好，适于铸造，故称为铸造铝合金。

变形铝合金又分为两类：图 6-1 中成分位于 F 点以左的合金，其 α 固溶体成分不随温度变化，故不能用热处理强化，因此称为不可热处理强化的铝合金；成分位于 F、D' 之间的铝合金，由于 α 固溶体成分随温度变化，故可采用热处理来强化，称为可热处理强化的铝合金。

三、铝合金的热处理

大多数的铝合金还可以通过热处理来改善性能。

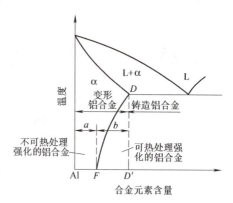

图 6-1 二元铝合金的一般相图

1. 铝合金的退火

铝合金退火的主要目的是消除应力或偏析，稳定组织，提高塑性。退火时将合金加热至 200～300℃，适当保温后空冷，或先缓冷到一定温度后再空冷。再结晶退火可以消除变形铝合金在塑性变形过程中产生的冷变形强化现象。再结晶退火的温度视合金成分和冷变形条件而定，一般在 350～450℃。

2. 铝合金的固溶与时效处理

固溶与时效是铝合金热处理强化的主要工艺。铝合金一般具有如图 6-1 所示类型的相图。将成分位于图中 D'、F 之间的合金加热至 α 相区，经保温形成单相的固溶体，然后快冷（淬火），使溶质原子来不及析出，至室温获得过饱和的 α 固溶体组织，这一热处理过程称为固溶处理。淬火后的铝合金虽可固溶强化，但强化效果不明显，塑性却得到改善。由于过饱和的 α 固溶体是不稳定的，随着时间的延长，其中将形成众多的溶质原子局部富集区（称为 GP 区），进而析出细小弥散分布且与母相共格的第二相或第二相的过渡相，引起晶格严重畸变（图 6-2），阻碍位错的运动。此时合金的强度、硬度显著升高，这就是时效强化，这一过程称为时效处理。具有极限溶解度 D' 点附近成分的合金，时效强化效果最大。合金成分位于 F 点以左时，由于加热与冷却时组织无变化，显然无法对其进行时效强化，故称为不可热处理强化的铝合金。成分位于 F 点以右的合金，其组织为固溶体与第二相的混合物，因为时效过程只在 α 固溶体中发生，故其时效强化效果将随着合金成分向右远离 F 点而逐渐增大至 D' 附近，时效强化效果最明显。

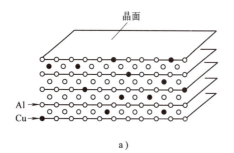 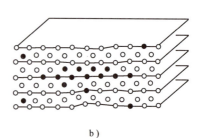

图 6-2 铝铜合金固溶与时效过程的组织变化

a) 淬火状态　b) 时效状态

铝合金时效的强化效果还与加热温度和保温时间有关，如图 6-3 所示。经淬火的铝合金在时效初期强度变化很小，这段时间称为孕育期。铝合金在孕育期内有很好的塑性，可在此时对其进行各种冷塑性变形加工，或对淬火变形的零件进行校正。孕育期过后，合金的强度、硬度很快升高。自然时效时，经 4~5 天后达到最大强度；人工时效时，时效温度越高，强化效果越差。时效温度过高或时间过长，合金的强度、硬度反而下降，即发生了过时效，这与合金中析出第二相晶粒有关。

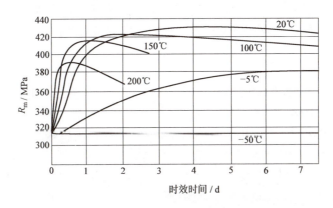

图 6-3　$w_{Cu}=4\%$ 的铝合金在不同温度下的时效曲线

3. 铝合金的回归处理

回归处理是指把已经时效强化的铝合金，重新加热到高于时效的温度（200~280℃），经短时保温，可使强化相重新溶入 α 固溶体中，然后迅速冷却，合金将会重新变软恢复到淬火状态的过程。回归处理后的铝合金仍能进行时效强化。回归现象的实际意义在于可使时效强化的铝合金重新变软，以便加工。

四、变形铝合金

目前我国生产的变形铝合金分为防锈铝合金、硬铝合金、超硬铝合金及锻铝合金四大类。其中防锈铝合金是不可热处理强化的铝合金，其余三类合金是可热处理强化的铝合金。

1. 防锈铝合金

防锈铝合金主要是 Al-Mn 系和 Al-Mg 系合金。合金元素锰或镁的添加使此类合金具有较高的耐蚀性。防锈铝合金有很好的塑性加工性能和焊接性，但强度较低且不能热处理强化，只能采用冷变形加工提高其强度。主要用于制作需要弯曲或拉深的高耐蚀性容器以及受力小、耐蚀的制品与结构件。

2. 硬铝合金

硬铝合金是 Al-Cu-Mg 系合金。主要合金元素铜和镁的添加使合金中形成大量强化相 θ 相（$CuAl_2$）和 S 相（$CuMgAl_2$）。合金固溶与时效处理后，强度显著提高。硬铝的耐蚀性差，尤其不耐海水腐蚀，因此常用表面包覆纯铝的方法来提高其耐蚀性。此外，向硬铝中加入少量锰也可改善合金的耐蚀性，同时还有固溶强化和提高耐热性的作用。

按强度和用途划分，硬铝又分为铆钉硬铝、中强硬铝、高强硬铝和耐热硬铝四类。铆钉硬铝又称为低合金化硬铝，强度低，但塑性好，适于制作铆钉，典型合金有 2A01 和 2A10。

中强硬铝又称为标准硬铝，既有较高的强度又有足够的塑性，退火态和淬火态下可进行冷冲压加工，时效后有较好的切削加工性。多以板、棒、型材等应用于各种工业，航空工业中主要用于制造螺旋桨叶片、蒙皮等，典型合金有 2A11。

高强度硬铝中合金元素含量较高，合金强度、硬度高，但塑性、焊接性较差，多以包铝板材状态使用，有高的耐蚀性，是航空工业中应用最广的一种硬铝，典型合金为 2A12。

耐热硬铝有高的室温强度和高温（300℃下）持久强度，热状态塑性较好，可进行焊接，但耐蚀性差。主要用于 250～350℃下工作的零件和常温或高温下工作的焊接容器，典型合金为 2A16。

3. 超硬铝合金

超硬铝属于 Al-Zn-Mg-Cu 系合金。合金中的强化相除 θ 相、S 相外，还有可产生强烈时效强化效果的 η 相（$MgZn_2$）和 T 相（$Mg_3Zn_3Al_2$），因而成为目前强度最高的一类铝合金。这类合金有较好的热塑性，适宜压延、挤压和锻造，焊接性也较好。超硬铝的淬火温度范围较宽，在 460～500℃之间淬火都能保证合金的性能；但一般不用自然时效，只进行人工时效处理。超硬铝的缺点是耐热性低，耐蚀性较差，且应力腐蚀倾向大。它主要用作要求重量轻、受力较大的结构件，如飞机大梁、起落架等，典型合金有 7A04。

4. 锻铝合金

锻铝合金包括 Al-Mg-Si-Cu 系普通锻造铝合金和 Al-Cu-Mg-Ni-Fe 系耐热锻造铝合金。这类合金有良好的热塑性和可锻性，可用于制作形状复杂或承受重载的各类锻件和模锻件，并且在固溶处理和人工时效后可获得与硬铝相当的力学性能。典型锻铝合金为 2A50。

目前国际通用的变形铝合金的牌号有两种表示方法，一种为四位数字体系牌号，一种为四位字符体系牌号，两种牌号的区别仅在于牌号的第二位。牌号的第一位数字表示铝及铝合金的组别，用 1、2、3、4、5、6、7、8、9 分别代表纯铝及铜、锰、硅、镁、镁和硅、锌、其他元素为主要合金元素的铝合金及备用合金组；第二位数字或字母表示纯铝或铝合金的改型情况，数字 0 或字母 A 表示原始纯铝和原始合金，1～9 或 B～Y 表示改型情况；牌号最后两位数字用来标识同一系列中的不同合金，纯铝则表示最低铝含量中小数点后面的两位，如 1060 是最低铝含量为 99.60% 的工业纯铝。

部分常用变形铝合金的牌号、成分、力学性能及用途见表 6-1。

表 6-1 部分常用变形铝合金的牌号、成分、力学性能及用途

（摘自 GB/T 3190—2008 和 GB/T 16475—2008）

类别	牌号	原代号	主要化学成分（质量分数,%）						热处理状态	力学性能			用途举例
			Cu	Mg	Mn	Zn	其他	Al		R_m/MPa	A(%)	HBW	
防锈铝合金	5A05	LF5	≤0.10	4.8～5.5	0.3～0.6	≤0.20		余量	O	280	20	70	焊接油箱、油管、铆钉、中载零件及制品
	5A11	LF11	≤0.10	4.8～5.5	0.3～0.6	≤0.20	Ti 或 V 0.02～0.15	余量	O	270	20	70	焊接油箱、油管、铆钉、中载零件及制品
	3A21	LF21	≤0.20	≤0.05	1.0～1.6	≤0.10	Ti≤0.15	余量	O	130	20	30	管道、容器、铆钉、轻载零件及制品

(续)

类别	牌号	原代号	主要化学成分（质量分数,%）						热处理状态	力学性能			用途举例
			Cu	Mg	Mn	Zn	其他	Al		R_m/MPa	A(%)	HBW	
硬铝合金	2A01	LY1	2.2~3.0	0.2~0.5	≤0.20	≤0.10	Ti≤0.15	余量	T4	300	24	70	中等强度、工作温度不超过100℃的铆钉
	2A11	LY11	3.8~4.8	0.4~0.8	0.4~0.8	≤0.30	Ni≤0.10 Ti≤0.15	余量	T4	420	18	100	中等强度构件和零件，如骨架、螺旋桨叶片、铆钉
	2A12	LY12	3.8~4.9	1.2~1.8	0.3~0.9	≤0.30	Ni≤0.10 Ti≤0.15	余量	T4	480	11	131	高强度的构件及150℃以下工作的零件，如骨架、梁、铆钉
超硬铝合金	7A04	LC4	1.4~2.0	1.8~2.8	0.2~0.6	5.0~7.0	Cr 0.1~0.25	余量	T6	600	12	150	主要受力构件及高载荷零件，如飞机大梁、加强框、起落架
锻铝合金	2A50	LD5	1.8~2.6	0.4~0.8	0.4~0.8	≤0.30	Ni≤0.10 Si0.7~1.2 Ti≤0.15	余量	T6	420	13	105	形状复杂和中等强度的锻件及模锻件
	2A70	LD7	1.9~2.5	1.4~1.8	≤0.20	≤0.30	Ti0.02~0.1 Ni1.0~1.5 Fe1.0~1.5	余量	T6	440	13	120	高温下工作的复杂锻件和结构件、内燃机活塞
	2A14	LD10	3.9~4.8	0.4~0.8	0.4~1.0	≤0.30	Ni≤0.01 Si0.6~1.2 Ti≤0.15	余量	T6	480	10	135	高载荷锻件和模锻件

注：O—退火，T4—固溶处理+自然时效，T6—固溶处理+人工时效。

五、铸造铝合金及其生产

1. 铸造铝合金

用来制造铸件的铝合金称为铸造铝合金。按主加合金元素的不同，铸造铝合金分为Al-Si系、Al-Cu系、Al-Zn系和Al-Mg系四类。铸造铝合金的代号用ZL（"铸铝"的汉语拼音字首）和三位数字表示，第一位数字表示合金类别（以1、2、3、4顺序号分别代表Al-Si系、Al-Cu系、Al-Mg系和Al-Zn系），第二、三位数字表示合金顺序号。铸造铝合金的牌号由"ZAl"与合金元素符号及合金的质量分数（%）组成。部分常用铸造铝合金的牌号（代号）、化学成分、力学性能及用途列于表6-2中。

(1) 铝硅铸造合金 这类合金又称为硅铝明，是以上四类铸造铝合金中铸造性能最好的，具有中等强度和良好的耐蚀性，因而应用最广。

具有共晶成分（w_{Si} = 11.7%）的铝硅合金ZAlSi12具有优良的铸造性能，铸造后的组织几乎都是由粗大针状Si晶体和α固溶体组成的共晶体。粗大针状Si晶体严重降低了合金的力学性能，在浇注前应加入一定量的含钠或锶的变质剂进行变质处理，使共晶硅呈细小点状，同时使共晶点右移而得到亚共晶合金组织，从而使力学性能显著提高（R_m ≥180MPa，

$A=6\%$），如图 6-4 所示。

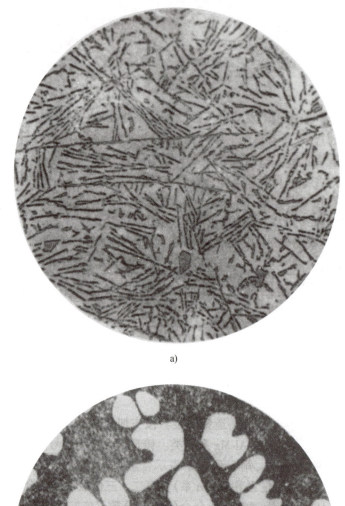

a)

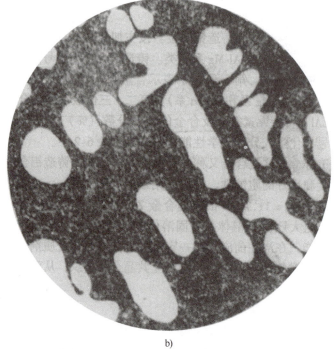

b)

图 6-4 共晶成分铝硅合金的铸态组织
a）未变质处理 200× b）变质处理后 200×

铸造铝硅合金一般常用于发动机气缸以及仪表外壳等。同时加入镁、铜的铝硅合金（如 ZAlSi12Cu2Mg1），还具有良好的耐热性和耐磨性，是制造内燃机活塞的合适材料。

(2) 其他铸造铝合金 铝铜铸造合金中铜的质量分数一般为 4%～14%，时效强化效果好，在铸造铝合金中具有最高的强度和耐热性。但由于合金中共晶体数量少（铝铜二元合金的共晶点在 $w_{Cu}=33.2\%$ 处），故铸造性能不好，耐蚀性也较差。可用于制作要求高强度或在高温（200～300℃）条件下工作的零件。

表 6-2 部分常用铸造铝合金的牌号（代号）、化学成分、力学性能及用途
（摘自 GB/T 1173—2013）

类别	牌号（代号）	化学成分（质量分数,%）						铸造方法与热处理状态	力学性能			用途举例
		Si	Cu	Mg	Mn	其他	Al		R_m/MPa	A(%)	HBW	
铝硅合金	ZAlSi7Mg (ZL101)	6.0～7.5		0.25～0.45			余量	J、JB、T5 S、R、K、T5	205 195	2 2	60 60	形状复杂的零件，如飞机、仪器的零件，抽水机壳体，工作温度不超过185℃的汽化器等
	ZAlSi12 (ZL102)	10.0～13.0					余量	J, F SB、JB、RB、KB, F SB、JB、RB、KB, T2	155 145 135	2 4 4	50 50 50	形状复杂的零件，如仪表、抽水机壳体，工作温度在200℃以下，要求气密性承受低载荷的零件
	ZAlSi5CuMg (ZL105)	4.5～5.5	1.0～1.5	0.4～0.6			余量	J、T5 R、K、S、T5 S、T6	235 215 225	0.5 1.0 0.5	70 70 70	形状复杂，在225℃以下工作的零件，如风冷发动机的气缸套、机匣、液压泵壳体等
	ZAlSi12CuMg1 (ZL108)	11.0～13.0	1.0～2.0	0.4～1.0	0.3～0.9		余量	J、T1 J、T6	195 255		85 90	要求高温强度及低膨胀系数的高速内燃机活塞及其他耐热零件
	ZAlSi9Cu2Mg (ZL111)	8.0～10.0	1.3～1.8	0.4～0.6	0.10～0.35	Ti 0.10～0.35	余量	SB、T6 J、JB、T6	255 315	1.5 2	90 100	250℃以下工作的承受重载的气密零件，如大马力柴油机气缸体、活塞等
铝铜合金	ZAlCu5Mn (ZL201)		4.5～5.3		0.6～1.0	Ti 0.15～0.35	余量	S、J、R、K、T4 S、J、R、K、T5	295 335	8 4	70 90	在175～300℃以下工作的零件，如支臂、挂架梁、内燃机气缸套、活塞等
	ZAlCu4 (ZL203)		4.0～5.0				余量	J、T4 J、T5	205 225	6 3	60 70	中等载荷、形状较简单的零件，如托架和工作温度不超过200℃并要求切削加工性能好的小零件

(续)

类别	牌号(代号)	化学成分（质量分数,%）						铸造方法与热处理状态	力学性能			用途举例
		Si	Cu	Mg	Mn	其他	Al		R_m/MPa	A(%)	HBW	
铝镁合金	ZAlMg10 (ZL301)			9.5~11.0			余量	S、J、R、T4	280	9	60	在大气或海水中的零件，承受大振动载荷、工作温度不超过150℃的零件
	ZAlMg5Si (ZL303)	0.8~1.3		4.5~5.5	0.1~0.4		余量	S、J、R、K、F	143	1	55	腐蚀介质作用下的中等载荷零件，在严寒大气中以及工作温度不超过200℃的零件，如海轮配件和各种壳体
	ZAlZn11Si7 (ZL401)	6.0~8.0		0.1~0.3		Zn 9.0~13.0	余量	J、T1 S、R、K、T1	245 195	1.5 2	90 80	工作温度不超过200℃、结构形状复杂的汽车、飞机零件，也可制作日用品

注：1. 铸造方法：S—砂型铸造，J—金属型铸造，B—变质处理，K—壳型铸造，R—熔模铸造。

2. 热处理状态：T1—人工时效，T2—退火，T4—固溶处理+自然时效，T5—固溶处理+不完全人工时效，T6—固溶处理+完全人工时效，F—铸态。

铝镁合金的特点是强度高，耐蚀性好，且相对密度小（仅为2.55），同时有较高的强度和韧性，并可以热处理强化；但铸造性能和耐热性较差。

铝锌合金价格便宜，铸造性能良好，并且在铸造冷却时就可形成含锌的过饱和α固溶体（称为自淬火效应），使铸件具有较高的强度，既可直接进行人工时效，也可直接使用。铝锌合金铸造时也需进行变质处理。这类合金的缺点是密度较大，耐蚀性较差，热裂倾向大。

2. 铸造铝合金的生产

铸造铝合金一般用坩埚或电炉熔炼。其熔点较低，有较好的流动性，适合铸造各种形状复杂的薄、厚壁铸件。铝合金的高温氧化能力很强，易与氧形成Al_2O_3薄膜，由于这一氧化物不易还原及密度与铝液相近，因此悬浮于铝液中，在熔炼和浇注过程中很难去掉，易形成夹渣，从而降低铸件的力学性能。此外，铝合金的吸气能力较强，吸入铝液中的气体，在凝固时被其表面的Al_2O_3薄膜阻碍，残留在铸件中会形成许多分散的针孔，使铸件的气密性和力学性能降低。为了避免合金氧化和吸气，一般铝合金的熔炼都在熔剂层下进行，并进行去气精炼。此外，还需选择合适的浇注系统，使液体合金能平稳而较快地充满型腔，以避免继续氧化。

大部分铸造铝合金对型砂、芯砂耐火性的要求不高。多种铸造方法都适用于铝合金铸件生产。当生产批量小时，可用手工砂型铸造；当生产批量大时，多用金属型铸造和压力铸造等。

第二节　铜及铜合金

一、纯铜

纯铜又称为紫铜,密度为 $8.96g/cm^3$,熔点为 1083℃,具有面心立方晶格,无同素异晶转变。纯铜有很好的导电性和导热性,高的化学稳定性,耐大气和水的腐蚀性强,并且是抗磁性金属。纯铜的塑性好($A=50\%$),但强度较低($R_m=230\sim250MPa$),硬度很低(40~50HBW),不能热处理强化,只能通过冷加工变形强化。

纯铜中的主要杂质有铅、铋、氧、硫和磷等,它们对纯铜的性能影响极大,不仅可使其导电性能降低,而且还会使其在冷、热加工中发生冷脆和热脆现象。因此,必须控制纯铜中的杂质含量。

工业纯铜分为纯铜(T)、无氧纯铜(TU)、磷脱氧铜(TP)等。其中纯铜牌号为 T1(T10900)、T2(T11050)、T3(T11090),其后的数字越大,纯度越低。

纯铜主要用作导线、电缆、传热体、铜管、垫片、防磁器械等。

二、黄铜

黄铜是以锌为主要合金元素的铜合金。按其化学成分不同分为普通黄铜和特殊黄铜;按生产方法的不同,分为加工黄铜和铸造黄铜。

1. 普通黄铜

铜和锌组成的二元合金称为普通黄铜。锌加入铜中提高了合金的强度、硬度和塑性,并改善了铸造性能。普通黄铜的组织和力学性能与含锌量的关系如图 6-5 所示。由图可见,在平衡状态下,$w_{Zn}<33\%$ 时,锌可全部溶于铜中,形成单相 α 固溶体,随着锌含量增加,黄铜强度提高,塑性得到改善,适于冷加工变形;当 $w_{Zn}=33\%\sim45\%$ 时,Zn 的含量超过它在铜中的溶解度,合金中除形成 α 固溶体外,还产生少量硬而脆的 CuZn 化合物,随 Zn 含量的增加,黄

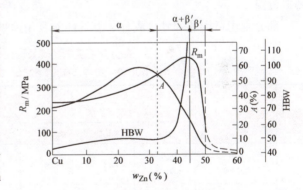

图 6-5　普通黄铜的组织和力学性能与含锌量的关系

铜的强度继续提高,但塑性开始下降,不宜进行冷变形加工;当 $w_{Zn}>45\%$,黄铜的组织全部为脆性相 CuZn,合金强度、塑性急剧下降,脆性很大,所以工业黄铜中锌的质量分数一般不超过 47%,经退火后可获得全部是 α 固溶体的单相黄铜($w_{Zn}<33\%$ 时),或是(α+CuZn)组织的双相黄铜($w_{Zn}\geq33\%$ 时)。

黄铜的耐蚀性良好,但由于锌电极电位远低于铜,所以黄铜在中性盐类水溶液中也极易发生电化学腐蚀,产生脱锌现象,加速腐蚀。防止脱锌可加入微量的砷。此外,经冷加工的黄铜制件存在残余应力,在潮湿大气或海水中,特别是在有氨的介质中易发生应力腐蚀开裂

(季裂)，防止方法是进行去应力退火。

加工普通黄铜的牌号用"H"（"黄"的汉语拼音字首）加数字表示，数字代表铜的平均质量分数（%），例如 H68 表示 $w_{Cu}=68\%$，其余为锌的普通黄铜。典型的加工普通黄铜有 H68、H62。H68 为单相黄铜，强度较高，冷、热变形能力好，适于用冲压和深冲法加工各种形状复杂的工件，如弹壳等；H62 为双相黄铜，强度较高，有一定的耐蚀性，适宜于热变形加工，广泛用于热轧、热压零件。

铸造黄铜的牌号依次由"Z"（"铸"的汉语拼音字首）、铜、合金元素符号及该元素含量的百分数组成。如 ZCuZn38 为 $w_{Zn}=38\%$，其余为铜的铸造合金。铸造黄铜的熔点低于纯铜，铸造性能好，且组织致密。铸造黄铜主要用于制作一般结构件和耐蚀件。

2. 特殊黄铜

为了改善黄铜的耐蚀性、力学性能和切削加工性，在普通黄铜的基础上加入其他元素即可形成特殊黄铜，常用的有锡黄铜、锰黄铜、硅黄铜和铅黄铜等。合金元素加入黄铜后，除强化作用外，锡、锰、铝、硅、镍等还可以提高耐蚀性及减少黄铜应力腐蚀破裂倾向；硅、铅可提高耐磨性，并分别改善铸造和切削加工性。特殊黄铜也分为压力加工用和铸造用两种，前者合金元素的加入量较少，使之能溶入固溶体中，以保证有足够的变形能力。后者因不要求有很高的塑性，为了提高强度和铸造性能，可加入较多的合金元素。

加工特殊黄铜的牌号依次由"H"（"黄"的汉语拼音字首）、主加合金元素、铜的质量分数（%）、合金元素的质量分数（%）组成。例如，HMn58-2 表示 $w_{Cu}=58\%$、$w_{Mn}=2\%$，其余为锌的锰黄铜。铸造特殊黄铜的牌号依次由"Z"（"铸"的汉语拼音字首）、铜、合金元素符号及该元素含量的百分数组成。例如，ZCuZn31Al2 表示 $w_{Zn}=31\%$、$w_{Al}=2\%$，其余为铜的铸造黄铜。

部分常用黄铜的牌号、成分、力学性能及用途见表 6-3。

表 6-3 部分常用黄铜的牌号、成分、力学性能及用途
（摘自 GB/T 2040—2017、GB/T 5231—2012 和 GB/T 1176—2013）

组别	牌号（代号）	主要化学成分（质量分数,%）		力学性能[①]			用途举例[②]
		Cu	其他	R_m/MPa	A(%)	硬度 HBW	
普通黄铜	H90（C22000）	88.0~91.0	Zn 余量	245—390	35—5	—	双金属片、供水和排水管、证章、艺术品（又称金色黄铜）
	H68（T26300）	67.0~70.0	Zn 余量	290—(410—540)	40—10	—	复杂的冷冲压件、散热器外壳、弹壳、导管、波纹管、轴套
	H62（T27600）	60.5~63.5	Zn 余量	294—412	35—10	—	销钉、铆钉、螺钉、螺母、垫圈、弹簧、夹线板、散热器
	ZCuZn38	60.0~63.0	Zn 余量	295—295	30—30	59—68.5	一般结构件，如散热器、螺钉、支架等
特殊黄铜	HSn62-1	61.0~63.0	Sn0.7~1.1 Zn 余量	295—390	35—5	—	与海水和汽油接触的船舶零件（又称海军黄铜）
	HMn58-2	57.0~60.0	Mn1.0~2.0 Zn 余量	380—585	30—3	—	海轮制造业和弱电用件

(续)

组别	牌号（代号）	主要化学成分（质量分数,%）		力学性能[①]			用途举例[②]
		Cu	其他	R_m/MPa	A(%)	硬度 HBW	
特殊黄铜	HPb59-1（T38100）	57.0~60.0	Pb0.8~1.9 Zn 余量	340—440	25—5	—	热冲压及切削加工零件，如销、螺钉、螺母、轴套（又称易切削黄铜）
	ZCuZn40Mn3Fe1	53.0~58.0	Mn3.0~4.0 Fe0.5~1.5 Zn 余量	440—490	18—15	100—110	轮廓不复杂的重要零件，海轮上在 300℃下工作的管配件、螺旋桨等大型铸件
	ZCuZn25Al6Fe3Mn3	60.0~66.0	Al4.5~7.0 Mn1.5~4.0 Fe1.2~4.0 Zn 余量	725—745	7—7	170—170	要求强度及耐蚀性的零件，如压紧螺母、重型蜗杆、轴承、衬套

① 力学性能中分母的数值，对压力加工黄铜来说是指硬化状态（H04）的数值（硬度用 HV 表示），对铸造来说是指金属型铸造时的数值（硬度用 HBW 表示）；分子数值，对压力加工黄铜为退火状态 O60（600℃）时的数值（硬度用 HV 表示），对铸造黄铜为砂型铸造时的数值（硬度用 HBW 表示）。压力加工黄铜的加工状态代码：热轧 M20，软化退火 O60，1/4 硬（H01），1/2 硬（H02），硬（H04），特硬（H06），弹性（H08）。

② 主要用途在国家标准中未作规定。

三、青铜

青铜原先是指人类最早应用的一种铜锡合金。现在工业上将除黄铜和白铜（铜-镍合金）之外的铜合金均称为青铜。含锡的青铜称为锡青铜，不含锡的青铜称为特殊青铜或无锡青铜。常用青铜有锡青铜、铝青铜、铅青铜等。按生产方式，可分为加工青铜和铸造青铜两类。

青铜的代号依次由"Q"（"青"的汉语拼音字首）、主加合金元素符号及质量分数（%）、其他合金元素质量分数（%）构成，例如 QSn4-3 表示 w_{Sn} = 40%、其他合金元素 w_{Zn} = 3%，其余为铜的锡青铜。如果是铸造青铜，代号之前加"Z"（"铸"的汉语拼音字首），如 ZCuAl10Fe3 代表 w_{Al} = 10%、w_{Fe} = 3%，其余为铜的铸造铝青铜。

1. 锡青铜

锡青铜是以锡为主加元素的铜合金。锡在铜中可形成固溶体，也可形成金属化合物。因此，锡的含量不同，锡青铜的组织及性能也不同。如图 6-6 所示，w_{Sn} <8%的锡青铜组织中形成 α 固溶体，塑性好，适于压力加工；w_{Sn} >8%后，组织中出现硬脆相 δ，强度继续提高，塑性急剧下降，适宜铸造；w_{Sn} >20%以上时，因 δ 相过多，合金的塑性和强度显著下降，所以工业用锡青铜中锡的质量分数一般为 3%~14%。

锡青铜最主要的特点是耐蚀性、耐磨性和弹性好，在大气、海水和蒸汽等环境中的耐蚀性优于黄铜。铸造锡青铜流动性差，缩松倾向大，组织不致密，因此凝固时体积收缩率很小，适合于浇注外形尺寸要求严格的铸

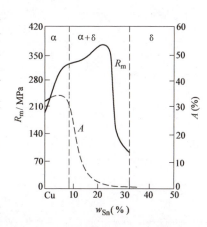

图 6-6 锡青铜的力学性能与锡含量的关系

件。锡青铜多用于制造轴承、轴套、弹性元件以及耐蚀、抗磁零件等。

2. 铝青铜

铝青铜是以铝为主加元素的铜合金。铝青铜具有高的强度、耐蚀性和耐磨性,并能进行热处理强化。w_{Al} 为 5%~7% 的铝青铜塑性好,适于冷加工,而 w_{Al} < 10% 的铝青铜,强度最高,适宜铸造。实际应用的铝青铜中铝的质量分数一般为 5%~12%。铝青铜主要用于制造仪器中要求耐蚀的零件和弹性元件,铸造铝青铜常用于制造要求强度高、耐磨性好的摩擦零件。

3. 铍青铜(铍铜合金)

铍青铜是以铍为主加元素(铍的质量分数为 1.7%~2.5%)的铜合金。由于铍在铜中的溶解度随温度变化很大,因而铍青铜有很好的固溶与时效强化效果,时效后 R_m 可达 1250~1400MPa。铍青铜不仅强度大、疲劳抗力高、弹性好,而且耐蚀、耐磨、导电、导热性优良,还具有无磁性、受冲击时无火花等优点,可进行冷、热加工和铸造成形,但价格较贵。铍青铜主要用于制造精密仪器或仪表的弹性元件、耐磨零件以及塑料模具等。

部分常用青铜的牌号、成分、力学性能及用途见表 6-4。GB/T 5231—2012 中 QBe 2 等铍青铜改为铍铜,牌号首字母改为 T。

表 6-4 部分常用青铜的牌号、成分、力学性能及用途

(摘自 GB/T 2040—2017、GB/T 1176—2013、GB/T 5231—2012、GB/T 4423—2007)

类型	牌号(代号)	主要化学成分(质量分数,%)		力学性能[①]			用途举例[②]
		第一主加元素	其他	R_m/MPa	A(%)	HBW	
加工锡青铜	QSn4-3 (T50800)	Sn3.5~4.5	Zn2.7~3.3 Cu余量	290 — 540~690	40—3	—	弹性元件、管配件、化工机械中的耐磨零件及抗磁零件
	QSn6.5-0.1 (T51510)	Sn6.0~7.0	P0.1~0.25 Cu余量	315 — 540~690	40—5	—	弹簧、接触片、振动片、精密仪器中的耐磨零件
铸造锡青铜	ZCuSn10P1	Sn9.0~11.5	P0.5~1.0 Cu余量	220—310	3—2	80—90	重要的减摩零件,如轴承、轴套及蜗轮、摩擦轮、机床丝杠螺母
	ZCuSn5Pb5Zn5	Sn4.0~6.0	Zn4.0~6.0 Pb4.0~6.0 Cu余量	200—200	13—13	60—60	低速、中载荷的轴承、轴套及蜗轮等耐磨零件
特殊青铜	QAl7 (C561000)	Al6.0~8.5	—	635	5	—	重要用途的弹簧和弹性元件
	ZCuAl10Fe3	Al8.5~11.0	Fe2.0~4.4 Cu余量	490—540	13—15	100—110	耐磨零件(压下螺母、轴承、蜗轮、齿圈)及在蒸汽、海水中工作的高强度耐蚀件
	ZCuPb30	Pb27.0~33.0	Cu余量	—	—	25	大功率航空发动机、柴油机曲轴及连杆的轴承、齿轮、轴套
	TBe2 (T17720)	Be1.8~2.1	Ni0.2~0.5 Cu余量				重要仪表的弹簧与弹性元件,耐磨零件以及在高速、高压下工作的轴承

① 力学性能数字表示的意义同表 6-3。
② 主要用途在国家标准中未作规定。

第三节 滑动轴承合金

一、对轴承合金的要求

轴承合金是用来制造滑动轴承中的轴瓦及内衬的合金。

当轴承支承着轴旋转进行工作时，承受轴颈传递的交变载荷，轴瓦与轴发生强烈的摩擦，使温度升高，体积膨胀，轴承和轴颈可能会产生咬合。轴作为机器中的重要零件，制造困难，成本高，更换不容易，所以在摩擦不可避免的情况下，应首先考虑使轴磨损最小，然后尽量提高轴的耐磨性，以保证机器长期正常运转。因此，轴承合金应具有以下性能：

1) 高的抗压强度和疲劳强度，以承受轴颈施加的较大单位压力，同时要求有高的耐磨性、良好的磨合性和较小的摩擦因数。
2) 足够的塑性和切性，以保证与轴配合良好，并能抵抗冲击和振动。
3) 有良好的耐蚀性和导热性，较小的膨胀系数，防止咬合。
4) 制造简便，价格低廉。

根据滑动轴承的工作条件和性能要求，轴承合金的组织特点应该是在软基体上均匀分布着硬质点，或在硬的基体上分布着软的质点。这样，当轴承工作时，软的组织很快因磨损而凹陷，耐磨的硬组织便相对凸出而起着支承轴的作用。结果，既减小了轴与轴瓦的接触面，凹下的空间又可储存润滑油，保证了轴瓦良好的润滑条件和低的摩擦因数，减轻轴和轴瓦的磨损。此外，软组织可承受冲击和振动，而且偶然进入的外来小硬物也能被压入软组织内，不致擦伤轴颈。

轴承合金大多是铸造合金，其中有些如锡基和铅基合金等，因强度较低，需将其镶铸在钢的轴瓦上作为内衬使用。铸造轴承合金的牌号由"Z"、基体元素符号、主加元素符号及含量、辅加元素符号及含量所组成。

二、常用轴承合金

1. 软基体硬质点的轴承合金

这类合金中应用最广的是锡基和铅基轴承合金（又称巴氏合金）。铸造轴承合金的牌号由基体金属元素及主要合金元素的化学符号组成。主要合金元素后面跟有表示其名义百分含量的数字。如果合金元素的名义百分含量不小于1，用整数表示，如果小于1，一般不标数字。在合金牌号前面冠以"Z"（"铸"字汉语拼音第一个字母）。例如ZSnSb11Cu6，表示主加元素Sb的质量分数为11%，辅加元素Cu的质量分数为6%，其余为锡。

(1) 锡基轴承合金（锡基巴氏合金） 锡基轴承合金是Sn-Sb-Cu系合金。软基体是锑溶于锡的α固溶体，硬质点是以SnSb化合物为基的β固溶体。锡基轴承合金膨胀系数和摩擦因数小，导热性、耐蚀性和工艺性好，但疲劳强度较差，成本高，工作温度<150℃。适于制造拖拉机、汽轮机、车床主轴等高速轴瓦。

(2) 铅基轴承合金（铅基巴氏合金） 铅基轴承合金是Pb-Sb-Sn-Cu系合金。软基体是α+β共晶体（α是Sb在Pb中的固溶体，β是Pb在Sb中的固溶体），硬质点为初生β相、SnSb和Cu_3Sn。铅基轴承合金的性能低于锡基轴承合金，但价格便宜，工作温度<120℃。

在中、低载荷下工作的轴瓦应用较多。

2. 硬基体软质点的轴承合金

属于这类轴承合金的有铜基轴承合金（铅青铜）和高锡铝基轴承合金等。

(1) **铜基轴承合金（铅青铜）** 它是以铅为基本元素的铜基合金，常见牌号是 ZCuPb30。因铜和铅在固态时互不溶解，所以合金组织为 Cu + Pb，铜为硬基体，粒状铅为软质点。该合金具有高耐磨性、高耐疲劳性、高导热性和低的摩擦因数，工作温度较高（300~320℃），可用于制作在高速、重载、高温下工作的滑动轴承。

(2) **高锡铝基轴承合金** 常用的高锡铝基轴承合金的化学成分为 $w_{Sn} = 20\%$，$w_{Cu} = 1\%$，其余为铝。合金组织中，铝为硬基体，其上均匀分布着软的球状锡质点。此合金常与低碳钢板一起轧制成双金属材料后使用，均匀承载能力较强，工作寿命较长，可替代巴氏合金、铜基轴承合金和铝锑镁轴承合金。

部分常用轴承合金的牌号、成分、性能及用途见表6-5。

表6-5 部分常用轴承合金的牌号、成分、性能及用途
（摘自 GB/T 1174—1992）

类别	牌号（代号）	主要化学成分（质量分数,%)					力学性能			用途举例
		Sb	Cu	Pb	Sn	其他	R_m/MPa	A(%)	HBW	
锡基	ZSnSb12Pb10Cu4（ZChSnSb12-4-10）	11.0~13.0	2.5~5.0	9.0~11.0	余量				≥29	一般机械的主轴轴承，但不适于高温下工作
	ZSnSb11Cu6（ZChSnSb11-6）	10.0~12.0	5.5~6.5	0.35	余量		≥90	≥6.0	≥27	1471kW 以上的高速蒸汽机，367kW 的蜗轮压缩机用的轴承
	ZSnSb8Cu4（ZChSnSb8-4）	7.0~8.0	3.0~4.0	0.35	余量		≥80	≥10.6	≥24	一般大机器轴承及轴衬，重载、高速汽车发动机、薄壁双金属轴承
铅基	ZPbSb16Sn16Cu2（ZChPbSb16-16-2）	15.0~17.0	1.5~2.0	余量	15.0~17.0		≥78	≥0.2	≥30	工作温度低于120℃、无显著冲击载荷、重载高速轴承
	ZPbSb15Sn5Cu3Cd2（ZChPbSb15-5-3）	14.0~16.0	2.5~3.0	余量	5.0~6.0	Cd1.75~2.25	≥68	≥0.2	≥32	船舶机械，小于250kW 的电动机轴承
铜基	ZCuPb30		余量	27.0~33.0	1.0				≥25	高速高压航空发动机、高压柴油机轴承

第四节 粉末冶金与硬质合金

一、粉末冶金成形工艺简介

粉末冶金材料是直接采用金属粉末或金属与非金属粉末作原料，通过配料、压制成形、烧结和后处理等工艺过程而制成的材料。 粉末冶金既是一种不熔炼的特殊冶金工艺，又是一种少、无切削的精密的零件成形加工技术。

粉末冶金工艺的基本工序是：①原料粉末的制取和准备；②将金属粉末压制成所需形状的坯体；③坯体烧结。

原料准备包括粉末退火、混合、筛分、制粒以及加润滑剂等。粉末退火处理的目的是还原氧化物，降低碳和其他杂质的含量，提高粉末的纯度。同时还能消除粉末的加工硬化，稳定粉末的晶体结构。退火温度一般选在金属粉末熔点的 0.5~0.6 倍处。粉末的混合是将两种或两种以上不同成分的粉末混合均匀的过程。混合有两种基本方法：机械法和化学法。其中应用广泛的是机械法。筛分的目的是将不同颗粒大小的原始粉末进行分级，而使粉末能够按照粒度分成范围更窄的若干等级。通常用标准筛网制成的筛子或振动筛来进行粉末的筛分。制粒是将小颗粒的粉末制成大颗粒或团粒的工序，目的是改善粉末的流动性，使粉末能够顺利地充填模膛。制粒的方法有普通造粒、加压造粒和喷雾干燥法三类。

压制是粉末冶金技术中最主要的环节之一，它是将配制好的粉末原料放入模具中加压使之变形甚至颗粒破碎，借助原子间吸引力与机械咬合作用，使制件结合为一定尺寸、形状并具有一定结构强度的压坯。压制成形的方法有普通模压法和特殊方法成形。前者是将金属粉末或混合粉末装在压模内，通过压机使其成形；后者是指各种非模压成形法，包括等静压成形、挤压成形、注浆成形及热压成形等。

压坯强度和密度很低，不能直接使用。通常放入保护气氛炉中进行烧结，使制件具有最终的物理、化学和力学性能。烧结温度低于物料主要组元的熔点，并保温适当时间。有时为了改善烧结制件的力学性能，还需进行一系列的后处理，如表面淬火、浸渍、熔渗等。

二、粉末冶金的应用

粉末冶金法生产的压制品形状、尺寸精度与表面粗糙度可达到或极接近于零件要求的标准，使生产率和材料利用率大为提高，并可节省切削加工用的机床和生产占地面积。这使得此项技术发展得异常迅速，而粉末冶金材料也越来越多地应用于各种行业。在普通机器制造业中，常用作减摩材料、结构材料、摩擦材料及硬质合金等。在其他工业中，用以制造难熔金属材料（高温合金、钨丝等）、特殊电磁性能材料（如电器触头、硬磁材料、软磁材料等）、过滤材料（如空气的过滤、水的净化、液体燃料和润滑油的过滤以及细菌的过滤等）。特别是当合金的组元在液态下互不溶解，或各组元的密度相差悬殊的情况下，只能用粉末冶金法制取。还有一些材料用其他工艺来制取是很困难的，如活性金属。这些材料在普通工艺过程中，随着温度的升高，材料的显微组织及结构会受到明显的影响，而粉末冶金工艺却可避免，这也是粉末冶金技术具有吸引力之处。

三、硬质合金

硬质合金是以一种或几种高熔点碳化物粉末为硬质相，加入起粘结剂作用的金属粉末，经混合加压成形，再经烧结而成的一种粉末冶金产品。 它主要用来制造高速切削的刀具、冷作或热作模具、量具以及不受冲击与振动的高耐磨零件。

1. 硬质合金的性能特点

1) 具有高硬度（86~93HRA，相当于 69~81HRC）、高热硬性（可达 900~1000℃）和高耐磨性。硬质合金作刀具使用时，其切削速度、耐磨性与寿命比高速工具钢有显著提高。这是硬质合金最突出的优点。

2) 具有高的弹性模量、高的抗压强度，但抗弯强度较低。

3) 具有良好的耐蚀性和抗氧化性，较小的线胀系数，但导热性差。

硬质合金的主要缺点是脆性大，且加工性能差。它们不能进行锻造，也不能用一般的切削方法加工，只能采用电加工或专门的砂轮磨削。因此，一般都是将已成形的硬质合金制品通过钎焊、粘结或机械装夹等方法固定在刀杆或模具体上使用。

2. 硬质合金的分类

常用的是以金属钴作黏结剂的硬质合金，按成分和性能特点可分为三种。

(1) 钨钴类硬质合金 其主要化学成分是碳化钨（WC）及钴，牌号用"硬""钴"二字的汉语拼音字首"YG"和钴的质量分数（%）表示。例如 YG6 表示 $w_{Co}=6\%$，其余为 WC 的钨钴类硬质合金。

(2) 钨钴钛类硬质合金 其主要化学成分为碳化钨、碳化钛（TiC）及钴，牌号用"硬""钛"二字的汉语拼音字首"YT"和碳化钛的质量分数（%）表示，如 YT5。

(3) 钨钛钽（铌）类硬质合金 其成分为碳化钨、碳化钛、碳化钽（TaC）或碳化铌（NbC）和钴，又称通用硬质合金或万能硬质合金，牌号用"硬""万"二字汉语拼音字首加顺序号表示，如 YW1 等。

常用硬质合金的牌号、成分和性能见表 6-6。根据 GB/T 2075—2007 的规定，切削加工用硬质合金按被加工材料可分为六个主要类别，分别以字母 P、M、K、N、S、H 表示。此外，再将以上各类硬质合金分成小组，其代号由在 P、M、K、N、S 或 H 后加一组数字表示，如 P10、M10、K20 等。同一类别中，数字越大，其耐磨性越低而韧性越高。硬切削材料的分类和用途见表 6-7。

表 6-6 常用硬质合金的牌号、成分和性能

类别	牌号	化学成分（质量分数,%）				物理、力学性能		
		WC	TiC	TaC	Co	$\rho/(g/cm^3)$	HRA	R_m/MPa
钨钴类合金	YG3X	96.5	—	<0.5	3	15.0~15.3	≥91.5	≥1079
	YG6	94.0	—	—	6	14.6~15.0	≥89.5	≥1422
	YG6X	93.5	—	<0.5	6	14.6~15.0	≥91.0	≥1373
	YG8	92.0	—	—	8	14.5~14.9	≥89.0	≥1471
	YG8N	91.0	—	1	8	14.5~14.9	≥89.5	≥1471
	YG11C	89.0	—	—	11	14.0~14.4	≥86.5	≥2060
	YG15	85.0			15	13.0~14.2		

（续）

类别	牌号	化学成分（质量分数,%）				物理、力学性能		
		WC	TiC	TaC	Co	$\rho/(g/cm^3)$	HRA	R_m/MPa
钨钴类合金	YG4C	96.0	—	—	4	14.9～15.2	≥87	≥2060
	YG6A	92.0	—	—	6	14.6～15.0	≥89.5	≥1422
	YG8C	92.0	—	2	8	14.5～14.9	≥91.5	≥1373
		—	—				≥88.0	≥1716
钨钴钛类合金	YT5	85.0	5	—	10	12.5～13.2	≥89.5	≥1373
	YT14	78.0	14	—	8	11.2～12.0	≥90.5	≥1177
	YT30	66.0	30	—	4	9.3～9.7	≥92.5	≥883
通用合金	YW1	84～85	6	3～4	6	12.6～13.5	≥91.5	≥1177
	YW2	82～83	6	3～4	8	12.4～13.5	≥90.5	≥1324

注："X"表示该合金是细颗粒合金，"C"表示为粗颗粒合金，不加字的为一般颗粒合金。

表 6-7　硬切削材料的分类和用途（摘自 GB/T 2075—2007）

用途大组			用途小组	
字母符号	识别颜色	被加工材料	硬切削材料	
P	蓝色	钢： 除不锈钢外所有带奥氏结构的钢和铸钢	P01 P10 P20 P30 P40 P50	 P05 P15 P25 P35 P45
M	黄色	不锈钢： 不锈奥氏体钢或铁素体钢、铸钢	M01 M10 M20 M30 M40	 M05 M15 M25 M35
K	红色	铸铁： 灰铸铁、球墨铸铁、可锻铸铁	K01 K10 K20 K30 K40	 K05 K15 K25 K35
N	绿色	非铁金属： 铝、其他非铁金属、非金属材料	N01 N10 N20 N30	 N05 N15 N25

(续)

用途大组			用途小组	
字母符号	识别颜色	被加工材料	硬切削材料	
S	褐色	超级合金和钛： 基于铁的耐热特种合金、镍、钴、钛、钛合金	S01 S10 S20 S30	S05 S15 S25
H	灰色	硬材料： 硬化钢、硬化铸铁材料、冷硬铸铁	H01 H10 H20 H30	H05 H15 H25

采用各种钢粉末（如碳素钢、合金工具钢、高速工具钢等的粉末）作为黏结剂制作的硬质合金称为钢结硬质合金。与上述的一般硬质合金相比，钢结硬质合金中碳化物粉末的含量少得多（质量分数一般为30%~50%），故其韧性较好，因而成为一种介于钢与一般硬质合金之间的工程材料。它便于加工成形，可以对其进行锻造、焊接、切削加工和热处理。钢结硬质合金在淬火和低温回火后硬度可达66~77HRC，并且有高耐磨性、高刚度、抗氧化和耐腐蚀等优点，适宜制造形状复杂的刀具、模具以及要求刚度大和耐磨性好的机器零件等。几种常用钢结硬质合金的化学成分与性能见表6-8。

表6-8 几种常用钢结硬质合金的化学成分与性能

牌号	化学成分（质量分数,%）		性能				
	硬质相	钢基体	硬度HRC		抗弯强度 σ_{bb}/MPa	弹性模量 E/GPa	密度 ρ/(g/cm³)
			退火态	淬火态			
GT35	TiC: 35	Cr:3, Mo:3, C:0.9, Fe:其余	39~46	68~72	1400~1800	298	6.40~6.60
ST60	TiC: 60	奥氏体不锈钢		70	1370~1570		5.7~5.9
TLMW50	WC: 50	Cr:1.25, Mo:1.25, C:1, Fe:其余	35~40	66~68	2000		10.21~10.37
GW50	WC: 50	Cr:1.1, Mo:1, C:0.3, Fe:其余	38~43	69~70	1700~2300		10.20~10.40
GJW50	WC: 50	Cr:1, Mo:1, C:0.3, Fe:其余	35~38	65~66	1500~2200		10.20~10.30
DT	WC: 30~50	Cr, Mo, C, Fe: 其余	32~36	68	2450~3530	270	9.70~9.90

习题与思考题

6-1 试从机理、组织与性能变化上对铝合金固溶和时效处理与钢的淬火和回火处理进行比较。

6-2　叙述铸造铝合金的变质处理和灰铸铁的孕育处理有何异同之处。

6-3　简述固溶强化、弥散强化、时效强化的产生原因及它们的区别。

6-4　指出下列代号（牌号）合金的类别、主要合金元素及主要性能特征：
　　　5A11　7A04　ZL102　YG15　ZCuSn10P1　H68　ZCuZn16Si4　TBe2（QBe2）　HPb59-1

6-5　铜合金分为几类？指出每类铜合金的主要用途。

6-6　轴瓦材料必须具有什么特性？

6-7　硬质合金在组成、性能和制造工艺方面有何特点？

第七章
CHAPTER 7

非金属材料与新型材料

第一节　高聚物材料

一、高聚物材料的组成

所谓高分子材料是指相对分子质量很大的一类有机材料。相对分子质量是构成该分子的所有原子的相对原子质量之和。以结构式为 $CH_2 = CH_2$ 的乙烯为例，C 的相对原子质量为 12，H 的相对原子质量为 1，乙烯有 2 个 C，4 个 H，其相对分子质量为 28。

一般相对分子质量在 5000 以上的才属于高分子材料，乙烯的相对分子质量为 28，属于低分子材料。以低分子材料为原料通过聚合就可以形成高分子材料，聚合形成的高分子材料，称为聚合物或高聚物（polymer）。作为原料的低分子材料则称为单体（monomer）。例如，将 n 个乙烯重复连接，聚合成高分子材料聚乙烯。这里乙烯就是单体，聚乙烯就是聚合物，其化学表达式可以写为

$$nCH_2 = CH_2 \rightarrow \left[CH_2 - CH_2 \right]_n$$

其中，$\left[CH_2 - CH_2 \right]_n$ 是 n 项 $\left[CH_2 - CH_2 \right]$ 的缩写。假定相对分子质量要达到 5000，那么 $n = 5000/28 = 178.571$，即至少需要 179 个低分子乙烯才能形成相对分子质量为 5000 的高分子聚乙烯。

由式中可见，聚乙烯呈链状结构，是 $\left[CH_2 - CH_2 \right]$ 的重复连接。构成链状结构的结构单元称为链节。$\left[CH_2 - CH_2 \right]$ 就是链节。链节和单体的区别在于单体 $CH_2 = CH_2$ 是可以单独存在的物质，C、C 之间的键是双键。而链节 $\left[CH_2 - CH_2 \right]$ 只能在链中存在，不能单独存在。同时，在聚合过程中，单体的双键被打破而成为单键。

上述 n 称为聚合度。假定链节的相对分子质量为 m，那么，高分子化合物的相对分子质量 M 为

$$M = n \times m$$

二、高聚物材料的人工合成

作为高聚物原料的单体，一般以气态存在。如乙烯是由石油、天然气经高温裂解等形成的气体。它的产量占所有石油化工产品的 2/3，是石化工业的核心。

从气体转变为作为结构材料使用的固体，需要经过人工合成过程，即聚合过程。聚合方式按反应过程是否产生副产物分为两类：加聚反应和缩聚反应。按所采用的单体是同一种，

还是异种的混合分为均聚反应和共聚反应。

1. 加聚反应

聚合过程不产生副产物,所形成的聚合物的链节结构与单体相同。当只采用一种单体时,称为均聚反应。如果采用几种不同的单体,就是共聚反应。

2. 缩聚反应

聚合过程还产生水(H_2O)等副产物,聚合物链节结构与单体不同。缩聚反应也有均聚和共聚之分,取决于缩聚过程所采用的原料是否是单一单体。

三、高聚物材料的构型与结构

1. 结构形态

高聚物的结构形态是指大分子链的几何形状,可分为**线型结构、支链型结构和体型结构**,如图 7-1 所示。

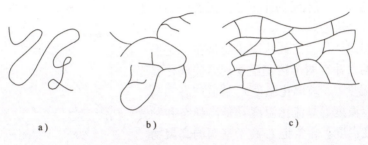

图 7-1 高聚物大分子链的几何形状
a) 线型 b) 支链型 c) 体型

线型结构是由许多链节构成的长链,长度可达几百纳米,而直径不到 1nm。如果边上还带支链就称为支链型结构。

体型结构是指分子链之间通过许多短链交联,也称为耦连,形成了网状结构。

2. 聚集态

高聚物的聚集态是指分子链聚集形成聚合物的结构(图 7-2)。对于一个分子链来说,碳原子之间,以及碳原子与其他原子之间,一般是以共价键结合的。所谓共价键,是指邻近原子共享价电子,服从 $8-N$ 规则,具有很强的结合力。但是,分子链和分子链之间却是通过范德华力结合的,这是由分子瞬时偶极矩引起的作用力,也称为分子键,这种结合力比较弱。

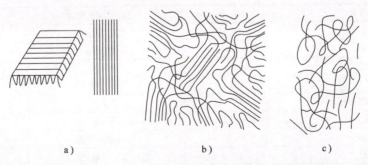

图 7-2 高聚物聚集态结构示意图
a) 晶态 b) 部分晶态 c) 非晶态

一般，大分子链之间的排列就有两种可能：**结晶型与无定型**。

聚合物结晶与金属结晶在概念上有明显区别。对于聚合物的结晶而言，是在分子层次上看排列。

其次，聚合物的结晶存在不均匀性问题。由于分子链很长且容易相互交缠，所以分子在每一部分都规则排列是困难的，故结晶型聚合物既含有晶区又含有非晶区。聚合物晶区所占的比例被定义为结晶度。结晶度对聚合物的性能影响很大。结晶度越大，即晶区比例越大、分子间作用力越强，则强度、硬度和刚度就越高，但弹性、伸长率和冲击韧度就越低。

四、高聚物的力学状态

高聚物的力学状态是指聚合物在不同温度下的形变状态，可用其形变-温度曲线表征。 线型无定型聚合物的形变-温度曲线如图7-3所示。

线型结晶型聚合物无玻璃态和高弹态，因此只存在熔点 T_m，当低于熔点时为小形变的固态，高于熔点时则熔融成黏流态。

线型无定型聚合物的三种状态转变是在一定温度范围内完成的，并有两个转变温度，即玻璃化温度 t_g 和黏流化温度 t_f。玻璃化温度 t_g 是玻璃态和高弹态之间的转变温度，黏流化温度 t_f 是高弹态和黏流态之间的转变温度。通常把 t_g 高于室温的高聚物称为塑料；t_g 低于室温的高聚物称为橡胶；t_f 低于室温，在常温下处于黏流态的高聚物称为流动性树脂。一些高聚物的玻璃化温度见表7-1。对于橡胶

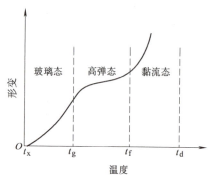

图7-3 线型无定型聚合物的形变-温度曲线

而言，要保持高弹性，则 t_g 是工作温度下限（耐寒性的标志），故可选 t_g 低、t_f 高的高聚物，这样高弹态的温度范围宽。例如，天然橡胶的 t_g 为 $-73℃$，t_f 为 $180\sim200℃$；硅橡胶的 t_g 为 $-109℃$，t_f 为 $250℃$，t_g-t_f 差值大，故硅橡胶作为橡胶性能更好，即耐热耐寒性更好。塑料和纤维在玻璃态下使用，t_g 是工作温度的上限（耐热性的标志），故 t_g 越高越好；同时，作为塑料应易于加工并很快成型，则 t_g-t_f 的差值还要小。例如：聚苯乙烯的 t_g 为 $80℃$，t_f 为 $80\sim150℃$，可作为一种塑料。故对成型来说，t_f 低好；对耐热性，t_f 高好。

表7-1 一些高聚物的玻璃化温度

高分子化合物	$t_g/℃$	高分子化合物	$t_g/℃$
聚乙烯	-70	氯丁橡胶	$-50\sim-40$
聚苯乙烯	$80\sim100$	聚碳酸酯	140
聚氯乙烯	-80	聚甲醛	-73
聚四氟乙烯	-150	聚丙烯	15
聚甲基丙烯酸甲酯	100	硅橡胶	-109
聚丙烯	90	聚砜	195
尼龙-66	50	聚丙烯酸甲酯	3
天然橡胶	-73	聚对苯二甲酸乙二酯	70
丁苯橡胶	$-75\sim-63$	聚乙烯醇	85
聚丁二烯（顺式）	-100	聚异丁烯	$-70\sim-60$

五、高聚物的性能特点

1. 力学性能

与金属材料的力学性能相比，高聚物具有高弹性和黏弹性。聚合物的弹性模量只有金属的千分之一，但弹性变形大，其延伸率可高达金属的一千倍，这就是聚合物的高弹性。而黏弹性是指弹性变形不仅与外力有关，还与时间成正比关系的弹性变形。聚合物的黏弹性行为表现为蠕变、应力松弛、滞后和内耗。蠕变是指材料在恒温恒载下，形变随时间延长而逐渐增加的现象。应力松弛是指在恒温下，当变形保持不变，应力却随时间延长而发生衰减的现象。滞后是在交变载荷下，聚合物应变变化落后于应力变化的现象。滞后产生的原因是分子间的内摩擦。内摩擦所消耗的能量变成无用的热能的现象称为内耗。高聚物的比强度比金属高、硬度比金属低。

2. 其他性能

高聚物具有良好的减摩性、电绝缘性和化学稳定性，但其热导率低、容易老化。高聚物在加工、贮存或使用过程中，由于内外因素的作用，逐步发生物理化学性质变化，物理力学性能变坏，以致最后丧失使用价值，这一过程称为"老化"。老化的内因有高聚物本身化学结构、聚集态结构及配方条件等；外因有物理因素（热、光、射线和应力等）、化学因素（氧、臭氧、水、酸、碱等）和生物因素（微生物、昆虫）。大分子的交联和降解是老化过程中的两种主要反应。它是高聚物的一个缺点，通常要采取抗老化措施（如表面防护、加防老剂、改性等）。

六、常用高聚物材料

1. 工程塑料

（1）塑料的组成　工程上用作结构材料的高聚物主要有塑料和橡胶两大类。塑料是以树脂为主要成分，适当加入添加剂并可在加工中塑化成型的一类高分子材料。塑料与树脂的主要区别在于树脂为纯聚合物，而塑料是以树脂为主的聚合物的制品。塑料中的添加剂主要有：固化剂、增强剂、增塑剂、稳定剂，其他如阻燃剂、发泡剂、颜料等，这些添加剂可以用来调节塑料的性能。

最早的改性塑料为用硝酸处理的纤维素（1870 年），称为硝酸纤维素，俗称赛璐珞。最早的合成塑料为酚醛树脂（1909 年）。20 世纪 20—70 年代，每年都有几十个塑料新品种诞生，到目前约有 1 万种。但到 20 世纪 70 年代后，塑料新品种开发速度放慢，几年才有 1 个新品种诞生，开发重点也转移到对原有树脂品种的改性上。

（2）塑料的分类　塑料品种繁多，其分类方法也有多种。按树脂受热后的变化分类，可分为热固性塑料和热塑性塑料。热塑性塑料的特点是加热后可熔融并可多次反复加热使用。热固性塑料的特点是一次成型且不能回用。此外，按树脂应用分类，可分为通用塑料、工程塑料、一般塑料、特种塑料。按树脂结构分类，可分为聚烯烃类、乙烯基类、聚酰胺类、聚酯类等。

（3）常用工程塑料　工程塑料是指力学性能和热性能均较好，可在承受机械应力和较为苛刻的化学及物理环境下使用并可作为工程结构件的塑料。常用热塑性工程塑料的成型方法、性能特点和用途见表 7-2，常用热固性工程塑料的成型方法、性能特点和用途见表 7-3。

表 7-2　常用热塑性工程塑料的成型方法、性能特点和用途

名称（代号）	成型方法	主要性能特点	不耐化学介质	主要力学指标 /MPa	长期使用温度/℃	用途简介
超高分子量聚乙烯（UHMWPE）	冷压烧结、热压、可机械加工、焊接、粘接	耐磨、耐应力开裂、抗疲劳、减摩、无表面吸附力、电绝缘	松节油、石油醚	$R_m = 30 \sim 40$ $\sigma_{bb} = 35 \sim 37$ $E = 680 \sim 950$ $K \geq 19 \sim 20J$	$-35 \sim 150$	代替青铜、钢制作冲击耐磨件，如齿轮、轴承、轴瓦、蜗杆、滑轨、阀门、喷嘴等
增强聚丙烯（RPP）	注射	吸湿极小、电绝缘；静电度高、耐光差、易老化	强氧化剂	$R_m = 45 \sim 100$ $\sigma_{bb} = 50 \sim 130$ $K \geq 2.5 \sim 8J$	$-30 \sim 160$	某些性能可与 POM、PA 等媲美，而价低。用于汽车、农机、动力、电器零部件等，如板、阀、泵壳、管件等
ABS 树脂（ABS）（苯乙烯-丁二烯-丙烯腈三元共聚）	注射、挤压、压延、吹塑、发泡、真空、可机械加工、粘接、焊接、电镀	耐磨、低温抗冲击、尺寸稳定、电绝缘、可染色；可燃、耐候性差	醛、酮、酸、氯化烃	$\sigma_{bb} \geq 50 \sim 70$ $K \geq 5J$ $K \geq 0.7 \sim 1J$	$-40 \sim 50$	制造齿轮、叶片、轴承、壳体、内衬等；电镀品制铭牌、饰物；发泡品用于建筑、家具等
聚甲基丙烯酸甲酯（PMMA）（有机玻璃）	模压、真空、吹塑、可机械加工、粘接、拉伸定向	高透明、耐候、电绝缘；耐磨性差、易擦伤	芳烃、氯代烃、丙酮	$R_m = 50 \sim 80$ $\sigma_{bb} = 100 \sim 120$ $K \geq 1.4J$	$-40 \sim 50$	制作透明和一定强度的零件，如舱盖、车灯、管道、模型、电气仪表零件等
聚酰胺（PA, Nylon）（尼龙）	注射、挤压、浇注烧结、喷涂、可电镀改性、增强	耐磨、减摩、消声、耐应力开裂、电绝缘、蠕变大、吸水大尺寸不稳定	强极性溶剂、某些无机盐、沸水	$R_m = 40 \sim 140$ $\sigma_{bb} \geq 70 \sim 90$ $K \geq 10 \sim 45J$	$-40 \sim 100$	主要有尼龙-6、尼龙-66、尼龙-1010、尼龙-610 和尼龙-11 制作绝缘件、齿轮、轴承、泵、阀门、连接件、油管、导轨等，代替钢和不锈钢使用
聚碳酸酯（PC，双酚 A 型）	注射、挤压、吹塑、真空、可改性增强	高透明、低蠕变、尺寸稳定、自熄、电绝缘、抗冲击，有透明金属之称	碱、胺、酮、氯代烃、沸水	$R_m \geq 60 \sim 110$ $\sigma_{bb} \geq 90 \sim 140$ $R_{mc} \geq 100$ $K \geq 0.4 \sim 6J$	$-60 \sim 120$	代替钢、非铁金属、光学玻璃制作中小结构件、传动件、绝缘件、透明件、防爆玻璃、安全帽等
聚酚氧树脂（苯氧树脂）	注射、挤压、吹塑、可改性增强	透明、抗蠕变、耐磨、尺寸稳定、高"储蓄"润滑性、洁净、阻氧性、电绝缘；耐候和紫外线差	有机极性溶剂，如甲乙酮	$R_m = 63 \sim 67$ $K \geq 0.5 \sim 6J$	$-50 \sim 77$	制作一次成型复杂摩擦件，如精密齿轮、电子与电气零件、印制电路板、容器、管件等

（续）

名称（代号）	成型方法	主要性能特点	不耐化学介质	主要力学指标 /MPa	长期使用温度/℃	用途简介
聚邻苯二甲酸二丙烯酯（PDAP 或 DAP）	注射、挤压、压制，可改性增强	耐应力开裂、耐老化、尺寸精确、电绝缘、自熄	苯、酮、氯仿	$R_m > 30 \sim 300$ $\sigma_{bb} \geq 80 \sim 100$ $R_{mc} > 90 \sim 240$ $K \geq 1J$	-60~200	电气、车辆、航空、机械、化工、轮船、医疗等复杂零部件、绝缘件和容器等
增强聚对苯二甲酸乙二醇酯（RPET）（涤纶）	注射	低吸湿、减摩、耐应力开裂、电绝缘	强酸、碱、热水	$R_m = 60 \sim 120$ $\sigma_{bb} \geq 100 \sim 200$ $R_{mc} \geq 90 \sim 140$ $K \geq 2.5 \sim 6J$	-60~140	电气、汽车、化工等结构件，如插接件、联接器、齿轮、轴承、泵壳、叶轮、电器耐焊接部件（在 250℃ 锡焊数秒钟）等
增强聚对苯二甲酸丁二醇酯（RPBT）	注射	耐磨、减摩、尺寸稳定、低吸湿性、电绝缘、表面光滑	碱、硝酸、浓硫酸	$R_m > 60 \sim 130$ $\sigma_{bb} = 100 \sim 200$ $K \geq 2 \sim 6J$	-60~140	润滑、耐蚀、耐冲击、电绝缘零部件，如齿轮、轴承、壳体、防护板、插接件等
聚甲醛（POM）	注射、挤压、吹塑，可机械加工、粘接	耐磨、抗疲劳、抗蠕变和应力松弛、耐水（85℃ 水中长期使用）；耐燃性差	强酸、酚类、有机卤化物	$R_m \geq 50 \sim 60$ $K \geq 5 \sim 10J$	-40~100	代替钢和非铁金属制作轴承、齿轮、导轨、阀门、管道等
聚氯醚（PENTON）	注射、挤压、压制、喷涂	耐磨、尺寸稳定、电绝缘；低温脆性大	硝酸、H_2O_2、热环己酮、吡啶	$R_m = 44 \sim 56$	-20~100	制作耐蚀、耐磨的泵、阀门、轴承、密封件、绝缘件、内衬、管道等
聚苯醚（PPO）	注射、挤压、吹塑，可改性增强	吸水量极少、电绝缘	浓硫酸、硝酸、碱	$R_m = 56 \sim 190$ $\sigma_{bb} = 100 \sim 310$ $R_{mc} = 100 \sim 190$ $K \geq 8J$	-150~150	代替非铁金属和不锈钢制作无声齿轮、轴承、化工机械、医疗器械等
聚砜（PSF）	注射、挤压、模压	抗蠕变、尺寸稳定、透明、电绝缘；耐候和紫外线差	浓硫酸、硝酸、酯、酮、氯烷	$R_m \geq 50 \sim 100$ $\sigma_{bb} \geq 110 \sim 180$ $K \geq 7 \sim 37J$	-100~150	代替金属制作高强度、耐高温和尺寸稳定的零件，如泵体齿轮、紧固件、阀门、管道、容器及电路板等
聚芳砜（PAS）	注射、挤压，可改性增强、电镀	抗氧化、耐水解、耐辐射、耐应力开裂、电绝缘	有机极性溶剂	$R_m = 82 \sim 205$ $\sigma_{bb} = 138 \sim 282$ $R_{mc} = 113$ $K \geq 13J$	-240~260	代替铝、锌制作机械零件、飞机零件、绝缘件等

（续）

名称（代号）	成型方法	主要性能特点	不耐化学介质	主要力学指标/MPa	长期使用温度/℃	用途简介
聚苯醚砜（PES）	注射、挤压、模压，可改性增强、电镀	线胀系数小、尺寸精确、抗蠕变、抗氧化、耐应力开裂、电绝缘、杀菌	高浓度含氧酸、酮、氯烃	$R_m \geq 90$ $\sigma_{bb} \geq 135$ $R_{mc} \geq 110$ $K \geq 10J$	-180 ~ 200	制作飞机零件、化工零件、耐热绝缘件、灯头帽、齿轮箱、金属嵌件、气密部件、耐磨件、医疗器械等
聚四氟乙烯（PTFE，F4）（塑料王）	冷压烧结、压延，可机械加工、改性增强	电绝缘、自润滑、耐候不燃、表面不粘、耐王水	气态氟、熔融钠	$R_m = 14 \sim 40$	-250 ~ 260	用作耐蚀、水下绝缘、不粘等材料以及原子能、航空和航天材料等
聚醚醚酮（PEEK）	注射、挤压、压制、真空，可改性增强	耐热和水蒸气最好、电绝缘、耐辐射，可在200～240℃的蒸汽中长期使用，在300℃的蒸汽中短期使用	浓硫酸	$R_m \geq 103$ $K = 3.8J$	-220 ~ 240	飞机结构件、活塞环、检测传感器、泵壳、叶轮、发动机零件、绝缘件、耐水汽工件等

表 7-3 常用热固性工程塑料的成型方法、性能特点和用途

名称（代号）	成型方法	主要性能特点	不耐化学介质	主要力学指标/MPa	长期使用温度/℃	用途简介
不饱合聚酯塑料（UP）	手糊、缠绕、冷压喷涂、注射，可改性增强	其玻璃钢强度高而质轻（钢的1/5～1/4）、耐候、耐燃、电绝缘、透光	浓碱	$R_m \geq 290$ $\sigma_{bb} \geq 280$ $R_{mc} \geq 230$ $K \geq 15 \sim 50J$	-60 ~ 120	制作各种玻璃钢，如汽车车身、舰艇雷达罩、容器、机械电气零部件、泵、头盔等
聚氨酯塑料（PUR）	可机械加工、粘接	常以软硬泡沫体出现，质柔、高弹、吸声、隔热、耐辐射、比刚度大	强氧化剂、氯仿、丙酮	$R_m \geq 0.07 \sim 0.2$ $R_{mc} \geq 0.0017 \sim 0.5$ $\rho \leq 0.032 \sim 0.06 kg \cdot m^{-3}$	-60 ~ 120	用作保温、防振、消声、吸油、绝缘等材料，制作汽车零部件、密封件传送带等
酚醛塑料（PF）（电木）	压制、注射、发泡，可改性增强	耐磨、尺寸稳定、不易裂变、可水润滑、电绝缘；耐光和着色性差	强碱	$R_m \geq 25 \sim 290$ $\sigma_{bb} \geq 40 \sim 220$ $R_{mc} \geq 80 \sim 230$ $K \geq 0.3 \sim 40J$	-60 ~ 105	制作无声齿轮、轴瓦、耐酸泵、阀门、壳体、制动片、绝缘件等
环氧塑料（EP，双酚A型）	浇注、模塑、层压发泡，可改性增强	电绝缘、尺寸稳定、化学稳定	强酸、极性溶剂	$R_m = 40 \sim 70$ $\sigma_{bb} = 90 \sim 120$ $R_{mc} = 87 \sim 174$ $K \geq 1.2J$	-60 ~ 200	制作模具、量具、结构件、各种复合材料、电子器件等

第七章 非金属材料与新型材料

(续)

名称(代号)	成型方法	主要性能特点	不耐化学介质	主要力学指标/MPa	长期使用温度/℃	用途简介
有机硅塑料(SI)	模压、层压、可改性增强	电绝缘、耐候、耐辐射、耐火焰、耐老化、尺寸稳定、憎水、耐电弧	芳烃	$R_{mc} \geq 100 \sim 265$ $\sigma_{bb} \geq 50 \sim 110$ $K = 7.1J$	-269 ~ 300	制作高温自润滑轴承、齿轮、水汽轴承、喷气发动机零件、化工机械零件、绝缘件等
聚酰亚胺塑料(PI)	模压、注射、发泡	耐辐射、尺寸稳定、不开裂、不蠕变、减摩、耐火焰、电绝缘	强酸、碱	$R_m = 110 \sim 132$ $\sigma_{bb} \geq 166 \sim 169$ $K = 8.1 \sim 15.5J$	-269 ~ 315	制作高温自润滑轴承、活塞环、密封圈、叶轮与液氮接触阀门、喷气发动机零件、飞机泡沫坐垫等

2. 橡胶

(1) 橡胶的组成 橡胶为小交联线型聚合物,特点是在很宽的温度范围(-40 ~ 150℃)内具有高弹性,弹性变形量可高达 100% ~ 1000%。橡胶的回弹性好、回弹速度快。橡胶还具有优良的绝缘性、气密和水密性、一定的耐磨性。橡胶常用作弹性材料、密封材料、减振防振材料、传动材料等。

合成橡胶由生胶和配料组成。生胶是单体经人工合成的高分子聚合物,为橡胶的主要成分。配料则用于调节和改善橡胶的性能,主要有硫化剂、硫化促进剂、增强填料等。有时根据需要,还需加入防老化剂、增塑剂、着色剂、软化剂等。为防止变形和提高强度,在制成橡胶制品时,还常采用各类纤维及其织物制成的骨架。

(2) 橡胶的分类 橡胶按原料来源分为**天然橡胶和合成橡胶**。天然橡胶由橡胶树采集的胶乳经处理后制成。用人工将单体聚合的橡胶称为合成橡胶。

合成橡胶主要有七大品种,包括丁苯橡胶、顺丁橡胶、氯丁橡胶、异戊橡胶、丁基橡胶、乙丙橡胶和丁腈橡胶。习惯上,橡胶按用途可以分为通用橡胶和特种橡胶两大类。

(3) 常用橡胶 常用橡胶的性能与用途见表7-4。在通用橡胶中,产量最大、应用最广的是丁苯橡胶(SBR),其用量约占合成橡胶总量的80%。SBR由丁二烯单体和苯乙烯单体共聚而成,常用牌号为:丁苯-10、丁苯-30、丁苯-50,其中数字表示苯乙烯在单体总量中的百分数。一般苯乙烯所占百分数越大,则橡胶的硬度和耐磨性越高,但其弹性和耐寒性下降。

表7-4 常用橡胶的性能与用途

性能	通用橡胶							特种橡胶			
	天然橡胶 NR	丁苯橡胶 SBR	丁基橡胶 BR	顺丁橡胶 HR	氯丁橡胶 CR	丁腈橡胶 NBR	乙丙橡胶 EPDM	聚氨酯 PUR	氟橡胶 FPM	硅橡胶	聚硫橡胶
拉伸强度/MPa	25 ~ 30	15 ~ 21	18 ~ 25	17 ~ 21	25 ~ 27	15 ~ 30	10 ~ 25	20 ~ 35	20 ~ 22	4 ~ 10	9 ~ 15
伸长率(%)	650 ~ 900	500 ~ 800	450 ~ 800	650 ~ 800	800 ~ 1000	300 ~ 800	400 ~ 800	300 ~ 500	100 ~ 500	50 ~ 500	100 ~ 700
抗撕性	好	中	中	中	好	中	好	中	中	差	差

（续）

性　能	通用橡胶							特种橡胶			
	天然橡胶 NR	丁苯橡胶 SBR	丁基橡胶 BR	顺丁橡胶 HR	氯丁橡胶 CR	丁腈橡胶 NBR	乙丙橡胶 EPDM	聚氨酯 PUR	氟橡胶 FPM	硅橡胶	聚硫橡胶
使用温度上限/℃	<100	80~120	120	120~170	120~150	120~170	150	80	300	−100~300	80~130
耐磨性	中	好	好	中	中	中	中	中	中	差	差
回弹性	好	中	好	中	中	中	中	中	中	差	差
耐油性	—	—	—	—	好	好	—	好	好	—	好
耐碱性	—	—	—	好	好	—	—	差	好	—	好
耐老化	—	—	—	好	—	—	好	—	好	—	好
成本	—	高	—	—	高	—	—	—	高	高	—
使用性能	高强度、绝缘、防振	耐磨	耐磨、耐寒	耐酸碱、气密、防振、绝缘	耐酸、耐水、气密	耐油、耐碱、耐燃	耐水、绝缘	高强度、耐磨	耐油、耐酸碱、耐热、耐真空	耐热、绝缘	耐油、耐酸碱
工业应用举例	通用制品、轮胎	通用制品、胶布、胶板、轮胎、胶管	轮胎、耐寒运输带、V带、减振器	内胎、水胎、化工衬里、防振品	油漆衬里、管道胶带、电缆皮、门窗嵌条	耐油垫圈、油管、油槽衬	汽车配件、散热管、电绝缘件、耐热运输带	实心胎、胶辊、耐磨件、特种垫圈	化工衬里、高级密封件、高真空橡胶件	耐高低温零件、绝缘件、管道接头	丁腈改性用

注：高聚物材料还包括合成纤维和黏结剂等。

第二节　陶瓷材料

陶瓷材料属于无机非金属材料，包括无机玻璃、微晶玻璃（玻璃陶瓷）和晶体陶瓷等。陶瓷一般分为普通陶瓷和特种陶瓷两种。

普通陶瓷也称传统陶瓷，已经有几千年的历史。在石器时代，人们就发现把黏土、石英和长石按比例混合，有时再加上高岭土，在窑中烧结可以成瓷，并制备出各种各样的陶瓷器件。

特种陶瓷也称现代陶瓷、精细陶瓷，为化学合成陶瓷。近代陶瓷一般采用类似粉末冶金的方法制备，即破碎—混合—压制—烧结的工艺过程。陶瓷烧结和金属冶炼的区别是在金属冶炼过程中原料全部化为液相，而在陶瓷烧结过程中至少还保留一个固相。

一、陶瓷材料的结构与性能

1. 组织结构

<u>普通陶瓷显微组织由三相构成：晶相、玻璃相和气相</u>。三相在相对数量上的变化直接影响到陶瓷的性能。

晶相是陶瓷的主要部分，它是由许多不同位向构成的多晶体。陶瓷晶体是离子晶体或共价晶体。陶瓷晶体类型取决于原子间的键合是离子键还是共价键。

离子键的实质是正负离子共用价电子对，靠静电引力而结合。负离子为电负性强的非金属元素，如氧，按其原子排列所属的晶系构成空间架构；正离子为电负性弱的金属元素，包括半金属硅，它们嵌入非金属原子的间隙中。组成陶瓷晶相的主要晶体相有氧化物和硅酸盐两类。

氧化物结构的特点是氧离子紧密排列成晶体结构，金属离子填充于间隙中。典型结构有 AO、AO_2、A_2O_3、ABO_3 和 AB_2O_4 等类型。A、B 表示阳离子。

硅酸盐结构的特点是硅总存在于 4 个氧离子形成的四面体中心，构成硅酸根 SiO_4^{4-} 四面体。硅酸根 SiO_4^{4-} 彼此之间可以氧离子 O^{2-} 为共顶点，通过单链或双链形成网状结构，称为无机高分子。硅酸根 SiO_4^{4-} 也可以与其他金属正离子结合，形成各种硅酸盐结构。

需要注意的是，普通陶瓷是多相多晶体，其晶相通常不止一个，因而可以将晶相划分为主晶相、次晶相、第三晶相等。陶瓷的物理、化学与力学性能是由主晶相决定的。

特种陶瓷的主要晶相有碳化物、氮化物、硼化物和硅化物等。金属碳化物以共价键为主，晶体结构有间隙相和复杂结构的间隙化合物两类。

玻璃相就是非晶相，它主要起黏结剂的作用。玻璃相的熔点比较低，因此在烧结过程中，当晶相还保持固体颗粒状态时，玻璃相已经熔化成液相并渗透到颗粒之间的间隙，冷却后将颗粒桥接起来。桥接效果主要取决于玻璃相对固体颗粒表面的润湿性。润湿性好的玻璃相能够填充颗粒之间的间隙，提高固体颗粒之间的结合力。但由于玻璃相的性能低于晶相，所以玻璃相的存在往往降低陶瓷的性能。因此，玻璃相的比例应当控制在 20%~40%。

气相在陶瓷中是难以避免地存在的部分，如存在于未充分润湿的颗粒间隙中的气体，以及烧结过程中产生的气孔。气相会产生应力集中，从而导致陶瓷性能下降，所以应尽量减小气相所占的比例。气相的比例，可以用孔隙率来度量。孔隙率越低，则陶瓷越致密。普通陶瓷的孔隙率一般要求控制在 5%~10%，特种陶瓷在 5% 以下，而金属陶瓷则低于 0.5%。

2. 性能特点

陶瓷的性能特点是：高硬度、高刚度、高熔点、高价电系数、线胀系数比金属低、耐热性和化学稳定性好；但陶瓷塑性低、容易产生脆性断裂、急冷急热时容易产生较大的热应力而导致开裂等。

二、常用陶瓷材料

1. 普通陶瓷

普通陶瓷可分为日用陶瓷和工业陶瓷。工业陶瓷主要用于家用电器、化工、建筑等部门，按用途可分为建筑卫生瓷、电工瓷、化学化工瓷等。

普通陶瓷的基本原料是天然矿物或岩石。矿物是指自然化合物或自然元素，岩石是矿物的集合体。普通陶瓷的主要原料为黏土（$Al_2O_3 \cdot 2SiO_2 \cdot 2H_2O$）、石英（$SiO_2$）和长石（$K_2O \cdot Al_2O_3 \cdot 6SiO_2$）。普通陶瓷制品的性能取决于以上三种原料的类型、纯度、粒度和比例。

黏土是一种含水铝硅酸盐矿物，由地壳中含长石类岩石经过长期风化与地质作用而生成。黏土矿物主要有高岭石、伊利石、蒙脱石、水铝英石以及叶蜡石五类。最典型的黏土为高岭土，俗称瓷土，主要为由高岭石组成的纯净黏土。黏土属于可塑性物质，在陶瓷工艺中起塑化和结合作用，是成瓷的基础。

石英为瘠性材料，在瓷坯中起骨架作用。石英的主要类型有水晶、脉石英和硅石。长石则属于熔剂原料，高温下熔融后可以溶解一部分石英及高岭土分解产物，起高温胶接作用。

长石有四种基本类型：钠长石、钾长石、钙长石和钡长石。

2. 特种陶瓷

特种陶瓷的原料为人工精制合成的无机粉末原料（含氧化物和非氧化物两大类）。特种陶瓷按用途可分为结构陶瓷和功能陶瓷，包括压电陶瓷、磁性陶瓷、电容器陶瓷、高温陶瓷等。作为结构和工具材料的主要是高温陶瓷，它包括氧化物陶瓷、硼化物陶瓷、碳化物陶瓷、氮化物陶瓷等。

(1) 氧化物陶瓷 Al_2O_3、ZrO_2、MgO、CaO、BeO 等属于氧化物陶瓷。典型的是氧化铝（刚玉）陶瓷，O^{2-} 排成密排六方结构，Al^{3+} 占据间隙。两个 Al^{3+} 对三个 O^{2-} 形成化合价，故其 2/3 间隙被填充。由于杂质的原因，可形成红宝石或蓝宝石。氧化铝陶瓷熔点高（2050°C）、抗氧化性能好，可用作耐火材料，如内燃机火花塞。微晶刚玉硬度高、热硬性好（高达 1200°C），可制作切削刀具、拔丝模等。氧化铝单晶可制作蓝宝石激光器。

(2) 碳化物陶瓷 WC、TiC、B_4C、SiC、NbC、VC 等属于碳化物陶瓷。碳化物陶瓷的熔点通常在 2000°C 以上，其硬度高、耐磨性好，但抗氧化能力差、脆性大。其中 WC、TiC 可制作硬质合金刀具。热压碳化硅是目前高温强度最高的陶瓷，在 1400°C 下仍保持 500～600MPa 的抗弯强度。主要用于高温结构件，如火箭尾喷管喷嘴、浇注金属液用的喉嘴、泵的密封圈、燃气轮机叶片、轴承等。

(3) 氮化硅陶瓷（Si_3N_4） 氮化硅陶瓷的特点是摩擦因数小，具有自润滑性、抗热振性能，在陶瓷中名列前茅。按生产方法可分为反应烧结与热压烧结两种氮化硅。反应烧结氮化硅陶瓷的气孔率高达 20%～30%，强度较低。优点是制品尺寸精度高，可制成形状复杂的制品，但厚度不宜超过 20～30mm。主要用于制作泵的耐蚀耐磨密封环、高温轴承、燃气轮机叶片等零件。热压烧结氮化硅陶瓷组织致密，具有更高的强度、硬度与耐磨性，缺点是制品形状简单。主要用于制作燃气轮机转子叶片与发动机叶片、高温轴承，以及加工如淬火钢、冷硬铸铁、钢结硬质合金等难切削材料的刀具。

(4) 氮化硼陶瓷（BN） 氮化硼陶瓷按晶体结构分为六方与立方两种。立方氮化硼硬度极高，仅次于金刚石，目前只用于磨料与高速切削刀具。六方氮化硼的结构与石墨相似，故有"白石墨"之称，硬度较低，可以进行切削加工，具有自润滑性，可制成自润滑高温轴承、玻璃成型模具等。

(5) 赛纶陶瓷 近些年来，一类被称为赛纶（Sialon）陶瓷的材料发展很快。这类陶瓷是在 Si_3N_4 中添加适量的 Al_2O_3 在常压下烧结而成的，其性能接近热压法 Si_3N_4 陶瓷，而优于反应烧结 Si_3N_4 陶瓷。这种陶瓷的特点是有很高的常温和高温强度，优异的常温和高温化学稳定性，很强的耐磨性，良好的热稳定性和不高的密度等。可用于制造柴油机气缸、活塞，还可用来制造汽轮机转动叶片以及高温下使用的模具和夹具等。

(6) 增韧陶瓷 氧化物陶瓷的缺点是脆性大，通过用氧化锆增韧后，可大幅度提高材料的韧性。这类陶瓷具有很高的强度和韧性，称为增韧氧化物陶瓷，增韧的基本原理是这类陶瓷中添加的氧化锆为亚稳定状态的物质，当受到外力作用时，这些物质发生相变而吸收能量，使裂纹扩展减慢或终止，从而大幅度提高材料的韧性。目前该类陶瓷主要有两类：一是氧化锆增韧氧化铝，二是氧化锆增韧氧化锆。

最近研制成功的氧化锆增韧陶瓷，平均抗弯强度已达 2400MPa，达到了高合金钢的水平，相当于铸铁和硬质合金的水平。这种陶瓷制品甚至可抵抗铁锤敲击，因此有陶瓷钢的美称。另外，由于它具有热导率低、绝热性好等优点，故常作为高温结构陶瓷，已成为某些发动机的主要备选材料。

(7) 新型功能陶瓷材料 如导电陶瓷、压电陶瓷、磁性陶瓷、陶瓷系传感器材料等。

几种常用特种陶瓷的性能见表7-5。

表7-5 几种常用特种陶瓷的性能

名称		弹性模量 /×10³MPa	莫氏硬度/级	抗拉强度/MPa	抗压强度/MPa	熔点/℃	最高使用温度（空气中）/℃
氧化铝（Al_2O_3）		350~415	9	265	2100~3000	2050	1980
氧化锆（ZrO_2）		175~252	7	140	1440~2100	2700	2400
氧化镁（MgO）		214~301	5~6	60~80	780	2800	2400
氧化铍（BeO）		300~385	9	97~130	800~1620	2700	2400
氮化硼（BN）	六方	34~78	2	100	238~315	—	1100~1400
	立方	—	8000~9000HV	345	800~1000		2000
氮化硅（Si_3N_4）	反应烧结	161	70~85HRA	141	1200	2173	1100~1400
	热压烧结	302	2000HV	150~275	3600	2173	1850
碳化硅（SiC）		392~417	2500~2550HK	70~280	574~1688	3110	1400~1500

第三节 新型工程材料简介

一、复合材料

复合材料是指由两种或两种以上组分组成的、具有明显界面和特殊性能的人工合成的多相固体材料。

1. 材料复合

复合材料的常见结构如图7-4所示，有层状结构、纤维状结构和粒状结构等。

（1）复合材料的构成与作用 复合材料从组织结构上可以看作是由基体相和增强相构成的。例如，在纤维增强高分子基或金属基复合材料中，纤维是增强相，而高分子材料或者金属材料就是基体相。纤维的作用是承担主要载荷，并阻止高分子材料中分子链或者金属材料中位错的运动，达到增强效果。而基体相的作用，不仅仅是将分散状态的纤维连接成一体，它对纤维还起保护作用。当有些纤维断裂时，基体所特有的塑性和韧性，阻止了裂纹的进一步扩张。

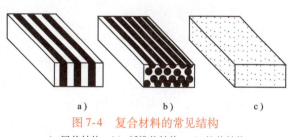

图7-4 复合材料的常见结构
a) 层状结构 b) 纤维状结构 c) 粒状结构

（2）复合材料的技术要点 复合材料成形的最大特点是材料制备与成形同时进行。在生产过程中，应掌握下列技术要点：

1) 增强相为主要承载体，所以应当具有高于基体相的强度和弹性模量。

2）增强相必须有合理的含量、尺寸和分布。

3）基体相对增强相应当有良好的润湿性，保证两者之间有良好的结合，从而可将载荷有效地通过界面传递给增强相。

4）基体相应有良好的塑性和韧性，以有效地防止裂纹扩展。

5）基体相与增强相的热膨胀系数应尽量接近，以免热胀冷缩过程中因过大的热应力导致两者分离。

2. 典型的复合材料

(1) 纤维增强复合材料 纤维增强复合材料一般以树脂、塑料、橡胶或金属为基体相，以无机纤维为增强相。典型的是玻璃钢，它的增强相是玻璃纤维，基体相是树脂。因此，可以分为两类，一类是以热固性树脂为基的玻璃钢，例如环氧树脂、酚醛树脂、聚酯树脂等。另一类是以热塑性塑料为基的玻璃钢，例如聚苯乙烯、聚乙烯、聚丙烯、聚酰胺等。玻璃钢的突出优点是比强度高，因此，玻璃钢常应用于轻量化方面有要求的结构，例如汽车、飞机、游艇、钓鱼竿等。

碳纤维也可以作为增强相，来提高纤维增强复合材料的强度、刚度、抗高温氧化性以及抗老化性。但碳纤维价格稍高一些，因此主要应用在飞机、导弹、卫星和火箭等要求高的场合，也可用作重要的轴承、齿轮等。常用的纤维增强复合材料为：玻璃纤维树脂复合材料、碳纤维复合材料、硼纤维复合材料、金属纤维复合材料等。

(2) 颗粒增强复合材料 颗粒增强复合材料在原理上和纤维增强复合材料类似，是靠弥散性颗粒来阻止金属基体的位错滑移或高分子材料基体分子链的滑脱来实现增强的。颗粒的种类、含量、直径及分布对增强效果有很大的影响。一般增强相颗粒的直径为 $0.01 \sim 0.1 \mu m$。在颗粒增强复合材料中，增强相粒子一般为陶瓷或金属，基体相一般为树脂或金属。常用的颗粒增强复合材料为：金属粒子增强树脂基复合材料、陶瓷粒子增强金属基复合材料等。

(3) 层状复合材料 层状复合材料是由两层或两层以上不同材料结合而成的。在层与层之间通过胶合、熔合、轧合、喷涂等工艺方法来实现复合，从而获得与层状组成物不同性能的复合材料。常用的层状复合材料为：双金属带钢复合材料、塑料涂层复合材料、夹层结构复合材料等。

二、其他新型材料

1. 半导体材料

半导体材料是构成许多有源元件的基体材料，在光通信设备和信息存储、处理、加工及显示方面具有重要应用，如半导体激光器、二极管、集成电路、存储器等。

半导体种类多，可分为有机半导体和无机半导体。无机半导体又可分为元素半导体和化合物半导体。如从晶态上区分，可分为单晶、多晶以及非晶半导体等。

具有半导体性质的元素有硅、锗、硼、硒、碲、碘、碳（金刚石或石墨）以及磷、砷、锑、锡、硫的某种同素异构体，但目前实际应用的只有硅、锗、硒三种，其中硅在整个半导体材料中占有压倒的优势，有90%以上的半导体器件和电路是采用硅制作的。

纯度和晶片直径是半导体材料制备技术中的最重要指标。目前单晶硅纯度可达到杂质的质量分数小于 10^{-9} 的水平，晶片直径可达 $350mm$。纯度极高而且缺陷极少的元素半导体又称为本征半导体。有意掺入其他元素杂质的元素半导体又称为杂质半导体。当掺入的是高一价元素时，如在 Si、Ge 中掺入 P、Sb、Bi、As 时，可产生电子载流子形成 n 型半导体；若掺入的是低一价元素时，如在 Si、Ge 中掺入 B、Al、In、Ga 时，可产生空穴载流子形成 p 型半导体。

化合物半导体材料往往具有元素半导体材料所缺乏的特性，因而也得到了广泛应用。目前开发最多的是Ⅲ-Ⅴ族、Ⅱ-Ⅵ族和Ⅵ-Ⅵ族以及氧化物半导体。

Ⅲ-Ⅴ族化合物半导体是由Ⅲ族和Ⅴ族元素形成的金属间化合物半导体，这部分半导体大部分属于闪锌矿结构，禁带宽度和载流子迁移率有较大的选择范围。典型的化合物由 Al、Ga、In、P、As、Sb 等组合而成，如常用于制作太阳能电池的 GaAs，用作红外线探测器和滤波器主要材料的 InSb 等。

Ⅱ-Ⅵ族化合物半导体由Ⅱ族元素 Zn、Gd、Hg 和Ⅵ族元素 O、S、Se、Te 相互作用而成。特点是具有直接跃迁型能带结构、禁带范围宽、发光色彩比较丰富、电导率变化范围也较宽。这类半导体在激光器、发光二极管、荧光管和场致发光器件等方面有广阔的应用前景。

2. 超导材料

具有超导性的材料称为超导材料。所谓超导性是指当温度降至某一临界值以下时，材料电阻突变为零的特性。材料要处于超导状态，除了必须满足临界温度 T_c 条件外，还必须满足临界磁场 H_c 条件和临界电流密度 J_c 条件。

超导材料按其在磁场中的磁化行为可分为两类。第一类超导体存在着一个临界磁场强度 H_c，在此前，材料是完全抗磁性的，此后则成为常态。属于第一类超导体的有具有超导性质的非金属元素、大部分过渡金属元素（除 Nb、V 外）以及按化学计量比组成的化合物。第二类超导体在第一临界磁场强度 H_{c1} 前是完全抗磁性的，即处于完全超导态；此后并不立即变为常态，而是界于超导态和常态之间的混合态，直到第二临界磁场强度 H_{c2} 后，零电阻现象才完全消失。许多合金以及 Nb、V 属于此类超导体。

超导材料按材料特点可分为元素型、合金型、化合物型、陶瓷型和有机型。除了少数在正常温度下属于半导体材料外，其他绝大部分为金属材料，其中 Nb 的 T_c 最高，为 9.2K。

合金超导材料的特点是强度高、应力应变小、临界磁场强度高，且容易生产、成本低。这类超导材料主要有以 Nb、Pb、Mo、V 等为基的二元或三元合金，其中较典型的有 Nb-Zr 类和 Nb-Ti 类。

化合物超导体材料主要有 Nb_3Sn、V_3Ga、Nb_3Al、$Nb_3(Al, Ge)$、$V_2(Hf, Nb)$、NbN 和 $PbMo_6S_8$ 等，大多属于金属间化合物。它们的特点是具有较高的临界温度 T_c 及临界磁场强度 H_c 和临界电流密度 J_c。该类超导体的缺点是较脆、加工困难。

3. 磁性材料

磁性是物质普遍存在的属性。磁性材料或称磁功能材料是指可以通过磁光效应、磁电效应、磁热效应或磁声效应应用于各类功能器件的材料。磁性材料在能源、信息和材料科学中具有广泛的应用。

（1）磁性记录与存储材料　磁性记录材料目前广泛应用于信息记录和存储，是计算机外围设备的关键材料，也是软件及信息库的基础。磁性记录材料主要有磁泡存储器材料、磁记录介质材料和磁光型存储材料。

磁泡存储器是利用磁泡在外加磁场作用下，在特定位置上出现或消失，从而与计算机中二进制的"0"和"1"相对应的原理制成的记忆器件。所谓磁泡，是在某一临界磁场下呈现圆柱状的磁畴，大小为几微米。

制作磁泡存储器的磁性材料一般要求具备低的磁泡畴壁矫顽力、高的磁泡畴壁迁移率、良好的品质因素，以及各种磁参数对温度、时间、振动等环境因素的稳定性要高。目前比较实用的磁泡存储器材料有石榴石铁氧体和六角铁氧体。

磁记录介质包括磁带、磁卡、磁盘以及磁鼓等。一般以磁粉涂布或磁性薄膜的方式制成。磁粉涂布材料有 $\gamma\text{-}Fe_2O_3$ 磁粉（包括钴 $\gamma\text{-}Fe_2O_3$ 磁粉）、CrO_2 粉、金属磁粉（如 Fe、FeCo）以及垂直磁记录用片状钡铁氧体微粉 $BaFe_{12}O_{19}$。磁性薄膜材料常见的有 $\alpha\text{-}Fe$、FeCo、CoCr 等合金和 $\gamma\text{-}Fe_2O_3$、Fe_3O_4 等氧化物以及钡铁氧体，制作这种连续薄膜介质的方法可分为湿法（电镀或化学镀）和干法（如溅射、蒸镀）两种。

（2）软磁材料和永磁材料　材料在较低磁场中磁化而呈强磁性，但在磁场去除后磁性消失的现象称为软磁性。软磁材料广泛应用于制备电力、配电和通信用变压器、继电器、电感器、发电机以及磁路中的磁轭等。软磁材料常分为高饱和材料（低矫顽力）、中磁饱和材料和高导磁材料。典型的软磁材料有纯铁、Fe-Si 合金（即硅钢）、Ni-Fe 合金、Fe-Co 合金，以及 Mn-Zn、Ni-Zn、Mg-Zn 等铁氧体。

永磁材料在磁场中被充磁，磁场去除后仍能长时间保持磁性。常见的永磁材料有高碳钢、Al-Ni-Co 合金、Fe-Cr-Co 合金、钡和锶铁氧体以及稀土永磁材料（如 RCo_5 系、R_2Co_{17} 系、钕铁硼合金和以 Sm-Fe 为基的三元或四元系等）。永磁材料广泛应用于制造精密仪器仪表、永磁电动机、磁选机、电声器件、微波器件、核磁共振设备与仪器、粒子加速器以及各种磁疗装置。

4. 形状记忆材料和智能材料

形状记忆材料是指具有形状记忆效应的材料。形状记忆效应是指材料在高温下形成一定形状，冷却到低温进行塑性变形使之形成另一种形状，但当加热到高温时又恢复到原先形状的现象。形状记忆材料通常为合金，故又称为形状记忆合金（SMA）。形状记忆合金主要有镍基、铜基和铁基合金。目前，已开发出形状记忆陶瓷。

形状记忆合金按记忆功能可分为单程记忆、双程记忆和全程记忆三类。单程记忆指在低温下经塑性变形后，加热时可以恢复高温形状，但再冷却时却不能恢复到低温形状。双程记忆也称为可逆记忆，即在加热时材料则呈高温形状，冷却时则呈低温形状，高低温形状随温度升降而反复出现。全程记忆也称为全方位记忆，是指材料不但具有双程记忆功能，而且如果进一步冷却到更低温度时，还出现与高温形状相同，但方向完全相反的形状。

形状记忆材料目前已获得应用。如制造月面天线，这种月面天线是用处于马氏体状态的 Ti-Ni 丝焊接成半环状天线，然后压缩成小团，用阿波罗火箭送上月球。在月面上，小团被太阳光晒热后又恢复原状，即可用于通信。体积大而难以运输的物体也可用这种材料及方法制造。形状记忆合金在医疗上也获得了一些应用。由于形状记忆材料具有自我感知和驱动智能，所以通常也被列为智能材料。

智能材料一般是指能够感知环境变化（传感或发现功能）而调整或改变自身结构及功能的自适应性的材料系统。这类材料具有模仿生物体的自增殖性、自修复性、自诊断性、自学习性和环境适应性。将具有仿生命功能的材料融合于基体材料中，使制成的构件具有期望的智能结构，这种结构称为智能材料结构。智能材料可分为金属、无机非金属以及有机高分子三大类，涉及形状记忆材料、压电材料、电致或磁致流变体以及光纤等。

5. 储氢材料

氢是一种高能量密度、洁净的能源，其燃烧热约是汽油的 3 倍，焦炭的 4.5 倍。另外，氢的燃烧产物是水，所以无污染。目前，开发包括氢能在内的新能源已成为各国研究的重点。在氢能源的应用技术中,储氢是需要首先解决的问题。气态氢储存需要高压气瓶,液态氢则需要超低温(-253℃)或耐高压容器,但这两种方法既不经济又不安全。目前主要靠发展储氢材料来解决这一问题,其应用包括氢的回收、提纯、精制、储存、运输;余热或废热回收利用;储热系统、热泵、空调、制冷;氢燃料汽车、电动汽车、氢发电系统;充电电池和燃料电池。

目前储氢材料主要为合金,最基本的要求是能在合金晶体的空隙中大量储存氢原子,同时具有可逆吸放氢的性质。第一代储氢材料为稀土系,以 $LaNi_5$ 为代表,是具有 $CaCu_5$ 晶体结构的金属间化合物,其六方晶格中有许多间隙位置,可以固溶大量的氢。$LaNi_5$ 系储氢合金具有优良的吸氢特性和较高的吸氢能力,容易活化,对杂质不敏感,吸氢脱氢不需要高温高压,释放温度在高于40℃时放氢迅速,但价贵。

第二代储氢材料有钛系、锆系和镁系等合金。钛系的典型合金为 $TiNi$ 和 Ti_2Ni,以及 AB 型结构的 Ti-Fe 合金和 AB_{2-x} 型 Laves 相的 Ti-Mn 合金。锆系合金以 ZrV_2、$ZrCr_2$、$ZrMn_2$ 等为代表,通式为 AB_2,具有六方结构,晶胞体积比 AB_5 型稀土合金大将近1倍,储氢能力强,但放氢性差。镁系储氢合金具有代表性的有 Mg_2Ni,在此基础上发展了多元镁合金和稀土镁合金。

6. 非晶态材料

非晶态合金具有原子非长程有序排列结构,这种与晶体截然不同的特殊结构,赋予非晶态合金一系列优异的物理、化学和力学性能。

制备非晶态合金有熔体急冷法、离子注入法、射频溅射法、离子束法、充氢法、激光处理法、电沉积法或化学沉积法等多种工艺。电沉积法制备非晶态合金是较经济的一种工艺,同时可形成薄膜结构,适应表面处理或薄膜器件制备。

非晶态合金形成与否,首先与材料的非晶态形成能力(GFT)密切相关。根据 Polk 判据,两组元原子半径比 $r_1/r_2 < 0.88$ 或 $r_1/r_2 > 1.12$ 是形成非晶态合金的必要条件。按原子半径数据算出 Ni、Co、W 的原子半径与 P 的原子半径比值都符合 Polk 条件。Turnbwell 提出对比熔点 $\tau_m = KT_m/H_v$ 判据,τ_m 小的材料,GFT 强。电镀实践上采用的过渡金属-类金属非晶态合金,其成分(质量分数)大都是过渡金属占75%~85%,类金属只占15%~25%,接近共晶成分,熔点 T_m 较其他成分合金的熔点低,故 τ_m 小,容易形成非晶态。

7. 金属间化合物

金属间化合物指具有相当程度的金属键和明显金属性质的一类化合物,如碳素钢中的 Fe_3C、黄铜中的 β 相($CuZn$)。按形成条件,金属间化合物可分为正常价化合物、电子化合物和间隙化合物三类。金属间化合物一般具有复杂的晶格结构、熔点高、硬而脆。在结构材料中,金属间化合物一般作为强化相,以提高金属材料的强度、硬度和耐磨性。但当金属间化合物含量过高时,可导致基体材料的塑性和韧性明显下降。

近代,对金属间化合物所特有的物理性能的新发现,使之成为功能材料而受到充分重视。例如,储氢材料中具有 $CaCu_5$ 结构的 $LaNi_5$,超导材料中 R-T-B-C 系列超导体等。

8. 纳米材料

纳米材料包括纳米粉、纳米线和纳米晶,狭义指平均粒径在100nm以下的粒子。当物质尺度减小到引起物理现象突变的临界尺寸以下时,可产生出许多新性质,即小尺寸效应、表面与界面效应和量子尺寸效应。纳米材料最显著的特征之一是具有相当大的相界面面积,因而具备宏观物质所缺乏的许多物理化学特性。

在纳米材料的开发研究中,纳米颗粒的合成、加工以及具有纳米结构的新材料的制造进展最活跃。平均粒径在 20～100nm 的称为超细粉，小于 20nm 的称为超微粉。纳米颗粒的尺度介于原子、分子和块状物体之间，属于微观粒子和宏观物体的过渡区域。

早期开发的纳米材料是金属粉末和陶瓷。制备技术包括气相法、液相法和固相法。气相法以热化学气相沉积（CVD）为基础，发展出等离子增强 CVD、激光 CVD 等技术。液相法属于化学合成方法，包括沉淀法、水解法、氧化法、还原法、冻结干燥法、喷雾法、电解法等。固相法可以是机械粉碎或固相反应方法。最近，纳米材料在高聚物中的应用和纳米复合材料的开发已成为热门课题之一。

纳米碳管可以看作是分子尺度的纤维，其结构与富勒烯有关。一般纳米碳管外径在 1～50nm，长度从几微米到几百微米，管壁分为单层和多层。纳米碳管具有众多优异的物理和化学性能，比如良好的微波吸收性能，有可能用于隐形材料；有很高的比表面积，可用作催化剂载体和储存高压气体。纳米碳管可以按一定线路图形布置在基材上形成阵列，称为碳管器件，制备场致发射显微镜、AFM 探针以及各种可电子/化学联合控制的电子器件。

石墨烯是一种由碳原子以 sp^2 杂化轨道组成六角形呈蜂巢晶格的二维碳纳米材料，具有优异的性能，被认为是一种未来革命性的材料。

材料是现代科技的三大支柱之一，随着现代科技的发展和人类需求的不断扩大，未来新材料的开发将向精细化、超高性能化、超高功能化、智能化、复杂化、生态化方向发展，会有更多的新材料出现。

习题与思考题

7-1 解释下列名词：
1）单体、链节、聚合度。
2）加聚反应、缩聚反应。
3）线型高聚物、支链型高聚物、体型高聚物。
4）玻璃态、高弹态、黏流态。
5）热固性塑料、热塑性塑料。

7-2 什么是高聚物的结晶度？其大小对高聚物的性能有何影响？

7-3 什么是高聚物的蠕变、应力松弛和老化？

7-4 工程塑料、橡胶与金属相比在性能和应用上有哪些主要区别？

7-5 工程塑料最好选用下列哪种高聚物？
$t_g = -50℃$ 的高聚物，$t_g = 50℃$ 的高聚物，$t_g = 101℃$ 的高聚物。

7-6 何谓陶瓷？其组织由哪几个相组成？它们对陶瓷性能的影响如何？

7-7 简述工程陶瓷材料的性能特点。

7-8 比较立方氮化硼与六方氮化硼的性能特点及应用。

7-9 指出功能陶瓷的类别与应用。

7-10 试举出三种陶瓷材料及其在工业中的应用实例。

7-11 何谓复合材料？有哪些增强结构类型？

7-12 试举例说明复合材料的性能特点。

7-13 何谓形状记忆材料？解释金属形状记忆效应的机理。

7-14 何谓纳米材料？如何制备纳米材料？

7-15 举例说明储氢合金的储氢机理。

第三篇
Part 3

工程材料成形技术基础

第八章 铸造成形

CHAPTER 8

　　铸造是指熔炼金属、制造铸型，并将熔融金属浇注、压射或吸入铸型型腔，凝固后获得一定形状和性能的零件或毛坯的金属成形工艺。大多数铸件还需经机械加工后才能使用，故铸件一般为机械零件的毛坯。它是金属材料液态成形的一种重要方法。

　　铸造方法很多，按照铸型特点可分为砂型铸造和特种铸造两大类。砂型铸造是最基本的铸造方法，目前用砂型铸造生产的铸件约占铸件总产量的 90% 以上，除砂型铸造以外的铸造方法统称为特种铸造，如熔模铸造、金属型铸造、压力铸造等。

　　铸造的特点是使金属一次成形，工艺灵活性大，各种成分、尺寸、形状和重量的铸件几乎都能适应，且成本低廉。适于形状十分复杂，特别是具有复杂内腔的毛坯，如各种箱体、机床床身等。铸件的形状、尺寸与零件十分接近，采用铸件可节约金属和机械加工工作量。

　　当然，铸造生产还存在一些缺点，如铸件的力学性能低于同样金属制成的锻件；铸造生产的工序多，且难以精确控制，使得铸件的质量不够稳定、工人的劳动条件较差等。由于铸造有许多优点，因而在国民经济建设中占有极其重要的地位。

第一节 铸造成形理论基础

　　在液态合金成形过程中，合金的铸造性能对于是否能获得健全的铸件是非常重要的。合金铸造时的工艺性能称为合金的铸造性能，它包括流动性、收缩、偏析、氧化和吸气等。

一、液态合金的流动性与充型能力

1. 流动性

熔融金属的流动能力，称为合金的流动性。

　　液态合金的流动性通常以螺旋形试样（图 8-1）长度来衡量。显然，在相同的浇注条件下，合金的流动性越好，所浇出的试样越长。试验得知，在常用铸造合金中，灰铸铁、硅黄铜的流动性最好，铸钢的流动性最差。

　　影响合金流动性的因素很多，但其中化学成分的影响最为显著。不同种类的合金具有不同的流动性。同类合金中，成分不同的合金因具有不同的结晶特点，流动性也不同。共晶成分合金的结晶是在恒温下进行的，此时，液态合金从表层逐层向中心凝固，由于其结晶的固体层内表面比较光滑（图 8-2a），对尚未凝固的液态合金流动的阻力小，有利于合金充填型腔。此外，在相同的浇注温度下，由于共晶成分合金的凝固温度最低，相对来说合金的过热度大，推迟了合金的凝固，因此共晶成分合金的流动性最好。除纯金属外，其他成分合金是在一定温度范围内逐步凝固的,即经过液、固共存的两相区。在两相共存区域中,由于初生的树枝状晶体使已结晶固体层内表面参差不齐(图8-2b),阻碍液态合金的流动。合金成分越远离共晶,结晶温度范围越宽,流动性越差。因此,选择铸造合金时,在满足使用要求的前提下,应尽量选择靠近共晶成分的合金。

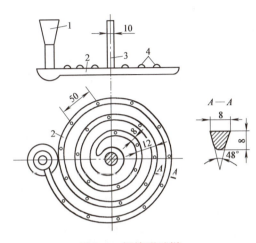

图8-1 螺旋形试样

1—浇口 2—试样铸件 3—冒口 4—试样凸点

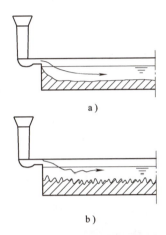

图8-2 不同成分合金的流动性

a) 共晶成分 b) 非共晶成分

图8-3所示为Fe-C合金流动性与含碳量的关系。由图可见,结晶温度范围宽的合金流动性差,结晶温度范围窄的合金流动性好,共晶成分合金的流动性最好。

铸铁中的其他元素(如Si、Mn、P、S)对流动性也有一定影响。Si、P可提高铁液的流动性,而S则降低铁液的流动性。

2. 充型能力

液态合金的充型能力和流动性是两个不同的概念。充型能力是考虑铸型及工艺因素影响的熔融金属的流动性,流动性则是指熔融金属本身的流动能力,因而它是影响充型能力的主要因素之一。合金的流动性越好,充型能力就越强。同时流动性好,也有利于非金属夹杂物和气体的上浮与排除,还有利于对合金冷凝过程所产生的收缩进行补缩。合金的流动性不好,充型能力就弱。充型能力不足,会使铸件产生轮廓不清晰、冷隔、浇不足等缺陷。影响充型能力的主要因素还有铸型条件、浇注温度等。

铸型条件对充型能力有很大影响。铸型中凡能增大金属流动阻力、降低流速和提高金属冷却速度的因素,均会降低合金的充型能力。如铸型中型腔过窄、直浇道过低、浇注系统截面积太小或布置得不合理、型砂

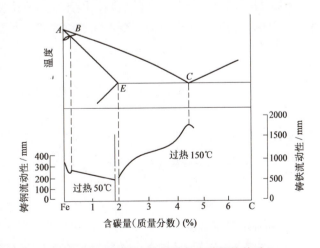

图8-3 Fe-C合金流动性与含碳量的关系

中水分过多或透气不足、铸型排气不畅、铸型材料导热性过大等，均会降低充型能力。为了改善铸型的充型条件，铸件设计时必须保证铸件的壁厚大于规定的最小壁厚（详见本章第四节铸件的结构设计），并在铸型工艺上针对需要采取相应的措施，如加高直浇道、扩大内浇道横截面积、增加出气口、对铸型烘干、铸型表面刷涂料等。

浇注温度对合金的充型能力影响也很显著。浇注温度高，液态合金的黏度下降；同时，因过热度大，液态合金所含热量增加，因而液态合金传给铸型的热量增多，减缓了合金的冷却速度，这都使充型能力得到提高。因此，提高合金的浇注温度，是改善充型能力的重要工艺措施。必须指出，浇注温度过高，合金的总收缩量增加，吸气增多，氧化也严重，铸件易产生缩孔、缩松、粘砂、气孔等缺陷。因此，在保证充型能力足够的前提下，尽可能做到"高温出炉，低温浇注"。但是，对于形状复杂或薄壁铸件，浇注温度以略高些为宜。

综上所述，为提高合金的充型能力，改善铸件质量，应尽可能选用流动性好的共晶成分，或结晶温度范围窄的合金。在合金成分确定的情况下，需从改善铸型条件、提高浇注温度和改进铸件结构等几个方面来提高充型能力。

二、铸造合金的收缩

1. 收缩的概念

在合金从液态冷却至室温的过程中，体积缩小的现象称为收缩。 收缩是铸造合金的物理本性，也是铸件产生缩孔、缩松、变形、裂纹、残余应力等铸造缺陷的基本原因。为使铸件的形状、尺寸符合技术要求，内部组织致密，必须对收缩的规律加以研究。

任何一种液态合金注入铸型以后，从浇注温度冷却到室温都要经历如下三个阶段：

（1）**液态收缩** 从浇注温度到凝固开始温度（即液相线温度）的收缩。

（2）**凝固收缩** 从凝固开始温度到凝固终止温度（即固相线温度）的收缩。

（3）**固态收缩** 从凝固终止温度到室温的收缩。

合金的液态收缩和凝固收缩表现为合金的体积缩小，它是铸件产生缩孔、缩松的基本原因。常用单位体积的收缩量所占比率，即体收缩率来表示。合金的固态收缩虽然也是体积变化，但它只引起铸件外部尺寸的缩减，因此常用单位长度上的收缩量所占比率，即线收缩率来表示。它是铸件产生内应力、变形和裂纹的基本原因。

不同合金的收缩率不同。在常用合金中，铸钢的收缩率最大，灰铸铁的收缩率最小。灰铸铁收缩率小是由于其中大部分碳以石墨状态存在，而石墨的比体积大，液态灰铸铁在结晶过程中析出的石墨所产生的体积膨胀抵消了合金的部分收缩。几种铁碳合金的收缩率见表8-1。

表8-1 几种铁碳合金的收缩率

合金种类 收缩率（%）	碳素钢	白口铸铁	灰铸铁	球墨铸铁
体收缩率	10~14	12~14	5~8	—
线收缩率（自由状态）	2.17	2.18	1.08	0.81

2. 铸件的实际收缩

铸件的实际收缩不仅与合金的收缩率有关，还与铸型条件、浇注温度和铸件结构等有关。铸型材料导热性差、浇注温度高，铸件的实际收缩值就大；反之就小。铸件在固态收缩过程中由于受到铸型和型芯的阻碍不能自由收缩，此时收缩率显然要小于自由收缩率。铸件形状越复杂，其收缩率（线收缩率）一般越小。因此，在铸件生产时，必须根据合金的种类、铸件的结构、铸型条件等因素确定适宜的实际收缩率（常用的为线收缩率）。

三、铸件中的缩孔和缩松

铸件凝固结束后往往在某些部位出现孔洞，大而集中的孔洞称为缩孔，细小而分散的孔洞称为缩松。

1. 缩孔和缩松的形成

（1）缩孔 纯金属、共晶成分和凝固温度（即结晶温度）范围窄的合金，在浇注后，型腔内发生垂直于型壁的由表及里的逐层凝固。在凝固过程中，如得不到合金液的补充，则在铸件最后凝固的地方就会产生缩孔。

现以圆柱体铸件为例分析缩孔的形成过程，如图 8-4 所示。

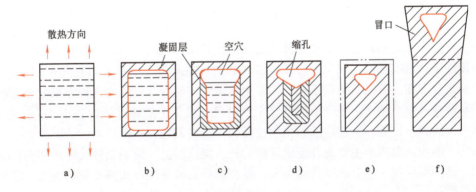

图 8-4 缩孔形成过程示意图

如图 8-4a 所示，合金液充满型腔，降温时发生液态收缩，但可从浇注系统得到补偿。如图 8-4b 所示，当铸件表面散热条件相同时，表层先凝固结壳，此时内浇道被冻结。如图 8-4c 所示，继续冷却时，产生新的凝固层，内部液体发生液态收缩和凝固收缩，使液面下降。同时外壳进行固态收缩，使铸件外形尺寸缩小。如果两者的减小量相等，则凝固外壳仍和内部液体紧密接触。但由于液态收缩和凝固收缩远大于外壳的固态收缩，因此合金液将与硬壳顶面脱离。如图 8-4d 所示，硬壳不断加厚，液面不断下降，当铸件全部凝固后，在上部形成一个倒锥形缩孔。如图 8-4e 所示，继续降温至室温，整个铸件发生固态收缩，缩孔的绝对体积略有减小，但相对体积不变。如图 8-4f 所示，如果在铸件顶部设置冒口，缩孔将移至冒口中。

由上述分析可知，缩孔产生的基本原因是合金的液态收缩和凝固收缩大于固态收缩，且得不到补偿。缩孔产生的部位在铸件最后凝固区域，如壁的上部或中心处。此外，铸件两壁相交处因金属积聚凝固较晚，也易产生缩孔，此处称为热节。热节位置可用画内接圆的方法确定，如图 8-5 所示，铸件中壁厚较大处及内浇道附近也是热节。

（2）缩松 形成缩松的基本原因也是合金的液态收缩和凝固收缩大于固态收缩。但缩松主要出现在结晶温度范围较宽的合金中或断面较大的铸件壁中。图 8-6 所示为缩松形成过程示意图。

图 8-5 用内接圆法确定热节位置

如图 8-6a 所示，合金液充满型腔，并向四处散热。如图 8-6b 所示，铸件表面结壳后，内部有一个较宽的液相与固相共存凝固区域。如图 8-6c、d 所示，继续凝固，固体不断长大，直至相互接触，此时合金液被分割成许多小的封闭区。如图 8-6e 所示，封闭区内液体凝固收缩时，因得不到补充而形成许多小而分散的孔洞。图 8-6f 所示为固态收缩。

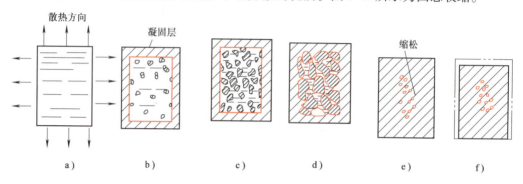

图 8-6　缩松形成过程示意图

缩松分为宏观缩松和显微缩松两种。宏观缩松是用肉眼或放大镜可以看出的小孔洞，多分布在铸件中心轴线区域、热节处、冒口根部和内浇道附近，也常分布在集中缩孔的下方。显微缩松是分布在晶粒之间的微小孔洞，要用显微镜才能观察出来，这种缩松分布面积更为广泛，有时遍及整个截面。显微缩松难以完全避免，对于一般铸件来说多不作为缺陷对待；但对气密性及力学性能、物理性能和化学性能要求很高的铸件，则必须设法减少。

缩孔、缩松的形成除主要受合金成分影响外，浇注温度、铸型条件及铸件结构也有一定的影响。浇注温度高，合金的缩孔倾向大。铸型材料对铸件的冷却速度影响很大，湿砂型比干砂型的冷却能力大，缩松减少；金属型的冷却能力更大，故缩松显著减少。铸件结构与形成缩孔、缩松的关系极大，设计时必须予以充分注意。

缩孔和缩松都使铸件的力学性能、气密性、物理性能、化学性能降低，以致成为废品。因此，缩孔和缩松都属于铸件的重要缺陷，必须根据技术要求，采取适当的工艺措施予以防止。

2. 防止铸件产生缩孔和缩松的方法

收缩是合金的物理本性，一定化学成分的合金，在一定温度范围内会产生收缩。但并不是说，铸件的缩孔是不可避免的，只要铸件设计合理，工艺措施得当，即使收缩量大的合金，也可以获得没有缩孔的铸件。下面介绍防止缩孔与缩松的主要措施。

（1）合理选用铸造合金　从缩孔和缩松的形成过程可知，结晶温度范围宽的合金，易形成缩松，且缩松分布面广，难以消除。因此生产中在可能的条件下应尽量选择共晶成分的合金或结晶温度范围窄的合金。

（2）采用顺序凝固原则　所谓顺序凝固，就是在铸件上可能出现缩孔的厚大部位通过增设冒口等工艺措施，使铸件远离冒口的部位先凝固（图 8-7），而后靠近冒口的部位凝固，最后冒口本身凝固。按照这样的凝固顺序，先凝固部位的收缩，由后凝固部位的金属液来补充，后凝固部位的收缩由冒口中的金属液来补充，从而使铸件上各个部位的收缩均能得到补充，而将缩孔转移到冒口之中。冒口是铸型中储存补缩合金液的空腔，浇注完成后为铸件的多余部分，待铸件清理时去除。

为了实现顺序凝固，在安放冒口的同时，还可在铸件上某些厚大部位增设冷铁。如图 8-8 所示，铸件的热节不止一个，仅靠顶部冒口难以向底部凸台补缩，为此在该凸台的型壁上安放了两个外冷铁。冷铁加快了该处的冷却速度，使厚度较大的凸台反而最先凝固，从而实现了自下而上的顺序凝固，防止了凸台处缩孔、缩松的产生。可以看出，冷铁仅是加快某些部位的冷却速度，以控制铸件的凝固顺序，但本身并不起补缩作用。冷铁通常用钢或铸铁制成。

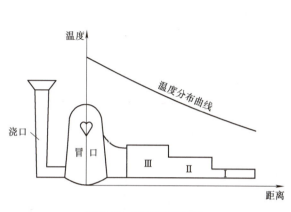

图 8-7　顺序凝固原则　　　　图 8-8　冷铁的应用

正确地估计出铸件上缩孔可能产生的部位是合理安放冒口和冷铁的重要依据。实际生产中，常用内接圆法求出易出现缩孔的热节，如图 8-5 所示。

安放冒口和冷铁，实现顺序凝固，虽可有效地防止缩孔和缩松（宏观缩松），但却耗费许多合金和工时，加大了铸件的成本。同时顺序凝固扩大了铸件各部分的温度差，增大了铸件产生变形和裂纹的倾向。因此，顺序凝固原则主要用于收缩大或壁厚差别大、易产生缩孔的合金铸件，如铸钢、可锻铸铁、铝硅合金和铝青铜合金等。特别是铸钢件，由于其收缩大大超过铸铁，在铸造工艺上采用冒口、冷铁等措施实现顺序凝固非常有效。

四、铸造应力及铸件的变形、裂纹

铸件凝固后的继续冷却收缩，有可能使铸件产生变形或裂纹，而铸造应力就是铸件产生变形和裂纹的基本原因。

1. 铸造应力

铸造应力是热应力、收缩应力和相变应力的矢量和。

（1）热应力　铸件在凝固和冷却过程中，由于不同部位不均衡的收缩而引起的应力称为热应力。热应力的产生和铸件结构有关。为了分析热应力的形成，首先必须了解合金自高温降到室温时状态的改变。合金有一个临界温度 t_{ij}，在此温度以上，合金处于塑性状态；在此温度以下，合金处于弹性状态。合金处于塑性状态时，伸长率很高，在较小的外力下就发生塑性变形（即永久变形），此时内应力自行消除；合金处于弹性状态时，在外力作用下，合金发生弹性变形，变形后应力继续存在。

现以图 8-9 所示厚薄不匀的 T 形杆件为例，来讨论热应力的产生过程。I 较厚，II 较薄，其冷却曲线画在同一温度-时间坐标系内，如图 8-9a 所示。其热应力的形成过程可分为三个阶段说明，如图 8-9b 所示。

1) t_0 至 t_1：厚部Ⅰ和薄部Ⅱ都处于临界温度（t_{ij}）以上，两部分都呈塑性状态，能够自由收缩。Ⅱ薄，冷却速度比厚部Ⅰ大，同一时刻，薄部Ⅱ的温度比厚部Ⅰ低，收缩要比厚部Ⅰ大。因为两部分是一个整体，只能收缩到一个共同的长度，此时若不产生弯曲变形，Ⅱ将被塑性拉伸，Ⅰ则被塑性压缩，变形的结果，T形杆内不产生热应力。

2) t_1 至 t_2：此时，Ⅱ的温度已低于临界温度（t_{ij}）而呈弹性状态，Ⅰ仍处于塑性状态。Ⅱ的收缩迫使Ⅰ产生塑性收缩，此时T形杆内仍无热应力产生。

3) t_2 至 t_3：当Ⅰ进入弹性状态时，其收缩会受到早已进入弹性状态的Ⅱ的阻碍，于是形成了Ⅱ受弹性压缩、Ⅰ受弹性拉伸的状态。因两部分都呈弹性状态，故Ⅰ内存在拉应力，而Ⅱ内则存在压应力，于是，在T形杆件就产生了残余热应力。

由此可见，热应力使铸件的厚壁或心部受拉伸，薄壁或表层受压缩。铸件的壁厚差别越大，合金的线收缩率越高，弹性模量越大，则热应力越大。如铸钢件的热应力比灰铸铁件的热应力大，按顺序凝固原则凝固的铸件易形成热应力。

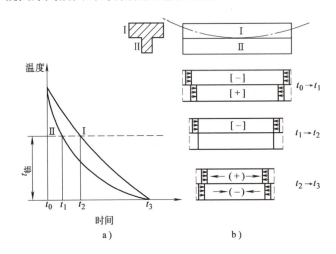

图 8-9 T形杆件热应力的形成过程

预防热应力的基本途径是尽量减小铸件各部分的温度差，使其均匀地冷却。为此设计铸件时，应尽量使其壁厚均匀，避免金属的聚集，并在铸造工艺上，采用同时凝固原则。同时凝固原则，是采取工艺措施使铸件各个部分没有大的温度差，而同时凝固。为此，须将浇注系统开在铸件薄壁处，为了加速厚壁的冷却，有时还可在厚壁处安放冷铁，如图8-10所示。

同时凝固原则可减小热应力，防止产生铸件变形和裂纹等缺陷，而且因不用冒口而节省金属和工时。其缺点是铸件的中心部位易出现缩松（或缩孔）。同时凝固原则主要用于普通灰铸铁、锡青铜等。因为灰铸铁收缩小，不易产生缩孔；而锡青铜结晶间隔很大，用冒口也难以消除缩松。同时凝固原则也可用于薄壁铸钢件或其他易变形和易裂的铸件。

（2）收缩应力 **铸件在固态收缩时，因受到铸型、型芯、浇冒口、箱带等外力的阻碍而产生的应力称为收缩应力**，如图8-11所示。

收缩应力又称为机械应力，它使铸件产生拉应力或压应力，并且是暂时的，在铸件落砂之后，这种内应力便可自行消除。但收缩应力在铸型中可与热应力共同起作用，增加了铸件产生裂纹的可能性。

(3) 相变应力 铸件由于固态相变，各部分体积发生不均衡变化而引起的应力为相变应力。一般铸造合金的相变应力较小，并且与热应力方向相反。

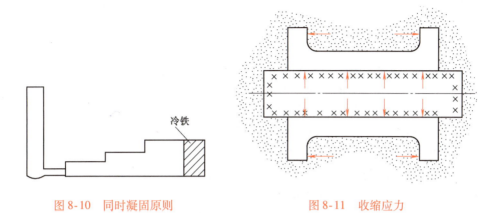

图 8-10　同时凝固原则　　　　　　图 8-11　收缩应力

2. 铸件的变形与防止

铸件铸出后，存在于铸件不同部位的内应力（铸造应力）称为残余应力。带有残余应力的铸件是不稳定的，会自发地变形使残余应力减小而趋于稳定。显然，只有原来受弹性拉伸的部分产生压缩变形，受弹性压缩的部分产生拉伸变形，铸件的残余应力才有减小或消除的可能。图 8-12 所示为车床床身导轨的挠曲变形。车床床身由于导轨面较厚，冷却缓慢而存在拉应力，侧壁较薄冷却较快而存在压应力，于是使导轨产生了向下的弯曲变形。

为防止变形，在铸件设计时应力求壁厚均匀、形状简单与对称（详见第四节铸件的结构设计）。对于细而长、大而薄等易变形的铸件，可将模样制成与铸件变形方向相反的形状，待铸件冷却时变形正好与相反的形状抵消（此法称为反变形法），如图 8-12 所示。此外，在铸造工艺上应采取措施使铸件同时凝固或在铸件上附加工艺肋等。

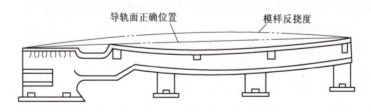

图 8-12　车床床身导轨的挠曲变形

实践证明，尽管铸件变形后其应力有所减小，但并未彻底去除。这样的铸件经机械加工后，由于其内部的残余应力失去平衡会产生二次变形，使零件丧失应有的加工精度。因此，对于重要的、精密的铸件，如车床床身等，加工前去除应力是必要的。

常用的去除应力的方法有自然时效法、人工时效法和共振法。自然时效法是将铸件置于露天场地半年以上，利用天然热胀冷缩使其缓慢地发生变形，从而使应力消除。人工时效法是将铸件加热至 550～650℃ 进行去应力退火，它比自然时效速度快，应力去除较为彻底，故应用广泛。共振法是使铸件在共振频率下振动 10～50min，从而达到消除残余应力的目的。共振法需要专用设备，但效率高并且节能、污染少。

3. 铸件的裂纹与防止

当铸造应力超过合金的强度极限时，铸件便产生裂纹。裂纹是铸件的严重缺陷，多使铸件报废，必须设法防止。按裂纹形成的温度范围可分为热裂和冷裂两种。

（1）热裂　热裂是高温下形成的裂纹，其形状特征是裂纹短、缝隙宽、形状曲折、缝内呈氧化色。热裂是铸钢件和铝合金铸件常见的缺陷之一。

试验证明，热裂是在合金凝固末期的高温下形成的。此时，结晶出来的固体已形成完整的骨架，但晶粒之间还有少量液体，因此，合金的强度和塑性很低。而这时，合金已开始线收缩，若收缩应力超过该温度下合金的强度极限就能引起热裂。

防止热裂的主要措施是：合理设计铸件结构；合理选用型砂、芯砂的黏结剂与附加物，以改善其退让性；大的型芯可制成中空的或内部填以焦炭；严格限制钢和铸铁中的硫含量（因为硫能增加热脆性，降低合金的高温强度）；选用收缩率小的合金等。

（2）冷裂　冷裂是指在低温下形成的裂纹，其形状特征与热裂不同，冷裂纹细小，呈连续直线状，缝内干净，有时呈轻微氧化色。

冷裂是合金处于弹性状态时，当其铸造应力大于该温度下合金的强度极限时产生的。壁厚差别大、形状复杂或大而薄的铸件易产生冷裂。脆性大、塑性差的合金，如白口铸铁、高碳钢及某些合金钢最易产生冷裂。

防止冷裂的主要措施是：减少铸造应力或降低合金的脆性。钢和铸铁中的磷能显著降低合金的冲击韧度，增大脆性，所以应严格控制其含量。此外，浇注之后，勿过早打箱。

五、铸件中的气孔

气孔是气体在铸件中形成的孔洞，其内壁较光滑、明亮或带轻微氧化色，易与缩孔等孔洞类缺陷区分开来。

气孔是铸件中最常见的缺陷，它减小了铸件的有效承载面积，并在气孔附近引起了应力集中，因而降低了铸件的力学性能，特别是冲击韧度和疲劳强度显著降低。弥散性气孔还可促使显微缩松的形成，降低铸件的气密性。

按照气体的来源，气孔可分为析出性气孔、侵入性气孔和反应性气孔三类。

1. 析出性气孔

合金在熔炼和浇注时吸收气体的性能称为合金的吸气性，也是合金的铸造性能之一。合金中吸收的气体主要是氢气，其次是氮气和氧气。合金的吸气性随温度升高而增大。浇入铸型的液态合金冷凝时，随合金液温度的降低，气体因溶解度下降而析出，铸件因此而形成的气孔称为析出性气孔。

析出性气孔的特征是：分布面积较广；靠近冒口、热节等后凝固区域分布较密集；呈团球形或裂纹多角形。这种气孔在铝合金铸件中最为常见。

防止析出性气孔的主要措施有：减少液态合金的原始含气量，如断绝气体的来源、减少气体进入的可能性；非铁金属应在熔剂层下熔炼，熔炼后期要进行除气精炼；提高铸件凝固时的冷却速度和外部压力，以阻止气体的析出等。

2. 侵入性气孔

侵入性气孔是由于砂型表面层聚集的气体侵入合金中而形成的气孔。侵入铸件中的气体,主要来源于造型材料中的水分、黏结剂和各种附加物的加热蒸发。如水被加热成100℃的水蒸气后,若压力不变,体积会增大1700倍,这种剧烈膨胀使砂粒空隙中的气压猛增。

侵入性气孔一般体积较大,单个或数量不多,在铸件的局部(如铸件的凹角处、外表面或内表面等)出现。有时因泥芯受潮或型砂发气量太大会造成气孔丛生,呈蜂窝状,俗称呛火。

防止侵入性气孔的主要措施有:降低型(芯)砂的发气量和提高铸型的排气能力以及应用涂料等。

3. 反应性气孔

浇入铸型中的合金液与铸型之间或在合金液内部发生化学反应所产生的气孔,称为反应性气孔。反应性气孔主要来源于合金液与型砂中的水分反应所形成的气体。这些气体或溶入液态合金中而在冷凝过程中析出,或直接侵入造成气孔缺陷。

合金与铸型间的反应性气孔,通常分布在铸件表面皮下1~3mm(有时只在一层氧化皮下面),表面经加工或清理后,就暴露出许多小气孔,所以通称皮下气孔,也称针孔。

防止反应性气孔的主要措施有:尽量减少浇注前合金液的含气量;提高浇注温度以利于气体的排出;严格控制型(芯)砂的发气量,并提高透气性;合理使用涂料;若使用冷铁,应防止潮湿和锈蚀。此外,浇注时要平稳,以减少合金液的氧化。

第二节 砂型铸造

砂型铸造是应用最广泛的铸造方法,其主要工序为制造模样芯盒、制备造型材料、造型、造芯、合型、熔炼、浇注、落砂清理与检验等。

一、砂型铸造生产过程简介

1. 造型材料的选择

制造铸型(芯)用的材料为造型材料,主要由砂、黏土、有机或无机黏结剂和其他附加物组成。造型材料按一定比例配制,经过混制获得符合要求的型(芯)砂。每生产1t合格铸件,需4~5t型(芯)砂。型(芯)砂应具备的性能是良好的成型性、透气性和退让性,足够的强度和高的耐火性等。铸件中的常见缺陷,如砂眼、夹砂、气孔及裂纹等的产生常是由于型(芯)砂的性能不合格引起的。采用新的造型材料也常能促使造型或造芯工艺的变革。因此合理选择造型材料,制备符合要求的型(芯)砂,可提高铸件质量,降低成本。

按使用黏结剂的不同,型(芯)砂有下列几类。

(1) **黏土砂** 黏土砂是由砂、黏土、水及附加物(煤粉、木屑等)按一定比例制备而成的,以黏土为黏结剂。黏土砂的适应性很强,铸铁、铸钢及铝、铜合金等铸件均适宜,并且不受铸件的大小、重量、形状和批量的限制。它既广泛用于造型,又可用来制造形状简单的大、中型芯,并且黏土砂可用于手工造型,也可用于机器造型。另外,黏土的储量丰富、来源广、价格低廉。黏土砂的回用性好,旧砂仍可重复使用多次,因此应用最广泛。

黏土砂可分为湿型砂和干型砂两大类。湿型砂主要用于中小铸件；干型砂主要用于质量要求高的大、中型铸件。

(2) **水玻璃砂** 水玻璃砂是以水玻璃为黏结剂的一种型砂。目前生产中广泛采用的水玻璃砂是用二氧化碳气体来硬化的。目前，正在推广在水玻璃砂中加入有机酯硬化剂而制得的水玻璃自硬砂。

水玻璃砂制成的砂型一般不需要烘干，硬化速度快，生产周期短。同时，型砂强度高，易于实现机械化，工人劳动条件得以显著改善。但不足之处是铸铁件及大的铸钢件易粘砂，出砂性差，致使铸件的落砂清理困难。此外，水玻璃砂的回用性差。

(3) **油砂、合脂砂及树脂砂** 黏土砂和水玻璃砂，虽然也可用来制造型芯，但对结构形状复杂、要求很高的型芯，则难以满足要求，因此要求芯砂具备更高的干强度、透气性、耐火性、退让性和良好的出砂性，同时要求较低的发气性和吸湿性，并且不易粘芯盒。为满足上述要求，芯砂常需用特殊黏结剂来配制。

1) 油砂及合脂砂。长期以来，植物油（如桐油、亚麻仁油等）一直是制造复杂型芯的主要黏结剂。到目前为止，汽车、柴油机等类工厂仍然用油砂制造发动机缸体、气缸盖、排气管等复杂型芯。因为油砂的强度高，烘干后不易吸湿返潮，且在合金浇注后，由于油料燃烧掉使芯砂强度很低，所以其退让性及出砂性好，并且不易产生粘砂。

尽管油砂性能优良，但油料来源少，价格昂贵，因此常用合脂来代替。用合脂为黏结剂配制的型（芯）砂称为合脂砂。合脂是制皂工业的副产品，性能与植物油相近，且来源丰富，价格便宜，故已得到广泛应用。

2) 树脂砂。以合成树脂为黏结剂配制的型（芯）砂称为树脂砂。树脂砂包括热芯盒砂、冷芯盒砂。热芯盒砂使用的黏结剂是液态呋喃树脂，芯砂射入热芯盒后，在热的作用下固化；冷芯盒砂使用的黏结剂是酚醛树脂，芯砂射入冷芯盒后，在催化剂的作用下硬化。

树脂砂制备的型（芯）不需要烘干，可迅速硬化，故生产率高；型芯强度比油砂高，型芯的尺寸精确、表面光滑，其退让性和出砂性好，同时便于实现机械化和自动化。

2. 造型与造芯

造型是用造型混合料及模样等工艺装备制造铸型的过程，它是砂型铸造的最基本工序。通常分为手工造型和机器造型。生产中应根据铸件的尺寸、形状、生产批量、铸件的技术要求以及生产条件等因素，合理地选择造型方法。

(1) **手工造型** 手工造型是指造型主要的两工序紧实和起模是由手工完成的，它主要用于单件小批生产。各种手工造型方法的特点和适用范围见表 8-2。

(2) **机器造型** 机器造型是指用机器完成全部或至少完成紧实和起模两主要工序的操作。机器造型可提高生产率，提高铸件精度和表面质量，铸件加工余量小，改善了劳动条件，但只有大批量生产时才能显著降低铸件成本。各种机器造型方法的特点和适用范围见表 8-3。

机器造型是采用模板进行两箱造型的。模板是将模样、浇注系统沿分型面与模底板联结成一整体的专用模具，造型后模底板形成分型面，模样形成铸型型腔。机器造型不能进行三箱造型，同时也应避免活块，否则会显著降低造型机的生产率。在设计大批量生产的铸件及确定其铸造工艺时，应考虑这些要求。

第八章 铸造成形

表 8-2 各种手工造型方法的特点和适用范围

造型方法		主 要 特 点	适 用 范 围
按砂型特征分类	两箱造型	造型的最基本方法，铸型由上箱和下箱构成，操作方便	各种生产批量和各种大小的铸件
	三箱造型	铸型由上、中、下三箱构成。中箱高度必须与铸件两个分型面的间距相适应。三箱造型操作费工，且需配有合适的砂箱	单件小批生产。具有两个分型面的铸件
	脱箱造型（无箱造型）	在可脱砂箱内造型，合型后浇注前，将砂箱取走，重新用于新的造型。用一个砂箱可重复制作很多铸型，节约砂箱。需用型砂将铸型周围填实，或在铸型上加套箱，以防浇注时错箱	生产小铸件。因砂箱无箱带，所以砂箱尺寸小于 400mm×400mm×150mm
	地坑造型	在地面以下的砂坑中造型，不用砂箱或只用上箱，大铸件需在砂床下面铺以焦炭，埋上出气管，以便浇注时引气。减少了制造砂箱的费用和时间，但造型费工，劳动量大，要求工人技术水平较高	砂箱不足或生产批量不大、质量要求不高的铸件，如砂箱压铁、炉栅、芯骨等
按模样特征分类	整模造型	模样是整体的，分型面是平面，铸型型腔全部在一个砂箱内。选型简单，铸件不会产生错型缺陷	最大截面在一端且为平面的铸件
	挖砂造型	模样是整体的，分型面为曲面。为起出模样，造型时用手工挖去阻碍起模的型砂。造型费工，生产率低，要求工人技术水平高	单件小批生产。分型面不是平面的铸件
	假箱造型	克服了挖砂造型的挖砂缺点，在造型前预先制作一个与分型面相吻合的底胎，然后在底胎上造下箱。因底胎不参加浇注，故称假箱。比挖砂造型简便，且分型面整齐	在成批生产中需要挖砂的铸件
	分模造型	将模样沿最大截面处分为两半，型腔位于上、下两个砂箱内，造型简单，节省工时	最大截面在中部的铸件
	活块造型	铸件上有妨碍起模的小凸台、肋条等。制模时将这些部分做成活动的（即活块）。起模时先起出主体模样，然后再从侧面取出活块。造型费工，工人技术水平要求高	单件小批生产。带有突出部分难以起模的铸件
	刮板造型	用刮板代替实体模样造型。可降低模样成本，节约木材，缩短生产周期。但生产率低，要求工人技术水平高	等截面的或回转体的大、中型铸件的单件小批生产，如带轮、铸管、弯头等

表 8-3 各种机器造型方法的特点和适用范围

型砂紧实方法	主 要 特 点	适 用 范 围
压实紧实	用较低的比压（砂型单位面积上所受的压力，MPa）压实砂型。机器结构简单、噪声小、生产率高、消耗动力少。型砂的紧实度沿砂箱高度方向分布不均匀，越往下越小	成批生产，高度小于 200mm 的铸件

(续)

型砂紧实方法	主 要 特 点	适 用 范 围
高压紧实	用较高的比压（大于0.7MPa）压实砂型。砂型紧实度高，铸件精度高，表面粗糙度 Ra 值小，废品率低，生产率高，噪声小，灰尘少，易于实现机械化、自动化；但机器结构复杂，制造成本高	大批大量生产，中、小型铸件，如汽车、机车车辆、纺织机械、缝纫机等产品较为单一的制造业
震击紧实	依靠震击力紧实砂型。机器结构简单，制造成本低；但噪声大，生产率低，要求厂房基础好。砂型紧实度沿砂箱高度方向越往下越大	成批生产，中小型铸件
震压紧实	经多次震击后再加压紧实砂型。生产率较高，能量消耗少，机器磨损少，砂型紧实度较均匀，但噪声大	广泛用于成批生产，中、小型铸件
微震压实	在加压紧实型砂的同时，砂箱和模板作高频率、小振幅振动。生产率较高，紧实度较均匀，噪声较小	广泛用于成批生产，中、小型铸件
抛砂紧实	用机械的力量，将砂团高速抛入砂箱，可同时完成填砂和紧实两工序。生产率高，能量消耗少，噪声小，型砂紧实度均匀，适应性广	单件小批生产，成批、大量生产，大、中型铸件或大型芯
射压紧实	用压缩空气将型（芯）砂高速射入砂箱，同时完成填砂、紧实两工序，然后再用高比压压实砂型。生产率高，紧实度均匀，砂型型腔尺寸精确，表面光滑，劳动强度小，易于实现自动化；但造型机调整、维修复杂	大批大量生产形状简单的中、小型铸件

造型机的种类繁多，其紧实和起模方式也有所不同，其中以压缩空气驱动的震压造型机最为常用。图 8-13 所示为震压造型机填砂、震压、压实和起模步骤完成的造型工作。

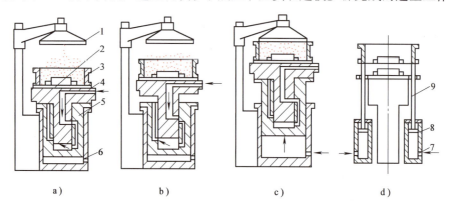

图 8-13 震压造型机

a) 填砂 b) 震压 c) 压实 d) 起模

1—压头 2—模板 3—砂箱 4—震击活塞 5—压实活塞 6—压实气缸 7—进气口 8—气缸 9—顶杆

图 8-13a 所示为填砂过程。将砂箱 3 放在模板 2 上，由输送带送来的型砂通过漏斗（图上未画出）填满砂箱。然后，压缩空气经震击活塞 4、压实活塞 5 中的通道进入震击活塞的底部，顶起震击活塞 4、模板及砂箱。当活塞上升到出气孔位置时，就将气体排入大气。震击活塞、模板、砂箱等因自重一起下落，发生撞击振动。然后，压缩空气再次进入震击活塞底部，如此循环进行，连续撞击振动，使砂箱下部型砂被震实（图 8-13b）。震实完成后，

将压头 1 转到砂箱上方。然后，使压缩空气通过压实气缸底部进气孔进入压实气缸 6 的底部，使压实活塞 5 上升将型砂压实（图 8-13c）。压实终了，压实活塞退回原位，压头转到一边。图 8-13d 所示为顶杆起模过程。

（3）造芯　砂芯主要用于形成铸件的内腔及尺寸较大的孔，也可以形成铸件的外形。最常用的造芯方法是用芯盒造芯。在大批大量生产中，应采用机器造芯。

3. 熔炼与浇注

熔炼是指使金属由固态转变成熔融状态的过程。熔炼的任务是提供化学成分和温度都合格的熔融金属。浇注是将熔融金属从浇包注入铸型的操作。

4. 落砂与清理

落砂是指用手工或机械使铸件与型砂、砂箱分开的操作。清理是指落砂后从铸件上清除表面粘砂、型砂、多余金属（包括浇冒口、氧化皮）等过程的总称。

清理后的铸件应根据技术要求仔细检验，判断铸件是否合格。技术条件允许焊补的缺陷应进行焊补。合格的铸件应进行去应力退火或自然时效。

二、铸造工艺图的制订

铸造生产必须根据铸件的结构特点、技术要求、生产批量、生产条件等进行铸造工艺设计，并绘制铸造工艺图。铸造工艺图是按规定的工艺符号或文字直接在零件图上绘制出表示铸型分型面、浇注位置、型芯结构尺寸、浇冒口系统、控制凝固措施（如放置冷铁）等的图样。在单件、小批生产情况下，铸造工艺设计只制订铸造工艺图，并以此作为制造模样、铸型和检验铸件的依据。在大批量生产中，制订铸造工艺图是绘制铸件图、模样图和铸型装配图的依据。

为绘制铸造工艺图，必须对铸件进行工艺分析，选择分型面，确定浇注位置，并在此基础上确定铸件的主要工艺参数，进行浇冒口设计等。

1. 分型面和浇注位置的选择

（1）分型面和浇注位置的概念　分型面是指铸型组元间的接合面，即分开铸型便于起模的接合面。浇注位置是指浇注时铸型分型面所处的位置。分型面为水平、垂直和倾斜时，分别称为水平浇注、垂直浇注和倾斜浇注。

（2）分型面和浇注位置的选择原则　分型面和浇注位置的选择对铸件质量及铸造工艺有很大影响，必须全面考虑。首先应保证铸件质量，其次应使操作尽量简化，并考虑具体的生产条件。分型面和浇注位置的选择原则见表 8-4。

2. 铸造工艺参数的确定

铸造工艺参数是与铸造工艺过程有关的某些工艺数据。绘制铸造工艺图，一般需要确定下列工艺参数。

（1）要求的机械加工余量　在毛坯铸件上为了随后可用机械加工方法去除铸造对金属表面的影响，并使之达到所要求的表面特征和必要的尺寸精度而留出的金属余量，称为要求的机械加工余量。它通常依据实际生产条件和有关资料来确定。

要求的机械加工余量的代号字母为 RMA。确定要求的机械加工余量大小程度的级别，称为要求的机械加工余量等级。要求的机械加工余量等级由精到粗分为 A、B、C、D、E、F、G、H、J 和 K 共 10 个等级。

铸件尺寸公差是指对铸件尺寸规定的允许变动量，其代号用字母 CT 表示。铸件的尺寸公差等级由高到低分为 1、2、3、…、16，共 16 个等级。

表 8-4 分型面和浇注位置的选择原则

原则		图 例	
		不合理	合理
一、应保证铸件质量	1. 铸件的重要加工面应处于型腔底面或侧面。因为气体、夹杂物易漂浮在金属液上面，下面金属纯净，结构致密		
	2. 铸件的大平面尽可能朝下。这是因为型腔顶面浇注时烘烤严重，型砂易开裂形成夹砂、结疤等缺陷		
	3. 铸件的薄壁部分件应放在铸型的下部或侧面。以免产生浇不足、冷隔等缺陷		
	4. 铸件的厚大部分应放在上部或侧面。便于安置浇口、冒口补缩		

（续）

第八章 铸造成形

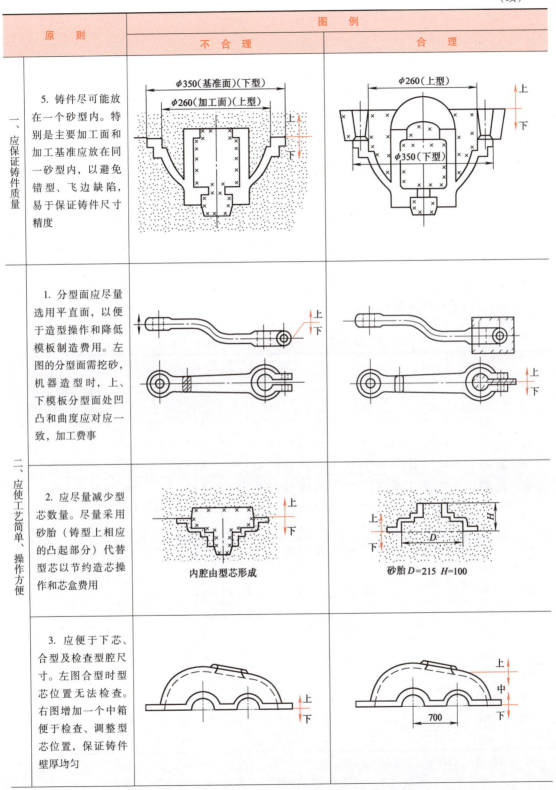

原则	图例	
	不合理	合理
一、应保证铸件质量	5. 铸件尽可能放在一个砂型内。特别是主要加工面和加工基准应放在同一砂型内，以避免错型、飞边缺陷，易于保证铸件尺寸精度	
二、应使工艺简单、操作方便	1. 分型面应尽量选用平直面，以便于造型操作和降低模板制造费用。左图的分型面需挖砂，机器造型时，上、下模板分型面处凹凸和曲度应对应一致，加工费事	
	2. 应尽量减少型芯数量。尽量采用砂胎（铸型上相应的凸起部分）代替型芯以节约造芯操作和芯盒费用	
	3. 应便于下芯、合型及检查型腔尺寸。左图合型时型芯位置无法检查。右图增加一个中箱便于检查、调整型芯位置，保证铸件壁厚均匀	

179

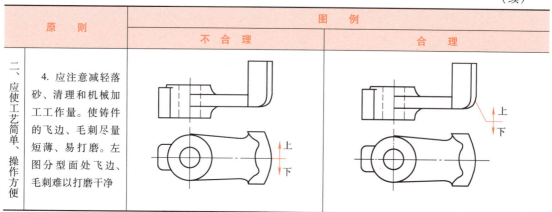

当铸件尺寸公差等级和要求的机械加工余量等级确定后，就可以按铸件的公称尺寸在表8-5中查出铸件尺寸公差值，在表8-6中查出铸件要求的机械加工余量值。铸件的基本尺寸是指机械加工前的毛坯铸件的尺寸，包括必要的机械加工余量（详见GB/T 6414—1999《铸件—尺寸公差与机械加工余量》）。

表8-5　铸件尺寸公差值（摘自GB/T 6414—1999）　　　　（单位：mm）

毛坯铸件公称尺寸		铸件尺寸公差等级CT[①]														
大于	至	1	2	3	4	5	6	7	8	9	10	11	12	13[②]	14[②]	15[②]	16[②,③]
—	10	0.09	0.13	0.18	0.26	0.36	0.52	0.74	1.0	1.5	2	2.8	4.2	—	—	—	—
10	16	0.10	0.14	0.20	0.28	0.38	0.54	0.78	1.1	1.6	2.2	3.0	4.4	—	—	—	—
16	25	0.11	0.15	0.22	0.30	0.42	0.58	0.82	1.2	1.7	2.4	3.2	4.6	6	8	10	12
25	40	0.12	0.17	0.24	0.32	0.46	0.64	0.9	1.3	1.8	2.6	3.6	5	7	9	11	14
40	63	0.13	0.18	0.26	0.36	0.50	0.70	1.0	1.4	2.0	2.8	4	5.6	8	10	12	16
63	100	0.14	0.20	0.28	0.40	0.56	0.78	1.1	1.6	2.2	3.2	4.4	6	9	11	14	18
100	160	0.15	0.22	0.30	0.44	0.62	0.88	1.2	1.8	2.5	3.6	5	7	10	12	16	20
160	250	—	0.24	0.34	0.50	0.72	1.0	1.4	2	2.8	4.0	5.6	8	11	14	18	22
250	400	—	0.40	0.56	0.78	1.1	1.6	2.2	3.2	4.4	6.2	9	12	16	20	25
400	630	—	—	0.64	0.9	1.2	1.8	2.6	3.6	5	7	10	14	18	22	28
630	1000	—	—	0.72	1.0	1.4	2.0	2.8	4.0	6	8	11	16	20	25	32
1000	1600	—	—	0.80	1.1	1.6	2.2	3.2	4.6	7	9	13	18	23	29	37
1600	2500						2.6	3.8	5.4	8	10	15	21	26	33	42
2500	4000							4.4	6.2	9	12	17	24	30	38	49
4000	6300								7	10	14	20	28	35	44	56
6300	10000									11	16	23	32	40	50	64

① 在等级CT1～CT15中对壁厚采用粗一级公差。

② 对于不超过16mm的尺寸，不采用CT13～CT16的一般公差，对于这些尺寸应标注个别公差。

③ 等级CT16仅适用于一般公差规定为CT15的壁厚。

表8-6 铸件要求的机械加工余量（摘自 GB/T 6414—1999）　　（单位：mm）

最大尺寸[①]		要求的机械加工余量等级									
大于	至	A[②]	B[②]	C	D	E	F	G	H	J	K
—	40	0.1	0.1	0.2	0.3	0.4	0.5	0.5	0.7	1	1.4
40	63	0.1	0.2	0.3	0.3	0.4	0.5	0.7	1	1.4	2
63	100	0.2	0.3	0.4	0.5	0.7	1	1.4	2	2.8	4
100	160	0.3	0.4	0.5	0.8	1.1	1.5	2.2	3	4	6
160	250	0.3	0.5	0.7	1	1.4	2	2.8	4	5.5	8
250	400	0.4	0.7	0.9	1.3	1.4	2.5	3.5	5	7	10
400	630	0.5	0.8	1.1	1.5	2.2	3	4	6	9	12
630	1000	0.6	0.9	1.2	1.8	2.5	3.5	5	7	10	14
1000	1600	0.7	1	1.4	2	2.8	4	5.5	8	11	16
1600	2500	0.8	1.1	1.6	2.2	3.2	4.5	6	9	14	18
2500	4000	0.9	1.3	1.8	2.5	3.5	5	7	10	14	20
4000	6300	1	1.4	2	2.8	4	5.5	8	11	16	22
6300	10000	1.1	1.5	2.2	3	4.5	6	9	12	17	24

① 最终机械加工后铸件的最大轮廓尺寸。
② 等级 A 和 B 仅用于特殊场合，例如，在采购方与铸造厂已就夹持面和基准面或基准目标商定模样装备、铸造工艺和机械加工工艺的成批生产情况下。

单件小批生产时，铸件的尺寸公差等级与造型材料及铸件材料有关。采用干、湿砂型铸出的灰铸铁件的尺寸公差等级为 CT13～CT15。大批量生产时，铸件的尺寸公差等级与铸造工艺方法及铸件材料有关。采用砂型机器造型方法铸出的灰铸铁件的尺寸公差等级为 CT11～CT13。

铸件要求的机械加工余量等级与铸件的尺寸公差等级应匹配使用。单件小批生产时，采用干、湿砂型铸出的灰铸铁件 CT 与 RMA 的匹配关系是（CT13～CT15）/H；大批量生产时，采用砂型机器造型方法铸出的灰铸铁件 CT 与 RMA 的匹配关系是（CT11～CT13）/H。

铸件上的孔、槽是否铸出，应考虑工艺上的可能性和使用上的必要性。灰铸铁件最小铸出孔的直径（零件孔径减去要求的机械加工余量后的尺寸）对于单件生产为 25～35mm，大量生产为 12～15mm。铸钢件最小铸出孔的直径为 55mm。非铁合金价格昂贵，原则上孔应尽量铸出。

（2）起模斜度　起模斜度是指为使模样容易从铸型中取出或型芯自芯盒中脱出，平行于起模方向模样或芯盒壁上的斜度。起模斜度通常为 3°～15°。

影响起模斜度的因素有垂直壁的高度、造型方法、模样材料等。一般来说，垂直壁越高，斜度越小；机器造型比手工造型的斜度要小一些；金属模比木模的斜度要小一些。

为了使型砂从模样内腔中脱出，形成自带型芯，模样内壁的起模斜度应比外壁大，通常为 3°～10°。

图 8-14 所示的 a、b、c，分别表示上、下、侧表面的切削加工余量；α、β、γ 表示外壁和内壁的起模斜度。

(3) 线收缩率　线收缩率是指铸件从线收缩温度开始，冷却至室温的收缩率，常以模样与铸件的长度差除以模样长度的百分比表示。合金的线收缩率与合金的种类、铸件的结构形状、复杂程度及尺寸等因素有关。通常灰铸铁的线收缩率为 0.7%～1.2%，铸钢件的线收缩率为 2%，非铁合金铸件的线收缩率为 1.5%。

(4) 型芯设计　型芯设计的内容主要包括型芯数量及形状、芯头结构、排气等。

一个铸件所需型芯数量及每个型芯的形状主要取决于铸件结构及分型面的位置。由于造芯费工、费时、增加成本，故应尽量少用型芯。高度小、直径大的内腔或孔应采用自带型芯。芯头是型芯的重要组成部分，起定位、支承型芯、排除型芯内气体的作用。

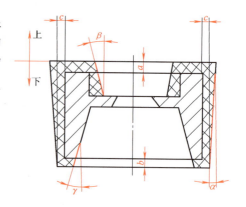

图 8-14　起模斜度与加工余量

根据芯头在砂型中的位置，芯头可分为垂直芯头和水平芯头两种形式。图 8-15 所示为垂直芯头的形式：图 a 所示为上、下都有芯头，用得最多；图 b 所示为只有下芯头，无上芯头，适用于截面较大、高度不大的型芯；图 c 所示为上、下都无芯头，适用于较稳固的大型芯。

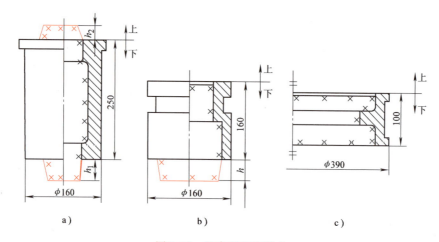

图 8-15　垂直芯头的形式
a) 上、下都有芯头　b) 只有下芯头　c) 上、下都无芯头

水平芯头的一般形式为两个芯头。当型芯只有一个水平芯头，或虽有两个水平芯头仍然定位不稳固而发生倾斜或转动时，还可采用其他形式的芯头，如联合芯头、加长或加大芯头以及安放型芯撑来支承型芯，如图 8-16 所示。

芯头的具体尺寸，一般是根据生产经验并参考有关手册决定，本课程不作具体要求。

3. 浇注系统

为了浇注时将合金液引入型腔而在铸型中开出的通道，称为浇注系统。一般高度较大、形状复杂的铸件，其内浇道应开设在型腔底部，称为底注式；高度小、形状简单的铸件，内浇道多开设在型腔顶部，称为顶注式；大多数铸件内浇道在分型面引入型腔，称为中注式。

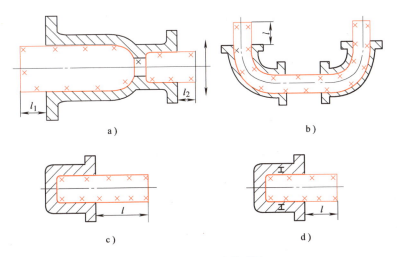

图 8-16 水平芯头的形式

a) 一般形式　b) 联合芯头　c) 加长芯头　d) 芯头加型芯撑

浇注系统各单元的尺寸和形状，可以计算或参考有关手册确定。

4. 冒口

冒口的主要作用是补充铸件凝固收缩时所需的合金，避免产生缩孔。收缩较大的合金（如铸钢）必须考虑设置冒口。冒口设计包括确定冒口位置、尺寸及个数，详见有关手册。

三、综合分析举例

现以图 8-17 所示支承台零件为例，进行综合工艺分析。支承台零件承受中等载荷，起支承作用，材料为灰铸铁（牌号 HT200），小批量生产。

材料为灰铸铁，铸造性能良好，能满足质量要求。支承台是一个回转体构件，宜采用分模两箱造型方法；生产批量小时，宜采用砂型铸造手工造型方法。

1. 选择分型面

选择通过轴线的纵向剖面为分型面，工艺简便。

2. 确定浇注位置

水平浇注使两端面侧立，因两端面为加工面有利于保证铸件质量。

3. 确定工艺参数

（1）加工余量　图样要求仅两端面加工，需留加工余量，$\phi 20mm$ 的 8 个孔不能铸出。如前述，采用干、湿型砂铸型铸出的灰铸铁件的尺寸公差等级为 CT13～CT15，与要求的机械加工余量等级 RMA 的匹配关系是（CT13～CT15）/H。若取 CT14/H，公称尺寸为 200mm（大于 160～250mm，双侧切削加工），查表 8-6 可知，支承台两侧面的加工余量值为 4mm。查表 8-5 可知，铸件的尺寸公差数值为 14mm。

（2）起模斜度　使用木模，起模斜度选择为 $\alpha \approx 3°$。铸件法兰（两端圆盘）较厚，可在远离分型面处减少 2mm 加工余量，以获得起模斜度。

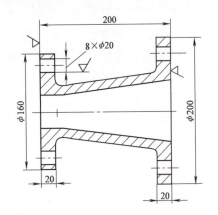

图 8-17 支承台零件图

(3) 线收缩率　材料为灰铸铁,由铸件结构看有一定的受阻收缩,线收缩率选择为1%。

(4) 芯头　支承台具有锥形空腔,宜设计整体型芯,芯头尺寸及装配间隙可查有关手册确定。

浇注系统和冒口设计,本课程对此不作具体要求。

将上面确定的各项内容,用规定的颜色、符号(一般分型线、加工余量、浇注系统均用红线表示;分型线用红色写出"上、下"字样;不铸出的孔、槽用红线打叉表示;芯头边界用蓝色线表示;型芯用蓝色"×"标注)描绘在零件的主要投影图上,铸造工艺图的绘制即告完成,如图 8-18 所示。

根据铸造工艺图就可画出铸件毛坯图,如图 8-19 所示。铸件毛坯图是反映铸件实际形状、尺寸和技术要求的图样,是铸造生产、铸件检验与验收的主要依据。

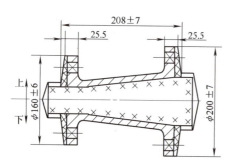

图 8-18　支承台铸造工艺图

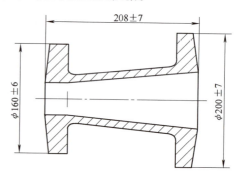

图 8-19　支承台铸件毛坯图

第三节　特种铸造

虽然砂型铸造具有适应性强、生产设备简单等优点,被广泛用于制造业,但是砂型铸造生产的铸件尺寸精度低、表面粗糙、内在质量较差且生产过程复杂。为改变砂型铸造的这些缺点,人们在砂型铸造的基础上,通过改变铸型材料(如金属型、陶瓷型铸造)、模样材料(如熔模铸造、实型铸造)、浇注方法(如压力铸造、离心铸造)等又创造了许多其他的铸造方法。通常把**除砂型铸造以外的其他铸造方法都称为特种铸造**。常用的为:**熔模铸造、金属型铸造、压力铸造、低压铸造、离心铸造和连续铸造等**。

一、熔模铸造

熔模铸造又称精密铸造,是用易熔化的材料制成精确的模样,在模样表面涂挂若干层耐火材料,经硬化之后再将模样熔出,制成无分型面的壳状铸型,浇注合金后获得铸件的一种铸造方法。由于易熔模样大多用蜡质材料制作,故熔模铸造又称为失蜡铸造。

1. 熔模铸造的工艺过程

熔模铸造与砂型铸造的根本区别是用蜡模代替木模(或金属模),因而在制造模样、铸型、浇注等方面都有所不同。现以汽车变速器拨叉为例,说明熔模铸造的工艺过程(图 8-20)。

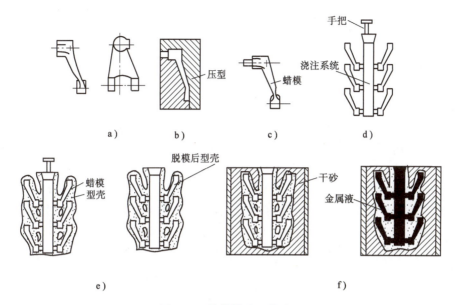

图 8-20 熔模铸造工艺过程
a) 拨叉铸件 b) 制造压型 c) 制造蜡模 d) 焊成蜡模组
e) 制造型壳 f) 填砂、浇注金属

(1) 制造蜡模 蜡模常用50%石蜡和50%硬脂酸配制而成。将熔化的蜡料以糊状压入压型（图8-20b），冷凝后取出即得蜡模（图8-20c）。一般熔模铸件均较小，为提高生产率，通常将若干个蜡模熔焊在预制好的蜡制浇口棒上组成蜡模组（图8-20d），以达到一箱多铸。

压型是制造蜡模的模具，一般用碳素钢、铝合金等经切削加工制成，在试制、单件和小批生产时，也可采用低熔点合金、环氧树脂和石膏等制成。为保证蜡模质量，压型必须有很高的精度和很低的表面粗糙度值，且型腔尺寸必须包括蜡料和铸造合金的双重收缩率。

(2) 制造型壳 型壳的制造包括结壳、脱模、填砂、焙烧等（图8-20e）。

结壳是在蜡模上涂挂耐火涂料层，使其成为具有一定强度的耐火型壳的过程。它是先用黏结剂（多用水玻璃）和石英粉配成涂料，将蜡模组浸挂涂料后，向其表面撒一层石英砂，然后将粘附石英砂的蜡模组放入硬化剂（通常为氯化铵溶液）中，利用反应生成的硅酸溶胶将砂粒粘牢而硬化。为使型壳具有较高的强度，如此重复涂挂3~7次，至结成5~10mm硬壳为止。面层所用的石英粉和石英砂均比以后的各加固层所用的细小，以获得高质量的型腔表面。

制好型壳后，便可开始脱模。通常是将型壳浸泡在85~95℃的热水或蒸汽中，使蜡模熔化而脱出，形成铸型空腔。

焙烧是将脱模后的型壳加热到850~950℃，保温0.5~2h，烧去型腔内的残蜡和水分，并使型壳强度进一步提高。为防止浇注时型壳变形或破裂，常把型壳置于铁箱中，周围用干砂填紧，再装炉焙烧。如型壳强度足够，可不必填砂而直接送入炉内焙烧。

(3) 浇注金属 为提高液态合金的填充能力，防止浇不足等缺陷，常在焙烧后趁热（600~700℃）进行浇注（图8-20f）。

2. 熔模铸造的特点及适用范围

（1）铸件的精度及表面质量较高　尺寸公差等级可达 IT11～IT14。表面粗糙度 Ra 值可达 $1.61\sim12.5\mu m$。可节省加工工时，对于一些精度要求不高的零件，铸出清整后可直接进行装配，是少切削、无切削加工工艺的重要方法。

（2）适用于各种合金铸件　从各种非铁合金到各种碳素钢及合金钢都可以铸造，尤其适用于高熔点及难加工的高合金钢，如耐热钢、不锈钢、磁钢等。

（3）可制造形状复杂的铸件　铸出孔最小直径为 0.5mm，最小壁厚可达 0.3mm。由几个零件组合成的复杂部件，适于用熔模铸造整体铸出。

（4）生产批量没有限制　从单件到大批生产都可以，能实现机械化流水线操作。

（5）铸件的质量不宜过大　一般不超过 25kg，这是因为蜡模强度低，蜡模较大时容易变形，所以只能生产中、小型铸件。

熔模铸造工艺过程较复杂，生产费用高，主要用于成批生产形状复杂、精度要求高、熔点高和难以切削加工的小型零件，如汽轮机叶片、切削刀具、车刀柄、风动工具、变速箱的拨叉、枪支零件以及工艺品等，广泛应用于航空航天、汽车、纺织机械、机床、仪表、电信等工业部门。

值得注意的是近些年快速原形技术和熔模铸造技术的结合有了较大的进展。快速原形技术制作的原形件可以直接用作熔模铸造的蜡模，从而大大缩短了生产周期，具有较好的应用前景。

二、金属型铸造

将液体金属注入金属制成的铸型以获得金属铸件的过程，称为金属型铸造。金属型可以重复使用几百次至几万次，故又称为永久型铸造或铁模铸造。

1. 金属型的构造

金属型根据分型面特点的不同有多种不同的形式，如垂直分型式（图 8-21）、水平分型式（图 8-22）、复合分型式（图 8-23）和铰链开合式（图 8-24）。其中垂直分型式金属型便于开设浇口和取出铸件，应用最多。

制造金属型铸型的材料，多用基体组织为珠光体-铁素体的灰铸铁，有时也可选用碳素钢。为了排出型腔内部的气体，在金属型的分型面上应开出相当多的通气槽。此外，大多数的金属型均开设出气口。为使铸件能在高温下自铸型中取出，大部分金属型要有顶出铸件的机构。

铸件的内腔可应用金属型芯或砂芯得到。金属型芯通常只用于非铁金属铸件。为了从较复杂的内腔中取出金属型芯，型芯可由几块拼合而成，浇注后按先后次序抽出。

2. 金属型铸造的工艺特点

用金属型代替砂型铸造需注意如下工艺特点：

（1）浇注前金属型要预热　浇注前，金属型预热温度一般为 200～350℃，目的是防止因金属液冷却过快和冷却不均匀而造成浇不足、冷隔、裂纹等缺陷。

（2）金属型的型腔应喷刷涂料　型腔表面应喷刷一层耐火涂料（厚度为 0.1～0.5mm），其目的是保护型腔表面，免受金属液的直接冲击和热击；利用涂料的厚薄可改变铸件各部分的冷却速度；还可起蓄气和排气作用。涂料一般由耐火材料（石墨粉、氧化锌、石英粉和耐火黏土等）、水玻璃黏结剂和水制成。

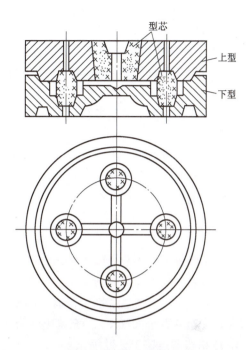

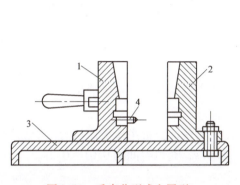

图 8-21 垂直分型式金属型
1—活动半型 2—固定半型 3—底座 4—定位销

图 8-22 水平分型式金属型

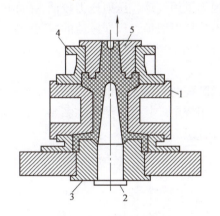

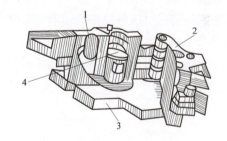

图 8-23 复合分型式金属型
1~5—金属型构件

图 8-24 铰链开合式金属型
1—固定半型 2—活动半型 3—底板 4—铸件

（3）应尽早开型取出铸件　由于金属型无退让性，浇注后如果铸件在铸型中停留时间过长，易引起过大的内应力而导致开裂，甚至会卡住铸型。因此铸件冷凝后应及时从铸型中取出。通常铸铁出型温度为 780~950℃，开型时间为 10~60s。

（4）防止铸铁件白口　灰铸铁件用金属型浇注，出现白口的倾向很大，因此铸件不能过薄（通常壁厚应大于 15mm），铁液的碳、硅总量应高（通常 $w_C + w_{Si} > 6\%$），厚薄差别较大的铸件最好采用经孕育处理的铁液。为消除已有的白口，应利用出型时的余热及时进行退火。

3. 金属型铸造的特点及应用范围

1) 金属型铸件比砂型铸件具有更高的尺寸精度和表面粗糙度精度，故机械加工余量小。

2) 由于冷速快、晶粒细密，故铸件的力学性能得到了提高。如铝合金金属型铸件抗拉强度可提高25%，屈服强度平均提高约20%。

3) 由于金属型可承受多次浇注，实现了一型多铸，从而节约了大量工时和型砂，提高了劳动生产率，改善了劳动条件（金属型铸造必须采用机械化和自动化装置，否则劳动条件更加恶劣）。

金属型制造成本高，不宜生产大型、形状复杂（因抽芯困难）和薄壁铸件。主要适用于大批生产的非铁合金铸件，如铝合金活塞、气缸体、气缸盖、油泵壳体及铜合金轴瓦、轴套等，对于钢铁只限于形状简单的中、小件。

三、压力铸造

在高压作用下，使液态或半液态金属，在压铸机中以高速填充铸型的型腔，并在压力作用下进行结晶而获得铸件的方法，称为压力铸造，简称压铸。

高压高速是压力铸造区别于普通金属型铸造的重要特征。常用压射比压为几个至几十个兆帕（几十至几百个大气压），充填速度为0.5~50m/s，充填时间为0.01~0.2s。

1. 压铸机和压铸工艺过程

压铸过程主要由压铸机来实现。压铸机按压射部分的特征可分为热压室式和冷压室式两大类。热压室式的特点是将储存金属液体的坩埚炉作为压射机构的一部分，即压室浸在液态金属中工作。这种压铸机仅能压铸熔点较低的金属，因为采用气动，压射压力较低，所以很少使用。目前广泛应用的是冷压室式压铸机，其压室不包括坩埚炉，仅在压铸的短暂时间内接触金属液。冷压室式压铸机以高压油来驱动，其合型力比热压室式压铸机大，通常为0.25~2.5MN，可用来压铸铝、镁、锌、铜等铸件。

冷压室式压铸机按压射冲头的运动方向分为立式和卧式两大类。其中卧式结构简单，生产率高，液态金属进入型腔流程短，压力损失小，故使用较广。其总体结构如图8-25所示，主要由合型机构、压射机构、动力系统和控制系统等部分组成。

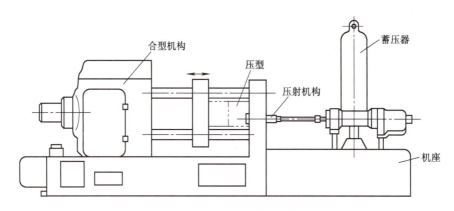

图8-25　冷压室卧式压铸机总体结构

压铸所用的铸型模具称为压型，压型与垂直分型的金属型相似，其半个在压铸机上是固定的，称为定型；另外半个可以水平移动，称为动型。压型上装有拨出金属型芯的机构和自动顶出铸件的机构。压型的精度和表面质量要求极高，必须采用专用的合金工具钢来制造和进行严格的热处理。压铸时，压型应保持120～280℃的工作温度，并喷刷涂料。

压铸工艺过程如图8-26所示，其主要工序为：闭合压型、倾入金属（图8-26a）；压射冲头向前推进，将金属液压入型中（图8-26b）；打开压型、顶出铸件（图8-26c）。

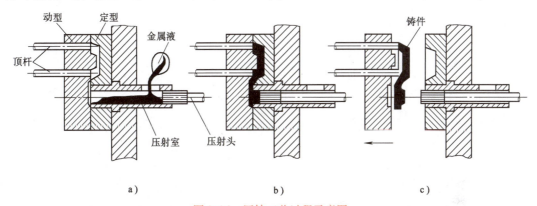

图8-26 压铸工艺过程示意图
a) 合型、浇注 b) 压射 c) 开型、顶出铸件

2. 压力铸造的特点及应用范围

(1) 铸件精度高 压力铸造是将液态金属在高压下浇入铸型的，由于极大地提高了合金的流动性，故可浇注出极复杂的、薄壁的精密铸件，并可直接铸出细小的螺纹、孔、齿、槽、凸纹及文字。铸件精度可达IT11～IT13，表面粗糙度Ra值可达0.8～3.2μm。故大部分铸件都不需机械加工或少量机械加工后即可使用。

(2) 铸件强度高 由于压型冷却快，又在压力下结晶，因而压铸件的内部组织细密，强度比砂型铸造提高了20%～40%。

(3) 生产率高 压铸生产率比其他任何铸造方法都高得多，有时甚至比冲压还高，每小时可压铸50～150次。这一方面是由于压铸机的生产率高，另一方面是省去了全部或绝大部分机械加工的原因。

(4) 便于采用镶嵌法 压铸的一个很大的优点是可以采用镶嵌法，使零件制造过程简化，所谓镶嵌法是将预先制好的嵌件放入压型中，通过压铸使嵌件与压铸合金结合成整体。镶嵌法可制出通常难以制出的复杂件，如有深腔孔、内侧凹、无法抽芯的铸件等。图8-27a所示为难以抽芯的深腔件，若按图8-27b所示，先用相同的合金压铸出圆筒作为第二次压铸的嵌件，便可铸出。

镶嵌法还可采用其他金属或非金属材料制成的嵌件，以改善铸件某些部位的性能，如强度、耐磨性、绝缘性、导电性等。如图8-28所示的镶铜衬、镶宝石，还可以节省许多贵重的材料。

压力铸造虽是少、无切削加工的重要工艺，但也存在以下问题：
1) 压铸设备投资大，制造压型费用高、周期长，只有在大量生产条件下在经济上才合算。
2) 压铸合金的品种受限制，如压铸高熔点合金（钢、铸铁等）时压型寿命很短，难以适用，所以主要适用于铝、镁、锌等非铁合金。

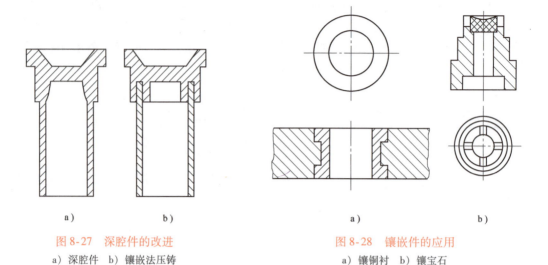

图 8-27 深腔件的改进
a) 深腔件 b) 镶嵌法压铸

图 8-28 镶嵌件的应用
a) 镶铜衬 b) 镶宝石

3) 由于压铸速度高，型腔内的气体很难排除，所以内部常有小气孔，会影响内部质量。

4) 上述气孔是在高压下形成的，在加热时因气体膨胀，常使铸件表面不平或变形，所以压铸件不能进行热处理，也不宜在高温下工作。压铸工艺的这些缺点，使其适用范围受到很大限制。

目前，压力铸造主要适用于非铁金属的小型、薄壁、复杂铸件的大量生产，在汽车、仪表、电器、无线电、航空以及日用品制造中获得广泛的应用。压铸件的力学性能、极限尺寸及应用举例见表 8-7。

表 8-7 压铸件的力学性能、极限尺寸及应用举例

合金种类	力学性能			适宜壁厚/mm	最小孔径/mm	螺纹最小尺寸		齿轮最小模数/mm	应用举例
	R_m/MPa	A(%)	HBW			直径/mm	螺距/mm		
锌合金	250~380	2~5	65~120	1~4	0.8	10	0.75	0.3	电表骨架、汽车化油器、照相机零件
铝合金	160~220	0.5~2	50~100	1.5~5	2.5	20	1.0	0.5	汽车缸体、车门、喇叭、减压阀、电动机转子
镁合金	150	1~2	—	1.5~5	2.0	15	1.0	0.5	飞机零件

四、低压铸造

低压铸造是介于重力铸造（如砂型、金属型铸造）和压力铸造之间的一种铸造方法。它是**使液态合金在压力下，自下而上地充填型腔，并在压力下结晶，以形成铸件的工艺过程**。由于所用的压力较低（2~7N/cm²），所以称为低压铸造。

1. 低压铸造的工艺过程

图 8-29 所示为低压铸造的工作原理示意图。该装置的下部为一密闭的保温坩埚炉，用

以储存熔炼好的金属液。坩埚炉的顶部紧固着铸型（通常为金属型），垂直的升液管使金属液与朝下的浇口相通。铸型为水平分型，金属型在浇注前必须预热，并喷刷涂料。低压铸造的工艺过程如下。

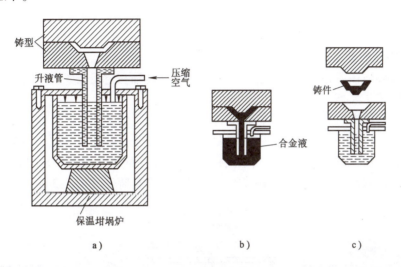

图 8-29　低压铸造的工作原理示意图
a）合型　b）压铸　c）开型取出铸件

（1）升液、浇注　通入干燥的压缩空气，合金液在较低压力下从升液管平稳上升，注入型腔。

（2）增压、凝固　型内合金液在较高压力下结晶，直至全部凝固。

（3）减压、降液　坩埚上部与大气连通，升液管与浇口内尚未凝固的合金液因重力作用而流回坩埚。

（4）开型　取出铸件。

2. 低压铸造的特点和应用范围

1）底注充型，平稳且易控制，减少了金属液注入型腔时的冲击、飞溅现象，提高了产品的合格率。

2）金属液上升速度和结晶压力可人为控制，故适于各种不同的铸型，如金属型、砂型、熔模型壳、树脂型壳等。

3）不需另设冒口，而由浇口兼起补缩作用，故浇注系统简单，金属利用率高（通常利用率为 90%～95%）。

4）与重力铸造（砂型、金属型）相比，铸件的轮廓清晰，组织致密，力学性能好，尤其是对大型薄壁件的铸造非常有利。

此外，设备较压力铸造简易，便于实现机械化和自动化生产。

低压铸造是 20 世纪 60 年代发展起来的一种新工艺，在国内外均受到普遍重视。目前我国主要用来生产质量要求高的铝、镁合金铸件，如发动机的缸体和缸盖、高速内燃机的活塞、带轮、纺织机零件等，并已用它成功地制造出重达 30t 的铜螺旋桨及球墨铸铁曲轴等。但低压铸造如何消除铝、镁合金铸件中的氧化夹渣和提高升液管的使用寿命等问题，还有待于进一步解决。

五、离心铸造

将液态合金浇入高速旋转（250～1500r/min）的铸型中，使金属液在离心力作用下充填铸型并结晶，这种铸造方法称为离心铸造。

1. 离心铸造的基本类型

离心铸造必须在离心铸造机上进行，根据铸型旋转轴在空间位置的不同，离心铸造机可分为立式和卧式两大类。

立式离心铸造机的铸型是绕垂直轴旋转的，此种方式的优点是便于铸型的固定和金属的浇注。生产中空铸件时，金属液并不填满型腔，这样便于自动形成空腔。而铸件的壁厚则取决于浇入的金属量。但此种方式形成中空铸件的自由表面（即内表面）呈抛物线形状，使铸件上薄下厚，因此主要用来生产高度小于直径的短套类铸件（图8-30a）。

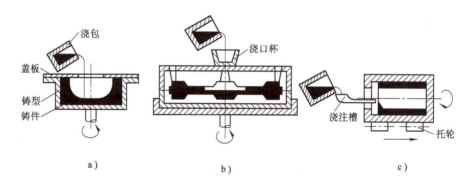

图8-30 离心铸造示意图
a）短套类铸件 b）成形铸件 c）长套类铸件

立式离心铸造机也可生产成形铸件，如图8-30b所示，浇注时金属液填满型腔，故不形成自由表面，金属液在离心力作用下充型力得到提高，便于流动性较差的合金和薄壁铸件，如涡轮、叶轮等铸件的成形，而且浇口可起补缩作用，使组织致密。

卧式离心铸造机上的铸型是绕水平轴旋转的（图8-30c），由于铸件在各部分的冷却条件相近，中空铸件无论在长度还是圆周方向的壁厚都是均匀的，因此适于生产长度较大的套筒和管类铸件。

2. 离心铸造的特点及应用范围

1）在离心力作用下，铸件呈由外向内的顺序凝固，金属中的气体、熔渣等夹杂物因密度小而集中在内表面，铸件组织致密，无缩孔、缩松、气孔、夹渣等缺陷，力学性能好。

2）合金的充型能力强，便于流动性差的合金及薄件的生产。

3）在不用型芯和浇注系统的情况下能生产中空铸件，大大简化了生产过程，但内腔表面粗糙，尺寸不够精确，必要时需进行切削加工。

4）容易产生密度偏析，所以不宜铸造对密度偏析较敏感的合金及轻合金，如铅青铜、铝合金、镁合金等。

离心铸造主要用于生产回转体的中空铸件，如铸铁管、气缸套、活塞环、造纸机卷筒等。它也可用于生产双金属铸件，如钢套镶铜轴承等，其结合面牢固、耐磨，可节省许多贵重金属。

六、连续铸造

连续铸造是生产铸管和铸锭的一种铸造方法，其原理是**将液态金属不断地浇入称为结晶器的特殊金属型中，然后将冷凝的铸件连续不断地从结晶器的另一端拉出，按需要截取，可获得任意长度的铸件。**

1. 连续铸造的工作原理

连续铸造的工作原理如图 8-31 所示，液态金属从浇包 6 浇入雨淋式转动浇杯 5，连续而均匀地注入内结晶器 3 与外结晶器 2 的间隙中，液态金属在水冷却的内外结晶器之间逐步凝固成有一定强度的硬壳，内部呈半凝固状态，借助于电力升降盘 9 将成形的铸铁管 7 以相应的速度从结晶器内向下拉出，拉到管子的标准长度。

连续铸锭的工作原理如图 8-32 所示，在结晶器 2 中由下端插入一引锭 5，以形成结晶器的底，然后浇入金属液，当液面达到一定高度时，开动拉锭机构（拉锭辊子 4），使铸锭随着引锭下降（引锭上有燕尾槽）。上方不断地浇入金属液，下方则将凝固的铸件按所需长度用锯或气割切断。它也可连铸、连轧以减少工序，提高工效。

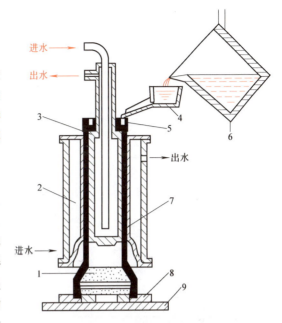

图 8-31 连续铸造的工作原理
1—承口砂芯 2—外结晶器 3—内结晶器 4—流量控制器 5—雨淋式转动浇杯 6—浇包 7—铸铁管 8—引管板 9—升降盘

2. 连续铸造的特点及应用范围

1) 连续铸造免去了浇口、冒口，降低了金属消耗。

2) 冷却迅速，表层组织细密，且易实现机械化生产，生产率高。

3) 铸件合金不受限制，钢、铁、铜、铝及其他合金均可铸造。

连续铸造主要用于自来水管道、煤气管道及铸锭的生产，铸管的内径可为 300~1200mm，长度可达 6000mm。

七、各种铸造方法比较

各种铸造方法都有其优缺点和最适宜的应用范围，选用时必须结合生产的具体情况，如铸件的结构形状、尺寸、重量、合金种类、技术要求、生产批量、车间设备及技术状况等来进行全面分析，综合考虑，才能正确地选择铸造方法。

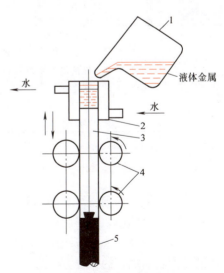

图 8-32 连续铸锭的工作原理
1—浇包 2—结晶器 3—铸锭 4—拉锭辊子 5—引锭

尽管砂型铸造有许多缺点，但其适应性强，所用设备比较简单，因此它仍然是当前生产中最基本的方法。特种铸造方法仅在一定条件下才能显示其优越性。各种铸造方法的比较见表8-8。

表8-8 各种铸造方法的比较

铸造方法 比较项目	砂型铸造	熔模铸造	金属型铸造	压力铸造	低压铸造	离心铸造	连续铸造
适用金属及合金范围	不限制	不限制，以钢为主	不限制，以非铁金属为主	以铝、锌等低熔点合金为主	以非铁金属为主	以铸铁、铜合金为主	钢铁和非铁金属
铸件质量	不限制	一般<25kg	以中小铸件为主，也可用于数吨的大件	一般为10kg以下小件，也用于中等铸件	一般为中、小铸件，最重达数百千克	不限制	大、中、小型铸件
铸件的最小壁厚/mm	3	通常0.7，孔径ϕ（1.5~2）mm	铝合金>2~3 铸铁>4 铸钢>5	0.5~1.0 孔径ϕ0.7mm	—	最小内孔径ϕ7mm	
生产批量	不限制	成批、大量，也可以单件	大批、大量	—	大批、大量	成批、大量	成批、大量
铸件的尺寸公差/mm	100±1.0	100±0.3（GB8~9级）	100±0.4（GB7~10级）	100±0.3	100±0.4	—	
表面粗糙度Ra/μm	粗糙	1.6~12.5	6.3~12.5	0.8~3.2	3.2~12.5	内孔粗糙	6.3~12.5
铸件内部质量	粗晶粒	粗晶粒	细晶粒	细晶粒	细晶粒，内部多有气孔	缺陷很少	细晶粒
铸件加工余量	大	大或不加工	小	不加工	小	内孔加工余量大	—
生产率（一般机械化程度）	低、中	低、中	中、高	最高	中	中、高	高
应用举例	各种铸件	刀具，动力机械叶片，汽车、拖拉机零件，测量仪器，电信设备、计算机零件等	铝活塞、水暖器材水轮机叶片、一般非铁金属铸件	汽车化油器、喇叭、电器、仪表、照相机零件	发动机缸体、缸盖、壳体、箱体、船用螺旋桨，纺织机零件	各种铁管、套筒环、辊、叶轮、滑动轴承等	各种煤气管、水管及铸锭

八、铸造成形技术的发展趋势

近几十年来，我国铸造技术发展迅速，在型、芯砂方面，推广了快速硬化的水玻璃砂及各类自硬砂，成功地运用树脂砂快速制造高强度砂芯。精密铸造技术的发展，使铸件表面质量有了很大的提高，公差等级最高可达 IT11~IT12，表面粗糙度 Ra 值可达 0.8μm，已成为少切削及无切削加工的重要方法之一。在铸造合金方面，发展了高强度、高韧性的球墨铸铁和各类合金铸件，成功地用球墨铸铁件代替某些锻钢件。在铸造设备方面，已建立起先进的机械化、自动化高压造型生产线。在铸造成形方法方面，开发了实型铸造、气冲造型法、半固态加工等新工艺。所有这些新技术的采用，特别是计算机技术（CAD/CAE/CAM）和快速原形技术的应用使铸件质量和生产率不断提高，劳动条件不断改善。在 21 世纪，铸造成形技术将朝着绿色、高度专业化、数字化、网络化、智能化和集约化的方向发展。

第四节 铸件的结构设计

进行铸件设计时，不仅要保证其工作性能和力学性能要求，还必须认真考虑铸造工艺和合金铸造性能对铸件结构的要求，并使铸件的具体结构与这些要求相适应。结构与工艺之间的关系，通常称为结构工艺性。铸件的结构是否合理，即其结构工艺性是否良好，对铸件的质量、生产率及其成本有很大影响。当产品是单件、小批生产时，则应使所设计的铸件尽可能在现有条件下生产出来；当产品是大批量生产时，铸件结构应便于采用机器造型。当某些铸件需采用特种铸造方法（如金属型铸造、熔模铸造、压力铸造等）生产时，还必须考虑这种方法对铸件结构的要求。

一、铸件结构与合金铸造性能的关系

与合金的铸造性能有关的铸造缺陷，如缩孔、缩松、裂纹、变形、浇不足、冷隔等，有时是由于铸件的结构不够合理所致。往往在采用更合理的铸件结构后，便可以消除这些缺陷，见表8-9。

表 8-9 合金铸造性能对铸件结构的要求

分类	要求	不合理的	合理的
一、铸件的壁厚	1. 铸件应有合适的壁厚。减小壁厚虽可以减小铸件质量，但过小的壁厚往往不易浇满。铸件最小允许壁厚见表8-10	太薄易浇不到	
	2. 铸件壁厚力求均匀，减小厚大部分，防止热节产生，避免形成缩孔、缩松和裂纹	缩松	
	3. 铸件内壁厚度应略小于外壁厚度。内壁散热条件差，减薄厚度可使整个铸件均匀冷却	缩松 A=B	A<B
	4. 壁厚分布应符合顺序凝固原则。铸件侧壁应呈倒锥状，上厚下薄，有利于补缩	缩松 铸钢阀体易产生缩松	倒锥状

(续)

分类	要 求	不合理的	合 理 的
二、壁的连接	1. 壁的连接处应有结构圆角（设计圆角）。圆角大小应与壁厚相适应，过小、过大都会造成热节	缩孔 圆角过小	$r = (1/3 \sim 1/2)a$ $R = r+a$
	2. 两壁斜向相交时，应避免锐角接头（Y形接头），而用直角接头（T形接头）	Y形接头	$r = (1/3 \sim 1/2)a$ $R = r+a$ T形接头
	3. 尽量采用交错接头（中、小件）和环形接头（大件），避免交叉接头	交叉接头	交错接头 环形接头
	4. 厚度不同的壁连接时，应逐渐过渡，避免突变。突变处易形成应力集中和裂纹		$b > 2a$ $L \geq 4(b-a)$（铸铁） $L \geq 5(b-a)$（铸钢） $b \leq 1.5a$ $R \geq \dfrac{2a+b}{2}$
三、避免变形和裂纹的结构	1. 细长易挠曲的铸件应设计为对称截面。由于对称截面的相互抵消作用，使变形大大减小		

(续)

分类	要 求	不合理的	合理的
三、避免变形和裂纹的结构	2. 合理设置加强肋，以提高平板铸件的刚度，防止变形		
	3. 较大的带轮、飞轮、齿轮的轮辐可做成弯曲的、奇数的或带孔辐板。这时可借轮辐或轮缘的微量变形自行减缓铸造应力，防止开裂	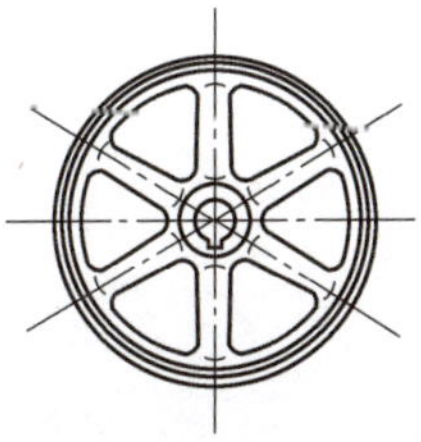	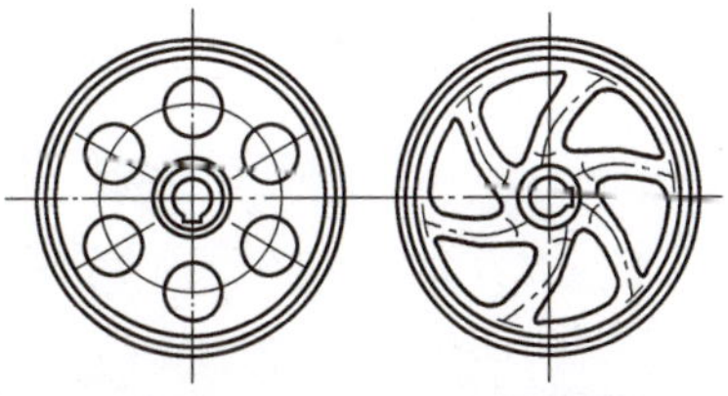 带孔辐板　　弯曲轮辐

注：1. 灰铸铁由于铸造性能好，形成缩孔、裂纹倾向小，所以对壁厚均匀性、壁的连接、轮辐的要求等不严格，往往用左图结构。
　　2. 铸钢铸造性能很差，形成缩孔、裂纹倾向大，要严格注意其结构工艺性。

表 8-10 给出的是铸件最小允许壁厚。当所设计的铸件壁厚小于表中规定的数值时，应把壁厚加大到最小壁厚，否则易产生浇不足、冷隔等缺陷。但是，还必须注意到，合金铸件还有一个临界壁厚（砂型铸造时，临界壁厚为最小壁厚的三倍）。当铸件的壁厚超过临界壁厚时，铸件的强度并不按比例地增大，而是明显地降低，这是由于铸件壁心部的冷却速度缓慢，晶粒粗大，而且易产生缩孔、缩松等缺陷。因此，不应单纯以增加壁厚来提高铸件的承载能力，而应通过选择合理的截面形状，如 T 字形、工字形及铸肋等方法来满足强度、刚度的要求。

表 8-10　铸件最小允许壁厚　　　　　　　　　　（单位：mm）

铸型种类	铸件尺寸/mm×mm	铸　钢	灰铸铁	球墨铸铁	可锻铸铁	铝合金	铜　合　金
砂型	<200×200	6~8	5~6	6	4~5	3	3~5
	200×200 ~500×500	10~12	6~10	12	5~8	4	5~8
	>500×500	15~20	15~25	—	—	5~7	—
金属型	<70×70	5	4	—	2.5~3.5	2~3	3
	70×70 ~150×150	—	5	—	3.5~4.5	4	4~5
	>150×150	10	6	—	—	5	6~8

二、铸件结构与砂型铸造工艺的关系

铸件结构应尽可能使制模、造型、造芯、合型等过程简化，避免不必要的人力、物力耗费，防止废品，并为实现机械化生产创造条件。表 8-11 为砂型铸造工艺对铸件结构的要求。

表 8-11　砂型铸造工艺对铸件结构的要求

结构分类	对铸件结构的要求	图例	
		不合理的	合理的
一、铸件的外形	1. 尽量避免外表面有侧凹。右图便于起模，省去外型芯，简化制模和造型过程	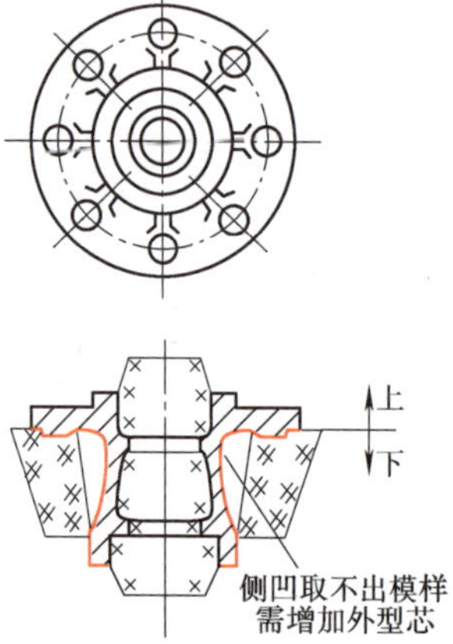	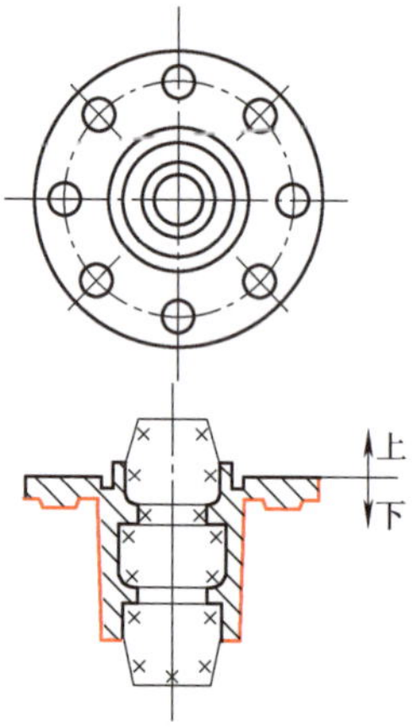
	2. 尽量使分型面为平面。右图去掉不必要的外圆角，省去挖砂操作	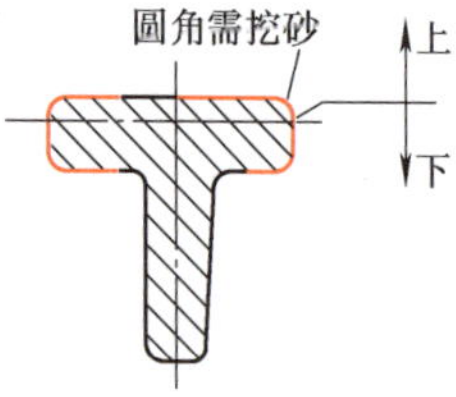	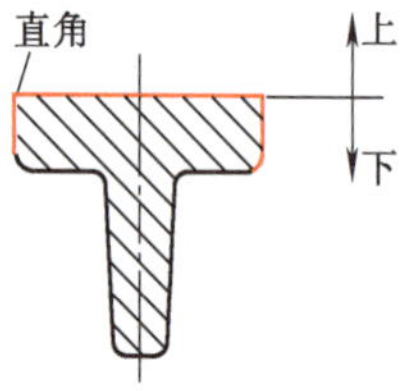
	3. 凸台和肋条等结构应便于起模 左图需用三箱造型才能取出凸台，但尺寸 K 不易保证；右图可用两箱造型，铸件尺寸易保证	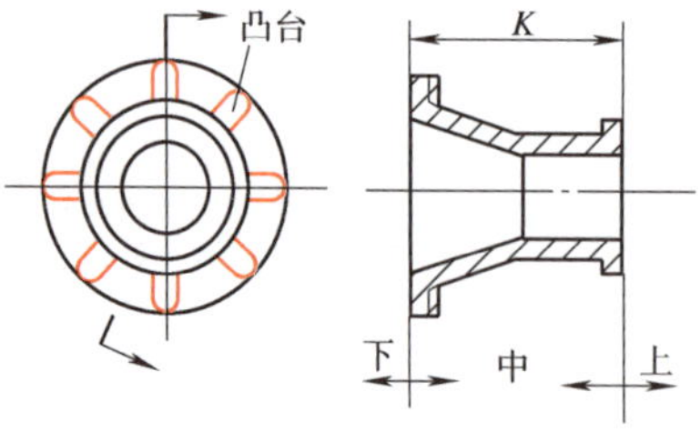	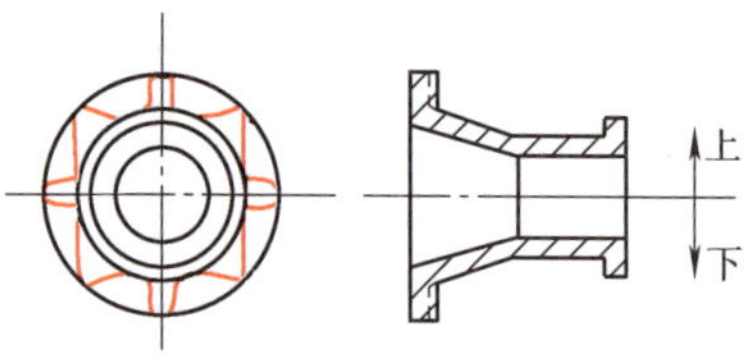

(续)

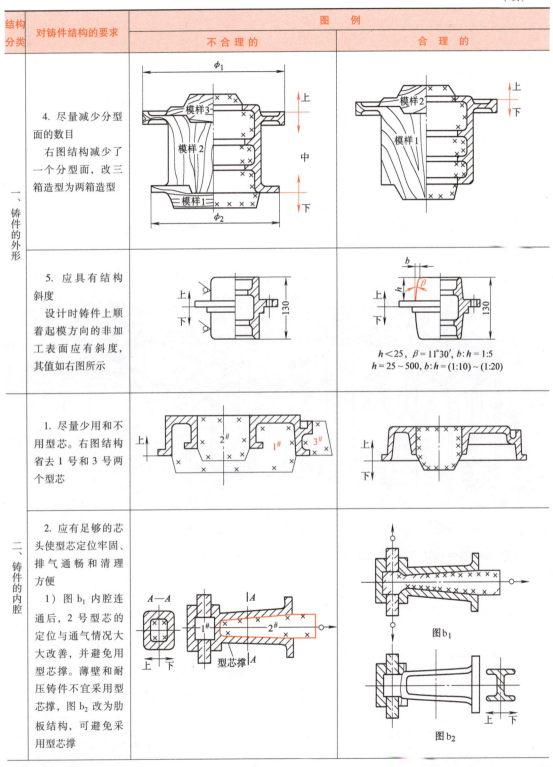

(续)

结构分类	对铸件结构的要求	图 例	
		不合理的	合理的
二、铸件的内腔	2）左图为封闭结构，无法铸出。右图增加工艺孔，改善型芯的定位、通气及清理性		
三、组合铸件	对铸件结构的要求：对于某些大型复杂铸钢件，在生产条件不允许整体铸造时，可采用组合铸件，即将一个铸件分成几部分铸造，然后焊接或用螺钉连接成一整体。因铸件由大化小，结构由复杂变简单，故制模、造型（芯）、落砂、清理等过程大为简化，加工、运输也方便，铸件质量易保证，但组合件刚度不如整铸件好		

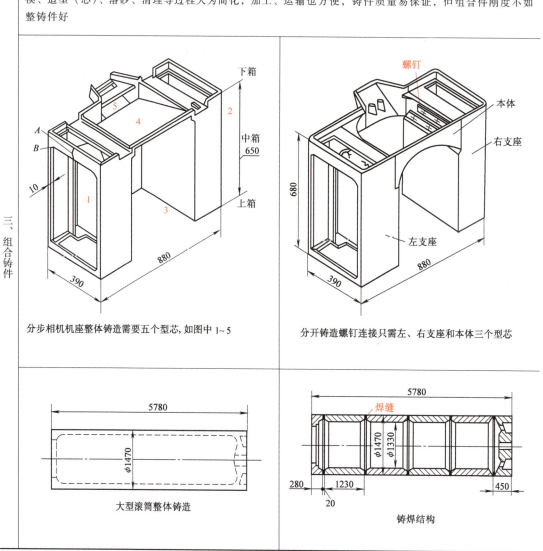

分步相机机座整体铸造需要五个型芯，如图中 1~5

分开铸造螺钉连接只需左、右支座和本体三个型芯

大型滚筒整体铸造

铸焊结构

三、铸件结构与特种铸造的关系简介

不同铸造方法对铸件结构有着不同的要求，下面简单介绍熔模铸造、金属型铸造、压力铸造特种铸造方法对铸件结构的特殊要求。

1. 熔模铸造

除满足一般铸造工艺的要求外，熔模铸件结构还应注意下列问题：

1）铸件上的孔、槽不宜过小或过深。通常，孔径应>2mm（薄件>0.5mm）。通孔时，孔深/孔径≤4~6；不通孔时，孔深/孔径≤2。槽宽应>2mm，槽深为槽宽的2~6倍。

2）壁厚应尽可能满足顺序凝固的要求，不应有分散的热节，以便能用浇口进行补缩。

3）铸件的壁厚不宜过薄，一般应为2~8mm。

2. 金属型铸造

1）铸件的结构应能保证顺利出型，尤其是应便于金属芯的抽出。铸件结构斜度大。

2）铸件的壁厚要均匀，其最小壁厚大于砂型铸造条件下的最小壁厚。

3）为便于金属芯的安放及抽出，铸孔的孔径不能过小、过深。

3. 压力铸造

1）压铸件应尽可能采用薄壁并保证壁厚均匀。

2）尽可能消除侧凹和深腔结构。

3）充分发挥镶嵌件的优越性，以便制出复杂件，改善压铸件局部性能和简化装配工艺。

习题与思考题

8-1 什么是液态合金的充型能力？它与合金的流动性有何关系？为什么铸钢的流动性比灰铸铁差？

8-2 试分析铸件产生缩孔、缩松、变形和裂纹的原因及防止方法。

8-3 什么是顺序凝固原则？什么是同时凝固原则？上述两种凝固原则各适用于哪种场合？

8-4 试用图8-33所示轨道铸件分析热应力的形成原因，并用虚线表示出铸件的变形方向。

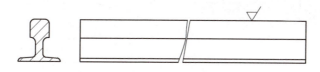

图8-33 题8-4图

上述铸件经机械加工后为什么还要变形？变形方向如何？如何防止加工后的变形？

8-5 铸件的气孔有哪几种？下列情况各容易产生哪种气孔：熔化铝时铝料油污过多、起模时刷水过多、春砂过紧、型芯撑有锈。

8-6 黏土砂、水玻璃砂、油砂、合脂砂及树脂砂各有什么特点？并说明其性能及应用场合。

8-7 图8-34所示铸件有哪几种分型方案？在大批量生产中应该选哪一种？为什么？

8-8 绘制出图8-35所示零件的铸造工艺图和铸件图。

8-9 熔模铸造、金属型铸造、压力铸造和离心铸造的突出特点各是什么？

8-10 下列铸件在大批量生产时，采用什么铸造方法为宜？

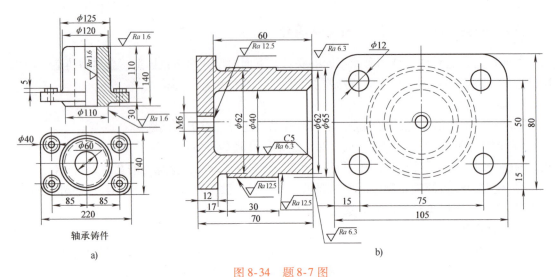

图 8-34 题 8-7 图
a) 轴座 b) 调整座

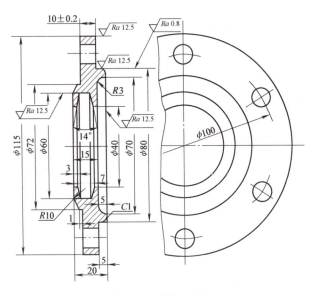

图 8-35 题 8-8 图

铝活塞、缝纫机头、汽轮机叶片、车床床身、摩托车气缸体、大口径铸铁污水管。

8-11 有三个灰铸铁件，壁厚分别为 5mm、20mm、52mm，力学性能均要求 $R_m = 150\text{MPa}$，若全部选用 HT150 牌号生产，是否正确？如何选择？

8-12 什么是铸件的结构斜度？它与起模斜度有何不同？图 8-36 所示铸件的结构是否合理？应如何改正？

8-13 图 8-37 所示铸件的结构有何缺点？如何改进？

8-14 为什么空心球难以铸造出来？要采取什么措施才能铸造出来？试用图示出。

8-15 图 8-38 所示铸件各有两种结构方案，请逐一分析哪种结构较为合理，为什么？

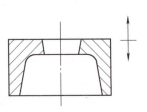

图 8-36 题 8-12 图

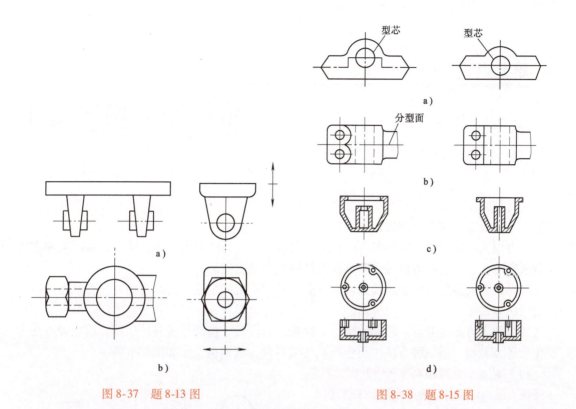

图 8-37　题 8-13 图

图 8-38　题 8-15 图

8-16　图 8-39 所示为三通铜合金铸件，原为砂型铸造。现因生产批量加大，为降低成本，拟改为金属型铸造。试分析哪处结构不适宜金属型铸造？请代为修改。

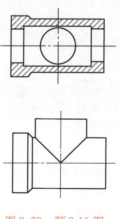

图 8-39　题 8-16 图

第九章 金属压力加工成形

CHAPTER 9

利用金属在外力作用下所产生的塑性变形，来获得具有一定形状、尺寸和力学性能的原材料、毛坯或零件的生产方法，称为压力加工。

压力加工中作用在金属坯料上的外力主要有两种：冲击力和压力。锤类设备产生冲击力使金属变形。轧机与压力机对金属坯料施加静压力使之变形。

各类钢和大多数有色金属及其合金一般都具有一定的塑性，因此它们可以在热态或冷态下进行压力加工。

压力加工方法主要有：轧制、挤压、拉拔、自由锻、模锻和板料冲压等。前三种方法主要生产各类型材，后三种方法主要生产毛坯或零件，其典型工序如图9-1所示。

（1）轧制　金属坯料在回转轧辊的孔隙中受压变形，以获得各种产品的加工方法。

轧制生产所用坯料主要是金属锭。合理设计轧辊上各种不同的孔型（与产品截面轮廓相似），可以轧制出不同截面的原材料，如钢板、型材和无缝管材等，供其他工业部门使用；也可以直接轧制出毛坯或零件。

（2）挤压　金属坯料在挤压模内受压被挤出模孔而变形的加工方法。挤压适用于加工低碳钢、非铁金属及其合金。如采取适当的工艺措施，还可对合金钢和难熔合金进行挤压生产。

（3）拉拔　将金属坯料拉过拉拔模的模孔而变形的加工方法。拉拔生产主要用来制造各种细线材、薄壁特殊几何形状的

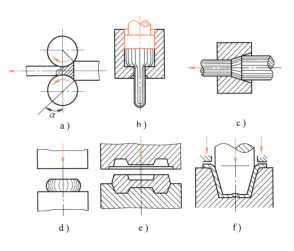

图9-1　常用的压力加工方法
a）轧制　b）挤压　c）拉拔
d）自由锻　e）模锻　f）板料冲压

型材，如电缆等。多数情况在冷态下进行拉拔加工，所得到的产品具有较高的尺寸精度和低的表面粗糙度 Ra 值，故拉拔常用于轧制件的再加工，以提高产品质量。低碳钢和大多数非铁金属及其合金都可以经拉拔成形。

（4）自由锻　金属坯料在上、下垫铁间受冲击力或压力而变形的加工方法。

（5）模锻　金属坯料在具有一定形状的锻模模膛内受冲击力或压力而变形的加工方法。

（6）板料冲压　金属板料在冲模之间受力产生分离或变形的加工方法。

总而言之，一般常用的金属型材、板材、管材和线材等原材料大都是通过轧制、挤压、

拉拔等方法制成的。机器制造工业中常用压力加工的方法来制造毛坯和零件。压力加工能改善金属的组织，提高金属的力学性能，凡受重载荷的机器零件，如机器的主轴、重要齿轮等，通常需采用锻件作毛坯，再经切削加工而制成。板料冲压广泛用于汽车制造、电器、仪表及日用品工业等方面。压力加工成形对金属材料有较高的利用率，生产周期短，生产率高，因而得到广泛应用。

第一节　压力加工理论基础

压力加工时，必须对金属材料施加外力，使之产生塑性变形。同时，在压力加工过程中，还必须保证坯料产生足够的塑性变形量而不破裂，即要求材料具有良好的塑性。为了正确选用压力加工方法、合理设计压力加工成形的零件，必须了解压力加工的理论。

一、金属塑性变形的实质

金属在外力作用下，其内部必将产生应力。此应力迫使原子离开原来的平衡位置，从而改变了原子间的距离，使金属发生变形，并引起原子位能的增高。但处于高位能的原子具有返回到原来低位能平衡位置的倾向。因而当外力停止作用后，应力消失，变形也随之消失。金属的这种变形称为弹性变形。

当外力增大到使金属的内应力超过该金属的屈服强度之后，即使外力停止作用，金属的变形也并不消失，这种变形称为塑性变形。金属塑性变形的实质是晶体内部产生滑移的结果。单晶体内的滑移变形如图 9-2 所示。**在切应力作用下，晶体的一部分与另一部分沿着一定的晶面产生相对滑移（该面称为滑移面），从而造成晶体的塑性变形。** 当外力继续作用或增大时，晶体还将在另外的滑移面上发生滑移，使变形继续进行，因而得到一定的变形量。

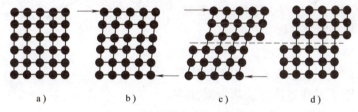

图 9-2　单晶体滑移变形示意图
a) 未变形　b) 弹性变形　c) 弹塑性变形　d) 塑性变形

上述理论所描述的滑移运动，相当于滑移面上、下两部分晶体彼此以刚性整体做相对运动。要实现这种滑移所需的外力要比实际测得的数据大几千倍，这说明实际晶体结构及其塑性变形并不完全如此。

近代物理学证明，实际晶体内部存在大量缺陷。其中，以位错（图 9-3a）对金属塑性变形的影响最为明显。由于位错的存在，部分原子处于不稳定状态。在比理论值低得多的切应力作用下，处于高能位置的原子很容易从一个相对平衡的位置上移动到另一个位置上（图 9-3b），形成位错运动。位错运动的结果，就实现了整个晶体的塑性变形（图 9-3c）。

通常使用的金属都是由大量微小晶粒组成的多晶体。其塑性变形可以看成是由组成多晶体的许多单个晶粒产生变形（称为晶内变形）的综合效果。同时，晶粒之间也有滑动和转动（称为晶间变形），如图 9-4 所示。每个晶粒内部都存在许多滑移面，因此整块金属的变形量可以比较大。低温时，多晶体的晶间变形不可过大，否则将引起金属的破坏。

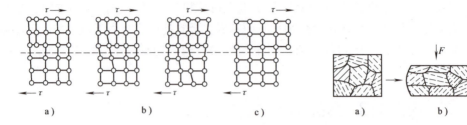

图9-3 位错运动引起塑性变形示意图
a) 未变形 b) 位错运动 c) 塑性变形

图9-4 多晶体的晶间变形示意图

由此可知，金属内部有了应力就会发生弹性变形。应力增大到一定程度后使金属产生塑性变形。当外力去除后，弹性变形将恢复，称为弹复现象。这种现象对有些压力加工件的变形和工件质量有很大影响，必须采取工艺措施来保证产品的质量。

二、塑性变形对金属组织和性能的影响

金属在常温下经过塑性变形后，内部组织将发生变化：①晶粒沿最大变形的方向伸长；②晶格与晶粒均发生扭曲，产生内应力；③晶粒间产生碎晶。

金属的力学性能随其内部组织的改变而发生明显变化。变形程度增大时，金属的强度及硬度升高，而塑性和韧性下降（图9-5）。其原因是滑移面上的碎晶块和附近晶格的强烈扭曲，增大了滑移阻力，使继续滑移难以进行。这种**随变形程度增大，强度和硬度上升而塑性下降的现象称为冷变形强化，又称为加工硬化**。

冷变形强化是一种不稳定现象，具有自发地回复到稳定状态的倾向。但在室温下不易实现。当提高温度时，原子因获得热能，热运动加剧，使原子得以回复正常排列，消除了晶格扭曲，致

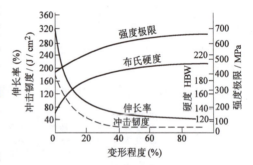

图9-5 常温下塑性变形对低碳钢力学性能的影响

使加工硬化得到部分消除，这一过程称为回复（图9-6b），这时的温度称为回复温度，即

$$t_回 = (0.25 \sim 0.3) t_熔$$

式中，$t_回$为以热力学温度表示的金属回复温度，单位为K；$t_熔$为以热力学温度表示的金属熔点温度，单位为K。

当温度继续升高到该金属熔点热力学温度的0.4倍时，金属原子获得更多的热能，开始以某些碎晶或杂质为核心，按变形前的晶格结构结晶成新的晶粒，从而消除了全部冷变形强化现象，这个过程称为再结晶（图9-6c），这时的温度称为再结晶温度，即

$$t_再 = 0.4 t_熔$$

式中 $t_再$——以热力学温度表示的金属再结晶温度，单位为K。

利用金属的冷变形强化可提高金属的强度和硬度，这是工业生产中强化金属材料的一种重要手段。但在压力加工生产中，冷变形强化给金属继续进行塑性变形带来困难，应加以消

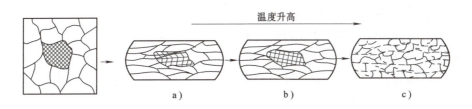

图 9-6　金属的回复和再结晶示意图

a）塑性变形后的组织　b）金属回复后的组织　c）再结晶组织

除。在实际生产中，常采用加热的方法使金属发生再结晶，从而再次获得良好的塑性，这种工艺操作称为再结晶退火。

当金属在大大高于再结晶的温度下受力变形时，冷变形强化和再结晶过程同时存在，此时变形中的强化和硬化随即被再结晶过程所消除。

由于金属在不同温度下变形对其组织和性能的影响不同，因此金属的塑性变形分为冷变形和热变形两种。在再结晶温度以下的变形称为冷变形。变形过程中无再结晶现象，变形后的金属具有冷变形强化现象。所以冷变形的变形程度一般不宜过大，以避免产生破裂。冷变形能使金属获得较高的强度、硬度和低的表面粗糙度值，故生产中常用它来提高产品的性能。在再结晶温度以上的变形称为热变形。变形后，金属具有再结晶组织，而无冷变形强化痕迹。金属只有在热变形情况下，才能以较小的功达到较大的变形，同时能获得具有高力学性能的细晶粒再结晶组织。因此，金属压力加工生产多采用热变形来进行。

金属压力加工生产采用的最初坯料是铸锭，其内部组织很不均匀，晶粒较粗大，并存在气孔、疏松、非金属夹杂物等缺陷。铸锭加热后经过压力加工，通过塑性变形及再结晶，改变了粗大、不均匀的铸态结构（图 9-7a），获得细化了的再结晶组织。同时可以将铸锭中的气孔、疏松等压合在一起，使金属更加致密，力学性能得到很大提高。

此外，铸锭在压力加工中产生塑性变形时，基体金属的晶粒形状和沿晶界分布的杂质形状都发生了变形，它们都将沿着变形方向被拉长，呈纤维形状。这种结构称为纤维组织（图 9-7b）。

纤维组织使金属在性能上具有了方向性，对金属变形后的质量也有影响。纤维组织越明显，金属在纵向（平行于纤维方向）上塑性和韧性提高越显著，而在横向（垂直于纤维方向）上塑性和韧性降低越显著，纤维组织的明显程度与金属的变形程度有关。变形程度越大，纤维组织越明显。金属压力加工常用锻造比（y）来表示变形程度。

拔长时的锻造比为　$y_{拔} = A_0/A$

镦粗时的锻造比为　$y_{镦} = H_0/H$

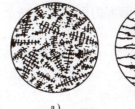

图 9-7　铸锭热变形前后的组织

a）变形前的原始组织
b）变形后的纤维组织

式中，H_0、A_0 为坯料变形前的高度和横截面积；H、A 为坯料变形后的高度和横截面积。

纤维组织的稳定性很高，不能用热处理方法加以消除。只有经过锻压使金属变形，才能改变其方向和形状。因此，为了获得具有最好力学性能的零件，在设计和制造零件时，都应使零件在工作中产生的最大正应力方向与纤维方向重合，最大切应力方向与纤维方向垂直。并使纤维分布与零件的轮廓相符合，尽量使纤维组织不被切断。

例如，当采用棒料直接经切削加工制造螺钉时，螺钉头部与杆部的纤维被切断，受力时产生的切应力不能连贯起来，故螺钉的承载能力较弱（图9-8a）。当采用同样棒料经局部镦粗方法制造螺钉时（图9-8b），则纤维不被切断，连贯性好，纤维方向也较为有利，故螺钉质量较好。

三、金属的可锻性

金属的可锻性是衡量材料在经受压力加工时获得优质制品难易程度的工艺性能。金属的可锻性好，表明该金属适于采用压力加工方法成形；可锻性差，表明该金属不宜选用压力加工方法成形。

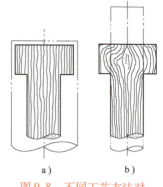

图 9-8　不同工艺方法对纤维组织状态的影响
a) 切削加工制造的螺钉
b) 局部镦粗制造的螺钉

可锻性常用金属的塑性和变形抗力来综合衡量。塑性好，变形抗力小，则金属的可锻性好；反之则差。金属的塑性用金属的断面收缩率 Z、伸长率 A 等来表示。变形抗力是指在压力加工过程中变形金属作用于施压工具表面单位面积上的压力。变形抗力越小，则变形中所消耗的能量也越少。金属的可锻性取决于金属的本身和加工条件。

1. 金属的本身

（1）化学成分的影响　不同化学成分的金属其可锻性不同。一般情况下，纯金属的可锻性比合金好；碳素钢的含碳量越低，可锻性越好；钢中含有形成碳化物的元素（如铬、铝、钨、钒等）时，其可锻性显著下降。

（2）金属组织的影响　金属内部的组织结构不同，其可锻性有很大差别。纯金属及固溶体（如奥氏体）的可锻性好，而碳化物（如渗碳体）的可锻性差。铸态柱状组织和粗晶粒结构不如晶粒细小而又均匀的组织可锻性好。

2. 加工条件

（1）变形温度的影响　提高金属变形时的温度，是改善金属可锻性的有效措施，并对生产率、产品质量及金属的有效利用等均有极大的影响。

金属在加热中，随着温度的升高，金属原子的运动能力增强（热能增加，处于极为活泼的状态），很容易进行滑移，因而塑性提高，变形抗力降低，可锻性明显改善，更加适宜进行压力加工，但温度过高，对钢而言，必将产生过热、过烧、脱碳和严重氧化等缺陷，甚至使锻件报废，所以应该严格控制锻造温度。

锻造温度范围是指始锻温度（开始锻造的温度）和终锻温度（停止锻造的温度）间的温度区间。锻造温度范围的确定以合金相图为依据。碳素钢的锻造温度范围如图9-9所示，其始锻温度比 AE

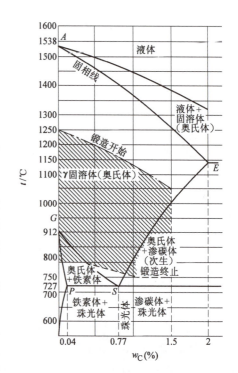

图 9-9　碳素钢的锻造温度范围

线低200℃左右，终锻温度为800℃左右。终锻温度过低，金属的可锻性急剧变差，使加工难以进行，若强行锻造，将导致锻件破裂报废。

（2）变形速度的影响　变形速度即单位时间的变形程度。它对可锻性的影响是两方面的，一方面随着变形速度的增大，回复和再结晶不能及时克服冷变形强化现象，金属表现出塑性下降、变形抗力增大（图9-10中 a 点以左），可锻性变差；另一方面，金属在变形过程中，消耗于塑性变形的能量有一部分转化为热能（称为热效应现象），改善着变形条件，变形速度越大，热效应现象越明

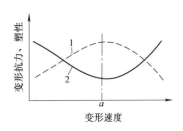

图9-10　变形速度对塑性及变形抗力的影响
1—变形抗力曲线　2—塑性曲线

显，使金属的塑性提高、变形抗力下降（图9-10中 a 点以右），可锻性变得更好。但这种热效应现象除在高速锤等设备的锻造中较明显外，一般压力加工的变形过程中，因变形速度低，不易出现。

3. 应力状态的影响

金属在采用不同方法变形时，所产生的应力性质（压应力或拉应力）和大小是不同的。例如，挤压变形时（图9-11）为三向受压状态，而拉拔时（图9-12）则为两向受压、一向受拉的状态。

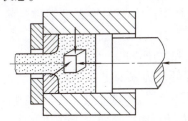

图9-11　挤压时金属应力状态

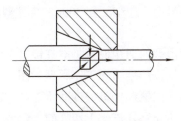

图9-12　拉拔时金属应力状态

实践证明，三向受压时金属的塑性最好，出现拉应力则使塑性降低。这是因为压应力阻碍了微裂纹的产生和发展，而金属处于拉应力状态时，内部缺陷处会产生应力集中，使缺陷易于扩展和导致金属的破坏。但压应力使金属内部摩擦阻力增大，变形抗力也随之增大。

综上所述，金属的可锻性既取决于金属的本身，又取决于变形条件。在压力加工过程中，应力求创造最有利的变形条件，充分发挥金属的塑性，降低变形抗力，使功耗最少，变形进行得充分，达到加工的目的。

四、金属变形的规律

金属变形遵循两个基本定律：体积不变定律和最小阻力定律。

1. 体积不变定律

体积不变定律是指金属坯料变形后的体积等于变形前的体积。金属塑性变形过程实际上是通过金属流动而使坯料体积再分配的过程，因而遵循体积不变定律。

2. 最小阻力定律

最小阻力定律是指金属变形时首先向阻力最小的方向流动。一般而言，金属内某一质点

流动阻力最小的方向是通过该质点向金属变形部分的周边所作的法线方向。因为质点沿此方向移动的距离最短，所需的变形功最小。例如圆形截面的金属朝径向流动；正方形、矩形截面的金属则分四个区域分别朝垂直于四个边的方向流动，最后逐渐变成圆形、椭圆形，如图9-13所示。由此可知，圆形截面金属在各个方向上的流动最均匀，镦粗时总是先把坯料锻成圆柱体再进行。

图9-13　不同截面金属的流动情况

第二节　自由锻

一、自由锻的特点

自由锻是利用冲击力或压力使金属在上、下两个铁砧之间产生变形，从而获得所需形状及尺寸的锻件的锻造方法。 由于金属坯料在铁砧间受力变形时，沿变形方向可以自由流动，不受限制，故而得名。

自由锻生产所用工具简单，具有较大的通用性，因而它的应用范围较为广泛。可锻造的锻件质量由小于1kg到300t。在重型机械中，自由锻是生产大型和特大型锻件的唯一成形方法。

自由锻的通用设备是空气锤、蒸汽-空气自由锻锤和水压机。

空气锤的结构和工作原理如图9-14所示。空气锤的动力来源是电动机。电动机通过减速机构和曲柄连杆机构推动压缩缸中的压缩活塞产生压缩空气，再通过上、下旋阀的配气作用，使压缩空气进入工作缸的上部或下部，或直接与大气连通，从而使工作活塞连同锤杆和锤头一起实现上悬、下压、单击、连击等动作，以完成对坯料的锻造。锤头的上悬、下压等动作是通过手柄和踏杆控制的。

空气锤的压力由其工作活塞、锤杆和上砧等落下部分的质量表示。常用的空气锤压力为650~7500N，它们的锤击力较小，只能锻造质量在100kg以下的小型锻件。

蒸汽-空气自由锻锤的结构和工作原理如图9-15所示。它与空气锤的主要区别是以滑阀气缸代替压缩缸，其动力来源是由锅炉提供的蒸汽或由压缩机提供的压缩空气。锤头的上、下动作也是通过操作手柄的控制来完成的。

蒸汽-空气自由锻锤的落下部分质量为630~5000kg，适合锻造质量在70~700kg的中小型锻件。

水压机上的自由锻适合于大型锻件。由于在水压机上锻造时以静压力代替锻锤的冲击力，且水压机能产生很大的压力（如大型水压机可产生数十万牛顿的锻造压力）进行锻造，坯料的变形速度低，变形抗力小，坯料的压下量大，锻透深度大，锻件内部质量可得到改善。因此，大型锻件的自由锻只能在水压机上进行。

常用的自由锻工具包括锻打工具（手工自由锻为大锤、小锤）、支持工具（如铁砧）、夹持工具（如各种钳子）、衬垫工具和测量工具（如钢尺、卡钳等）等。

第九章 金属压力加工成形

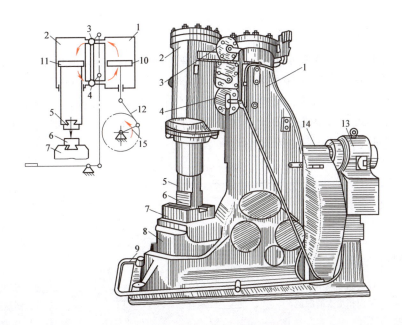

图 9-14 空气锤的结构和工作原理

1—压缩缸 2—工作缸 3、4—气阀 5—上砧 6—下砧 7—砧垫 8—砧座
9—踏杆 10、11—活塞 12—连杆 13—电动机 14—减速器 15—曲柄

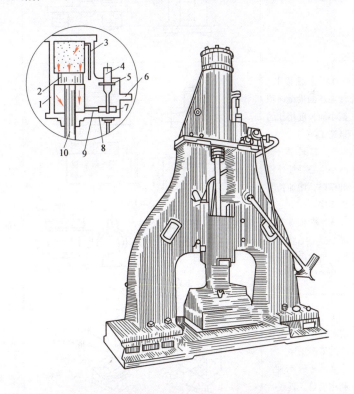

图 9-15 蒸汽-空气自由锻锤的结构和工作原理

1—工作缸 2—活塞 3、9—管道 4—排气管
5—滑阀 6—进气管 7—滑阀气缸 8—环形通道 10—锤杆

211

二、自由锻的基本工序

自由锻的变形工序分为基本工序、辅助工序和精整工序三类。其中基本工序是实现锻件变形的基本成形工序；辅助工序是为便于基本工序的实现而对坯料进行少量变形的预先工序，如压肩、倒棱、压钳口等；精整工序是在基本工序后对锻件进行少量变形的整形工序，使锻件尺寸合乎要求，提高表面质量，如滚圆、摔圆、校正等。自由锻的基本工序有镦粗、拔长、冲孔、弯曲、错移、扭转和切割等（表9-1）。

表9-1 自由锻基本工序图例及应用

工序名称	定义	图例	应用
镦粗	1. 平砧镦粗（图a） 2. 带尾梢镦粗（图b） 3. 局部镦粗（图c） 4. 展平镦粗（图d）	1. 镦粗：使毛坯的高度减小，横截面积增大的锻造工序 2. 局部镦粗：对坯料上某一部分进行镦粗	1. 用于制造高度小、截面大的工件，如齿轮、圆盘等 2. 作为冲孔前的准备工作 3. 增大随后拔长工序的锻造比
拔长	1. 普通拔长（图a） 2. 芯轴拔长（图b） 3. 芯轴扩孔（图c）	1. 普通拔长：使毛坯的横截面积减小而长度增加的锻造工序 2. 芯轴拔长：减小空心毛坯外径和壁厚，增加长度的工序 3. 芯轴扩孔：减小空心毛坯的壁厚，增加内径和外径的工序	1. 用于制造长而截面小的工件，如轴、连杆、曲轴等 2. 制造长轴类空心件、圆环类件，如炮筒、圆环、套筒等
弯曲	1. 角度弯曲（图a） 2. 成形弯曲（图b）	1. 角度弯曲：将毛坯弯成所需角度的锻造工序 2. 成形弯曲：利用简单工具或胎模将坯料弯成所需角度和外形的工序	1. 锻制弯曲形零件，如角尺、U形弯板 2. 使锻造流线方向符合锻件的外形而不被割断，提高锻件质量，如吊钩等

(续)

工序名称	定义	图例	应用
冲孔 1. 实心冲子冲孔（图a） 2. 空心冲子冲孔（图b） 3. 板料冲孔（图c）	冲孔：在坯料上冲出通孔或不通孔的工序	a) b) c)	1. 制造空心件，如齿轮毛坯、圆环、套筒 2. 锻件质量要求高的大型工件，可用空心冲孔去掉质量较小的铸锭中心部分

三、自由锻工艺规程的制订

制订工艺规程、编写工艺卡片是进行自由锻生产必不可少的技术准备工作，是组织生产过程、制订操作规范、控制和检查产品质量的依据。自由锻工艺规程包括以下几个主要内容。

1. 绘制锻件图

锻件图是自由锻工艺规程中的核心内容。它是以零件图为基础结合自由锻工艺特点绘制而成的。绘制锻件图应考虑以下几个因素。

（1）敷料　为了简化锻件形状、便于进行锻造而增加的一部分金属，称为敷料，如图9-16a所示。

（2）锻件余量　由于自由锻锻件的尺寸精度低、表面质量较差，需再经切削加工制成成品零件，所以应在零件的加工表面上增加供切削加工用的金属，该金属称为锻件余量。锻件余量的大小与零件的形状、尺寸等因素有关。零件越大，形状越复杂，则余量越大。具体数值结合生产的实际条件查表确定。

（3）锻件公差　锻件公差是锻件公称尺寸的允许变动量。其值的大小根据锻件形状、尺寸并考虑生产的具体情况加以选取。

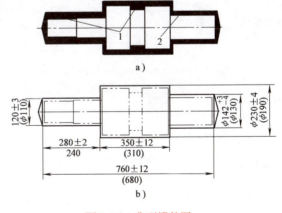

图9-16　典型锻件图
a) 锻件的余量及敷料　b) 锻件图
1—敷料　2—余量

锻件图如图9-16b所示。为了使锻造者了解零件的形状和尺寸，在锻件图上用双点画线画出零件的主要轮廓形状，并在锻件尺寸线的下面用括号标注出零件尺寸。对于大型锻件，必须在同一个坯料上锻造出进行性能检验用的试样。该试样的形状和尺寸也应该在锻件图上表示出来。

2. 坯料质量及尺寸计算

坯料质量可按下式计算：

$$G_{坯料} = G_{锻件} + G_{烧损} + G_{料头}$$

式中，$G_{坯料}$为坯料质量；$G_{锻件}$为锻件质量；$G_{烧损}$为加热时坯料表面氧化而烧损的质量，第一次加热为被加热金属的2.0%～3.0%，以后各次加热取1.5%～2.0%；$G_{料头}$为在锻造过程中冲掉或被切掉的那部分金属的质量，如冲孔时坯料中部的料芯，修切端部产生的料头等，当锻造大型锻件采用钢锭作坯料时，还要考虑切掉的钢锭头部和钢锭尾部的质量。

确定坯料尺寸时，应考虑到坯料在锻造过程中必需的变形程度，即锻造比的问题。对于以碳素钢锭作为坯料并采用拔长方法锻制的锻件，锻造比一般不小于2.5～3.7，如果采用轧材作坯料，则锻造比可取1.3～1.5。

根据计算所得的坯料质量和截面大小，即可确定坯料长度尺寸或选择适当尺寸的钢锭。

3. 选择锻造工序

自由锻锻造的工序，是根据工序特点和锻件形状来确定的。一般锻件的大致分类及所需锻造工序见表9-2。

表9-2 锻件分类及所需锻造工序

锻件类别	图 例	锻造工序
盘类锻件		镦粗（或拔长及镦粗），冲孔
轴类锻件		拔长（或镦粗及拔长），切肩和锻台阶
筒类锻件		镦粗（或拔长及镦粗），冲孔，在芯轴上拔长
环类锻件		镦粗（或拔长及镦粗），冲孔，在芯轴上扩孔
曲轴类锻件		拔长（或镦粗及拔长），错移，锻台阶，扭转

第九章 金属压力加工成形

(续)

锻件类别	图例	锻造工序
弯曲类锻件	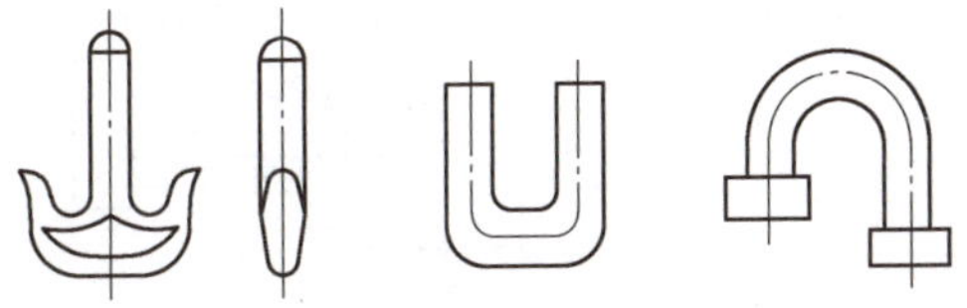	拔长，弯曲

自由锻工序的选择与整个锻造工艺过程中的火次和变形程度有关。坯料加热次数（即火次数）与每一火次中坯料成形所经工序都应明确规定出来，写在工艺卡上。

工艺规程的内容还包括：确定所用工夹具、加热设备、加热规范、加热火次、冷却规范、锻造设备和锻件的后续处理等。

半轴自由锻工艺卡见表9-3。

表9-3 半轴自由锻工艺卡

锻件名称	半轴	图例
坯料质量	25kg	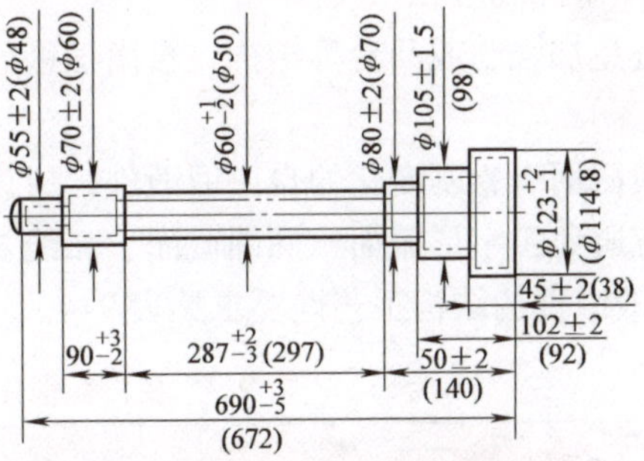
坯料尺寸	φ130mm×240mm	
材料	18CrMnTi	

火次	工序	图例
1	锻出头部	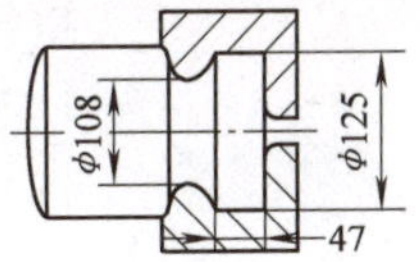
	拔长	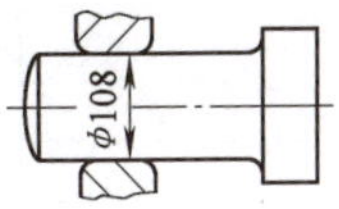
	拔长及修台阶	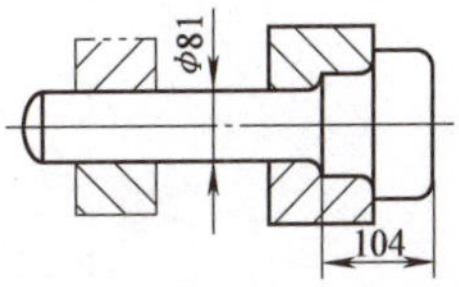
	拔长并留出台阶	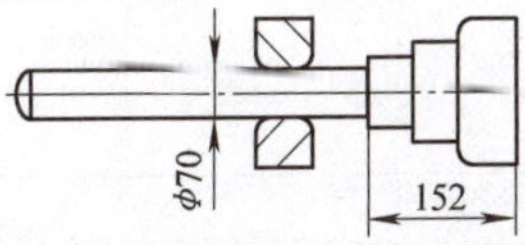

（续）

火次	工序	图例
1	锻出凹挡及拔长端部并修整	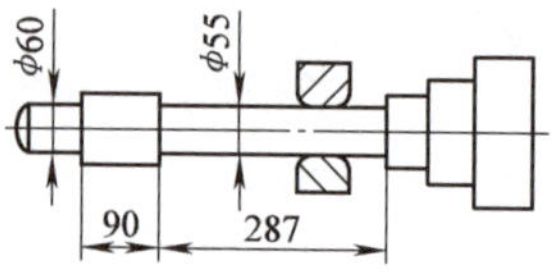 $\phi60$ $\phi55$ 90 287

四、自由锻锻件的结构工艺性

对自由锻锻件结构工艺性总的要求是：在满足使用性能要求的前提下，使锻造方便，节约金属和提高生产率。在进行自由锻锻件的结构设计时应注意如下原则：

1）锻件形状应尽可能简单、对称、平直，以适应在锻造设备下的成形特点。
2）自由锻锻件上应避免锥面和斜面，可将其改为圆柱体和台阶结构。
3）自由锻锻件上应避免空间曲线，如圆柱面与圆柱面的交接线，应改为平面与平面交接线，以便锻件成形。
4）避免加强肋或凸台等结构。自由锻锻件不应采用如铸件那样用加强肋来提高承载能力的办法。
5）横截面有急剧变化的自由锻锻件，应设计成几个简单件的组合体。
6）应避免工字形截面、椭圆截面、弧线及曲线表面等形状复杂的截面和表面。

自由锻锻件的结构工艺性要求见表9-4。

表9-4 自由锻锻件的结构工艺性要求

结构工艺性要求	图例	
	工艺性差	工艺性好
避免锥面及斜面等	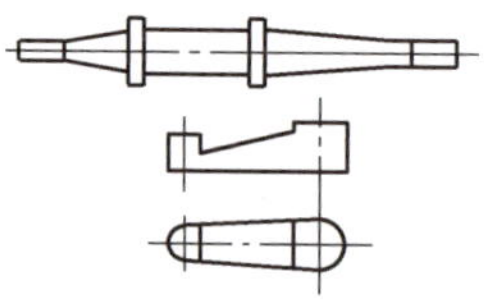	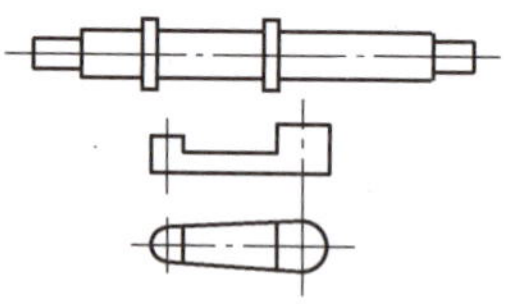
避免非平面交接结构	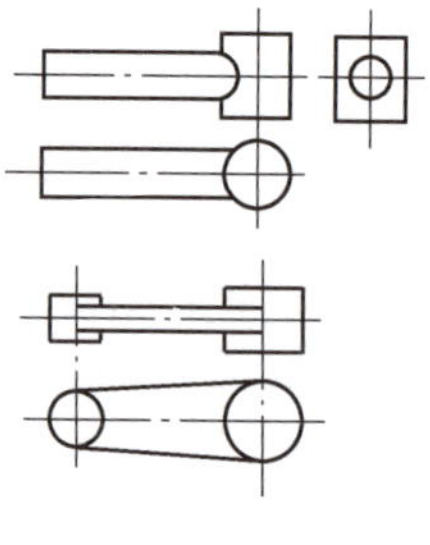	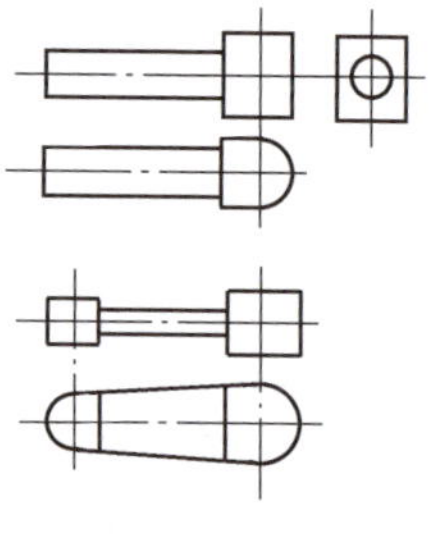

(续)

结构工艺性要求	图例	
	工艺性差	工艺性好
避免加强肋及工字形、椭圆形等复杂截面	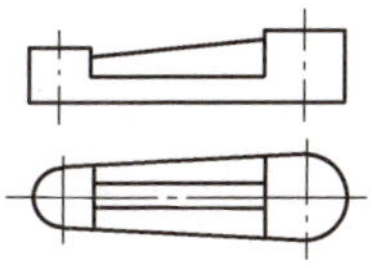	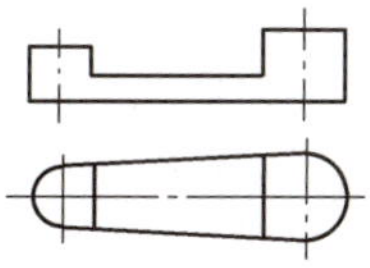
避免各种小凸台及叉形件内部的台阶	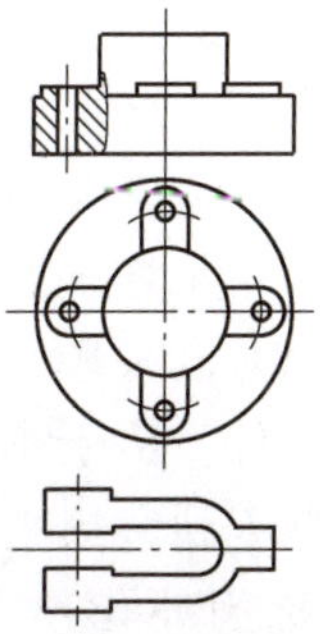	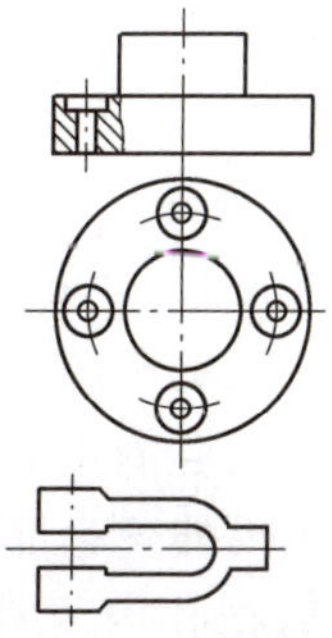

第三节　模锻

利用模具使毛坯变形而获得锻件的锻造方法称为模锻。

与自由锻相比，模锻具有以下优点：

1）由于有模膛引导金属的流动，锻件的形状可以比较复杂。

2）锻件内部的锻造流线比较完整，锻件若能合理利用流线组织，可提高零件的力学性能和使用寿命。

3）可得到表面比较光洁、尺寸精度较高的锻件，从而可以减小加工余量，节约金属材料和切削加工工时。

4）操作简单，易于实现机械化，生产率高。

但是，模锻设备的投资大，锻模的设计、制造周期长，费用高。由于受到模锻设备压力的限制，模锻件的质量一般在150kg以下。因此，模锻主要适用于大批量的中、小型锻件。

一、锤上模锻

锤上模锻所用设备为模锻锤，由它产生的冲击力使金属变形。一般工厂中常用蒸汽-空气模锻锤。该种设备上运动副之间的间隙小，运动精度高，可保证锻模的合模准确性。模锻锤的吨位为 $10^4 \sim 1.6 \times 10^5$N，可锻制150kg以下的锻件。

锤上模锻用锻模如图9-17所示。上模2和下模4分别用紧固楔铁10、7固定在锤头1和模垫5上，模垫用紧固楔铁6固定在砧座上。上模随锤头做上下往复运动。9为模膛，8为分型面，3为飞边槽，1为锤头。

按图9-17所示的锻模所生产的模锻件如图9-18所示。

模膛根据其功用不同，分为**模锻模膛**和**制坯模膛**两种。

1. 模锻模膛

由于金属在此种模膛中发生整体变形，故作用在锻模上的抗力较大。模锻模膛又分为**终锻模膛**和**预锻模膛**两种。

（1）终锻模膛　终锻模膛的作用是使坯料最后变形到锻件所要求的形状和尺寸，因此它的形状应和锻件的形状相同。但因锻件冷却时要收缩，终锻模膛的尺寸应比锻件尺寸放大一个收缩量。钢件收缩率取1.5%。另外，沿模膛四周有飞边槽，用于增加金属从模膛中流出的阻力，促使金属更好地充满模膛，同时容纳多余的金属。对于具有通孔的锻件，由于不可能靠上、下模的突起部分把金属完全挤压到旁边去，故终锻后在孔内留有一薄层金属，称为冲孔连皮（图9-18）。因此，把冲孔连皮和飞边冲掉后，才能得到具有通孔的模锻件。

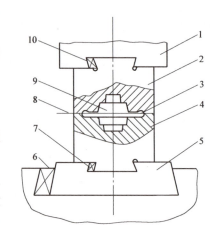

图9-17　锤上模锻用锻模

1—锤头　2—上模　3—飞边槽
4—下模　5—模垫　6、7、10—紧
固楔铁　8—分型面　9—模膛

（2）预锻模膛　预锻模膛的作用是使坯料变形到接近于锻件的形状和尺寸，这样再进行终锻时，金属容易充满终锻模膛。同时减少了终锻模膛的磨损，延长锻模的使用寿命。预锻模膛与终锻模膛的主要区别是，前者的圆角和斜度较大，没有飞边槽。对于形状简单或批量不够大的模锻件也可以不设预锻模膛。

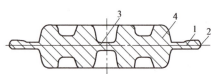

图9-18　带有冲孔连皮和飞边的模锻件

1—飞边槽　2—分型面
3—冲孔连皮　4—模锻件

2. 制坯模膛

对于形状复杂的模锻件，为了使坯料形状基本接近模锻件形状，使金属能合理分布和很好地充满锻模模膛，就必须预先在制坯模膛内制坯。制坯模膛分为：

（1）拔长模膛　用来减小坯料某部分的横截面积，以增加该部分的长度。

（2）滚压模膛　在坯料长度基本不变的前提下用它来减小坯料某部分的横截面积，以增大另一部分的横截面积。

（3）弯曲模膛　对于弯曲的杆类模锻件，需采用弯曲模膛来弯曲坯料。

（4）切断模膛　它是在上模与下模的角部组成的一对刃口，用来切断金属。

此外，还有成形模膛、锻粗台及击扁面等制坯模膛。

根据模锻件的复杂程度不同，所需变形的模膛数量不等，可将锻模设计成单膛锻模或多膛锻模。单膛锻模是在一副锻模上只具有终锻模膛一个模膛。多膛锻模是在一副锻模上具有两个以上模膛的锻模，如图9-19所示。

锤上模锻虽具有设备投资较少，锻件质量较好，适应性强，可以实现多种变形工步，锻制不同形状的锻件等优点，但由于锤上模锻振动大、噪声大，完成一个变形工步往往需要经过多次锤击，故难以实现机械化和自动化，生产率在模锻中相对较低。

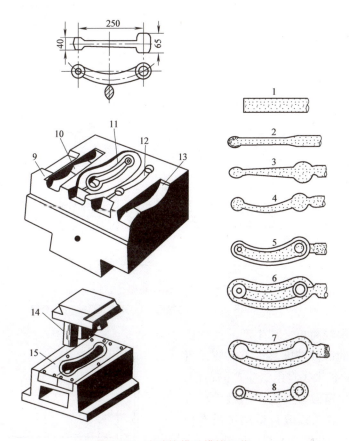

图 9-19　多膛锻模及模锻工艺
1—原始坯料　2—拔长　3—滚压　4—弯曲　5—预锻　6—终锻　7—飞边　8—锻件　9—拔长模膛
10—滚压模膛　11—终锻模膛　12—预锻模膛　13—弯曲模膛　14—切边凸模　15—切边凹模

3. 模锻工艺规程的制订

与自由锻类似，模锻工艺规程主要包括绘制模锻件图、计算坯料尺寸、确定模锻工步（模膛）、安排修整工序等。绘制模锻件图是其工艺规程制订的主要内容之一，包括选择分型面（即上、下锻模在模锻件上的分界面）、确定加工余量及锻件公差、确定模锻斜度（即模锻件上平行于锤击方向的表面应具有的斜度，以便于从模膛中取出锻件）、标注出圆角半径、留出冲孔连皮等（详见有关手册）。

二、胎模锻

胎模锻是在自由锻设备上使用胎模生产模锻件的工艺方法。胎模锻一般采用自由锻方法制坯，然后在胎模中成形。胎模的种类较多，主要有摔子、扣模、筒模及合模等，如图 9-20 所示。

（1）摔子　如图 9-20a 所示。它用于锻造回转体轴类零件，其作用是拔长，如拔长圆柱体和六棱柱等。操作时需不断转动坯料。

（2）扣模　如图 9-20b 所示。扣模用来对坯料进行全部或局部扣形，以生产长杆非回转体锻件，也可以为合模锻造进行制坯。用扣模锻造时，坯料不转动。

(3) 套筒模 如图9-20c、d所示。套筒模主要用于锻造齿轮、法兰盘等盘类锻件。组合筒模由于有两个半模（增加一个分型面）的结构，可锻出形状更复杂的胎模锻件，扩大了胎模锻的应用范围。

(4) 合模 如图9-20e所示。合模由上模和下模组成，并有导向结构，可生产形状复杂、精度较高的非回转体锻件。

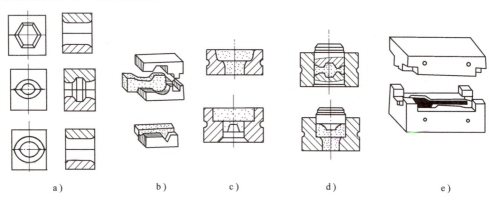

图 9-20　胎模种类

a) 摔子　b) 扣模　c) 开式套筒模　d) 闭式套筒模　e) 合模

由于胎模结构较简单，其生产的锻件比自由锻方法生产的锻件精度高，不需要昂贵的模锻设备，因此扩大了自由锻生产的范围。但胎模易损坏，比模锻方法生产的锻件精度低，劳动强度大，故胎模锻只适用于没有模锻设备的中小型工厂生产中小批量锻件。

三、其他模锻

1. 曲柄压力机上模锻

曲柄压力机是一种机械式压力机，其传动系统如图9-21所示。当离合器7在结合状态时，电动机1的转动通过带轮2和3、传动轴4及齿轮5和6传给曲柄8，再经曲柄连杆机构使滑块10做上下往复直线运动。离合器处于脱开状态时，带轮3（飞轮）空转，制动器15使滑块停在确定的位置上。锻模分别安装在滑块10和工作台13上。顶杆12用来从模膛中顶出锻件，实现自动取件。曲柄压力机的吨位一般为 2×10^6 ~ 1.2×10^8 N。

曲柄压力机上模锻的特点：

1) 曲柄压力机作用于金属上的变形力

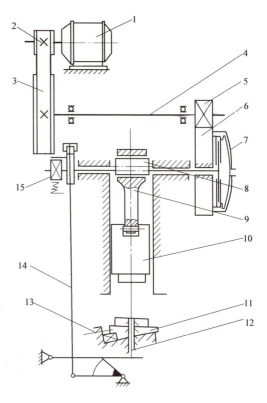

图 9-21　曲柄压力机传动系统

1—电动机　2、3—带轮　4—传动轴　5、6—齿轮
7—离合器　8—曲柄　9—连杆　10—滑块　11—模膛
12—顶杆　13—工作台　14—杆　15—制动器

是静压力,且变形抗力由机架本身承受,不传给地基。因此曲柄压力机工作时无振动,噪声小。

2)滑块行程固定,每个变形工步在滑块的一次行程中即可完成。

3)曲柄压力机具有良好的导向装置和自动取件机构,因此锻件的余量、公差和模锻斜度都比锤上模锻的小。

4)坯料表面上的氧化皮不易被清除掉,影响锻件质量。曲柄压力机上也不宜进行拔长和滚压工步。

由于曲柄压力机上模锻所用设备和模具具有上述特点,因而这种模锻方法具有锻件精度高、生产率高、劳动条件好和节省金属等优越性,故适合于大批量生产条件下锻制中、小型锻件。但由于曲柄压力机造价高,其应用受到限制,我国仅有大型工厂使用。

2. 摩擦压力机上模锻

摩擦压力机的工作原理如图9-22所示。锻模分别安装在滑块7和机座10上。滑块与螺杆1相连,沿导轨9上下滑动。螺杆穿过固定在机架上的螺母2,其上端装有飞轮3。两个摩擦盘4同装在一根轴上,由电动机5经传动带6使摩擦盘轴旋转。改变操纵杆位置可使摩擦盘轴沿轴向窜动,这样就会把某一个摩擦盘靠紧飞轮边缘,借摩擦力带动飞轮转动。飞轮分别与两个摩擦盘接触,产生不同方向的转动,螺杆也就随飞轮做不同方向的转动。在螺母的约束下,螺杆的转动变为滑块的上下滑动实现模锻生产。

在摩擦压力机上进行模锻,主要靠飞轮、螺杆及滑块向下运动时所积蓄的能量来实现。吨位为3500kN的摩擦压力机使用较多,最大吨位可达10000kN的摩擦压力机工作过程中,滑块运动速度为0.5~1.0m/s,具有一定的冲击作用,且滑块行程可控,这与锻锤相似。坯料变形中抗力由机架承受,形成封闭力系,这又是压力机的特点。所以摩擦压力机具有锻锤和压力机的双重工作特性。

摩擦压力机上模锻的特点:

1)摩擦压力机的滑块行程不固定,并具有一定的冲击作用,因而可实现轻打、重打,可在一个模膛内对金属进行多次锻击。这不仅能满足实现各种主要成形工序的要求,还可以进行弯曲、压印、热压、精压、切飞边、冲连皮及校正等工序。

2)由于滑块运动速度低,金属变形过程中的再结晶可以充分进行。因而特别适合于锻造低塑性合金钢和非铁金属(如铜合金)等。但也因此其生产率较低。

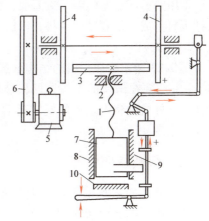

图9-22 摩擦压力机的工作原理

1—螺杆 2—螺母 3—飞轮 4—摩擦盘
5—电动机 6—传动带 7—滑块
8、9—导轨 10—机座

3)由于滑块打击速度不高,设备本身具有顶料装置,故可以采用整体式锻模,也可以采用特殊结构的组合式模具,使模具设计和制造简化、节约材料、降低成本。同时,可以锻制出形状更为复杂、敷料和模锻斜度都较小的锻件。此外,还可将轴类锻件直立起来进行局部镦粗。

4)摩擦压力机承受偏心载荷的能力差,通常只适用于单膛锻模进行模锻。对于形状复杂的锻件,需要在自由锻设备或其他设备上制坯。

摩擦压力机上模锻适合于中小型锻件的小批或中批量生产,如铆钉、螺钉、螺母、配气阀、齿轮、三通阀等。

综上所述，摩擦压力机具有结构简单、造价低、投资少、使用及维修方便、基建要求不高、工艺用途广泛等优点，所以我国中小型锻造车间大多拥有这类设备。

第四节　板料冲压

板料冲压是使板料经分离或成形而得到制件的加工方法。板料冲压多在室温下进行，故又称为冷冲压。只有当板厚大于 8～10mm 时，才采用热冲压。通常所说的冲压是指冷冲压。

板料冲压的特点是：

1) 可以冲压出形状复杂的零件，冲压件的质量轻，强度和刚度较好，故材料的消耗少。

2) 能保证产品有足够高的精度和较低的表面粗糙度值，一般无须切削加工，零件的互换性好。

3) 冲压操作简单，工艺过程便于实现机械化和自动化，适合大批量生产。板料冲压在汽车、电器、仪表及日常生活品制造业中，均占有重要地位。

一、板料冲压设备

板料冲压设备主要有剪床和压力机两大类。

1. 剪床

常用的剪床有龙门剪、滚刀剪、振动剪等。用得较多的龙门剪也称为剪板机。剪板机用来把板料剪成一定宽度的条料，以供下一步冲压工序使用。

2. 压力机

图 9-23 所示为压力机的结构示意图。冲压时冲模的凸模（或冲头）装在滑块的下端，凹模装在工作台上，压力机中的曲柄连杆机构将电动机的旋转运动转变成滑块的上下往复运动，实现冲压。

二、板料冲压的基本工序

板料冲压的基本工序可分为分离工序和成形（或变形）工序两大类。前者包括剪切、落料、冲孔和修整等工序，后者有拉深、弯曲、胀形和翻边等工序。

1. 冲裁

冲裁是落料和冲孔工序的总称。图 9-24 中落料和冲孔的操作方法和模具结构相同，但作用不同。落料时，冲下的部分为工件，带孔的周边为废料，如图 9-24a 所示；冲孔则相反，冲下的部分为废料，带孔的周边为工件，如图 9-24b 所示。

2. 拉深

拉深是利用模具使冲裁后得到的平板坯料变形成开口空

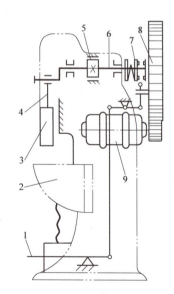

图 9-23　压力机的结构示意图
1—踏板　2—工作台　3—滑块
4—连杆齿轮副　5—制动器
6—曲轴　7—离合器
8—飞轮　9—电动机

心零件的工序（图9-25）。其变形过程为：把直径为 D 的平板坯料放在凹模上，在凸模作用下，坯料被拉入凸模和凹模的间隙中，形成空心拉深件。拉深件的底部金属一般不变形，只起传递拉力的作用，厚度基本不变。坯料外径 D 与内径 d 之间环形部分的金属，切向受压应力作用，径向受拉应力作用，逐步进入凸模和凹模之间的间隙，形成拉深件的直壁。直壁本身主要受轴向拉应力作用，厚度有所减小，而直壁与底部之间的过渡圆角部被拉薄得最为严重。

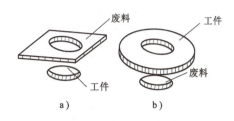

图9-24 落料和冲孔

a）落料 b）冲孔

3. 弯曲

弯曲是将坯料弯成具有一定角度和曲率的变形工序（图9-26）。弯曲过程中，板料弯曲部分的内侧受压缩，而外层受拉伸。当外侧的拉应力超过板料的抗拉强度时，即会造成金属破裂。板料越厚，内弯曲半径 r 越小，则拉应力越大，越容易弯裂。为防止弯裂，最小弯曲半径应为 $r_{min} = (0.25 \sim 1)\delta$（$\delta$ 为金属板料的厚度）。材料塑性好，则弯曲半径可小些。弯曲时还应尽可能使弯曲线与板料纤维方向垂直（图9-27）。若弯曲线与纤维方向一致，则容易产生破裂，此时应增大弯曲半径。

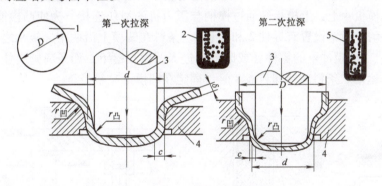

图9-25 拉深工序

1—坯料 2—第一次拉深的产品，即第二次拉深的坯料
3—凸模 4—凹模 5—成品

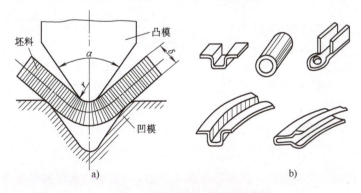

图9-26 弯曲过程中金属变形简图

a）弯曲过程 b）弯曲产品

在弯曲结束后，由于弹性变形的恢复，板料略微弹回，使被弯曲的角度增大，此现象称为回弹。一般回弹角为 0°~10°。因此，在设计弯曲模时，必须使模具的角度比成品件角度小一个回弹角，以保证成品件的弯曲角度准确。

4. 成形

成形是利用局部变形使坯料或半成品改变形状的工序（图 9-28），主要用于制造刚性的筋条，或增大半成品的部分内径等。图 9-28a 所示为橡胶压筋；图 9-28b 所示为用橡胶芯子来增大半成品中间部分的直径，即胀形。

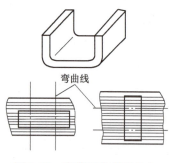

图 9-27 弯曲时的纤维方向

三、冲模的分类和构造

冲模的结构合理与否对冲压件质量、生产率及模具寿命等都有很大的影响。冲模可分为简单冲模、连续冲模和复合冲模三种。

1. 简单冲模

它是在压力机的一次冲程中只完成一道工序的冲模。图 9-29 所示为落料用的简单冲模。凹模 11 用压板 12 固定在下模板 1 上，下模板用螺栓固定在压力机的工作台上。凸模 7 用压板 6 固定在上模板 4 上，上模板则通过模柄与压力机的滑块连接。为使凸模能对准凹模孔，并保持间隙均匀，通常设置有导柱 2 和导套 3。条料在凹模上沿两个导板 9 之间送进，碰到定位销 10 为止。凸模冲下的零件（或废料）进入凹模孔落下，而条料则夹住凸模并随凸模一起回程向上运动。条料碰到卸料板 8 时（固定在凹模上）被推下。

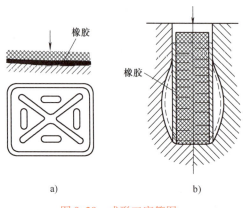

图 9-28 成形工序简图
a) 橡胶压筋 b) 胀形

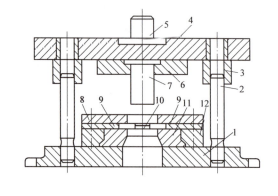

图 9-29 落料用的简单冲模
1—下模板 2—导柱 3—导套 4—上模板
5、10—定位销 6、12—压板 7—凸模 8—卸料板
9—导板 11—凹模

2. 连续冲模

它是在压力机的一次冲程中，在模具的不同部位同时完成数道工序的模具（图 9-30）。工作时，上模向下运动，定位销进入预先冲出的孔中使坯料定位，凸模进行落料，另一凸模同时进行冲孔。上模回程中卸料板推下废料。再将坯料送进（距离由挡料销控制）进行第二次冲裁。

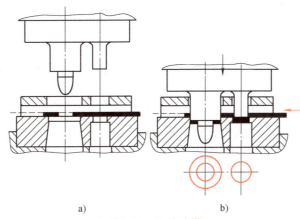

图 9-30 连续冲模

3. 复合冲模

复合冲模是在压力机的一次冲程中，在模具同一部位同时完成数道工序的模具（图 9-31）。复合模最突出的特点是模具中有一个凸凹模。它的外圆是落料凸模刃口，内孔则成为拉深凹模。当滑块带着凸凹模向下运动时，条料首先在凸凹模和落料凹模中落料。落料件被下模当中的拉深凸模顶住。滑块继续向下运动时，凸凹模随之向下运动进行拉深。顶出器和卸料器在滑块的回程中把拉深件顶出，完成落料和拉深两道工序。复合模适用于产量大、精度要求较高的冲压件生产。

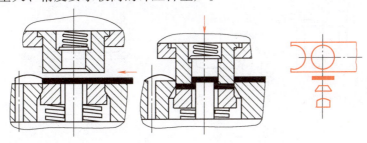

图 9-31 落料及拉深复合模

四、冲压件的结构工艺性

冲压件的设计不仅应保证具有良好的使用性能，而且也应具有良好的工艺性能，以减少材料的消耗、延长模具寿命、提高生产率、降低成本及保证冲压件质量等。影响冲压件工艺性的主要因素有：冲压件的形状、尺寸、精度及材料等。

（1）对落料件和冲孔件的要求　落料件的外形和冲孔件的孔形应力求简单、对称。尽可能采用圆形或矩形等规则形状，应避免如图 9-32 所示的长槽或细长悬臂结构。否则使模具制造困难，降低模具寿命。

同时应使冲裁件在排样时将废料减少到最少的程度。图 9-33b 较图 9-33a 更为合理，材料利用率可达 79%。

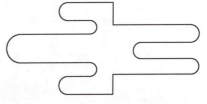

图 9-32 不合理的落料件外形图

(2) 对弯曲件的要求

1) 弯曲件形状应尽量对称，弯曲半径不能小于材料允许的最小弯曲半径。

2) 弯曲边过短不易成形，故应使弯曲边的平直部分 $H>2\delta$（图9-34）。如果要求 H 很短，则需先留出适当的余量以增大 H，弯好后再切去所增加的金属。

3) 弯曲带孔件时，为避免孔的变形，孔的位置应如图9-35所示，图中 L 应大于 $(1.5\sim2)\delta$。

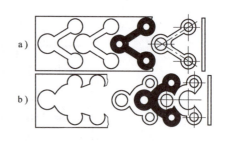

图9-33　零件形状和节约材料的关系

(3) 对拉深件的要求

1) 拉深件外形应简单、对称，深度不宜过大，以便使拉深次数最少，容易成形。

2) 在不增加工艺程序的情况下，拉深件最小允许圆角半径如图9-36所示。否则必将增加拉深次数和整形工作，也增多模具数量，并容易产生废品和提高成本。

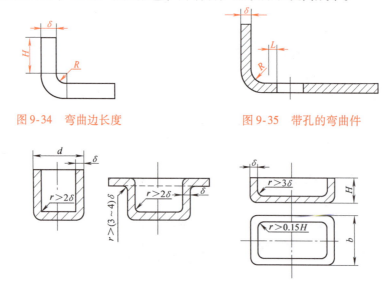

图9-34　弯曲边长度　　　　　图9-35　带孔的弯曲件

图9-36　拉深件最小允许圆角半径

(4) 简化工艺及节省材料的设计　对于形状复杂的冲压件，可以将其分成若干个简单件，分别冲压后，再焊接成为整体组合件（图9-37）。

(5) 冲口工艺　采用冲口工艺，以减少组合件数量（图9-38），节省材料和简化工艺过程。

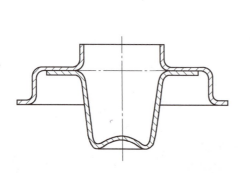
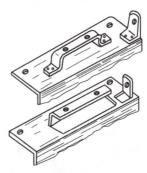

图9-37　冲压-焊接结构零件　　　图9-38　冲口工艺的应用

第五节　其他压力加工成形方法

随着工业的不断发展，对压力加工生产提出了越来越高的要求，不仅应能生产各种毛坯，更需要直接生产更多的零件。近年来，在压力加工生产方面出现了许多特种工艺方法，并得到迅速发展，如精密模锻、零件挤压、零件轧制及超塑性成形等。

一、精密模锻

精密模锻是在模锻设备上锻造出形状复杂、高精度锻件的锻造工艺。如精密锻造锥齿轮，其齿形部分可直接锻出而不必再切削加工。精密模锻件尺寸精度可达 IT12～IT15，表面粗糙度 Ra 值为 1.6～3.2μm。图9-39所示为TS12差速齿轮锻件图。

保证精密模锻的措施：

1) 精确计算原始坯料的尺寸，否则会增大锻件尺寸公差，降低精度。

2) 精细清理坯料表面，除净坯料表面的氧化皮、脱碳层及其他缺陷等。

3) 采用无氧化或少氧化加热法，尽量减少坯料表面形成的氧化皮。

4) 精锻模模膛的精度必须比锻件精度高两级。精锻模应有导柱导套结构，以保证合模准确。精锻模上应开有排气小孔，以减小金属的变形阻力，更好地充满模膛。

5) 模锻进行中要很好地冷却锻模和进行润滑。精密模锻一般都在刚度大、运动精度高的设备（如曲柄压力机、摩擦压力机、高速锤等）上进行，它具有精度高、生产率高、成本低等优点。

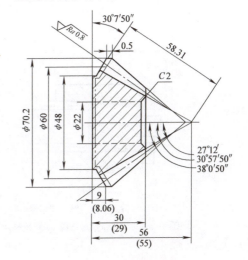

图9-39　TS12差速齿轮锻件图

二、零件轧制

金属材料在旋转轧辊的压力作用下，产生连续塑性变形，获得所要求的截面形状并改变其性能的方法称为轧制。轧制除生产各种型材、板材和管材外，现已广泛用来轧制各种零件。

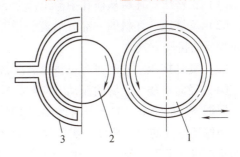

图9-40　热轧齿轮
1—轧轮　2—毛坯　3—感应加热器

根据轧辊轴线与坯料轴线的位置关系，轧制可分为横轧、纵轧、斜轧和楔横轧等。轧辊轴线与坯料轴线相互平行的轧制方法称为横轧。图9-40所示的齿轮轧制是横轧的应用实例。

其工作过程是：将齿坯装在工件轴上使其转动，并用感应加热器将轮缘加热到1000～1050℃，通过带齿形的轧轮与齿坯对辗，并在对辗过程中施加压力，从而使齿坯上一部分金属受压形成齿槽，而相邻部分金属被轧轮齿部反挤上升形成轮齿。

三、零件挤压

坯料在三向不均匀压应力作用下，从模具的孔口或缝隙挤出使之横截面积减小而长度增加，成为所需制品的加工方法称为挤压。根据挤压时金属流动方向和凸模运动方向的关系，可分为四种挤压方式（图9-41）。

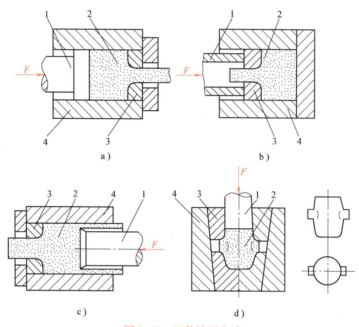

图9-41 四种挤压方式
a) 正挤压 b) 反挤压 c) 复合挤压 d) 径向挤压
1—凸模 2—坯料 3—挤压模 4—挤压筒

（1）正挤压　坯料从模孔中流出部分的运动方向与凸模运动方向相同的挤压方式。

（2）反挤压　坯料的一部分沿着凸模与凹模之间的间隙流出，其流动方向与凸模运动方向相反的挤压方式。

（3）复合挤压　同时兼有正挤压、反挤压时金属流动特征的挤压方式。

（4）径向挤压　金属的流动方向与凸模运动方向成90°的挤压方式。

根据挤压时金属坯料所具有的温度不同，挤压又可分为热挤、温挤和冷挤三种。

为保证零件的尺寸精度，实现少、无切削加工，通常使用的挤压方法是冷挤。冷挤压零件的精度可达IT7~IT8级，表面粗糙度Ra值为$0.2~1.6\mu m$。

四、摆动辗压

上模的轴线与被辗压工件（放在下模）的轴线倾斜一个角度，模具一边绕轴心旋转，一边对坯料进行连续的局部压缩，这种加工方法称为摆动辗压（图9-42）。如果上模母线是一直线，则被辗压的工作表面为平面，如果上模母线是一曲线，则被辗压的工作表面为曲面。

摆动辗压时坯料的变形只是在坯料内的一个小面积里产生且此变形区会随着模具沿坯料

做相对运动，使整个坯料逐步变形，这样就能大大降低锻压力，从而可以用较小压力的锻压设备辗压出大截面饼类锻件。

五、超塑性成形

金属在特定的组织条件、温度条件和变形速度条件下变形时，塑性比常态提高几倍甚至几百倍（如有的伸长率 $A = 1000\%$），而变形抗力降低到常态的几分之一至几十分之一，这种异乎寻常的性质称为超塑性。利用材料的超塑性进行成形加工的方法称为超塑性成形。

目前常用的超塑性成形方法主要有：超塑性模锻、超塑性挤压、超塑性板料拉深和超塑性板料气压成形等。超塑性成形扩大了适应锻压生产的金属材料范围。如用于制造燃气涡轮零件的高温高强合金，用普通锻压工艺很难成形，但用超塑性模锻就能得到形状复杂的锻件。

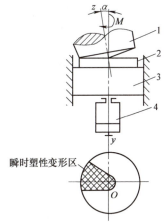

图 9-42　摆动碾压工作原理
1—摆头（上模）　2—坯料
3—滑块　4—进给液压缸

六、高速高能成形

高速高能成形是通过适当的方法获得高速度和高能量（如化学能、冲击能、电能等），使坯料在极短的时间内快速成形的加工方法。常见的高速高能成形方法有高速锤成形、爆炸成形、电磁成形、电液成形等。

高速锤成形是利用高压气体（通常采用 14MPa 的空气或氮气）作介质，借助一种触发机构，使坯料在高速冲击下成形。高速锤成形时坯料的变形速度高，变形时间短，热效应大，热量损失小，金属坯料的填充模腔能力好，能锻出壁薄高筋、形状复杂的零件，锻件质量比普通模锻高。

爆炸成形是利用炸药爆炸时产生的高压使金属材料变形的加工方法。爆炸成形具有变形速度高，工艺装备简单，投资少，工件尺寸稳定，形状精确等特点，适合多品种小批量的生产。

七、压力加工成形技术的发展趋势

压力加工工艺相对于铸造、焊接工艺有产品内部组织致密、力学性能好且稳定的优点。但是传统的压力加工工艺往往需要高压力的压力机，相应的设备重量及初期投资非常大，因此，应着力发展省力成形技术，如半固态金属成形、超塑性成形、旋压、摆动辗压等方法。压力加工通常是借助模具或其他工具使工件成形，加工柔性差，因此应采用柔性成形系统（FMS），发展压力加工的 FMS（柔性加工是指适应产品多变而工装变化很少的方法）。随着计算机技术的发展，CAD/CAE/CAM 技术在压力加工成形领域的应用会日趋广泛，在推动压力加工成形的自动化、智能化、现代化方面必将发挥巨大作用。

9-1　何谓塑性变形？塑性变形的实质是什么？
9-2　碳素钢在锻造温度范围内变形时，是否会有冷变形强化现象？

9-3 铅在20℃、钨在1000℃时的变形,各属于哪种变形?为什么(铅的熔点为327℃,钨的熔点为3380℃)?

9-4 纤维组织是怎样形成的?它的存在有何利弊?

9-5 如何提高金属的塑性?最常用的措施是什么?

9-6 "趁热打铁"的意义何在?

9-7 为什么大型锻件必须采用自由锻的方法制造?

9-8 叙述图9-43所示零件在绘制锻件图时应考虑的内容。

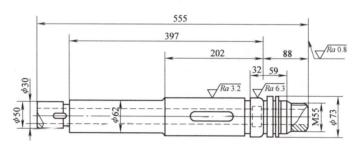

图9-43 C618K车床主轴零件图

9-9 图9-44所示零件当用模锻的方法生产毛坯时,改正其结构的不合理部分。

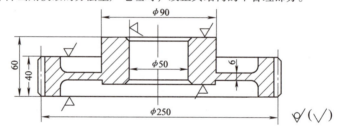

图9-44 题9-9图

9-10 为什么胎模锻可以锻造出结构比较复杂的锻件?

9-11 摩擦压力机上模锻有何特点?为什么?

9-12 下列制品应采用哪种方法制造毛坯?

1) 活扳手(大批量生产)。

2) 铣床主轴(单件生产)。

3) 起重机吊钩(小批量生产)。

4) 万吨轮船主传动轴(单件生产)。

9-13 板料冲压生产有何特点?应用范围如何?

9-14 用 $\phi50mm$ 冲孔模来生产 $\phi50mm$ 的落料件能否保证落料件的精度?为什么?

9-15 材料的回弹现象对冲压生产有何影响?

9-16 举出一常见冲压件的实例并说明其生产过程。

9-17 比较落料和拉深所用凸、凹模结构和间隙有何不同,为什么?

9-18 精密模锻需要哪些措施才能保证产品的精度?

9-19 挤压零件的生产特点是什么?

第十章 焊接与胶接成形

CHAPTER 10

焊接是指将分离的金属通过局部加热或同时加压手段，借助于金属内部原子的结合与扩散作用而牢固地连接起来，形成永久性接头的材料加工方法。胶接是用胶粘剂把两个零件连接在一起，并使接合处有足够强度的连接工艺。焊接与胶接和金属切削加工、压力加工、铸造、热处理等其他材料加工方法一起构成的工程材料的加工技术，是现代机器制造业，包括汽车、船舶、飞机、航天、原子能、石油化工、电子等工业部门的基本生产工艺方法。

焊接方法的种类很多，按焊接过程特点可分为三大类。

（1）熔焊　将焊件的被连接处局部加热至熔化状态形成熔池，待其冷却结晶后形成焊缝，使构件连成一体的方法称为熔焊。

（2）压焊　利用摩擦、扩散和加压等方法使两个连接件表面上的原子相互接近到晶格距离，从而在固态下实现的连接称为压焊。为了使焊接容易实现，在加压的同时大都伴随着加热。

（3）钎焊　利用某些熔点低于母料的填充金属（钎料）熔化后，填入接头间隙并与固态母材通过扩散实现连接的方法称为钎焊。

主要焊接方法及其分类如图 10-1 所示。

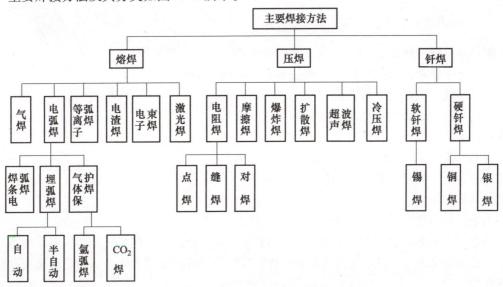

图 10-1　主要焊接方法及其分类

在焊接广泛应用之前，金属结构件的连接靠铆接。与铆接比较，焊接具有节省材料、减轻质量；接头的密封性好，可承受高压；能拼焊复杂、大型铸锻件；简化加工与装配工序，缩短生产周期，易于实现机械化和自动化生产等优点。因此，焊接在现代化工业生产中具有十分重要的作用，广泛应用于机械制造中的毛坯生产和制造各种金属结构件，如高炉炉壳、建筑构件、锅炉与受压容器、汽车车身、桥梁等。此外，焊接还用于零件的修复焊补等。

目前，焊接技术还存在一些问题，主要有焊接结构的残余应力和变形、焊接接头性能不够均匀、焊接品质检验比较困难等，需要在焊接中加以注意及采取一定的措施予以减轻或避免。

第一节 焊接工程理论基础

焊接基础理论包括许多方面的内容，主要涉及焊接冶金学和焊接力学，以及相关的机械、材料、自动化等知识。本节简要介绍保证焊接质量所需要的基本理论。

一、焊接电弧

焊接电弧是在电极与工件之间的气体介质中长时间有力的放电现象，即在局部气体介质中有大量电子流通过的导电现象。

产生电弧的电极可以是金属丝、钨丝、碳棒或焊条，一般焊条电弧焊使用焊条。电弧稳定燃烧时的电压称为电弧电压，电弧长度（即焊条与工件间的距离）越长，电弧电压也越高，一般情况下电弧电压为16~35V。

电弧产生的热量与焊接电流与电弧电压的乘积成正比。电流越大，电弧产生的总热量就越大。焊条电弧焊中只有65%~85%的热量用于加热和熔化金属，其余的热量则散失在电弧周围和飞溅的金属熔滴中。

二、电弧焊的原理及焊接冶金过程

焊条电弧焊过程如图10-2所示。电弧在焊条与被焊工件之间燃烧，电弧的热量使焊件和焊芯同时熔化形成熔池，同时也使焊条药皮熔化而分解。药皮熔化后与液态金属发生物理化学反应，所形成的熔渣不断从熔池中浮起；药皮受热分解产生大量的CO_2和CO等保护气体围绕在电弧周围，熔渣和气体能防止大气中氧和氮等气体的侵入而起到保护已熔化金属的作用。

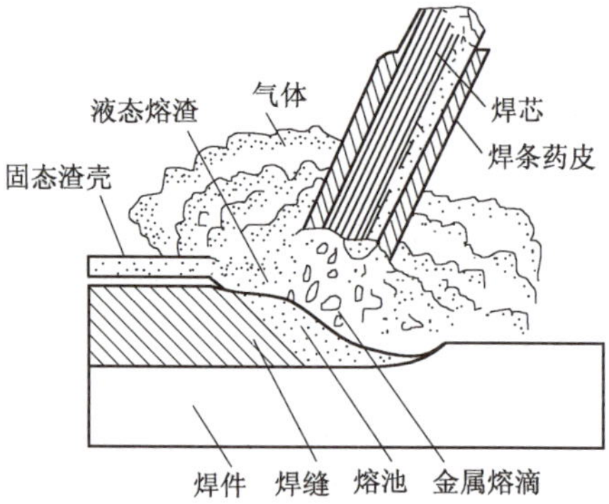

图10-2 焊条电弧焊过程

当电弧向前移动时，工件和焊条不断熔化汇成新的熔池，原来的熔池则不断冷却凝固以构成连续的焊缝。覆盖在焊缝表面的液态熔渣也逐渐凝固成为固态渣壳。这层熔渣和渣壳对焊缝成形的好坏及减缓焊缝金属的冷却速度有着重要的作用。

电弧焊是熔焊的一种，其熔池中的反应称为焊接冶金反应。焊接冶金过程与炼钢的冶金过程相比有以下特点：

1) 金属加热温度高，大大超过了它的熔点（如电弧焊可达 2000℃ 左右），因此使合金元素强烈蒸发烧损，使气体分解成原子状态，活泼性提高。

2) 熔池体积小、冷却速度快（熔池周围是冷金属）、液态停留时间短（仅几秒钟），各种化学反应未能充分地进行，有些甚至来不及反应，因此造成焊缝化学成分不均匀。同时由于冷却速度快，气体和杂质来不及上浮而产生焊接缺陷。

3) 熔滴和熔池不容易得到充分的保护。如果用光焊丝在无保护的条件下进行焊接，则会有空气及杂质在电弧的高温作用下分解出原子状态的氧（O）、氮（N）和氢（H），其中氧与熔化的金属直接接触，将发生下列反应：

$$Fe + O \rightarrow FeO \qquad 4FeO \rightarrow Fe_3O_4 + Fe \qquad C + O \rightarrow CO \uparrow$$
$$Si + 2O \rightarrow SiO_2 \qquad Mn + O \rightarrow MnO$$

其中 FeO 可以溶入熔池中，并会发生下列反应：

$$FeO + Mn \rightarrow MnO + Fe \qquad 2FeO + Si \rightarrow SiO_2 + 2Fe \qquad FeO + C \rightarrow CO \uparrow + Fe$$

从而使有益的合金元素严重烧损。氮和氢在高温下也能溶入液态金属中，并且氮与铁还能化合成 Fe_4N、Fe_2N。当熔池迅速冷却时，溶入金属的氢来不及逸出则会在焊缝中产生气孔。此外，一部分氧化物和氮化物残存在焊缝中会形成夹杂物。

由于合金元素被烧损和焊缝中存有非金属夹杂物，所以焊缝金属的力学性能降低，尤其是塑性和韧性严重下降。氢的存在则会引起脆性，或促进冷裂等。一氧化碳的生成和氢的溶入还能形成气孔。这一切将严重影响焊接质量，因此必须采取措施来改善焊接质量。对焊条电弧焊焊接熔池进行保护的主要措施为采用惰性气体保护、造渣保护或对焊缝金属添加有益合金元素等。

在焊条药皮（焊剂）中加入有益的合金元素，如 Si、Mn，可有效弥补部分有益合金元素在焊接时的烧损，并能起到脱氧、脱硫的作用。其反应如下：

$$FeO + Mn \rightarrow MnO + Fe \qquad 2FeO + Si \rightarrow SiO_2 + 2Fe$$
$$MnO + FeS \rightarrow MnS + FeO \qquad CaO + FeS \rightarrow CaS + FeO$$

生成的 MnO 与 SiO_2 形成复合物 $MnO \cdot SiO_2$ 进入熔渣中，MnS 和 CaS 都不溶于金属也进入熔渣中。

焊缝质量取决于很多因素，如焊件基体金属、焊条的质量、焊前的清理程度、焊接时电弧的稳定情况、焊接参数、焊接操作技术、焊后冷却速度以及焊后热处理等。

三、电弧焊机

电弧焊机按焊接电弧的电源，可分为交流弧焊机和直流弧焊机两类。

交流弧焊机统称弧焊变压器，如图 10-3 所示，实际上是一种特殊的降压变压器，为了适应焊接电弧的特殊需要，电焊机应具有降压特性，这样才能使焊接过程稳定。它在未起弧时的空载电压为 60～90V，起弧后自动降到 20～30V，满足电弧正常燃烧的需要。它能自动限制短路电流，不怕起弧时焊条与工件的瞬间接触短路，还能供给焊接时所需的几十安培到几百安培电流，并且这个焊接电流还可根据焊件的厚薄和焊条直径的大小来调节。电流调节分粗调和细调两级，粗调通过改变输出线头的接法来大范围调节；细调用摇动调节手柄改变电焊机内可动铁心或可动线圈的位置来小范围调节。交流弧焊机结构简单、价格便宜、噪声小、使用可靠、维修方便，但电弧稳定性较差，有些种类的焊条使用受到限制。在我国交流弧焊机使用非常广泛。

直流弧焊机常用的有旋转式（发电机式）和整流式。旋转式直流弧焊机如图10-4所示，它由一台三相感应电动机和一台直流弧焊发电机组成，能获得稳定的直流焊接电流，引弧容易，电弧稳定，焊接质量较好，能适应各种电焊条，但结构复杂。

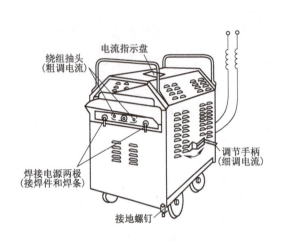

图10-3　交流弧焊机

图10-4　旋转式直流弧焊机

整流式直流弧焊机俗称弧焊整流器，如图10-5所示。它是用大功率硅整流元件组成整流器，将交流变为直流焊接电流，没有旋转部分，结构较旋转式简单，电弧稳定性好，噪声很小，维修简单。但目前性能尚有一些问题，改进后可取代旋转式直流弧焊机。

电弧焊机的基本技术参数包括：

1）输入端电压，一般为单相220V、380V或三相380V。

2）输出端空载电压：一般为60～90V。

3）工作电压：一般为20～40V。

4）电流调节范围：可调的最小至最大焊接电流范围。

5）负载持续率（暂载率）：指5min内有工作电流的时间所占百分比。在负载持续率高（连续工作）的工作状态下，焊机许用电流值要小些，相反可允许使用较大的电流。

直流弧焊机输出端有正、负极，电弧有固定的正、负极，正极的温度和热量都比负极高。弧焊机正、负两极与焊条、焊件有两种不同的接法：焊件接正极、焊条接负极，称为正接法，又称为正极性；相反，焊件接负极，焊条接正极，称为反接法，又称为反极性（图10-6）。极性接法与焊接板厚、焊条性质及母材性质有关。当焊接薄钢板（要防止烧穿）或使用碱性低氢型焊条或焊接低合金钢和铝合金（必

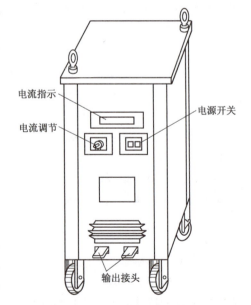

图10-5　整流式直流弧焊机

须除去氧化皮）时，采用反接法。当焊接厚钢板（必须有较大熔深）或采用酸性焊条时一般采用正接法。

交流弧焊机因电弧中的正极和负极时刻变化，无正反接的差别。这时，焊件和焊条上产生的热量是相等的。

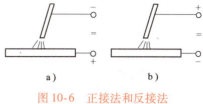

图 10-6　正接法和反接法

a）正接　b）反接

四、焊条

焊条是指涂有药皮的供焊条电弧焊用的熔化电极，由焊芯和药皮（涂料）两部分组成。

1. 焊芯

焊芯是组成焊缝金属的主要材料，它的化学成分和非金属夹杂物的多少将直接影响焊缝质量。因此，结构钢焊条的焊芯应符合国家标准 GB/T 14957—1994《熔化焊用钢丝》的要求。常用结构钢焊条焊芯的牌号和成分见表 10-1。

表 10-1　常用结构钢焊条焊芯的牌号和成分

牌号	化学成分（质量分数，%）							用途
	C	Mn	Si	Cr	Ni	S	P	
H08A	≤0.10	0.30~0.55	≤0.03	≤0.20	≤0.30	<0.03	<0.03	一般焊接结构 重要的焊接结构 用作埋弧焊钢丝
H08MnA	≤0.10	0.80~1.10	≤0.07	≤0.20	≤0.30	<0.03	<0.03	

焊芯具有较低的含碳量和一定的含锰量，含硅量控制较少，硫、磷含量则应低。焊芯牌号中带"A"者，其硫、磷的质量分数不超过 0.03%。焊芯的直径称为焊条直径，最小为 $\phi1.6mm$，最大为 $\phi8mm$，其中以 $\phi3.2$~$\phi5mm$ 的焊条应用最广。

焊接合金结构钢、不锈钢用的焊条，应采用相应的合金结构钢、不锈钢的焊接钢丝作焊芯。

2. 焊条药皮

焊条药皮在焊接过程中的主要作用是：提高电弧燃烧的稳定性，防止空气对熔化金属的侵害；保证焊缝金属的脱氧和向其添加合金元素，以保证焊缝金属的化学成分和力学性能。焊条药皮原料的种类、名称及其作用见表 10-2。

表 10-2　焊条药皮原料的种类、名称及其作用

原料种类	原料名称	作用
稳弧剂	碳酸钾、碳酸钠、长石、大理石、钛白粉、钠水玻璃、钾水玻璃	改善引弧性能，提高电弧燃烧的稳定性
造气剂	淀粉、木屑、纤维素、大理石	造成一定量的气体，隔绝空气，保护焊接熔滴与熔池
造渣剂	大理石、氟石、菱苦土、长石、锰矿、钛铁矿、黏土、钛白粉、金红石	造成具有一定物理、化学性能的熔渣，保护焊缝。碱性渣中的 CaO 还可起脱硫、脱磷作用
脱氧剂	锰铁、硅铁、钛铁、铝铁、石墨	降低电弧气氛和熔渣的氧化性，脱除金属中的氧。锰还起脱硫作用
合金剂	锰铁、硅铁、铬铁、钼铁、钒铁、钨铁	使焊缝金属获得必要的合金成分

(续)

原料种类	原料名称	作用
稀渣剂	氟石、长石、钛白粉、钛铁矿	提高熔渣流动性,降低熔渣黏度
黏结剂	钾水玻璃、钠水玻璃	将药皮牢固地粘在焊芯上

3. 焊条的种类及型号

由于焊接方法应用的范围越来越广泛,因此为适应各个行业、各种材料和达到不同的性能要求,焊条品种非常多。我国将焊条按化学成分划分为八大类,即碳钢焊条、低合金钢焊条、不锈钢焊条、堆焊焊条、铸铁焊条及焊丝、铜及铜合金焊条、镍及镍合金焊条、铝及铝合金焊条,其中应用最多的是碳钢焊条和低合金钢焊条。

根据国标 GB/T 5117—2012《非合金钢及细晶粒钢焊条》和 GB/T 5118—2012《热强钢焊条》的规定,两种焊条型号用大写字母"E"和数字、字母表示,如 E4303、E5015 等。"E"表示焊条;型号中四位数字的前两位表示熔敷金属的最小抗拉强度代号;第三位与第四位数字组合表示药皮类型、焊接位置和电流类型;在四位数字之后,标出熔敷金属的化学成分分类代号,非合金钢及细晶粒钢焊条可为"无标记"。非合金钢及细晶粒钢焊条在熔敷金属的化学成分代号之后标出焊后状态代号。除以上强制分类代号外,根据供需双方协商,可在型号后附加可选代号。型号示例:

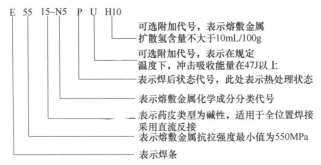

焊条还可按熔渣性质分为酸性焊条和碱性焊条两大类。药皮熔渣中酸性氧化物(如 SiO_2、TiO_2、Fe_2O_3)比碱性氧化物(如 CaO、FeO、MnO、Na_2O)多的焊条为酸性焊条。此类焊条适合各种电源,操作性较好,电弧稳定,成本低,但焊缝强度稍低,渗合金作用弱,故不宜焊接承受重载和要求高强度的重要结构件。熔渣中碱性氧化物比酸性氧化物多的为碱性焊条。此类焊条一般要求采用直流电源,焊缝强度高,抗冲击能力强,但操作性差,电弧不够稳定,成本高,故只适合焊接重要结构件。

4. 焊条的选用原则

通常是根据焊件化学成分、力学性能、抗裂性、耐蚀性以及高温性能等要求,选用相应的焊条种类,再考虑焊接结构形状、受力情况、焊接设备条件和焊条售价来选定具体型号。

(1)根据母材的化学成分和力学性能 若焊件为结构钢,则焊条的选用应满足焊缝和母材"等强度"的原则,且应选用成分相近的焊条;异种钢焊接时,应按其中强度较低的钢材选用焊条;若焊件为特殊钢,如不锈钢、耐热钢等,一般根据母材的化学成分类型按"等成分"原则选用与母材成分类型相同的专用焊条;若母材中碳、硫、磷含量较高,则选用抗裂性能好的碱性焊条。若焊接铸钢,因焊件的含碳量一般比较高,而且厚度较大,形状复杂,很容易产生焊接裂纹，则一般应选用碱性焊条，并采取适当的工艺措施（如预热）进行焊接。

（2）根据焊件的工作条件与结构特点　对于承受交变载荷、冲击载荷的焊接结构，或者形状复杂、厚度大、刚性大的焊件，应选用碱性低氢型焊条。如果焊件受力不复杂、母材质量较好，则应尽量选用较经济的酸性焊条。

（3）根据焊接设备、施工条件和焊接技术性能　无法清理或在焊件坡口处有较多油污、铁锈、水分等脏物时，应选用酸性焊条。在保证焊缝品质的前提下，应尽量选用成本低、劳动条件好的焊条，无特殊要求时应尽量选用焊接工艺性能好的酸性焊条。

五、焊接接头的组织和性能

熔焊使焊缝及其附近的母材经历了一个加热和冷却的热过程，由于温度分布不均匀，焊件发生了一次复杂的冶金过程，焊缝附近区域受到一次不同规范的热处理，因此必然引起相应的组织和性能的变化，直接影响焊接质量。

1. 焊接热循环和焊接接头的组成

焊接热循环是指在焊接热源作用下，焊接接头上某点的温度随时间的变化。焊接时，焊接接头不同位置上的点所经历的焊接热循环是不同的，如图 10-7 所示。离焊缝越近的点，被加热的温度越高；反之，越远的点，被加热的温度越低。

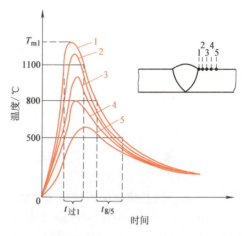

图 10-7　焊接热循环曲线
1—熔合区　2—过热区　3—正火区
4—部分相变区　5—再结晶区

在焊接热循环中，影响焊接质量的主要参数是加热速度、最高加热温度 T_{m1}、高温（如 1100℃ 以上）停留时间 $t_{过1}$ 和冷却速度等。冷却速度中起关键作用的是从 800℃ 冷却到 500℃ 的速度，通常用 $t_{8/5}$ 来表示。焊接热循环的主要特点是加热速度和冷却速度都很快，每秒一百摄氏度以上，甚至可达每秒几百摄氏度。因此，对于淬硬倾向较大的钢材可能造成空淬，焊后产生马氏体组织，引起焊接裂纹。

受热循环的影响，焊缝附近的母材组织和性能发生变化的区域称为焊接热影响区。熔焊焊缝与母材的交界线称为熔合线。熔合线实际上有一个很窄的由焊缝至热影响区的过渡区，称为熔合区，也称为半熔化区。因此，焊接接头由焊缝、熔合区和热影响区组成。

2. 焊缝的组织和性能

焊缝组织是由熔池金属结晶得到的铸造组织。焊接熔池的结晶首先从熔合区中处于半熔化状态的晶粒表面开始，晶粒沿着与散热最快方向的相反方向长大，因受到相邻正在长大的晶粒的阻碍，向两侧生长受到限制，因此，焊缝中的晶体是方向指向熔池中心的柱状晶，如图 10-8 所示。焊缝结晶要产生偏析，宏观偏析与焊缝成形系数（即焊道的宽度与计算厚度之比）有关，如图 10-9 所示。宽焊缝时，杂质聚集在焊缝上部，可避免出现中心线裂纹。窄焊缝时，柱

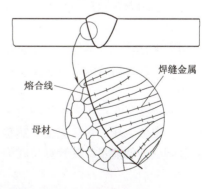

图 10-8　焊缝的柱状晶

状晶的交界在中心，杂质聚集在中心线附近，形成中心线偏析，容易产生热裂纹。

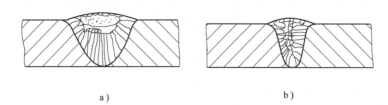

图 10-9　焊缝断面形状对偏析的影响
a) 宽焊缝　b) 窄焊缝

焊缝中的铸态组织，晶粒粗大，成分偏析，组织不致密。但是，由于焊接熔池小，冷却快，焊条药皮、焊剂或焊丝在焊接过程中的冶金处理作用，使得焊缝金属的化学成分优于母材，硫、磷含量较低，所以容易保证焊缝金属的性能不低于母材，特别是强度容易达到。

3. 热影响区及熔合区的组织和性能

图 10-10 所示为低碳钢焊接接头的组织变化。图 10-10a 所示为焊接接头各点最高加热温度曲线，低碳钢的热影响区分为**过热区、正火区和部分相变区**。图 10-10b 所示为简化的铁碳相图的一部分。

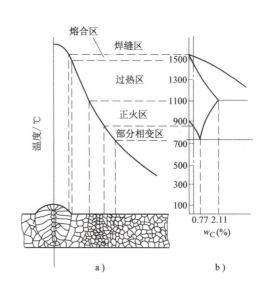

图 10-10　低碳钢焊接接头的组织变化

（1）过热区　**焊接时加热到 1100℃以上至固相线温度的区域**。由于加热温度高，奥氏体晶粒明显长大，冷却后产生晶粒粗大的加热组织。过热区是热影响区中性能最差的部位。因此，焊接刚度大的结构时，易在此区产生裂纹。

（2）正火区　**最高加热温度从 Ac_3 至 1100℃的区域**。金属发生重结晶，焊后冷却得到均匀而细小的铁素体和珠光体组织。正火区的性能优于母材。

（3）部分相变区　**加热到 $Ac_1 \sim Ac_3$ 温度区域。因为只有部分组织发生转变，部分铁素体来不及转变，故称为部分相变区**。冷却后晶粒大小不均匀，因此力学性能较差。

熔合区化学成分不均匀，晶粒粗大，其性能往往是焊接接头中最差的。

综上所述，熔合区和过热区是焊接接头中的薄弱部分，对焊接质量有严重影响，应尽可能减小。

影响焊接接头组织和性能的因素有焊接材料、焊接方法和焊接工艺。焊接参数主要有焊接电流、电弧电压、焊接速度、热输入等。热输入是熔焊时由焊接电源（热源）输入给单位长度焊缝上的能量，其计算公式为

$$E = \eta \frac{IU}{v}$$

式中，E 为热输入，单位为 J/cm；I 为焊接电流，单位为 A；U 为焊接电弧电压，单位为 V；v 为焊接速度，单位为 cm/s；η 为有效系数，焊条电弧焊 $\eta = 0.66 \sim 0.85$，埋弧焊 $\eta = 0.90 \sim 0.99$。

由上式看出，焊接参数直接影响焊接热循环，从而影响焊接接头热影响区的大小和焊接接头的组织和性能。

4. 改善焊接热影响区组织性能的措施

熔焊过程中总会产生一定尺寸的热影响区。根据焊接过程的特点，可以采取以下措施来改善其组织与性能。

1）合理选择焊接方法及焊接参数，尽量使热影响区减至最小。

2）加强对焊缝金属的保护，防止焊接时各种杂质进入热影响区。对焊缝进行合金化及冶金处理，以获得所需的组织与性能。

3）对焊接件进行局部或整体热处理，以消除应力，细化晶粒，提高焊接接头的性能。

六、焊接应力与变形

1. 焊接应力

焊接过程是一个极不平衡的热循环过程，即焊缝及其相邻区金属都要由室温被加热到很高温度（焊缝金属已处于液态），然后再快速冷却下来。由于在这个热循环过程中焊件各部分的温度不同，随后的冷却速度也各不相同，因而焊件各部位在热胀冷缩和塑性变形的影响下，必将产生内应力、变形或裂纹。焊缝是靠一个移动的点热源来加热，然后逐渐冷却下来所形成的，因而应力的形成、大小和分布状况较为复杂。为简化问题，假定整条焊缝同时成形。当焊缝及其相邻区金属处于加热阶段时都会膨胀，但受到焊件冷金属的阻碍，不能自由伸长而受压，形成压应力。该压应力使处于塑性状态的金属产生压缩变形。随后再冷却到室温时其收缩又受到周边冷金属的阻碍，不能缩短到自由收缩所应达到的位置，因而产生残余拉应力（焊接应力）。图 10-11 所示为平板对接焊缝和圆筒环形焊缝的焊接应力分布。

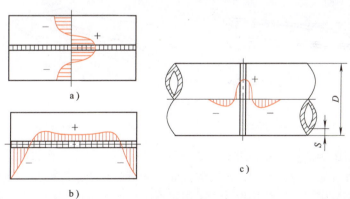

图 10-11　平板对接焊缝和圆筒环形焊缝的焊接应力分布
a）对接焊缝纵向应力　b）对接焊缝横向应力
c）环形焊缝应力

焊接应力的存在将影响焊接构件的使用性能，其承载能力大为降低，甚至在外载荷有改变时出现脆断的危险后果。对于接触腐蚀性介质的焊件（如容器），应力腐蚀现象加剧，将缩短焊件使用期限，甚至产生应力腐蚀裂纹而报废。

对于承载大的构件、压力容器等重要结构件，焊接应力必须予以防止和消除。首先，在结构设计时应选用塑性好的材料，要避免使焊缝密集交叉，避免使焊缝截面过大和焊缝过长。其次，在施焊中应确定正确的焊接次序（图 10-12），否则将导致开裂。焊前对焊件预热是较为有效的工艺措施，这样可减小焊件各部位间的

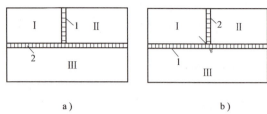

图 10-12 焊接次序对焊接应力的影响
a）正确 b）不正确

温差，从而显著减小焊接应力。焊接中采用小能量焊接方法或锤击焊缝也可减小焊接应力。再次，当需要较彻底地消除焊接应力时，可采用焊后去应力退火的方法来达到。此时将焊件加热至 500~650℃，保温后缓慢冷却至室温。此外，也可采用水压试验或振动法消除焊接应力。

2. 焊接变形

焊接应力的存在会引起焊件的变形，其基本类型如图 10-13 所示。具体焊件会出现哪种变形，与焊件结构、焊缝布置、焊接工艺及应力分布等因素有关。一般情况下，简单结构的小型焊件，焊后仅出现收缩变形，焊件尺寸减小。当焊件坡口横截面的上下尺寸相差较大或焊缝分布不对称，以及焊接次序不合理时，焊件易发生角变形、弯曲变形或扭曲变形。薄板焊件最容易产生不规则的波浪变形。

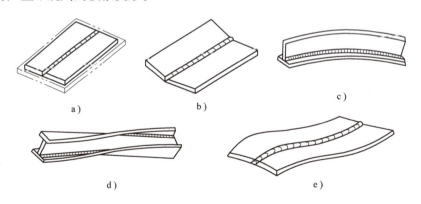

图 10-13 常见焊接变形的基本类型
a）收缩变形 b）角变形 c）弯曲变形 d）扭曲变形 e）波浪变形

焊件出现变形将影响使用，过大的变形量将使焊件报废，因此必须加以防止和消除。焊件的变形主要是由焊接应力所引起的，预防焊接应力的措施对防止焊接变形都是有效的。当对焊件的变形有较高限定时，在结构设计中采用对称结构或大刚度结构、焊缝对称分布结构都可减小或不出现焊接变形；施焊中，采用反变形措施，（图 10-14、图 10-15）或刚性夹持方法，都可减小焊件的变形，但此方法不适合焊接淬硬性较大的钢结构件和铸铁件。正确选择焊接参数和焊接次序，对减小焊接变形也很重要（图 10-16）。这样可使温度分布更为均匀，开始焊接时产生的微量变形可被后来焊接部位的变形所抵消，从而获得无变形的焊件。对于焊

后变形小但已超过允许值的焊件，可采用机械矫正法（图10-17）或火焰加热矫正法（图10-18）加以消除。火焰加热矫正焊件时，要注意加热部位，应加热焊件的压应力处，使之产生塑性变形，冷却中的进一步收缩将焊接时产生的变形消除。

3. 焊接裂纹

焊接应力过大的后果是使焊件产生裂纹。焊接裂纹存在于焊缝或热影响区和熔合区中，而且往往是内裂纹，危害极大。因此，对于重要焊件，焊后应对焊接接头的内部进行无损检测。焊件产生裂纹也与焊接材料的成分（如硫、磷含量）、焊缝金属的结晶特点（结晶区间）及含氢量的多少有关。当焊缝金属的硫、磷含量高时，它们的化合物与 Fe 形成低熔点共晶体存在于基体金属的晶界处，构成液态间层，在应力作用下被撕裂而形成热裂纹。金属的结晶区间越大，形成液态间层的可能性也越大，焊件就越容易产生裂纹。钢中含氢量高，焊后经过一段时间，大量氢分子析出集中起来会形成很大的局部压力，造成焊件出现裂纹（称为延迟裂纹）。因此，焊接中应合理选材，采取措施减小应力，并应运用合理的焊接工艺（如选用碱性焊条、小能量焊接、预热、合理的次序等）进行焊接，确保焊件质量。

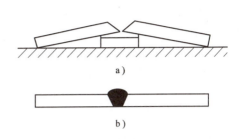

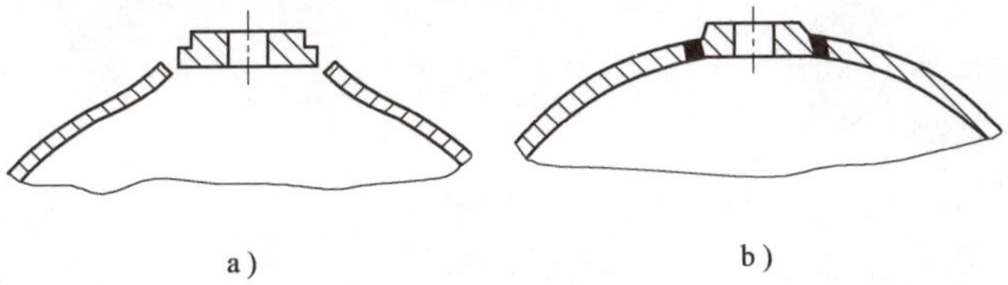

图 10-14 平板焊接的反变形

a) 焊前反变形　b) 焊后

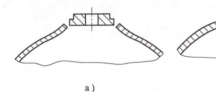

图 10-15 防止壳体焊接局部塌陷的反变形

a) 焊前预弯曲反变形　b) 焊后

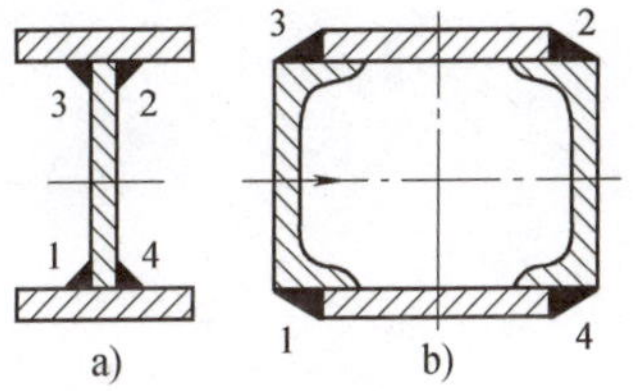

图 10-16 梁的焊接次序

a) 工字架　b) 封闭结构

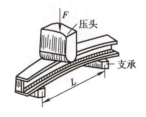

图 10-17 机械矫正法

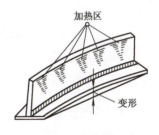

图 10-18 火焰矫正法

第二节　常用焊接方法

一、焊条电弧焊

焊条电弧焊是利用电弧热局部熔化焊件，并用手工操纵焊条进行焊接的电弧焊方法，是目前应用较为广泛的焊接方法之一。

焊条电弧焊的最大优点是设备简单、应用灵活、方便，适用面广，可焊接各种位置和直缝、环缝及各种曲线焊缝，尤其适用于操作不便的场合和短小焊缝的焊接。但对操作人员的技能要求较高，生产率低，工作环境差，劳动强度大。不适宜焊接钛等活泼金属、难熔金属及低熔点金属。

二、埋弧焊

埋弧焊是电弧在颗粒状焊剂层下燃烧进行焊接的方法。

埋弧焊的焊接过程如图10-19所示。焊接时，送丝机构送进焊丝使之与焊件接触，焊剂通过软管均匀撒落在焊缝上，掩盖住焊丝和焊件接触处。通电以后，向上抽回焊丝而引燃电弧。电弧在焊剂层下燃烧，使焊丝、焊件接头和部分焊剂熔化，形成一个较大的熔池，并进行冶金反应。电弧周围的颗粒状焊剂被熔化成熔渣，少量焊剂和金属蒸发形成蒸气，在蒸汽压力作用下，气体将电弧周围的熔渣排开，形成一个封闭的熔渣泡，如图10-20所示。熔渣泡有一定的黏度，能承受一定的压力。因此，被熔渣泡包围的熔池金属与空气隔离，同时也防止金属的飞溅和电弧热量的损失。随着焊接的进行，电弧向前移动，焊丝不断送进，熔化后的金属逐渐冷却凝固形成焊缝。熔化的焊剂覆盖在焊缝金属上形成渣壳。最后，断电熄弧，完成焊接过程。未熔化的焊剂经回收处理后，可重新使用。埋弧焊的焊丝同焊条电弧焊焊芯的作用一样，其成分标准也相同。常用焊丝牌号有H08A、H08MnA和H10Mn2等。

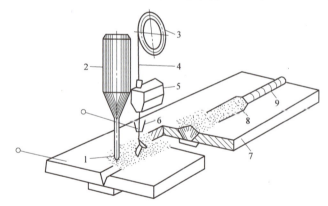

图10-19 埋弧焊的焊接过程示意图
1—机头 2—焊丝 3—焊丝盘 4—导电嘴 5—焊剂 6—焊剂漏斗 7—工件 8—焊缝 9—渣壳

埋弧焊与焊条电弧焊相比有以下特点：

（1）生产率高　埋弧焊的焊丝导电部分远比焊条电弧焊短且外面无药皮覆盖，送丝速度又较快，因而其焊接电流可达1000A以上，比焊条电弧焊高6~8倍，所以金属熔化快，焊接速度高。同时，焊丝成卷使用，节省了更换焊条的时间，因此生产率比焊条电弧焊高5~10倍。

（2）焊接品质高而且稳定　埋弧焊时，熔渣泡对金属熔池保护严密，有效地阻止了空气的有害影响，热量损失小，熔池保持液态时间长，冶金过程进行得较为完善，气体与杂质易于浮出，焊缝金属化学成分均匀。同时焊接参数能自动控制调整，焊接过程自动进行。因此，焊接品质高，焊缝成形美观，并保持稳定。

（3）节省金属材料　埋弧焊热量集中，熔深大，厚度在25mm以下的焊件都可以不开坡口进行焊接，因此降低了填充金属损耗。此外，没有焊条电弧焊时的焊条头损失，熔滴飞

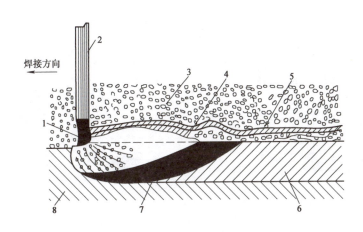

图 10-20 埋弧焊纵截面图

1—电弧 2—焊丝 3—焊剂 4—熔渣 5—渣壳 6—焊缝 7—熔池 8—基体金属

溅很少,因而能节省大量金属材料。

(4) 劳动条件好 埋弧焊由于电弧埋在焊剂之下,看不到弧光,烟雾很少,焊接过程中焊工只需预先调整焊接参数,管理焊机,焊接过程便可自动进行,所以劳动条件好。

但是埋弧焊的灵活性差,只能焊接长而规则的水平焊缝,不能焊短的、不规则的焊缝和空间焊缝,也不能焊薄的工件。焊接过程中,无法观察焊缝成形情况,因而对坡口的加工、清理和接头的装配要求较高。埋弧焊设备较复杂,价格高,投资大。

埋弧焊通常用于碳素钢、低合金钢、不锈钢和耐热钢等中厚板(6~60mm)结构的长直焊缝及直径大于250mm环缝的平焊,生产批量越大,经济效果越佳。

三、气体保护电弧焊

气体保护电弧焊是利用外加气体作为电弧介质并保护电弧和焊接区的电弧焊。在气体保护电弧焊中,用作保护介质的气体有氩气和二氧化碳。二氧化碳虽具有一定的氧化性,但其价廉易得,且对不易氧化的低碳钢仍然具有很好的保护作用,所以,它的应用也较普遍。

1. 氩弧焊

氩弧焊是使用氩气作为保护气体的电弧焊。氩弧焊时,氩气从喷嘴喷出后,便形成密闭而连续的气体保护层,使电弧和熔池与大气隔绝,避免了有害气体的侵入,起到了保护作用。氩弧焊按所用电极不同,分为熔化极氩弧焊和不熔化极(或钨极)氩弧焊。

(1) **熔化极氩弧焊(MIG)** 熔化极氩弧焊的焊接过程如图10-21a所示。它利用焊丝作为电极并兼作焊缝填充金属,焊接时,在氩气保护下,焊丝通过送丝机构不断送进,在电弧作用下不断熔化,并过渡到熔池中去,冷却后形成焊缝。由于采用焊丝作为电极,可以采用较大的电流,适合于焊接厚度为3~25mm的焊件。

(2) **非熔化极氩弧焊(TIG)** 非熔化极氩弧焊以高熔点的钨(或钨合金)棒作为电极,焊接时,钨棒不熔化,只起导电产生电弧的作用。焊丝只起填充金属的作用,从钨极前方向熔池中添加,如图10-21b所示。焊接方式既可手工操作,也可自动化操作。

非熔化极氩弧焊时,因为氩和钨棒均使电弧引燃困难,如果采用同焊条电弧焊一样的接触引弧,由于引弧产生的高温,钨棒会严重损耗。因此,在两极之间加一个高频振荡器,用

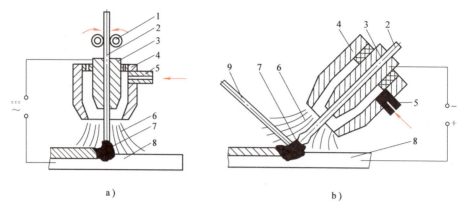

图 10-21 氩弧焊示意图
a) 熔化极氩弧焊 b) 非熔化极氩弧焊
1—送丝辊轮 2—焊丝或电极 3—导电嘴 4—喷嘴 5—进气管
6—氩气流 7—电弧 8—焊件 9—填充焊丝

它产生的高频高压电流引起电弧。

非熔化极氩弧焊时,阴极区温度可达 3000℃,阳极区可达 4200℃,这已超过钨棒的熔点。为了减少钨极的损耗,焊接电流不能太大,通常适用于焊接厚度为 0.5~6mm 的薄板。非熔化极氩弧焊焊接低合金钢、不锈钢、钛合金和纯铜等材料时,一般采用直流正接法,使钨棒为温度较低的阴极,以减少钨棒的熔化和烧损。焊接铝、镁及其合金时,一般采用直流反接法,这样便可利用钨极射向焊件的正离子撞击工件表面,使焊件表面形成的高熔点氧化物(Al_2O_3、MgO)膜破碎而去除,即阴极破碎作用,从而使焊接品质得以提高。但这种方式会造成钨棒消耗加快。因此,在实际生产中,焊接这类合金时,多采用交流电源。当焊件处于正极的半周内时,有利于钨棒的冷却,减少其损耗,当焊件处于负极的半周内时,有利于造成阴极破碎作用,以保证焊接品质。

(3) **氩弧焊的特点及其应用**

1) 焊缝品质好,成形美观。氩气是惰性气体,在高温下,它既不与金属起化学反应,又不溶于液态金属中,而且氩气密度大(比空气大 25%),排除空气的能力强,因此,对金属熔池的保护作用非常好,焊缝不会出现气孔和夹杂。此外氩弧焊电弧稳定,飞溅小,焊缝致密,表面没有熔渣,所以氩弧焊焊缝品质好,成形美观。

2) 焊接热影响区和变形较小。电弧在保护气流压缩下燃烧,热量集中,熔池较小,所以焊接速度快,热影响区较窄,工件焊后变形小。

3) 操作性能好。氩弧焊时电弧和熔池区通过气流保护,明弧可见,所以便于观察、操作,可进行全位置焊接,并且有利于焊接过程自动化。

4) 适于焊接易氧化金属。由于用惰性气体氩保护,最适于焊接各类合金钢、易氧化的非铁金属以及锆、钽、钼等稀有金属。

5) 焊接成本高。氩气没有脱氧和去氧作用,所以氩弧焊对焊前的脱脂、除锈等准备工作要求严格。而且氩弧焊设备较复杂,氩气来源少,价格高,因此,焊接成本较高。

目前,氩弧焊主要用于焊接易氧化的非铁金属(如铝、镁、铜、钛及合金)和稀有金属,以及高强度合金钢、不锈钢、耐热钢等。

2. CO_2 气体保护焊

利用 CO_2 气体作为保护气体的电弧焊称为 CO_2 气体保护焊。它以连续送进的焊丝作为电极,靠焊丝与焊件之间产生的电弧熔化金属与焊丝,以自动或半自动方式进行焊接,如图 10-22 所示,焊接时焊丝由送丝机构通过软管经导电嘴送进,CO_2 气体以一定流量从环形喷嘴中喷出。电弧引燃后,焊丝末端、电极及熔池被 CO_2 气体所包围,使之与空气隔绝,起到保护作用。CO_2 虽然起到了隔绝空气的保护作用,但它仍是一种氧化性气体。在焊接高温下,会分解成 CO 和 O_2,O_2 进入熔池,使 Fe、C、Mn、Si 和其他合金元素烧损,降低焊缝力学性能。而且生成的 CO 在高温下膨胀,从液态金属中逸出时,会造成金属的飞溅,如果来不及逸出,则在焊缝中形成气孔。为此,需在焊丝中加入脱氧元素 Si、Mn 等,

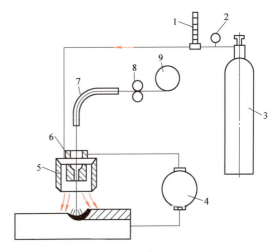

图 10-22 CO_2 气体保护焊示意图

1—流量计 2—减压器 3—CO_2 气瓶 4—直流弧焊电源
5—喷嘴 6—导电嘴 7—送丝软管 8—送丝机构 9—焊丝盘

即使焊接低碳钢也使用合金钢焊丝如 H08MnSiA,焊接普通低合金钢使用 H08Mn2SiA 焊丝。

CO_2 气体保护焊的特点是:由于焊丝自动送进,焊接速度快,电流密度大,熔深大,焊后没有熔渣,节省清渣时间,因此,其生产率比焊条电弧焊高 1~4 倍;焊接时,有 CO_2 气体的保护,焊缝氢含量低,焊丝中锰的含量高,脱硫作用良好;电弧在气流压缩下燃烧,热量集中,焊接热影响区较小,所以 CO_2 气体保护焊接头品质良好;CO_2 气体价格低廉,来源广,因此 CO_2 气体保护焊的成本仅为焊条电弧焊和埋弧焊的 40% 左右;此外 CO_2 气体保护焊是明弧焊,可以清楚地看到焊接过程,容易发现问题及时处理。半自动 CO_2 气体保护焊像焊条电弧焊一样灵活,适于各种位置的焊接。但是,CO_2 具有氧化性,用大电流焊接时,飞溅大,烟雾大,焊缝成形不良,容易产生气孔等缺陷。

CO_2 气体保护焊广泛应用于造船、汽车制造、工程机械等工业部门,主要用于焊接低碳钢和低合金结构钢构件,也可用于耐磨零件的堆焊,铸钢件的焊补等。但是,CO_2 气体保护焊不适于焊接易氧化的非铁金属及其合金。

四、电渣焊

电渣焊是利用电流通过液态熔渣时所产生的电阻热作为热源的一种熔化焊接的方法。根据焊接时使用电极的形状,可分为丝极电渣焊、板极电渣焊和熔嘴电渣焊等。

1. 电渣焊的焊接过程

电渣焊总是在垂直立焊位置进行焊接,丝极电渣焊的焊接过程如图 10-23 所示。焊接前先将焊件垂直放置,在接触面之间预留 20~40mm 的间隙形成焊接接头。在接头底部加装引入板和引弧板;顶部加装引出板,以便引燃电弧和引出渣池,保证焊接品质。在接头两侧装有冷却铜滑块以利于熔池冷却凝固。焊接时,先将颗粒焊剂放入焊接接头的间隙,然后送入焊丝,焊丝同引弧板接触后引燃电弧。电弧将不断加入的焊剂熔化成熔渣,当熔渣液面升高到一

定高度时形成渣池。渣池形成后，迅速将电极（焊丝）埋入渣池中，并降低焊接电压，使电弧熄灭，进行电渣焊过程。由于电流通过具有较大电阻的液态熔渣，因此产生的电阻热使熔渣温度升高到 1600~2000℃，将连续送进的焊丝和焊件接头边缘金属迅速熔化。熔化的金属在下沉过程中同熔渣起一系列冶金反应，最后沉积于渣池底部，形成了金属熔池，随着焊丝不断送进，熔池逐渐上升，冷却铜滑块上移，熔池底部逐渐凝固形成焊缝。根据焊件厚度不同，丝极电渣焊可采用一根或多根焊丝进行焊接。焊丝可以横向摆动，也可不摆动。一般单丝不摆动时的焊接厚度为 40~60mm，单丝摆动时的焊接厚度为 60~150mm，三丝摆动时的焊接厚度可达 450mm。

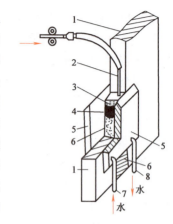

图 10-23　丝极电渣焊示意图

1—焊件　2—焊丝　3—渣池　4—熔池　5—冷却铜滑块　6—焊缝　7、8—冷却水进、出管

2. 电渣焊的特点

1）生产率高，成本低。电渣焊焊件不需开坡口，只需使焊接端面之间保持适当的间隙便可一次焊接完成，因此既提高了生产率又降低了成本。

2）焊接品质好。由于渣池覆盖在熔池上，保护作用良好，而且熔池金属保持液态时间长，有利于焊缝化学成分的均匀化和气体杂质的上浮排除。因此，出现气孔、夹渣等缺陷的可能性小，焊缝成分较均匀，焊接品质好。

3）焊接应力小。焊接速度慢，焊件冷却速度相应降低，因此焊接应力小。

4）热影响区大。电渣焊由于熔池在高温停留时间较长，热影响区较其他焊接方法都宽，造成接头处晶粒粗大，力学性能有所降低。所以一般焊件经电渣焊后都要进行热处理或在焊丝、焊剂中配入钒、铁等元素以细化焊缝组织。

电渣焊主要用于焊接厚度大于 30mm 的厚大件。由于焊接应力小，它不仅适合于低碳钢、普通低合金钢的焊接，也适合于塑性较低的中碳钢和合金结构钢的焊接。目前电渣焊是制造大型铸-焊、锻-焊复合结构的重要技术方法，例如制造高压力压力机、大型机座、水轮机转子和轴等。

五、等离子弧焊接与切割

一般电弧焊中的电弧不受外界约束，称为自由电弧，电弧区内的气体尚未完全电离，能量也未高度集中起来。如果采用一些方法使自由电弧的弧柱受到压缩（称为压缩效应），弧柱中的气体就完全电离，产生温度比自由电弧高得多的等离子弧。自由电弧一般受如下三种压缩效应：

1）等离子电弧发生装置原理图如图 10-24 所示。在钨极与工件之间加一较高电压，经高频振荡使气体电离形成电弧。此电弧在通过具有细孔道的喷嘴时，弧柱被强迫缩小，此作用称为机械压缩效应。

2）当通入一定压力和流量的氩气或氮气时，冷气流均匀地包围着电弧，使弧柱外围受到强烈冷却，迫使带电粒子流（离子和电子）往弧柱中心集中，弧柱被进一步压缩，这种压缩作用称为热压缩效应。

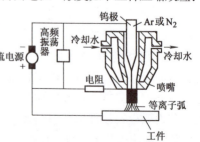

图 10-24　等离子电弧发生装置原理图

3）带电粒子流在弧柱中的运动，可看成是电流在一束平行的"导线"内流过，其自身磁场所产生的电磁力，使这些"导线"互相吸引靠近，弧柱又进一步被压缩，这种压缩作用称为电磁收缩效应。

电弧在上述三种效应的作用下，被压缩得很细，使能量高度集中，弧柱内的气体完全电离为电子和离子称为等离子弧。其温度可达到 16000K 以上。

等离子弧用于切割时，称为等离子弧切割。等离子弧切割不仅切割效率比氧气切割高 1~3 倍，而且还可以切割不锈钢、铜、铝及其合金以及难熔的金属和非金属材料。等离子弧用于焊接时，称为等离子弧焊接，是近年来发展较快的一种新的焊接方法。

等离子弧焊接应使用专用的焊接设备和焊炬。焊炬的构造应能保证在等离子弧周围再通以均匀的氩气流，以保护熔池和焊缝不受空气的有害作用。所以，等离子弧焊接实质上是一种具有压缩效应的钨极气体保护焊。等离子弧焊接除具有氩弧焊的优点外，还有以下特点：

1）等离子弧能量密度大，弧柱温度高，穿透能力强。因此焊接厚度 10~12mm 的钢材可不开坡口，一次焊透双面成形。等离子弧焊的焊接速度快，生产率高。焊后的焊缝宽度和高度较均匀一致，焊缝表面光洁。

2）当电流小到 0.1A 时电弧仍能稳定燃烧，并保持良好的挺直度和方向性，故等离子弧焊可焊接很薄的箔材。等离子弧焊接已在生产中得到广泛应用，特别是在国防工业及尖端技术中用于焊接铜合金、合金钢、钨、钼、钴、钛等金属焊件。如钛合金导弹壳体、波纹管及膜盒、微型继电器、电容器的外壳封焊以及飞机上一些薄壁容器等均可用等离子弧焊接。

等离子弧焊接的设备比较复杂，气体消耗量大，只适宜在室内焊接。

六、电子束焊

电子束焊是利用被加速和聚焦的电子束，轰击置于真空或非真空中的焊件所产生的热能进行焊接的方法。电子束轰击焊件时 99% 以上的电子动能会转变为热能，因此，焊件被电子束轰击的部位可加热至很高的温度。

电子束焊根据焊件所处环境的真空度不同，可分为高真空电子束焊、低真空电子束焊和非真空电子束焊。图 10-25 所示为真空电子束焊示意图。在真空中，电子枪的阳极被通电加热至高温，发射出大量电子，这些热发射电子在强电场的阴极与阳极之间受高压作用而加速。高速运动的电子经过聚束装置、阳极和聚焦线圈形成高能量密度的电子束。电子束以极大的速度射向焊件，电子的动能转化为热能使焊件轰击部位迅速熔化，即可进行焊接（利用磁性偏转装置可调节电子束射向焊件不同的部位和方向），焊件移动便可形成连续焊缝。

真空电子束焊接时，真空室的真空度一般设计为 $1.33 \times 10^{-7} \sim 1.33 \times 10^{-6}$ Pa。真空电子束焊能量高度集中，温度高、冲击力大，因此，

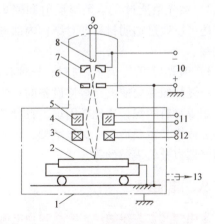

图 10-25　真空电子束焊示意图
1—真空室　2—焊件　3—电子束　4—磁性偏转装置
5—聚焦透镜　6—阳极　7—阴极　8—灯丝　9—交流电源　10—直流高压电源　11、12—直流电源
13—排气装置

焊速快，熔深大，任何厚度的工件都可不开坡口，不加填充金属，一次焊透，而且焊接热影响区小，焊件变形小。由于在真空中焊接，金属不会被氧化、氮化，所以焊缝纯净，无气孔、夹杂。电子束参数可在较大范围内调节，控制灵活，精度高，适应性强，既能焊接薄壁、微型结构，又能焊接厚 200～300mm 的厚板，且焊接过程易于实现自动化。但真空电子束焊设备复杂，造价高，焊前对焊件的清理和装配品质要求很高，焊件尺寸受真空室的制约，因而限制了它的应用范围。

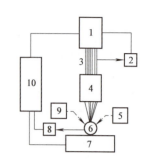

图 10-26　激光焊示意图
1—激光器　2—信号器　3—激光束
4—聚集系统　5—辅助能源　6—焊件
7—工作台　8—信号器　9—观测瞄
准器　10—程控设备

真空电子束焊适于焊接各种难熔金属（如钼、钨、钽）和活泼金属（如钛、锆等），在原子能、航空、空间技术等部门得到了广泛应用。

七、激光焊

激光焊是以聚集的激光束作为能源的特种熔化焊接方法。

激光焊示意图如图 10-26 所示。焊接用激光器有固态和气态两种，常用的激光材料为红宝石玻璃和二氧化碳。激光器利用原子受激辐射的原理，使物质受激而产生波长均一、方向一致和强度非常高的光束，经聚集后，激光束的能量更为集中，能量密度大大增加（10^5W/cm^2）。如将焦点调节到焊件结合处，光能迅速转换成热能，使金属瞬间熔化，冷凝成为焊缝。

激光焊的方式有脉冲激光点焊和连续激光焊两种。目前，脉冲激光点焊应用较广泛，它适于焊接厚度在 0.5mm 以下的金属薄板和直径在 0.6mm 以下的金属线材。

激光焊的优点：

1）由于激光焊热量集中，作用时间极短，因此，能量密度大，热影响区小，焊接变形小，焊件尺寸精度高。可以在大气中焊接，不需要采取保护措施。

2）激光束通过光学系统反射和聚集，可以到达其他焊接方法很难焊接的部位进行焊接，还可以通过透明材料壁对结构内部进行焊接，例如真空管电极的连接和显像管内部接线的连接。

3）激光焊可用于绝缘材料、异种金属、金属与非金属的焊接。

激光焊的主要缺点是焊接设备的有效参数低，功率较小，只适合于焊接薄板和细丝，对钨、钼等材料的焊接还比较困难，且设备投资大。目前，激光焊已广泛用于电子工业和精密仪表工业中，主要适合于焊接微型、精密、密集和热敏感的焊件，如集成电路内外引线、微型继电器以及仪表游丝等。

八、电阻焊

电阻焊又称为接触焊，它是利用电流通过焊接接头的接触面时产生的电阻热将焊件局部加热到熔化或塑性状态，在一定压力作用下形成焊接接头的压焊方法。

电阻焊在焊接过程中产生的热量，可用焦耳-楞次定律计算，即

$$Q = I_W^2 R T_W$$

式中，Q 为电阻焊时产生的电阻热；I_W 为焊接电流；R 为焊件的总电阻，包括焊件内部电阻

和焊件间接触电阻；T_W 为通电时间。

因为两焊件的总电阻有限，为使焊件迅速加热（0.01~10s）以减少散热损失，所以需要大电流、低电压、功率大的焊机。

与其他焊接方法相比较，电阻焊具有生产率高，焊件变形小，劳动条件好，焊接时不需要填充金属，易于实现机械化、自动化等特点。但是由于影响电阻大小和引起电流波动的因素均导致电阻热的改变，因此电阻焊接头品质不稳，从而限制了其在某些受力构件上的应用。此外，电阻焊设备复杂，价格昂贵，耗电量大。

电阻焊按接头形式的不同，可分为点焊、缝焊、对焊三种，如图 10-27 所示。

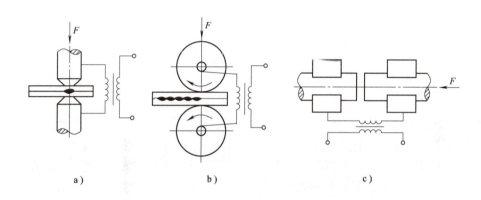

图 10-27　电阻焊示意图
a）点焊　b）缝焊　c）对焊

1. 点焊

点焊是利用柱状铜合金电极，在两块搭接焊件接触面之间形成焊点，而将工件连接在一起的焊接方法。

点焊前将表面已清理好的两个焊件叠合，置于两极之间预压夹紧，使被焊工件受压处紧密接触。然后接通电流，因接触面的电阻比焊件本身电阻大得多，该处发热量最多。电极与焊件接触处产生的电阻热很快被导热性能好的铜电极和冷却水带走，因此接触处的温度升高有限，不会熔化。两焊件接触处发出的热量则使该处的温度急速升高，将该处的金属熔化而形成熔核，熔核周围的金属则被加热到塑性状态，在压力作用下形成一紧密封闭的塑性金属环。然后断电，使熔核金属在压力作用下冷却和结晶，从而获得所需要的焊点。焊完一点后，移动工件焊下一点。焊第二点时，有一部分电流可能流经已焊好的焊点，称为分流现象。分流 $I_分$ 会使第二点焊接处电流 $I_焊$ 减小，影响焊点品质，因而两焊点间应有一定的距离。其次，焊件厚度越大焊点直径也越大，两焊点间最小间距也越长。

目前，点焊已广泛用于制造汽车、车厢、飞机等的薄壁结构及罩壳和日常生活用品的生产之中。可焊接低碳钢、不锈钢、钢合金、铝镁合金等。主要适用于厚度在 4mm 以下的薄板冲压结构及钢筋的焊接。

2. 缝焊

缝焊的焊接过程与点焊相似，只是用转动的圆盘状电极取代点焊时所用的柱状电极，焊接时，圆盘状电极压紧焊件并转动，依靠摩擦力带动焊件向前移动，配合断续通电，形成许多连续并彼此重叠的焊点，焊点相互重叠约50%以上。

缝焊在焊接过程中分流现象严重，一般只适用于焊接3mm以下的薄板焊件。

缝焊件表面光滑美观，气密性好。目前主要用于制造要求气密性的薄壁结构，如油箱、小型容器和管道等。

3. 对焊

对焊是把焊件装配成对接的接头，使其端面紧密接触，利用电阻热加热至塑性状态，然后迅速施加顶锻力完成焊接的方法。根据焊接过程不同，又可分为电阻对焊和闪光对焊。

(1) 电阻对焊 电阻对焊时，把两个被焊工件装在对焊机的两个电极夹具上对正、夹紧，并施加预压力使两工件端面压紧，然后通电。电流通过焊件和接触处时产生电阻热，将两被焊工件的接触处迅速加热至塑性状态，随后向焊件施加较大的顶锻力并同时断电，使接触处产生一定的塑性变形而形成接头，如图10-28a所示。

电阻对焊操作简便，接头外形较光滑，但对被焊工件焊前表面清理工作要求较高，否则在接触面易造成加热不均匀，此外，高温端面易发生氧化夹渣，品质不易保证。电阻对焊主要用于简单的圆形、方形等截面的小金属型材的焊接。

(2) 闪光对焊 闪光对焊过程如图10-28b所示。将焊件夹持在电极夹具上对正夹紧，先接通电源并逐渐使两焊件靠近，由于接头端面比较粗糙，开始只有少数的几个点接触，由于电流密度大，这些接触点处的金属迅速被熔化，连同表面的氧化物一起向四周喷射出火花产生闪光现象。随着不断推进焊件，闪光现象便在新的接触点处连续产生，直到焊件端部在一定深度范围内达到预定温度时，迅速施加顶锻力，使整个端面在顶锻力下完成焊接。

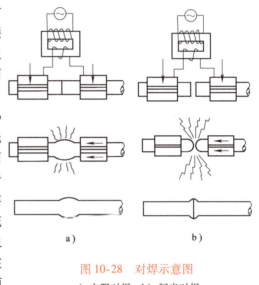

图 10-28 对焊示意图
a) 电阻对焊 b) 闪光对焊

闪光对焊的焊件端面加热均匀，焊件端面的氧化物及杂质一部分随闪光火花带出，另一部分在最后顶锻力下随液态金属挤出，即使焊前焊件端面品质不高，焊接接头中的夹渣仍较少。因此，焊接接头品质好，强度高。闪光对焊的缺陷是金属损耗多，焊件尺寸需留较大余量，由于有液体金属挤出，焊后接头处有毛刺需要清理。闪光对焊常用于重要焊件的焊接，既适用于相同金属的焊接，也适用于一些异种金属的焊接。被焊工件可以是直径小到0.01mm的金属丝，也可以是断面大到20000mm²的金属棒或金属板。

九、摩擦焊

摩擦焊是利用工件接触面摩擦产生的热量为热源，将工件端面加热到塑性状态，然后在压力作用下使金属连接在一起的焊接方法。

(1) 摩擦焊的焊接过程 摩擦焊的焊接过程如图10-29所示。先把两工件同心地安装在焊机的夹头上，施加一定压力使两工件紧密接触，然后使焊件1高速旋转，焊件2随之向焊件1方向移动，并施加一定的轴向压力，由于两焊件接触端有相对运动，发生了摩擦而产生热，在压力、相对摩擦的作用下，原来覆盖在焊接表面的异物迅速破碎并挤出焊接区，露出纯净的金属表面。

随着焊缝区金属塑性变形的增加，焊接表面很快被加热到焊接温度，这时，立即制动，同时对接头施加较大的轴向压力进行顶锻，使两焊件产生塑性变形而焊接起来。

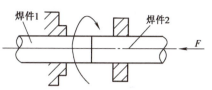

图10-29 摩擦焊示意图

（2）摩擦焊的特点

1）焊接接头品质好且稳定。摩擦焊过程中，焊件表面的氧化膜及杂质被清除，表面不易氧化，因此接头品质好，焊件尺寸精度高。

2）焊接生产率高。由于摩擦焊操作简单，不需添加焊接材料，因此容易实现自动控制，生产率高。

3）可焊材料种类广泛。摩擦焊可焊接的金属范围较广，除用于焊接普通钢铁和非铁金属材料外，还适于焊接在常温下力学性能和物理性能差别较大、不适合熔焊的特种材料和异种材料。

4）焊机设备简单，功率小，电能消耗少。摩擦焊和闪光对焊相比，电功率和能量消耗只有闪光对焊的$\frac{1}{10} \sim \frac{1}{5}$。摩擦焊没有火花，没有弧光，劳动条件好。

摩擦焊接头一般是等断面的，也可以是不等断面的。摩擦焊广泛应用于圆形工件、棒料及管子的对接，可焊实心焊件的直径为2~100mm，管子外径可达几百毫米。

十、钎焊

钎焊是利用熔点比焊件金属低的钎料作填充金属，适当加热后，钎料熔化将处于固态的焊件粘接起来的一种焊接方法。

（1）钎焊过程　钎焊过程是将表面清洗好的焊件以搭配形式装配在一起，把钎料放在装配间隙内或间隙附近，然后加热，使钎料熔化（焊件未熔化）并借助毛细作用被吸入和充满固态焊件的间隙之内，被焊金属和钎料在间隙内进行相互扩散，凝固后，即形成钎焊接头。

钎焊过程中，一般都需要使用钎剂。钎剂是钎焊时使用的溶剂，它的作用是清除被焊金属表面的氧化膜及其他杂质，改善钎料对焊件的润湿性，保护钎料及焊件免于氧化。

钎焊的加热方法主要有火焰加热、电阻加热、感应加热、炉内加热、盐浴加热以及烙铁加热，其中烙铁加热温度很低，一般只适用于软钎焊。

（2）钎焊的分类　根据钎料熔点的不同，钎焊可分为硬钎焊和软钎焊两大类。

1）硬钎焊。硬钎焊是使用熔点高于450℃的钎料进行的钎焊。常用的硬钎料有铜基、银基、铝基合金。硬钎焊使用的钎剂主要有硼砂、硼酸、氟化物、氯化物等。

硬钎焊接头强度较高（>200MPa），工作温度也较高，常用于焊接受力较大或工作温度较高的焊件，如车刀上硬质合金刀片与刀杆的焊接。

2）软钎焊。软钎焊是使用熔点低于450℃的钎料进行的钎焊。常用的软钎料有锡-铅合金和锌-铝合金。软钎剂主要有松香、氧化锌溶液等。

软钎焊接头强度低，用于无强度要求的焊件，如各种仪表中线路的焊接。

与一般焊接方法相比，钎焊只需填充金属熔化，因此焊件加热温度较低，焊件的应力和变形较小，对材料的组织和性能影响较小，易于保证焊件尺寸。钎焊还可以连接不同的金属或金属与非金属的焊件，设备简单。钎焊的主要缺点是接头强度较低，钎焊接头工作温度不高。钎焊前对焊件的清洗和装配工作都要求较严。此外，钎料价格高，因此钎焊的成本较高。

钎焊适宜于小而薄，且精度要求高的零件，广泛应用于机械、仪表、电机、航空、航天等部门中。

十一、焊接技术的发展趋势

由于焊接质量要求严格，而劳动条件往往较差，因而自动化、智能化受到特殊重视，计算机和机器人在焊接工业界的应用得到了迅速的发展。采用微型计算机对焊接过程进行测试和控制是现代焊接技术的最新发展，给焊接技术带来革命性变化。因此，开发焊接机器人和智能焊机是未来的发展趋势之一。另外，开发新型焊接热源和新材料的焊接工艺也是发展的重点。

第三节　常用金属材料的焊接

一、金属材料的焊接性

1. 焊接性的概念

金属在一定的焊接技术条件下，获得优质焊接接头的难易程度，即金属材料对焊接加工的适应性称为金属材料的焊接性。衡量焊接性的主要指标有两个：一是在一定的焊接技术条件下接头是否产生缺陷，尤其是裂纹的倾向或敏感性；二是焊接接头在使用中的可靠性。

金属材料的焊接性与母材的化学成分、厚度、焊接方法及其他技术条件密切相关。同一种金属材料采用不同的焊接方法、焊接材料、焊接参数及焊接结构形式，其焊接性有较大差别。如铝及铝合金采用焊条电弧焊焊接时，难以获得优质的焊接接头，但如采用氩弧焊焊接则焊接接头品质好，此时焊接性好。

金属材料的焊接性是生产设计、施工准备及正确拟订焊接参数的重要依据，因此，当采用金属材料尤其是新的金属材料制造焊接结构时，了解和评价金属材料的焊接性是非常重要的。

2. 焊接性的评定

影响金属材料焊接性的因素很多，焊接性一般通过估算或试验方法评定。焊接性试验包括抗裂试验、力学性能试验、腐蚀试验等。通过试验可以评定某种金属材料焊接性的优劣。下面介绍通常采用的估算方法：碳当量法和冷裂纹敏感系数法。

（1）碳当量法　实际焊接结构所用的金属材料大多数是钢材，而影响钢材焊接性的主要因素是化学成分，因此碳当量是评估钢材焊接性最简便的方法。

碳当量是指把钢中的合金元素（包括碳）的含量，按其作用换算成碳的相对含量，碳当量 w_{CE} 计算式为

$$w_{CE} = \left(w_C + \frac{w_{Mn}}{6} + \frac{w_{Cr} + w_{Mo} + w_V}{5} + \frac{w_{Ni} + w_{Cu}}{15} \right) \times 100\%$$

式中各元素的含量都取其成分范围的上限（质量分数）。

碳当量越大，钢材的焊接性越差。硫、磷对钢材的焊接性影响也极大，但在各种合格钢

材中，硫、磷一般都受到严格控制，所以，在计算碳当量时可以忽略。

一般当 $w_{CE}<0.4\%$ 时，钢材的塑性良好，淬硬倾向不明显，焊接性良好。在一般的焊接技术条件下，焊接接头不会产生裂纹，但厚大件或在低温下焊接时，应考虑预热。当 $w_{CE}=0.4\%\sim0.6\%$ 时，钢材的塑性下降，淬硬倾向逐渐增大，焊接性较差。焊前工件需适当预热，焊后需注意缓冷，才能防止裂纹。当 $w_{CE}>0.6\%$ 时，钢材的塑性变差，淬硬倾向和冷裂倾向大，焊接性低劣。工件必须预热到较高的温度，要采取减少焊接应力和防止开裂的技术措施，焊后还要进行适当的热处理。

(2) 冷裂纹敏感系数法　由于碳当量法仅考虑了钢材的化学成分，忽略了焊件板厚、焊缝含氢量等其他影响焊接性的因素，因此，无法直接判断冷裂纹产生的可能性大小。由此提出了冷裂纹敏感系数 PC 的概念，其计算式为

$$PC=\left(w_C+\frac{w_{Si}}{30}+\frac{w_{Mn}}{20}+\frac{w_{Cu}}{20}+\frac{w_{Cr}}{20}+\frac{w_{Ni}}{60}+\frac{w_{Mo}}{15}+\frac{w_V}{10}+\frac{h}{600}+\frac{H}{60}+5w_B\right)\times100\%$$

式中，h 为板厚；H 为金属扩散氢含量。

冷裂纹敏感系数越大，则产生冷裂纹的可能性越大，焊接性越差。

二、碳素钢的焊接

1. 低碳钢的焊接

低碳钢中碳质量分数 w_C 小于 0.25%，塑性好，一般没有淬硬倾向，对焊接热过程不敏感，焊接性良好。通常情况下，焊接不需要采取特殊的技术措施，选用各种焊接方法都容易获得优质焊接接头。但是，在低温下焊接刚性较大的低碳钢结构时，应考虑采取焊前预热，以防止裂纹的产生。厚度大于 50mm 的低碳钢结构或压力容器等重要构件，焊后要进行去应力退火处理。电渣焊的焊件，焊后要进行正火处理。

2. 中、高碳钢的焊接

中碳钢中碳的质量分数 $w_C=0.25\%\sim0.6\%$，因此，碳当量偏高，随着碳的质量分数增加，焊接性逐渐变差。焊接中碳钢时的主要问题是：①焊缝易形成气孔；②缝焊及焊接热影响区易产生淬硬组织和裂纹。为了保证中碳钢焊件焊后不产生裂纹，并得到良好的力学性能，通常采取以下技术措施：

1) 焊前预热、焊后缓冷。焊前预热、焊后缓冷的主要目的是减小焊件焊接前后的温差，降低冷却速度，减少焊接应力，从而防止焊接裂纹的产生。预热温度取决于焊件的含碳量、焊件的厚度、焊条类型和焊接规范。焊条电弧焊时，一般预热温度为 150～250℃，碳含量高时，可适当提高预热温度，加热范围在焊缝两侧 150～200mm 为宜。

2) 尽量选用抗裂性好的碱性低氢型焊条，也可选用比母材强度等级低一些的焊条，以提高焊缝的塑性。当不能预热时，也可采用塑性好、抗裂性好的不锈钢焊条。

3) 选择合适的焊接方法和规范，降低焊件冷却速度。

高碳钢中碳的质量分数 $w_C>0.6\%$，焊接性比中碳钢更差，其焊接特点与中碳钢相似。这类钢的焊接一般只用于修补工作。

三、低合金结构钢的焊接

低合金结构钢在焊接生产中应用较为广泛，它按屈服强度分为六个强度等级。

屈服强度为294~392MPa的低合金结构钢，$w_{CE} \leq 0.4\%$，焊接性接近低碳钢，焊缝及热影响区的淬硬倾向比低碳钢稍大。常温下焊接，不用复杂的技术措施，便可获得优质的焊接接头。当施焊环境温度较低或焊件厚度、刚度较大时，则应采取预热措施，预热温度应根据工件厚度和环境温度进行考虑。

屈服强度大于441MPa的低合金结构钢，$w_{CE} > 0.4\%$，随着强度级别的提高，碳当量增加，焊接性逐渐变差，焊接时淬硬倾向和产生焊接裂纹的倾向增大。当结构刚性大、焊缝含氢量过高时便会产生冷裂纹。一般冷裂纹是焊缝及热影响区的含氢量、淬硬组织、焊接残余应力三个因素综合作用的结果，而氢是重要因素。由于氢在金属中的扩散、聚集和诱发裂纹需要一定的时间，因此，冷裂纹具有延迟现象，故称为延迟裂纹。

由于我国低合金结构钢含碳量低，且大部分含有一定量的锰，因此产生裂纹的倾向不大。焊接高强度等级的低合金结构钢应采取的技术措施是：

1）严格控制焊缝含氢量。根据强度等级选用焊条，并尽可能选用低氢型焊条或使用碱度高的焊剂配合适当的焊丝。按规范对焊条进行烘干，仔细清理焊件坡口附近的油、锈、污物，防止氢进入焊接区。

2）焊前预热。一般预热温度高于150℃。焊接时，应调整焊接规范来严格控制热影响区的冷却速度。焊后应及时进行热处理以消除内应力，回火温度一般为600~650℃。如生产中不能立即进行焊后热处理，可先进行去氢处理，即将工件加热至200~350℃，保温2~6h，以加速氢的扩散逸出，防止产生冷裂纹。

四、奥氏体不锈钢的焊接

奥氏体不锈钢的焊接性良好，焊接时一般不需要采取特殊的技术措施，主要应防止晶界腐蚀和热裂纹。

1. 焊接接头的晶界腐蚀及防止

不锈钢焊接过程中在450~800℃温度范围内长时间停留时，晶界处将析出铬的碳化物，致使晶粒边界出现贫铬，当晶界附近的w_{Cr}低于临界值12%时，便会发生明显的晶界腐蚀，使焊接接头的耐蚀性严重降低，这种现象称为晶界腐蚀。因此，不锈钢焊接时，为防止焊接接头的晶界腐蚀，应该采取的技术措施是：

1）合理选择母材。尽量使焊缝具有一定量的铁素体形成元素如Ti、Ni、Mo、V、Si等，促使焊缝形成奥氏体和铁素体双相组织，减少贫铬层的发生；或使焊缝具有稳定碳化物元素Ti、Nb等，因为Ti、Nb与碳的亲和力比铬强，能优先形成TiC或NbC，可减少铬的碳化物形成，避免晶界腐蚀。

2）选择超低碳焊条，减少焊缝金属的含碳量，减少和避免形成铬的碳化物，从而降低晶界腐蚀倾向。

3）采取合理的焊接过程和规范。焊接时用小电流、快速焊、强制冷却等措施防止晶界腐蚀的产生。

4）焊后进行热处理。焊后热处理可采用两种方式进行：第一种是固溶处理，将焊件加热到1050~1150℃，使碳重新溶入奥氏体中，然后快速冷却形成稳定的奥氏体组织；第二种是稳定化处理，将焊件加热到850~950℃，保温2~4h后空冷，使奥氏体晶粒内部的铬逐步扩散到晶界。

2. 焊接接头的热裂纹及防止

奥氏体不锈钢由于本身热导率小，线胀系数大，焊接条件下会形成较大的拉应力，同时晶界处可能形成低熔点共晶，导致焊接时容易出现热裂纹。因此，为了防止焊接接头热裂纹，一般应采取的措施是：

1）减少杂质来源，避免焊缝中杂质的偏析和聚集。
2）加入一定量的铁素体形成元素，如 Mo、Nb 等，使焊缝成为奥氏体 + 铁素体双相组织，防止柱状晶的形成。
3）采取合理的焊接过程和规范，采用小电流、快速焊、不横向摆动，以减少母材向熔池的过渡。

奥氏体不锈钢的焊接方法主要有焊条电弧焊、手工非熔化极氩弧焊、埋弧焊等。

五、铸铁的焊补

铸铁含碳量高，组织不均匀，焊接性差，所以不应考虑铸铁的焊接构件。但如能焊补铸铁件生产中出现的铸造缺陷及零件在使用过程中发生的局部损坏和断裂，其经济效益也是显著的。铸铁焊补的主要困难是：

1）焊接接头易产生白口组织，硬度很高，焊后很难进行机械加工。
2）焊接接头易产生裂纹，铸铁焊补时，其危害性比形成白口组织大。
3）在焊缝处易出现气孔。铸铁含碳量高，焊接过程中熔池中碳和氧发生反应，生成大量的 CO 气体，若来不及从熔池中排出而存留在焊缝中，便形成了气孔。

针对存在的以上问题，在焊补时必须采取措施加以预防。

铸铁的焊补，一般采用气焊、焊条电弧焊，对焊接接头强度要求不高时，也可采用钎焊。铸铁的焊补过程根据焊前是否预热，可分为热焊和冷焊两类。

(1) 热焊　焊前把焊件整体或局部预热到 600~700℃，焊接过程温度不低于 400℃，焊后使焊件缓慢冷却的技术方法称为热焊。用热焊法焊接，焊件受热均匀，可防止焊接接头产生白口组织和裂纹。但热焊法技术复杂，生产率低，成本高，劳动条件差，一般仅用于焊后要求机械加工或形状复杂的重要工件。

(2) 冷焊　冷焊是焊前不预热或采取低温度（400℃以下）预热的焊补方法。它主要靠调整焊缝化学成分来防止焊件产生裂纹和减少白口倾向。冷焊法采用焊条电弧焊，具有生产率高，焊接变形小，劳动条件比热焊好等优点，但其焊接品质不易保证。生产中冷焊多用于补焊要求不高的铸件，或用于补焊高温预热易引起变形的工件。

六、非铁金属的焊接

1. 铝及铝合金的焊接

(1) 焊接特点　铝及铝合金的焊接性较差，其特点如下：

1）易氧化。铝容易氧化成 Al_2O_3。由于 Al_2O_3 氧化膜的熔点高（2050℃）而且密度大，在焊接过程中，会阻碍金属之间的熔合，易形成夹渣。
2）易形成气孔。铝及铝合金液态时能吸收大量的氢气，但在固态时几乎不溶解氢气。因此，熔池结晶时，溶入液态铝中的氢大量析出，使焊缝易产生气孔。
3）易变形、开裂。铝的热导率为钢的 4 倍，焊接时，热量散失快，需要能量大或密集的热源。同时铝的线胀系数为钢的2倍，凝固时体积收缩率达6.5%，易产生焊接应力与变形，并可能产生裂纹。

4）操作困难。铝及铝合金从固态转变为液态时，无塑性过程及颜色的变化，因此，焊接操作时，很容易造成温度过高、焊缝塌陷、烧穿等缺陷。

（2）焊接方法　铝及铝合金的焊接常用氩弧焊、气焊、电阻焊和钎焊等方法，其中氩弧焊应用最广，气焊仅用于焊接厚度不大的一般构件。

氩弧焊电弧集中，操作容易，氩气保护效果好，且有阴极破碎作用，能自动除去氧化膜，所以焊接品质高，成形美观，焊件变形小。要求不高的焊件可采用气焊。

铝及铝合金的焊接无论采用哪种焊接方法，焊前都必须对氧化膜和油污进行清理，清理质量的好坏将直接影响焊缝品质。

2. 铜及铜合金的焊接

（1）焊接特点　铜及铜合金属于焊接性差的金属，其特点如下：

1）难熔合。铜及铜合金的导热性很强，焊接时热量很快从加热区传导出去，导致焊件温度难以升高，金属难以熔化，因此，填充金属与母材不能良好地熔合。

2）易变形、开裂。铜及铜合金线胀系数及收缩率都较大，并且由于导热性好，而使焊接热影响区变宽，导致焊件易产生变形。另外，铜及铜合金在高温液态下极易氧化，生成的氧化铜与铜形成易熔共晶体沿晶界分布，使焊缝的塑性和韧性显著下降，易引起热裂纹。

3）易形成气孔和产生氢脆现象。铜在液态时能溶解大量的氢气，而凝固时，溶解度急剧下降，焊接熔池中的氢气来不及析出，在焊缝中形成气孔。同时，以溶解状态残留在固态金属中的氢与氧化亚铜发生反应，析出水蒸气，水蒸气不溶于铜，但以很高的压力状态分布在显微空隙中，导致裂缝，产生所谓的氢脆现象。

（2）焊接方法　目前焊接铜及铜合金较理想的方法是氩弧焊。对品质要求不高时，也常采用气焊、焊条电弧焊和钎焊等。导热性强、易氧化、易吸氢是焊接铜及铜合金时应解决的主要问题。

采用各种方法焊接铜及铜合金时，焊前都要仔细清除焊丝、焊件坡口及附近表面的油污、氧化物等杂质。气焊、钎焊或电弧焊时，焊前应对焊剂（气剂）、钎剂或焊条药皮进行烘干处理。焊后应彻底清洗残留在焊件上的溶剂和熔渣，以免引起焊接接头的腐蚀破坏。

第四节　焊接结构设计

在设计焊接结构时，除了应注意满足它的使用性能外，还必须注意结构的工艺性能。因此，设计人员不仅要注意结构的选材，还必须考虑结构的技术可行性和经济性，使结构的制造具有尽可能低的成本和较高的生产率。

一、焊接结构材料的选择

选择焊接结构材料时应考虑材料的力学性能和材料的焊接性。在满足工作性能要求的前提下，首先应考虑选用焊接性较好的材料。一般来说，低碳钢和 $w_{CE} \leq 0.4\%$ 的低合金钢都具有良好的焊接性，在设计焊接结构时应尽量选用。而 $w_C > 0.5\%$ 的碳素钢、$w_{CE} > 0.4\%$ 的合金钢，焊接性不好，在设计焊接结构时，一般不宜采用；如果必须采用上述材料，则应在设计和生产工艺中采取必要的措施。强度等级低的低合金钢焊接性和低碳钢一样,条件允许时应优先选用。

对于异种金属的焊接,必须注意两种不同焊接材料的焊接性。我国低合金钢体系中的钢种,其化学成分与物理性能较接近,这些异种钢的互相焊接,一般困难不大。低碳钢或低合金钢若同其他钢种焊接,则应充分注意焊接性的差异,一般要求接头强度不低于母材中的强度较低者。因此,设计者应对焊接材料提出要求,而焊接时应按焊接性较差的钢种采取工艺措施。

设计焊接结构时,应多采用工字钢、槽钢、角钢和钢管等型材,以减少焊缝数量、简化焊接工艺及增大结构件的强度和刚度。对于形状比较复杂的部分,还可以考虑用铸件、锻件或冲压件进行焊接,如图10-30所示。

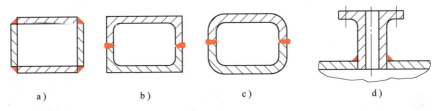

图 10-30　合理选材以减少焊缝的实例

a) 用四块钢板焊成　b) 用两根槽钢焊成　c) 用两块钢板弯曲后焊成　d) 容器上的铸钢件法兰

另外,在设计焊接结构的形状和尺寸时,还应注意原材料的尺寸规格,以便下料时减小边角余料的损失或减少拼料焊缝的数量。

二、焊接方法的选择

焊接方法的选择,应根据材料的焊接性、焊件厚度、生产批量、产品质量要求、各种焊接方法的适用范围和现场设备条件等综合考虑来决定。

例如,焊接低碳钢或低合金结构钢时,用各种焊接方法都可获得优质接头。若为薄板,可用点焊或缝焊;若为厚板,可用电渣焊;若板厚中等(10～30mm),则可选用CO_2气体保护焊、埋弧焊和焊条电弧焊。对于长直焊缝、大直径环形焊缝,适合于埋弧焊;而较短焊缝则适合于焊条电弧焊。

当焊接铝及铝合金、不锈钢等重要工件时,应采用氩弧焊以保证焊接质量。如果质量要求不高或没有氩弧焊设备,则可用气焊焊接铝及铝合金,用焊条电弧焊焊接不锈钢。

如果焊接稀有金属或高熔点金属的特殊构件,则需要考虑采用等离子弧焊、真空电子束焊或脉冲氩弧焊;如果是微型箔件,则应选用微束等离子弧焊或脉冲激光点焊。

三、焊接接头工艺设计

1. 焊缝的布置

焊接结构件的焊缝布置是否合理,对焊接品质和生产率有很大影响。对具体焊接结构件进行焊缝布置时,应便于焊接操作,有利于减小焊接应力和变形,提高结构强度。

表10-3列举了设计焊接结构、焊缝布置的一般原则。

表 10-3 设计焊接结构、焊缝布置的一般原则

选择原则		示例 不合理	示例 较合理
焊缝位置应便于操作	焊条电弧焊要考虑焊条操作空间		
	自动焊应考虑接头处便于存放焊剂		
	点焊或缝焊应考虑电极引入方便		
焊缝位置应利于减少焊接应力与变形	焊缝应避免过于集中或交叉		
	尽量减少焊缝数量（适当采用型钢和冲压件）		
	焊缝应尽量对称布置		
	焊缝端部产生锐角处应该去掉		
	焊缝应尽量避开最大应力或应力集中处		
	不同厚度的工件焊接时，接头处应平滑过渡		
	焊缝应避开加工表面		

2. 焊接接头形式的选择与设计

接头形式应根据结构形状、强度要求、工件厚度、焊后变形大小、焊条消耗量、坡口加工难易程度、焊接方法等因素综合考虑决定。

（1）接头形式　GB/T 985.1—2008《气焊、焊条电弧焊、气体保护焊和高能束焊的推荐坡口》规定，焊接碳素钢和低合金钢的接头形式可分为对接接头、角接接头、T 形接头及搭接接头四种。电弧焊接头形式与坡口形式如图 10-31 所示。

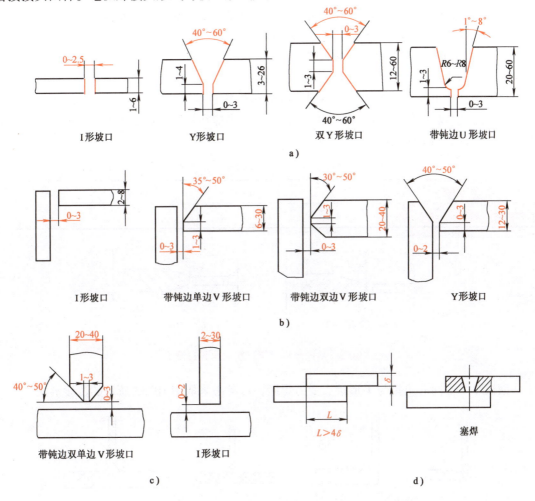

图 10-31　电弧焊接头形式与坡口形式
a）对接接头　b）角接接头　c）T 形接头　d）搭接接头

对接接头受力比较均匀，是最常用的接头形式，重要的受力焊缝应尽量选用。搭接接头因两工件不在同一平面内，受力时将产生附加弯矩，而且金属消耗量也大，一般应避免采用。但搭接接头不需开坡口，装配时尺寸要求不高，对于某些受力不大的平面连接与空间构架，采用搭接接头可节省工时。

角接接头与 T 形接头受力情况都较对接接头复杂，但接头呈直角或一定角度连接时，必须采用这种接头形式。

(2) 坡口形式 焊条电弧焊对板厚在 6mm 以下的对接接头施焊时，一般可不开坡口（即 I 形坡口）直接焊成。但当板厚增大时，为了保证焊透，接头处应根据工件厚度预制出各种形式的坡口。坡口角度和装配尺寸应按标准选用。两个焊接件的厚度相同时，常用的坡口形式及角度如图 10-31 所示。Y 形坡口和 U 形坡口用于单面焊，其焊接性较好，但焊后变形较大，焊条消耗量也大些。双 Y 形坡口双面施焊，受热均匀，变形较小，焊条消耗量较少，但有时受结构形状限制。U 形坡口根部较宽，允许焊条深入，容易焊透，而且坡口角度小，焊条消耗量较小，但因坡口形状复杂，一般只在重要的受动载的厚板结构中采用。双单边 V 形坡口主要用于 T 形接头和角接接头的焊接结构中。

(3) 接头过渡形式 设计焊接构件最好采用相等厚度的金属材料，以便获得优质的焊接接头。当两块厚度相差较大的金属材料进行焊接时，接头处会造成应力集中，而且接头两边受热不均易产生焊不透等缺陷。不同厚度金属材料对接时允许的厚度差见表 10-4。如果 $\delta_1 \sim \delta$ 超过表中规定值，或者双面超过 2（$\delta_1 \sim \delta$），则应在较厚板料上加工出单面或双面斜边的过渡形式，如图 10-32 所示。

表 10-4 不同厚度金属材料对接时允许的厚度差

较薄的厚度/mm	2~5	6~8	9~11	≥12
允许的厚度差（$\delta_1 \sim \delta$）/mm	1	2	3	4

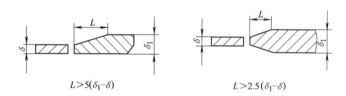

图 10-32 不同厚度金属材料对接的过渡形式

钢板厚度不同的角接与 T 形接头受力焊缝，可考虑采取图 10-33 所示的过渡形式。

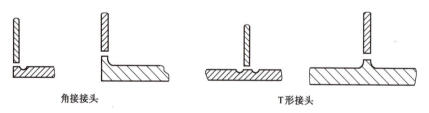

图 10-33 不同厚度钢板角接与 T 形接头的过渡形式

(4) 其他焊接方法的接头与坡口形式 埋弧焊的接头形式与焊条电弧焊基本相同。但由于埋弧焊选用的电流大、熔深大，所以板厚小于 12mm 时可不开坡口（即 I 形坡口）单面焊接；板厚小于 24mm 时，可不开坡口双面焊接；焊更厚的工件时，必须开坡口。坡口形式与尺寸按 GB/T 985.2—2008《埋弧焊的推荐坡口》选定。

电渣焊可选用对接接头、T 形接头和角接接头，生产中经常采用的主要是对接接头。

图 10-34 所示为电渣焊的接头形式，两工件间的间隙一般应取为 25~35mm。

气焊由于火焰温度低，T 形接头和搭接接头很少采用，一般多采用对接接头和角接接头。

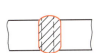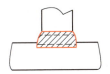

图 10-34　电渣焊的接头形式

第五节　焊接质量检验

一、焊接缺陷

焊接过程中，在焊接接头处产生的不符合设计或工艺要求的常见缺陷及其特征见表 10-5。

表 10-5　常见焊接缺陷及其特征

缺陷种类	特　征
焊缝外形尺寸及形状不符合要求	焊缝外形尺寸（如长度、宽度、高度、焊脚等）不符合要求，焊缝成形不良
未焊透	焊接时接头根部未完全熔透的现象
未熔合	熔焊时，焊道与母材之间或焊道之间未完全熔化结合的部分；点焊时母材与母材之间未完全熔化结合的部分
咬边	由于焊接参数选择不当或操作工艺不正确，沿焊缝的母材部位产生的沟槽或凹陷
焊瘤	焊接过程中，熔化金属流淌到焊缝之外未熔化的母材上所形成的金属瘤
凹坑	焊后在焊缝表面或焊缝背面形成的低于母材表面的局部低洼部分
气孔	焊接时，熔池中的气泡在凝固时未能逸出而残留下来所形成的空穴。气孔可分为密集气孔、条虫状气孔和针状气孔等
夹渣	焊后残留在焊缝中的熔渣
焊接裂纹	在焊接应力及其他致脆因素的共同作用下，焊接接头中局部金属由于结合力遭到破坏，形成新的界面而产生的缝隙。它具有尖锐的缺口和大的长宽比
烧穿	焊接过程中，熔化金属自坡口背面流出形成穿孔的缺陷
未焊满	由于填充金属不足，在焊缝表面形成的连续或断续的沟槽
塌陷	单面熔焊时，由于焊接工艺不当，造成焊缝金属过量透过背面，而使焊缝正面塌陷，背面凸起的现象

焊接缺陷产生的原因可能是多方面的，如焊接材料不合适、焊接规范不合理、焊前准备不仔细、焊接操作不正确等。焊接缺陷中，未焊透（图 10-35）、裂缝（图 10-36）和条状夹渣危害最大，尤其是裂缝。对于重要接头，发现缺陷必须修补，否则将造成焊件报废。不太重要的接头中的小缺陷可不修补。

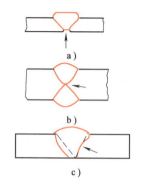

图 10-35　未焊透
a）单面焊根部未焊透
b）双面焊根部未焊透
c）坡口表面未焊透

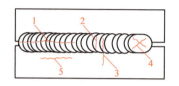

图 10-36　焊接接头裂缝的位置和种类
1—纵向的　2—横向的　3—横向贯穿到基体金属中的　4—星形的（在基体金属中发生的）
5—表面纵向的　6—内部的

二、焊接检验过程

焊接检验过程贯穿于焊接生产的始终，包括焊前、焊接生产过程中和焊后成品检验。焊前检验主要内容有原材料检验、技术文件、焊工资格考核等。焊接过程中的检验主要是检查各生产工序的焊接参数执行情况，以便发现问题及时补救，通常以自检为主。焊后成品检验是检验的关键，是焊接质量最后的评定。通常包括三方面：①无损检测，如 X 射线检验、超声波检验等；②成品强度试验，如水压试验、气压试验等；③致密性检验，如煤油试验、吹气试验等。

三、焊接检验方法

焊接检验的主要目的是检查焊接缺陷。焊接缺陷包括外部缺陷（如外形尺寸不合格、凹坑、焊瘤、咬边、飞溅等）和内部缺陷（如气孔、夹渣、未焊透、裂纹等）。针对不同类型的缺陷通常采用破坏性检验和非破坏性检验（无损检测）。破坏性检验主要有力学性能试验、化学成分分析、金相组织检验和焊接工艺评定；非破坏性检验是检验重点，主要方法有：

（1）外观检验　用肉眼或放大镜（小于 20 倍）检查外部缺陷。外观检验合格后，方可进行下一步检验。

（2）无损检测

1）射线检验。借助射线（X 射线、γ 射线或高能射线等）的穿透作用检查焊缝内部缺陷，通常用照相法。质量评定标准依照 GB/T 3323—2005 执行。

2）超声波检验。利用频率在 20000Hz 以上的超声波的反射，探测焊缝内部缺陷的位置、种类和大小。质量评定标准依照 GB/T 11345—2013 执行。

3）磁粉检验。利用漏磁场吸附磁粉检查焊缝表面或近表面缺陷。质量标准依照 GB/T 26952—2011 或 NB/T 47013.1～47013.13—2015 执行。

4）着色检验。借助渗透性强的渗透剂和毛细作用检查焊缝表面缺陷。质量标准依照 NB/T 47013.1～47013.13—2015 执行。

（3）焊后成品强度检验　主要是水压试验和气压试验。用于检查锅炉、压力容器、压力管道等焊缝接头的强度。具体检验方法依照有关标准执行。

(4) 致密性检验

1) 煤油检验。在被检焊缝的一侧刷上石灰水溶液，另一侧涂煤油，借助煤油的穿透能力进行检验，若有裂缝等穿透性缺陷，则石灰粉上呈现出煤油的黑色斑痕，据此发现焊接缺陷。

2) 吹气检验。在焊缝一侧吹压缩空气，另一侧刷肥皂水，若有穿透性缺陷，则该部位便现出气泡，据此即可发现焊接缺陷。

上述各种检验方法均可依照有关产品技术条件、有关检验标准及产品合同的要求进行。

几种焊缝内部检验方法的比较见表10-6。

表10-6 几种焊缝内部检验方法的比较

检验方法	能检验出的缺陷	可检验的厚度	灵敏度	其他特点	质量判断
磁粉检验	表面及近表面的缺陷（微细裂缝、未焊透、气孔等）	表面及近表面，深度不超过6mm	与磁场强度大小及磁粉质量有关	被检验表面最好与磁场正交，限于磁性材料	根据磁粉分布情况判定缺陷位置，但深度不能确定
着色检验	表面及近表面的开口缺陷（微细裂纹、气孔、夹渣、夹层等）	表面	与渗透剂性能有关，可检出0.005~0.01mm的微裂纹，灵敏度高	表面应打磨到$Ra=12.5\mu m$，环境温度在15℃以上可用于非磁性材料，适于各种位置的单面检验	可根据显示剂上的红色条纹形象地看出缺陷位置、大小
超声波检验	内部缺陷（裂纹、未焊透、气孔及夹渣）	焊件厚度的上限几乎不受限制，下限一般应大于8~10mm	能检验出直径大于1mm的气孔夹渣，检验裂缝较敏，对表面及近表面的缺陷不灵敏	检验部位的表面应加工达$Ra=6.3$~$10.6\mu m$，可以单面检验	根据荧光屏上的信号，可当场判断有无缺陷、位置及其大致大小，但判断缺陷种类较难
X射线检验	内部缺陷（裂纹、未焊透、气孔、夹渣等）	150kV的X射线机可检厚度不超过25mm；250kV的X射线机可检厚度不超过60mm	能检验出尺寸大于焊缝厚度1%~2%的各种缺陷	焊接接头表面不需加工，但正反两面都必须是可接近的	从底片上能直接形象地判断缺陷种类和分布。对平行于射线方向的平面形缺陷不如超声波检验灵敏
γ射线检验	—	镭能源可检60~150mm；钴60能源可检60~150mm；铱192能源可检1.0~650mm	较X射线低，一般约为焊缝厚度的3%	—	—
高能射线检验	—	9MV电子直线加速器可检60~300mm；24MV电子感应加速器可检60~600mm	一般不大于焊缝厚度的3%		

第六节　胶接成形

胶接是用胶粘剂把两个零件连接在一起，并使接合处有足够强度的连接工艺。 随着胶接技术的不断发展，它成为工程技术上不可缺少的一种工艺方法，被广泛应用于飞机制造业、机械制造业、电子制造业及建筑业等各个领域。

一、胶接的基本原理

胶接的基本原理是胶粘剂与被粘物表面之间发生了机械、物理或化学的作用，而使它们牢固地结合在一起。 任何固体材料的表面，都不可能是绝对平滑和无缺陷的。当胶接时，由于胶粘剂在固化前具有流动性，因此它能渗入被粘物表面的微小凹穴和孔隙中，当胶粘剂固化以后，它就镶嵌在孔隙中，如无数微小的"销钉"把接头连接在一起，这是胶接过程中的机械作用。当用有机高分子胶粘剂胶接塑料、橡胶等高分子材料时，分子的热运动、高分子链链节的柔曲性、胶粘剂分子与被粘物表面分子间的链段等运动，引起分子间的扩散，从而在两者之间形成相互"交织"结合，这是胶接过程中的扩散作用。任何物质的分子紧密靠近时（间距小于 5×10^{-10} m），分子间力便能使接触的物体相互吸附在一起，这是胶接过程中的吸附作用。在某些胶接连接中，胶粘剂分子能与被粘物表面形成牢固的化学键，从而使它们强有力地结合在一起，这是胶接过程中的化学作用。通过上述四种作用，把两个物体牢固地胶接在一起。

二、常用胶粘剂

胶粘剂的作用是借助于它和材料（零件）之间强烈的表面粘着力，使零件能够连接成永久性的结构。胶粘剂有天然和合成两大类，天然胶粘剂如动物性骨胶、植物性淀粉，用水作为溶剂，组分简单，使用范围窄。合成胶粘剂是应用最广泛的一种，其主要组成物有：

（1）粘料　粘料是胶粘剂的主要组分。它决定着胶粘剂的性能。合成胶粘剂中，粘料主要是合成树脂（如环氧树脂、酚醛树脂、聚氨酯树脂等）、合成橡胶（如丁腈橡胶），及合成树脂或合成橡胶的混合物、共聚物等。

（2）硬化剂　硬化剂是促使胶粘剂固化的组分。它能使线型结构的树脂变成体型结构。硬化剂的性能和用量将直接影响胶粘剂的技术性能（如施工方式、硬化条件等）及使用性能（如胶接强度、耐热性等）。

（3）增韧剂　增韧剂是胶粘剂中改善胶粘剂的脆性，提高其柔韧性的成分。增韧剂根据不同类型的粘料及接头使用条件而选择。

（4）稀释剂　稀释剂是胶粘剂中用来降低其黏度的液体物质。它能增加胶粘剂对被粘物表面的浸润能力，并便于施工。凡能与粘料混溶的溶剂或能参加胶粘剂固化反应的各种低黏度化合物皆可作为稀释剂。

（5）附加物　胶粘剂中除含有上述主要组分外，还可根据需要加入一定的填料和添加剂，以改善胶粘剂的某种性能。

常用胶粘剂及适用材料见表10-7。

第十章 焊接与胶接成形

表 10-7 常用胶粘剂及适用材料

被粘接材料	木材	织物	毛毡	皮革	纸	布	橡胶海绵	合成橡胶	天然橡胶	人造革	聚氯乙烯膜	硬聚氯乙烯	丙烯酸树脂	聚苯乙烯	赛璐珞	聚酯	酚醛树脂	瓷砖	混凝土	玻璃	金属
金属	E	VC	VC	C	V	C	C	CU	CU	N	N	NE	NE	NE	E	VE	E	E	E	E	E
玻璃	VE	V	V	CV	V	C	C	CN	CN	N	N	NE	NE	NE	EC	E	E	E	E	E	
混凝土	VE	V	V	CV	V	C	C	CN	CN	N	N	NE	NE	NE	EC	NE	NE	EN	EV		
瓷砖	VE			CV	V	CV	C	C	C			NE			NC			EE			
酚醛树脂	VC			NC	CV	NV	CN	CN		CN		CE	CE	CE	EE	E	EN				
聚酯	NE			NC	NC	NC	CN	NC	CN		CN		CE	CE	EN	E					
赛璐珞	EU			NV	VN	NC		N	N					V							
聚苯乙烯	VE			NC	CN	CN	NC		CN				CE	ES							
丙烯酸树脂	CN			NC	NC	NC	NC		NC			EA									
硬聚氯乙烯	CV			CV	CV	CV	CN		CN												
聚氯乙烯膜	CV			CV	VC	CC		VC													
人造革	VC			NC		N	N	C													
天然橡胶	C	C	C	CV	C	C	C														
合成橡胶	NC	NC	NC	CU	CN	CN	NC	CN													
橡胶海绵	NC		NC		NC	CV	CN														
布	VC	VC	VC	VN	VC																
纸	VC	VC	VC	V																	
皮革	VC	VC	NC	NC																	
毛毡	V	V	VN																		
织物	V	V																			
木材	VP																				

A：丙烯酸胶粘剂
C：氯丁橡胶胶粘剂
E：环氧胶粘剂
N：丙烯腈橡胶胶粘剂
P：酚醛胶粘剂
U：聚氨酯胶粘剂
V：乙烯系胶粘剂
S：聚苯乙烯胶粘剂

三、胶接工艺

在胶接技术中，根据使用要求选择了胶粘剂之后，还必须严格遵守胶接工艺规范，才能得到性能良好的胶接接头。胶接工艺包括胶接件的表面处理、胶粘剂的准备、涂剂、合拢和胶粘剂层的固化。

胶接强度不仅取决于胶粘剂本身的强度，还取决于胶粘剂与胶接件表面之间所发生的相互作用，因此胶接件表面的化学性质也是决定胶接质量的重要环节。为了保证胶接强度，胶接件表面必须清洁、无油污和具有一定的表面粗糙度，以便增大界面作用力。常用的表面处理方法有表面清洗、机械处理和表面改性等。

在制备胶粘剂的过程中，除按各组分准确称量外，还应按下列顺序加料配制：粘料、稀释剂、增韧剂、填料、硬化剂、固体促剂。在混合配料搅拌时应避免混入空气造成气泡。接头经表面处理后应立即涂上胶粘剂，胶粘剂底层厚度一般为 0.002~0.1mm。胶粘剂层厚度有机胶粘剂为 0.08~0.1mm，无机胶粘剂为 0.1~0.2mm。

用无溶剂胶粘剂胶接时，在涂上胶粘剂后可立即合拢；用含溶剂的胶粘剂胶接时，在涂上胶粘剂后必须在室温条件下且清洁的环境中使溶剂挥发干净，然后再进行合拢。胶接件在合拢后，必须在一定的压力、温度下经过相当长时间的固化，才能形成良好的胶接接头。

四、胶接接头的设计

胶接接头的强度，除与所用胶粘剂的性质和胶接工艺有关之外，还与胶接接头的形式有关，其接头设计原则有：①尽可能使接头承受切应力；②采取有效措施避免接头产生剥离或劈裂力；③增加胶接面积，提高接头的承载能力；④对于承受较大作用力的胶接接头，常采用复合连接的形式；⑤胶接接头的结构形式还应考虑便于加工制造，外形美观，表面平整。常见的平板接头形式、平板与型材接头形式和管材、棒材接头形式如图10-37、图10-38和图10-39所示。

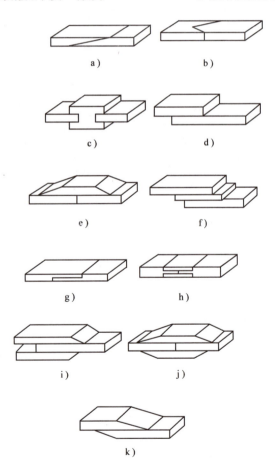

图 10-37　平板接头形式

a) 斜面搭接　b) V形嵌接　c) 插嵌接　d) 单面搭接
e) 单面板对接　f) 搭接（加强）　g) 双对接　h) 双盖板嵌接
i) 双面搭接　j) 双盖板对接　k) 单面搭接（提高剥离力）

第十章 焊接与胶接成形

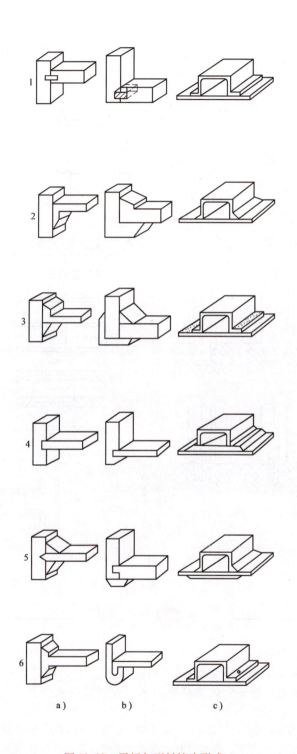

图 10-38 平板与型材接头形式
a）T形接头 b）L形接头 c）□形接头

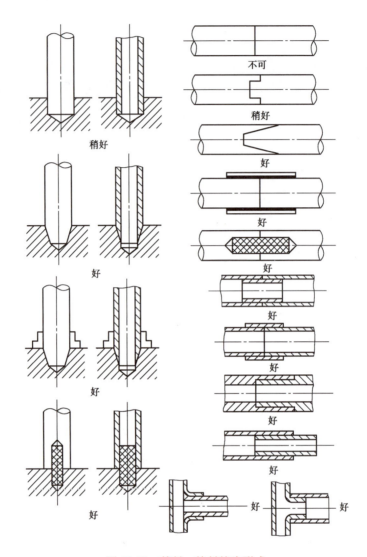

图 10-39　管材、棒材接头形式

10-1　简述焊条电弧焊的原理及过程。

10-2　焊接接头由哪几部分组成？各部分的作用是什么？

10-3　什么是焊接热影响区？焊接热影响区对焊接接头有哪些影响？如何减小或消除这些影响？

10-4　产生焊接应力和变形的原因是什么？防止焊接应力和变形的措施有哪些？

10-5　试从焊接质量、生产率、焊接材料、成本和应用范围等方面比较下列焊接方法：

1）焊条电弧焊。

2）埋弧焊。

3）氩弧焊。

4) CO_2 气体保护焊。

10-6 如何选择焊接方法？下列情况应选用什么焊接方法？简述理由。

1) 低碳钢桁架结构（如厂房屋架）。

2) 厚度为 20mm 的 Q345 钢板拼成大型工字梁。

3) 纯铝低压容器。

4) 低碳钢薄板（厚 1mm）传送带罩。

5) 供水钢制管道的维修。

10-7 低碳钢的焊接有何特点？为什么铜及铜合金、铝及铝合金焊接比低碳钢困难得多？

10-8 低合金高强度结构钢焊接时，应采取哪些措施防止冷裂纹的产生？

10-9 铸铁焊接性差主要表现在哪些方面？试比较热焊法和冷焊法的特点及应用。

10-10 焊接过程中的焊接裂缝和气孔是如何形成的？如何防止？

10-11 图 10-40 所示焊缝布置得是否合理？若不合理，请加以改正。

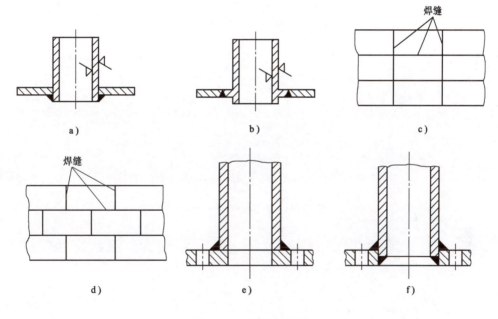

图 10-40 题 10-11 图

10-12 焊接梁（尺寸如图 10-41 所示）材料为 15 钢，成批生产，现有钢板最大长度为 2500mm。要求：

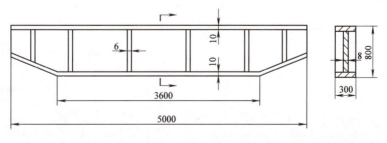

图 10-41 题 10-12 图

1）决定腹板、翼板接缝位置。
2）选择各条焊缝的焊接方法。
3）画出各条焊缝的接头形式。
4）制订各条焊缝的焊接次序。

10-13　胶接的基本原理是什么？

10-14　胶粘剂常规的组成物有哪些？分别在胶粘剂中起什么作用？如何选用胶粘剂？

第十一章 其他工程材料的成形及快速成形技术

第一节 高聚物材料成型

一、工程塑料的成型

工程塑料的成型方法主要包括**注射成型**、**挤出成型**、**吹塑成型**、**压延成型**和**浇注成型**等。其中应用最多的是注射成型、挤出成型和压延成型。

1. 注射成型

注射成型是在注射机上借助注射模进行的,是热塑性塑料的重要成型方法之一。约1/4的塑料制品是注射成型制品,包括管件、阀类、轴套、齿轮、箱类、自行车和汽车零件、凸轮、装饰品和生活中常用的盆、碗、盖及包装类容器等。

注射机种类很多。按工作能力分为小型(合模力在 2×10^6N 以下,注射量在 500cm³ 以下)、中型(合模力为 3×10^6~6×10^6N,注射量为 500~2000cm³)和大型(合模力大于6×10^6N,注射量在 2000cm³ 以上)三类注射机。按塑料塑化和注射方式分为:①柱塞式注射机;②往复螺杆式注射机;③螺杆塑化柱塞注射式注射机。按设备结构特点又可分为立式、卧式、角式和多模等多种类型。

注射成型过程是将粒状或粉状塑料从注射机(图 11-1)的料斗送进加热的机筒,经加热熔化至黏流态后,由柱塞或螺杆推动而通过机筒端部的喷嘴并注入温度较低的闭合模具中。充满模具的熔料在受压的情况下,冷却固化后即可获得模具型腔所赋予的形状,最后开启模具推出制品。

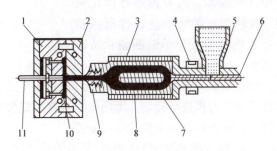

图 11-1 注射机和注射模的剖视图
1—活动模板 2—固定模板 3—机筒 4—冷却套 5—料斗 6—柱塞 7—加热器 8—分流梭 9—喷嘴 10—制品 11—推杆

注射充模分两个步骤:一个是**注射过程**,另一个是**保压过程**。注射过程是螺杆在液压缸活塞推动下,迅速前移,推动计量腔内熔融料经喷嘴进入模具空腔的过程。为保证充模质量,注射时应有一定的注射压力,这个注射压力也是螺杆(或柱塞)前移时对物料的推力。

注射压力的大小与原料的性能、模具结构及制品的形状有关。对于不同的塑料制品,在注射成型工艺中应给出一定的压力范围。

从型腔被熔融料充满至流道浇口固化开始的这段时间为保压过程。所谓保压，即把注射压力（或稍低于此注射压力）恒定一段时间，其目的一方面是防止注入型腔内的熔融料外溢；另一方面是补充型腔内制品的成型收缩量。保压时间和注射压力的决定因素相同，一般为 20~90s。注射量应与制件的质量及流道中料柱的质量之和相等。

降温固化成型过程是指从浇口固化开始、模板开启最后零件脱模的过程。这个过程的时间长短主要由制品的厚度、模具的温度和原料的冷凝速度来决定。熔融料在模具温度较低的环境内逐渐降温固化成型，这段时间一般为 30~120s。注射成型制品的成型周期是指完成一个注射成型件所用的时间，是注射、保压、降温固化和辅助生产时间的总和。

注射成型具有成型周期短，生产率高，能一次成型形状复杂、尺寸精度高、带有各种嵌件的塑料制品，对多种塑料的适应性能，生产过程易于实现自动化等优点。

2. 挤出成型

挤出成型是把粉状或粒状塑料树脂等原料加入到挤出机机筒中，借助螺杆旋转的挤压和推动作用，使塑料原料在高温、高压下熔融塑化，然后推入机头模具中挤出成型。挤出成型主要用于生产棒（管）材、板材、线材、薄膜等连续的塑料型材。

挤出机主要由料斗、机筒和螺杆组成。挤出机按螺杆数量，可分为单螺杆、双螺杆和多螺杆三种类型。图 11-2 所示为单螺杆挤出成型原理图。

二、合成橡胶的成型

橡胶制品的生胶在成型前需经过塑炼和混炼，然后再通过硫化成型。橡胶塑炼的目的是通过机械挤压或辊轧使生胶分子链断裂，从而

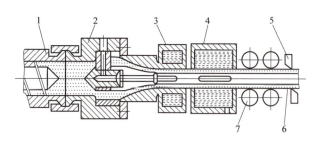

图 11-2 单螺杆挤出成型原理图
1—挤出机料筒 2—机头 3—定位装置
4—冷却装置 5—切割装置
6—塑料管 7—牵引装置

从高弹性状态转变为可塑性状态，改善成型工艺性。混炼是将各种配料混入经过塑炼的生胶，制成质量均匀的混炼胶。混炼胶通过压延或挤压制坯，然后按模具型腔形状和大小，用圆盘刀或压力机进行裁切。模压硫化是橡胶成型的主要工序。硫化使线型分子结构交联成网状结构，成为具有高弹性的橡胶制品。

橡胶制品成型方法与塑料成型方法相似，主要有压制成型、注射成型和挤出成型等。

第二节　陶瓷材料成形

陶瓷制品的生产过程一般由配料、制坯、成形、烧结以及后续加工等工序构成。配料是指按瓷料组成来精确称量各种原料的过程；制坯是按不同的成形方法，将配料以球磨或搅拌等机械混合法，均匀混合后制备成不同形式坯料的过程，如悬浮液、料浆、塑性料或

造粒粉料；成形是指将坯料制备成一定形状和尺寸规格的坯件（生坯），以便烧结成具有一定强度的陶瓷制品的过程。成形后的坯件水分含量较高，为了提高强度，必须进行干燥。干燥后的坯件只是由许多固体粒子堆积起来的聚集体，加热到高温进行烧结，其内部发生一系列的物理化学变化（大部分物料仍处于固态），使坯件瓷化成陶瓷制品。对于高温、高强度构件或表面要求平整而光滑的制品，烧结后往往要经过表面处理，如研磨及抛光等。

陶瓷成形方法主要有干压法、等静压法、挤压法、注浆法、热压成形法和可塑法，如图11-3 所示。对成形工序的基本要求是：

1) 所成形坯件应符合产品所要求的形状和尺寸。
2) 坯件应具有相当的强度，以便后续工序操作。
3) 坯件应结构均匀，具有一定的致密度。
4) 成形过程尽量简单，力求高效、节能和洁净。

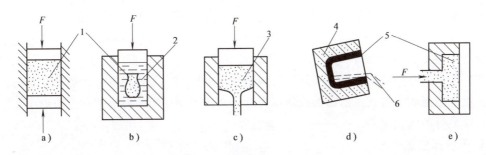

图 11-3　陶瓷材料的成形方法
a) 干压成形　b) 等静压成形　c) 挤压成形　d) 注浆成形　e) 热压成形
1—粉体　2—液体　3、6—泥料　4—石膏模　5—成形品

一、干压法成形

干压法成形一般采用造粒粉料为坯料，在模具中利用压力压制成致密坯件。按所采用压力的来源不同，分为机械干压成形、等静压成形和热压成形；按压制过程中是否同时进行烧结，又可分为成形干压和热压烧结。

所谓造粒是指在陶瓷原料细粉中添加一定量的塑化剂，制成一定粒度、含有一定水分、流动性好的团粒，以便压制成形。塑化剂一般可采用 5%（体积分数）的聚乙烯醇水溶液，添加量为 4%~6% 即可。团粒粒度通常要求为 0.8~0.85mm，含水量控制在 4%~7%，或者更低。目前多采用喷雾干燥法造粒。

1. 机械干压成形

采用柱塞式压力机或液压机提供压力。首先将造粒好的团粒松散装入模具，然后加压。粉状坯料干压成形原理是：当施加压力于坯料上时，粉料因受到挤压而移动，互相靠拢，坯体收缩，空气排出；进一步增大压力，颗粒继续靠拢，同时产生变形，坯体则继续收缩；继续增大压力到颗粒完全接近，此时坯体收缩很小，颗粒继续变形，甚至破裂；当压力与颗粒间摩擦力达到平衡时，坯体得到压实。可见，压力是通过坯料颗粒之间的接触来传递的。在压力传递过程中由于颗粒之间的相互摩擦，以及颗粒与模壁之间的摩擦，要消耗一部分能量，形成压力在传递方向的递减，这将导致压制过程中压强分布和成形坯体密度分布的不均匀性。

机械干压成形主要工艺控制参数有成形压力（总压力和压强）、加压方式、加压速度、加压次数和持压时间。总压力取决于压强与生坯大小。合理的成形压强，应根据坯体形状和高度，团粒含水量和流动性，以及坯体所要求达到的致密度来确定。一般成形压力为 40～100MPa。

加压方式有**单向加压**和**双向加压**两种。双向加压时，压力分布的不均匀性在一定程度减轻了，故其坯件密度相对要均匀些。生产实际中，往往在模具上涂以润滑剂，以降低摩擦力，提高粉粒流动性，也能改善压力分布状态，提高压坯的密度均匀性。

干压粉料中含有较多的空气，在加压过程中应保证一定的时间使空气排出，因此加压速度不宜过快。一般采用先轻后重的多次加压法，达到最大压力后则维持压力一定时间，让空气充分排出。加压速度和持压时间与粉料性质、水分含量以及空气排出速度等有关。加压次数一般为 2～3 次。

2. 热压烧结

热压烧结中，压制成形与烧结同时进行。在烧结过程中，粉末颗粒之间产生原子扩散、固溶、化合和熔接，坯件收缩并得到充分的致密化和强化。对于结构陶瓷，烧结温度通常高达 1600℃ 左右，为此充填干燥粉末的模具应采用能耐高温并在高温下具有一定强度的材料来制作，如采用石墨或氧化铝。当加压与加热同时进行时，陶瓷粉末处于热塑性状态，有利于颗粒接触与流动等过程，所需的成形压力低、烧结时间缩短，容易得到晶粒细小、致密度高、性能良好的陶瓷制品。

3. 等静压成形

利用流体或橡胶传递压力，并使压力均匀施加到具有弹性的各个面上，可得到密度均匀、致密度高、内应力低的陶瓷坯件。等静压成形可分为冷等静压成形和热等静压成形。前者采用液体作为压力传递介质在室温下操作，后者采用惰性气体在高温下同时完成成形和烧结。

热等静压成形是在冷等静压成形与热压烧结结合的基础上发展起来的。由于烧结需要高温，故传递压力的流体介质宜采用气体。为防止高温过程发生不需要的化学反应，应提供保护气氛（一般采用惰性气体），同时完成温度和压力的均匀传递。模具可采用金属箔制作。

二、注浆法成形

注浆法成形是采用悬浮液或料浆作坯料，注入模具后干燥成形。对料浆的基本要求是具有良好的流动性、渗透性、低黏度（＜1Pa·s）、低含水量、弱触变性以及高稳定性（此处指悬浮性）等。在料浆制备中，一般通过控制 pH 值或添加分散剂的方法来调节流动性与稳定性，并在配制中进行湿法球磨或搅拌。模具可采用石膏或多孔塑料制作。注浆方法有实心注浆、空心注浆以及强化注浆等。

三、可塑法成形

可塑法成形包括旋压法、滚压法、热压注法、挤压法、注射法以及流延法和轧膜法等。

第三节　复合材料成形

一、制备复合材料的通用成形方法

1. 颗粒、晶须、短纤维增强复合材料

制备方法通常包括下列三个步骤：

（1）混合　基体材料熔化（溶解）为液态，采用搅拌方法均匀混入增强材料；或制成粉末，采用滚筒或球磨等方法混入增强材料，并均匀化。

（2）制坯　采用铸造、液态模锻、喷射、粉末热压等方法使复合成分凝固或固化，制备出复合材料坯体或零件。

（3）成形　根据需要，通过挤压、轧制、锻造、机加工等二次加工，制备出性能、形状均满足要求的零件。

2. 纤维增强复合材料

制备方法通常包括下列两个基本步骤：

（1）增强体预成形　按设计要求将增强纤维（或纤丝）排列成特定形状或模式，对于长纤维（或纤丝），采用缠绕、织物铺层、三维编织等方法成形；对于晶须或较短的纤维，采用磁力、静电、振荡、压延或悬浮法进行预处理，再用挤压等方法成形。

（2）复合　将基体材料与增强体复合，通常采用粉末冶金法、液态浸透法、化学气相沉积法等。

二、典型复合材料的成形方法

1. 金属基复合材料

金属基复合材料的成形过程通常也是其复合过程。主要成形方法有固态法（如扩散结合、粉末冶金）和液相法（如压铸、精密铸造、真空吸铸等），由于这类复合材料加工温度高，工艺复杂，界面反应难以控制，成本高，故应用还不广泛。目前，主要用于航空航天领域。

2. 树脂基复合材料

树脂基复合材料的成形方法较多，这里主要介绍手糊成形和层压成形。

（1）手糊成形　手糊成形是指用不饱和聚酯树脂或环氧树脂将增强材料粘结在一起的成形方法。手糊成形是制造玻璃钢制品最常用和最简单的一种成形方法。用手糊成形可生产波形瓦、浴缸、汽车壳体、飞机机翼、大型化工容器等。手糊成形具有如下优点：操作简单，设备投资少，生产成本低，可生产大型的、复杂结构的制品，适合多品种、小批量生产，且不受尺寸和形状的限制，模具材料适应性广。其缺点是：生产周期长，制品的质量与操作者的技术水平有关，制品的质量不稳定，操作者的劳动强度大等。

（2）层压成形　层压成形是将纸、布、玻璃布等浸胶，制成浸胶布或浸胶纸制品，然后将一定量的浸胶布（或纸）层叠在一起，送入液压机，使其在一定温度和压力的作用下压制成板材（包括玻璃钢管材）的工艺方法。

除此之外，还有模压成形、缠绕成形等方法。

3. 陶瓷基复合材料

陶瓷基复合材料的成形方法分为两类：一类针对短纤维、晶须、晶片和颗粒等增强体，采用传统的陶瓷成形工艺；另一类针对连续纤维增强体，采用料浆浸渗热压烧结法和化学气相渗透法。

第四节 快速成形技术

一、快速成形技术简介

快速成形（Rapid Prototyping，RP）是根据计算机辅助设计（CAD）生成的零件几何信息，控制三维数控成形系统，通过一定的工艺将材料堆积而形成零件的成形工艺方法，这种成形方法又称为3D打印或增材制造。

1. 快速成形的原理

快速成形是一种离散/堆积的成形加工技术，主要经过以下步骤生成三维实体原型：

① 用CAD软件设计出所需零件的计算机三维模型，也可由逆向（反求）工程获得，即用三维扫描仪对已有的三维实体件进行扫描，根据扫描获得的点云数据进行拟合重构获得三维数字模型。

② 将三维模型沿一定方向（通常为Z向）离散成一系列有序的二维层片（也称为切片处理，生成STL文件格式导出）。

③ 根据每层切片的轮廓信息，进行工艺规划，选择加工参数，自动生成数控代码。

④ 快速成形机制造一系列层片并自动将它们堆积起来，得到三维物理实体。

2. 快速成形技术的特点

快速成形技术是将一个实体、复杂的三维加工离散成一系列层片的加工。采用这种技术大大降低了零件的加工难度。快速成形技术具有如下特点：

① 材料成形全过程的快速性，适合现代竞争激烈的产品市场。

② 可以制造任意复杂形状的三维实体。

③ 用CAD模型直接驱动，实现设计与制造高度一体化，其直观性和易改性为产品的完美设计提供了优良的设计环境。

④ 成形过程无需专用夹具、模具、刀具，既节省了费用，又缩短了制作周期。

⑤ 技术的高度集成性。这种方法既是现代科学技术发展的必然产物，也是对它们的综合应用，带有鲜明的高新技术特征。

以上特点决定了快速成形技术主要适合于新产品开发、快速单件及小批量零件的制造、复杂形状零件的制造、模具与模型设计与制造，也适合难加工材料的制造、外形设计检查、装配检验和快速反求工程（逆向工程）等。

二、快速成形的基本工艺方法

快速成形技术始于20世纪80年代初，至今已有十几种不同的快速成形方法和系统。目前，SLA、LOM、SLS和FDM四种成形方法是快速成形技术的典型工艺方法。各种快速成形工艺的基本原理是一致的，其差别仅在于堆积成三维工件的薄片所采用的原材料以及由原材料构成的截面轮廓的方法和截面层间的连接方式。

1. 光固化立体成形（Stereo Lithography Apparatus，SLA）**法**

光固化立体成形（SLA）是最早实用化的快速成形技术，采用液态光敏树脂为原料，其工艺原理如图 11-4 所示。其工艺过程是：首先通过 CAD 设计出三维实体模型，利用离散程序将模型进行切片处理，设计扫描路径，产生的数据将精确控制激光扫描器和升降台的运动；激光光束通过数控装置控制的扫描器，按设计的扫描路径照射到液态光敏树脂表面，使表面特定区域内的一层树脂固化，当一层加工完毕后，就生成零件的一个截面；然后升降台下降一定距离，固化层上覆盖另一层液态树脂，再进行第二层扫描，第二固化层牢固地黏结在前一固化层上，这样一层层叠加而成三维工件原型。将原型从

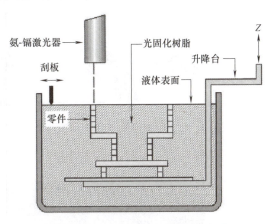

图 11-4 光固化成形（SLA）原理示意图

树脂中取出后，进行最终固化，再经打光、电镀、喷漆或着色处理即得到所要求的产品。光固化成形（SLA）制造的工件如图 11-5 所示。

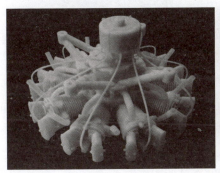 

图 11-5 光固化成形（SLA）制造的工件

光固化立体成形法（SLA）精度高、成形零件表面质量好、原材料利用率接近 100%，而且不产生环境污染，特别适合制作含有复杂精细结构的零件；但这种方法也有自身的局限性，如需要支承、树脂收缩会导致精度下降、光固化树脂有一定的毒性等。因此，开发收缩小、固化快、强度高的光敏树脂材料是其发展趋势。

2. 熔融沉积成形（Fused Deposition Modeling，FDM）**法**

熔融沉积成形（FDM）的成形原理如图 11-6 所示。熔融沉积成形（FDM）法是使用丝状材料如石蜡、塑料（如工程塑料 ABS、聚碳酸酯 PC）、金属（低熔点合金丝）等，利用电加热方式将丝材加热至略高于熔化温度（约比熔点高 1℃），在计算机的控制下，喷头作 x-y 平面运动，将熔融材料涂覆在工作台上，冷却后形成工件的一层截面，一层成形后，喷头上移一层高度，进行下一层涂覆，这样逐层堆积形成三维工件。FDM 成形机工作和制造的工件分别如图 11-7 和图 11-8 所示。

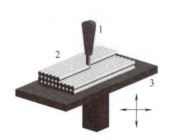

图 11-6　FDM 成形原理示意图

1—喷头　2—堆积的工件　3—工作台

图 11-7　FDM 成形机工作示意图

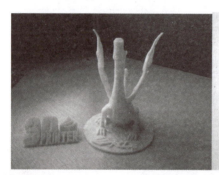

图 11-8　FDM 成形机制造的工件示意图

熔融沉积成形（FDM）法的优点是材料利用率高、材料成本低、可选材料种类多、工艺简洁；缺点是成形的工件精度较低、复杂构件不易制造、悬臂件需加支承、表面质量有待改进等。这种成形方法适合产品的概念建模及形状和功能件测试、中等复杂程度的中小型尺寸的原型件制造等。

3. 选择性激光烧结（Selected Laser Sintering，SLS）**法**

选择性激光烧结（SLS）成形法的原理如图 11-9 所示，它是采用各种固态粉末（塑料、蜡粉、陶瓷、金属等）为原料，先在工作台上铺上一薄层均匀的粉末，利用加热装置将其加热至略低于熔点的温度，然后用激光束在计算机的控制下，按照零件截面轮廓信息进行有选择的扫描，对粉末进行加热，直至熔化，使粉末颗粒相互黏结而形成工件的实体部分。在非扫描区，粉末仍是松散的。这样，一层层烧结后，去除未烧结的粉末，即得到三维工件。这种成形方法可以加工出能直接使用的塑料、陶瓷、金属件，但制品的强度不高，需要经过后处理（如浸黏结剂）后使用。选择性激光烧结（SLS）法主要用于生产一些塑料件、样件或模样、精密铸造用蜡模等。

选择性激光烧结（SLS）成形方法，可选烧结材料较广泛，不仅能制造塑料零件，还能制造陶瓷、蜡等材料的零件。特别是可以烧结制造金属零件，这使选择性激光烧结（SLS）法颇具吸引力。SLS 工艺无需加支承，因为没有被烧结的粉末起到了支承的作用。其缺点是：烧结制成的成形件结构疏松多孔、强度不高，表面较粗糙，成形效率低等。

塑料粉末的 SLS 成形均为直接烧结，烧结好的制件经清粉处理后，一般要进行后处理来

第十一章 其他工程材料的成形及快速成形技术

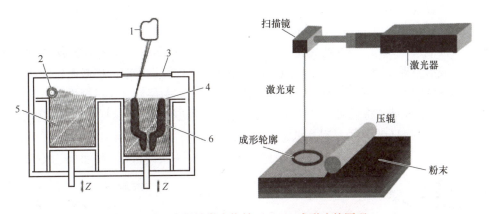

图 11-9 选择性激光烧结（SLS）成形法的原理
1—CO_2 激光器 2—压辊 3—扫描镜 4—成形缸 5—供料缸 6—烧结成形件

提高强度。

陶瓷粉末的 SLS 成形，需在所烧结的粉体中加入黏结剂，用黏结剂包裹陶瓷粉末。当烧结温度控制在黏结剂的软化点附近时，其线胀系数较小，进行激光烧结后再经过后处理，使之成为完全致密的陶瓷制件。

金属粉末的 SLS 烧结分为单一金属粉末、金属混合粉末、金属粉末加有机物粉末等。单一金属粉末烧结时，需将金属粉末预热到一定温度后，再进行激光扫描、烧结。烧结好的工件，需经等静压处理提高致密度。金属混合粉末进行烧结时，先将混合金属粉末预热到一定温度，用激光进行扫描，使低熔点的金属粉末熔化，从而将难熔的金属粉末黏结在一起。烧结好的制件再经液相烧结处理提高致密度。采用金属粉末与有机物粉末混合烧结时，激光束扫描后使有机物粉末熔化将金属粉末黏结在一起。烧结好的工件需再经高温处理以去除制件中的有机黏结剂，从而改善制件的组织与性能。

在选择性激光烧结（SLS）法的基础上，近些年又发展了选择性激光熔融（Selective Laser Melting, SLM）法，SLM 是将激光的能量转化为热能使金属粉末成形，与 SLS 的主要区别在于，在制造过程中，SLS 烧结工程中金属粉末并未完全熔化，而 SLM 在烧结过程中使金属粉末加热到完全熔化后成形。SLM 烧结的整个加工过程需要在惰性气体保护的加工室中进行，以避免金属熔化后在高温下被氧化。

SLM 工艺流程是：成形机控制激光在铺好的粉末上方选择性地对粉末进行照射，金属粉末被加热到完全熔化后成形；活塞使工作台降低一个单位的高度，新的一层粉末铺撒在已成形的当前层之上，设备调入新一层截面的数据进行激光加热熔化，与前一层截面黏结，此过程逐层循环直至整个物体成形。

SLM 成形的金属零件致密度高，可达 90% 以上；抗拉强度等力学性能指标优于铸件，甚至可达到锻件水平。由于成形过程中金属粉末完全融化，因此尺寸精度较高；与传统减材制造相比，可节约大量材料，但这种方法成形速度较慢。为了提高成形件的加工精度，需要采用更薄的加工层。这种方法即使加工小体积零件，所用时间也较长，因此难以应用于大规模制造；工件表面粗糙程度有待降低，SLM 快速成形的整套设备昂贵，熔化金属粉末需要比 SLS 更大功率的激光，能耗较高；SLM 技术工艺较复杂，需要加支承结构，考虑的因素多。因此多用于工业级的快速成形（增材制造），这种成形方法目前已成为研究热点和发展趋势。

4. 分层实体制造（Laminated Object Manufacturing，LOM）**法**

分层实体制造（LOM）又称层叠法成形，它以片材（如纸片、塑料薄膜或复合材料）为原材料，其成形原理如图 11-10 所示。激光切割系统按照计算机提取的横截面轮廓线数据，将背面涂有热熔胶的纸用激光切割出工件的内外轮廓。切割完一层后，送料机构将新的一层纸叠加上去，利用热粘压装置将已切割层粘合在一起，然后再进行切割，这样一层层地切割、粘合，最终成为三维工件。LOM 常用材料是纸、金属箔、塑料膜、陶瓷膜等，此方法除了可以制造模具、模型外，还可以直接制造结构件或功能件。该方法的特点是原材料价格便宜、成本低。

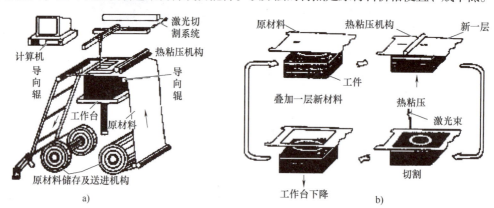

图 11-10 分层实体制造（LOM）原理示意图

三、快速成形技术的发展趋势

除上述几种典型的快速成形技术外，新的快速成形技术也不断出现，如 3DP 技术。3DP 技术由美国麻省理工学院开发成功，原料使用粉末材料如陶瓷粉末、金属粉末、塑料粉末等。3DP 技术的工作原理是：先铺一层粉末，然后使用喷嘴将黏结剂喷在需要成形的区域，让材料粉末粘接，形成零件截面，然后不断重复铺粉、喷涂、粘接的过程，层层叠加，获得最终打印出来的零件。

随着快速成形技术的发展，其成本在不断降低，并且选材范围也越来越广，可制作的物品越来越多，从汽车、飞机零件，到食物，到人体器官等。目前快速成形技术还存在许多不足，下一步研究开发工作主要集中在以下几方面：①改善快速成形系统的可靠性、生产率和制作大件能力，尤其是提高快速成形系统的制作精度。②开发经济型的快速成形系统。③快速成形方法和工艺的改进与创新。④快速模具制造的应用。⑤开发性能良好的快速成形材料。⑥开发快速成形的高性能软件等。

11-1 简述高聚物材料的加工过程。

11-2 什么是注射成型？并简述其应用范围。

11-3 比较塑料、橡胶、陶瓷的成形工艺及特点。

第四篇
Part 4

工程材料应用及成形工艺的选择

4

在机械产品设计、制造过程中，都会遇到材料和成形工艺（毛坯）的选择问题。一般，一个机械零件要实现其应有的功能，主要由两方面的因素决定：①零件所具有的结构（形状、尺寸、精度、表面质量等）；②零件所采用的材料。也就是说，机械零件的设计不仅仅是结构设计，同时也包括材料的选用。材料与成形工艺的选择问题处理的是否合理，不仅对零件的质量和工作寿命起着至关重要的作用，还将影响零件的生产成本和产品的经济效益。可见，材料与成形工艺的选择是一项复杂的系统工程，必须进行全面综合考虑。

从事机械工程、材料工程等领域工作的科技人员，必须具备正确选用工程材料与成形工艺的能力。为此，本篇在前面各章已介绍过的工程材料有关知识和各类常用工程材料成形工艺方法内容的基础上，阐述零件失效分析、材料与成形方法选择的一般原则和方法、选择应注意的问题等内容，从而为材料与成形工艺选择能力的建立和培养提供必要的基本知识。

第十二章
CHAPTER 12　机械零件的失效分析与表面处理

第一节　机械零件的失效分析

了解零件的失效形式是正确选择材料与成形工艺方法的基本前提之一。要做到这一点，一方面是通过理论分析对零件的失效形式加以预测，另一方面就是进行零件的失效分析。失效分析不仅对零件的选材，而且对零件的设计、制造、使用以及保证零件的使用安全性都具有非常重要的意义。

一、零件的失效形式

机械零件在使用过程中由于某种原因失去其原设计应有的效能，这一现象称为失效。零件在达到使用寿命后发生失效，可以认为是正常的；而低于使用寿命的失效以及远低于使用寿命的早期失效则是人们所不愿看到的，因为此类失效将带来经济损失，甚至可能造成严重事故。通过失效分析，找出失效原因，提出改进措施，是防止零件非正常失效的主要途径。

一般机械零件常见的失效形式有三种类型：过量变形失效、断裂失效、表面损伤失效，每一类型还包括几种具体的失效形式，见表12-1。

表12-1　零件的主要失效形式

失效形式		失效现象	典型失效零件举例
过量变形失效	过量弹性变形	因刚性不足，零件工作时弹性变形量超过允许范围	细长杆件、薄壁杆件
	过量塑性变形	工作应力超过材料的屈服强度，零件产生过量塑性变形而无法工作	紧固螺栓、传动轴、机床丝杠
	蠕变变形	在长期应力和高温作用下，零件的蠕变变形量超出规定范围	高温下工作的螺栓
断裂失效	韧性断裂	工作应力大于屈服强度，零件发生明显塑性变形并逐渐增大直至断裂	起重机链环
	低应力脆性断裂	工作应力低于屈服强度，零件在无明显塑性变形的情况下突然断裂	桥梁、压力容器、冷作模具
	疲劳断裂	零件受交变应力长期作用，在低应力下发生突然脆断	曲轴、弹簧、螺旋浆
	蠕变断裂	在长期高温和应力作用下，零件的蠕变变形不断增加，最终发生断裂	高温炉管、换热器

（续）

失效形式		失效现象	典型失效零件举例
表面损伤失效	表面磨损	由于摩擦使零件表面损伤，如使零件尺寸变化、重量减轻、精度降低、表面粗糙度值增大，甚至发生咬合等而不能正常工作	齿轮、油泵柱塞副、刀具、模具、量具
	表面腐蚀	零件受环境介质的化学或电化学作用而产生表面损坏	化工容器及管道等
	表面疲劳	在交变接触压应力作用下，零件表面因疲劳损伤而发生局部剥落	滚动轴承、齿轮

同一个零件可以有几种失效形式，在使用过程中也可能有不止一种失效形式发生作用，但零件在实际失效时一般总是以一种失效形式起主导作用，很少同时以两种或两种以上形式失效。

二、失效分析

材料选用不当或材料质量不良会造成零件的失效，除此以外，导致零件失效的原因还可以是零件的设计、制造、安装与使用等方面的问题。

实际上，一个零件的失效可能是多种因素共同作用的结果，因此，失效分析是一项涉及面很广的复杂的技术工作，需要采用科学、细致的方法，全面系统地检验和研究失效零件的情况，分析判断，去伪存真，最后得到结果。

零件失效分析的基本过程如下：

（1）零件使用现场调查　了解零件的工作环境和失效经过，记录零件的使用寿命和损坏情况，观察相关零件的受损情况，收集并保存失效零件残体供分析用。

（2）零件用材和成形与制造工艺调查　复查零件材料的化学成分和原材料质量，详细了解零件的成形工艺（毛坯制造）、机械加工、热处理等工艺和操作过程。

（3）失效零件本身的检测分析　对失效零件进行损伤处的外观分析（了解零件的损伤种类，寻找损伤的起源，观察损伤部位的表面粗糙度和几何形状等），并取样进行断口分析、金相分析、力学性能测试等，还要分析在失效零件上收集到的腐蚀产物的成分、磨屑的成分等，必要时还要进行无损检测、断裂力学分析等。

综合上述各方面的调查和分析结果，判断影响零件失效的各种因素，排除不可能或非重要的因素，最终确定零件失效的真正原因，特别是起决定作用的主要原因。

失效分析的结果，可以为正确选择零件材料，合理制订零件的成形与制造工艺，优化零件的结构设计，以及新材料的研制和新成形工艺的开发等提供有指导意义的数据，并可用于预测零件在一定使用条件下的寿命。因此，这是一门有实用价值的技术。

第二节　材料的表面处理

一、表面处理的意义

工程材料的主要失效形式是表面失效，包括磨损、腐蚀、表面损伤等。一般疲劳断裂失效也是先从表面开始。要使材料里外都具备抵抗表面失效的能力，既给制造过程增加技术难度，也不经济。通过表面处理在材料本体保持承载能力的前提下提高表面抗失效能力，显然具有积极的经济意义。

有时材料表面还要求具备某种特殊功能，包括光、电、磁、声、热等，这时更离不开表面技术。人类使用表面处理来提高制品的工作性能和寿命已经有悠久的历史，从19世纪工业革命以来，表面处理已成为制造业中不可缺少的工艺技术。从20世纪60年代末开始，表面处理在当代科学的推动下，融合了高新技术，逐步形成了表面工程新学科。

二、表面处理方法与分类

表面处理方法有许多，各种新方法也在不断出现。表面处理方法主要分为两大类：表面强化处理和表面防护处理，常用的表面处理工艺有：表面热处理、气相沉积、热喷涂、堆焊、喷焊、激光处理、喷丸、滚压、氧化处理、电镀、化学镀、搪瓷、热浸镀、磷化、涂装等。

三、表面预处理

材料在进行表面处理前，一般需经过预处理，包括脱脂、除锈、粗化、活化和抛光。表面预处理的目的是预先制备清净的表面，以便进行后续表面处理工序，或保证覆盖层与材料基体牢固结合。对于许多表面处理工艺而言，如气相沉积、热喷涂、电镀等，表面预处理质量的好坏，在很大程度上决定着表面处理工艺的成败。

常用碱性脱脂工艺见表12-2。脱脂的目的是去除材料表面的油脂和沾染物，常用清洗剂有有机溶剂、乳化液、碱洗液、水基清洗剂等。清洗方法有擦拭法、浸渍法、喷淋法、蒸气法、电解法、超声波法、滚筒法、烘烤法等。

表12-2 常用碱性脱脂工艺

氢氧化钠（NaOH）浓度/（g/L）	碳酸钠（Na_2CO_3）浓度/（g/L）	磷酸钠（Na_3PO_4）浓度/（g/L）	温度/℃	时间/min
50~80	15~20	30	40~70	10~20

锈是金属表面氧化物的统称。除锈的目的是去除金属材料表面的氧化物，从而显露出清洁的金属表面。除锈的方法有多种，常用的有化学法和机械法。化学法采用浸蚀剂，如采用无机酸，俗称为酸洗，一般应在一定浓度的盐酸、硫酸、硝酸或混合酸水溶液中添加缓蚀剂。如在浸蚀的同时进行电解则可促进除锈过程，这时也称为电解刻蚀。机械法包括打磨、切削和喷砂。喷砂除锈效果较好，适于大面积、高效率的除锈。这是一种借助于压缩空气使磨料强力冲刷工件表面，从而去除锈蚀、积炭、焊渣、氧化皮、型砂、残盐、旧漆层等各类表面沾染物的方法。喷砂设备包括空气压缩机、油水分离器和喷砂机。磨料常用石英砂、钢砂、氧化铝或碳化硅。喷砂工艺有干喷砂和湿喷砂两种。

四、常用表面强化性处理方法

1. 热喷涂

（1）热喷涂原理 热喷涂的基本原理是将喷涂材料加热熔化，以高速气流将其雾化成极细的颗粒，并以一定的速度喷射到事先准备好的工件表面上，形成涂层。

（2）热喷涂分类　根据热源不同，热喷涂可为四类：火焰喷涂、电弧喷涂、等离子喷涂及爆炸喷涂。

（3）热喷涂材料　喷涂材料的外形有线材和粉末两大类。用粉末材料获得的涂层性能优于金属丝。喷涂用合金粉末分为结合层粉和工作层粉两大类。结合层粉目前多为镍铝合金粉。工作层粉分为镍基、钴基、铁基、铜基四大类。镍基粉末、钴基粉末所形成的涂层具有耐蚀、耐磨损、抗氧化等特点，但价格较贵；铁基粉末，价格便宜，适用于室温或低于400℃下轻微腐蚀的工作条件；铜基合金粉末用于易加工、摩擦因数要求小的工件。

（4）涂层设计与应用　依据对零件的失效分析、基体材料和工作条件选用喷涂材料的种类和喷涂层的厚度。热喷涂主要用于表面要求耐热、耐磨、耐蚀的工件以及工件的修复。

2. 堆焊与喷焊

（1）堆焊　用传统的电焊方法，将合金丝或焊条熔化堆结在工件表面上形成冶金结合层的方法称为堆焊。如用气焊、焊条电弧焊及氩弧焊等各种电弧焊方法，把不同的堆焊材料堆焊在工件表面上，达到修复或改善工件表面性能的目的。

（2）喷焊　喷焊是采用气体火焰或等离子焰将自熔性粉末熔化或半熔化后，高速喷射到经预热的工件表面，继续加热使合金熔化后，经冷凝形成涂层的方法。

3. 电火花表面强化

通过火花放电，把作为电极的导电材料渗进金属工件表层，从而获得合金化强化层，是直接利用电能的高能量密度对工件表面进行强化的工艺方法。

4. 气相沉积

气相沉积是利用气相中发生的物理、化学过程，在工件表面形成具有特殊性能的金属或化合物涂层。气相沉积常分为化学气相沉积和物理气相沉积。

（1）化学气相沉积　化学气相沉积（Chemical Vapor Deposition，简称 CVD），是通过含有构成薄膜元素的挥发性化合物与其他气相物质进行化学反应，产生非挥发性固态物质并以原子态沉积在材料表面形成覆盖层的表面处理方法。 CVD 方法可以制备金属、非金属元素的化合物，是电子制造和计算机制造的重要手段。

CVD 的源物质可以是气态、液态或固态。为产生原料气，液态和固态源物质需预先在相应的蒸发容器中进行蒸发或升华，再由载气携带入反应室。CVD 过程包括：反应气体到达基材表面，以分子形式吸附在基材表面并与之发生化学反应，通过形核和生长，最终生成物在基材表面形成。

CVD 装置（图 12-1）一般由反应器、气体输送控制系统、蒸发器、排气处理系统等组成，其中反应器为核心装备。化学反应需要能量，普通 CVD 通过加热提供能量，加热方式包括电阻加热、高频感应加热、红外加热和激光束加热。当前比较流行的是利用等离子体增强 CVD。等离子可以

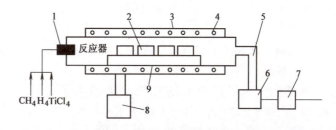

图 12-1　CVD 装置示意图

1—进气系统　2—工件　3、4—加热炉体　5—排气管　6—机械泵
7—废气处理系统　8—加热炉电源及测温仪表　9—夹具

通过直流辉光放电、射频放电或微波放电等多种方式产生,相应形成了 DCPCVD、RF-PCVD、MWPCVD 等多种新技术。此外,金属有机化合物合成技术的发展,为 CVD 提供了更广阔的源物质选择空间,因此产生了金属有机化合物化学气相沉积(MOCVD)的新分支。

(2)物理气相沉积 物理气相沉积(Physical Vapor Deposition,简称 PVD),是在低压气氛中通过物理过程(例如蒸发与沉积,或等离子与固体材料表面相互作用),在基材表面形成薄膜覆盖。PVD 一般包括真空蒸镀、溅射和离子镀。

1)真空蒸镀。**真空蒸镀(VE)是在高真空环境下通过加热使源物质汽化,冷凝后沉积在材料表面成膜。** VE 装置(图 12-2)主要为真空抽气系统和蒸发室。为达到所需的高真空(通常为 $10^{-7} \sim 10^{-6}$ Torr,1Torr = 133.322Pa),真空抽气系统需配备两级或两级以上的真空泵组。低真空级采用机械泵,如叶片泵为前级泵,其真空度达到 10^{-3} Torr 左右。高真空级可采用油扩散泵或分子泵等。源物质置于钨制、钽制或石墨、陶瓷坩埚中进行蒸发。加热方式有电阻加热、高频感应加热、电子束加热、电弧加热、激光束加热等。

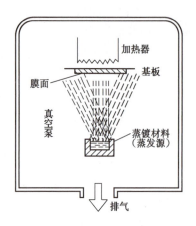

图 12-2 真空蒸镀装置示意图

由真空蒸镀发展出了分子束外延技术(MBE)。所谓**外延是指在单晶基材上生长出位向相同的同类单晶体(同质外延)或生长出具有共格或半共格联系的异类单晶体(异质外延)**。MBE 工艺原理是利用加热喷射坩埚产生气态蒸镀材料运动方向几乎相同的分子束,以直线路径喷射到基材表面,在动力学控制条件下冷凝和生长。这种方式可获得高纯单晶薄膜。

2)溅射。溅射与离子镀都是利用等离子与固体表面相互作用所产生的一系列物理和化学现象,达到制备功能薄膜的目的。

溅射是指靶材表面原子被荷能粒子(如离子)轰击时,从靶材表面飞逸出来的现象。 能量交换理论认为,荷能粒子在与固体表面碰撞中,其动能一部分转化为热能,促使轰击部位产生局部高温,导致高温区靶材原子的蒸发。动量交换理论认为,溅射现象是轰击粒子与靶材原子动量传递的过程,即荷能粒子在与固体表面原子碰撞中,将部分能量传递给被碰撞原子,使之从固体表面逃逸。动量交换理论已为多数人所接受。

3)离子镀。离子镀是真空蒸发技术与低压气体放电技术的结合。它是**在真空条件下,利用低压气体放电使气体或蒸发物质部分电离形成等离子以对基片进行轰击,将蒸发物质或其反应产物沉积在基片上。**

按镀料汽化和离子化方式的不同,离子镀可分为直流二极型、三极型、射频、磁控溅射、反应型等多种类型。现以最简单的直流二极型离子镀(Mottox,1963)为例,介绍其工作原理。如图 12-3 所示,真空室预抽真空至 $10^{-4} \sim 10^{-3}$ Pa,称为本底真空度,然后通入惰性气体如氩气,使工作气压保持在 $10^{-1} \sim 1$Pa,接通高压电源,于是在蒸

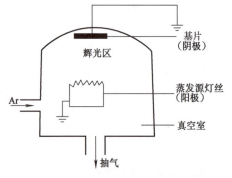

图 12-3 直流二极型离子镀示意图

发源（阳极）和基片（阴极）之间产生辉光放电，形成冷等离子区。镀料蒸气进入等离子区，与正离子、惰性气体激活原子、电子等发生碰撞，部分发生电离形成正离子，在负高压电场加速作用下沉积到基片表面成膜。成膜过程中，基片表面始终被从负辉光区附近进入阴极暗区而被电场加速的惰性气体离子所轰击，这种轰击有改善镀膜性能及其与基片之间结合强度的作用。

直流二极型离子镀的空间放电电荷密度较低，阴极电流密度仅为 $0.25A/m^2$ 左右，离化率也低，最高不超过 2%。为此，在直流二极型离子镀基础上发展了三极型、射频、磁控溅射、反应型等多种离子镀。

气相沉积依据沉积材料的种类、性能不同而有较大差别，主要有以下应用：

1）装饰性。大多数镀层有美丽的金属光泽，如 TiN 具有黄金色泽，常用于仿金镀。

2）表面强化。使表面具有高硬度和高耐磨性，主要用于刀具、模具及其他要求耐磨的工件，如应用 TiC、TiN、TiNC、$\alpha\text{-}Al_2O_3$ 涂层等。

另外，还用于要求具有耐蚀性和抗氧化性的工件。

五、常用表面防护性处理方法

1. 氧化处理

（1）钢铁的氧化处理　将钢铁工件放入某些氧化性溶液中，使其表面形成 $0.6\sim0.8\mu m$ 致密而牢固的 Fe_3O_4 薄膜的工艺方法称为氧化处理，又称发蓝。发蓝不影响零件的精度，常用于工具、武器、仪器的装饰防护。氧化处理能提高工件表面的耐蚀性，有利于消除工件的残余应力，减少变形，还能使表面光泽美观。氧化处理可用化学法和电解法。化学法又可分为碱性法和无碱性法，碱性法应用最多。

1）钢铁工件氧化工艺。钢铁工件氧化工艺过程见表12-3。

表12-3　钢铁工件氧化工艺过程

工序	工序名称	溶液		工艺条件	
		组成	含量/(g/L)	温度/℃	时间/min
1	化学脱脂	氢氧化钠 碳酸钠 磷酸三钠 水玻璃	30~50 30~50 30~50 5~10	≥90	10~15
2	热水洗			≥80	
3	流动冷水洗				
4	酸洗	硫酸 缓蚀剂	50~120 0.5~1	50~60	5~10
5	流动冷水洗				
6	一次氧化	氢氧化钠 硝酸钠	550~650 130~180	135~145	5~20
7	二次氧化	氢氧化钠 硝酸钠	600~720 150~200	140~150	20~30
8	不流动的冷水洗				

(续)

工 序	工序名称	溶液		工艺条件	
		组 成	含量/(g/L)	温度/℃	时间/min
9	不流动的热水洗				
10	补充处理	重铬酸钾或肥皂	30~50	85~90	10~15
11	流动的冷水洗				
12	流动的热水洗				
13	吹干或烘干				
14	检验				
15	浸油	L-AN15全损耗系统用油		105~110	5~10
16	停放	钢丝号		室温	10~15

2)氧化工艺。工艺说明如下:

① 开始时金属铁在碱溶液里溶解,在铁和溶液的接触面处形成了氧化铁的过饱和溶液,然后金属表面上生成了氧化铁晶核,最后长成连续的氧化膜。为了获得较厚、耐蚀性较强的氧化膜,可以进行两次氧化。

② 氢氧化钠是一种强碱,能使工件表面产生轻微的腐蚀,析出铁离子,在氧化过程中起促进作用,也能起脱脂作用。

③ 硝酸钠是一种氧化性很强的盐类,是起氧化作用的主要成分,但它只有与氢氧化钠同时存在时,才能完成氧化处理过程。

④ 将形成氧化膜的工件浸没在肥皂或重铬酸钾溶液里进行封闭,可将氧化膜松孔填充或钝化,然后浸油,使表面形成油膜,耐蚀性进一步提高,使外观光彩美观。

(2) 铝及铝合金的氧化处理　铝及铝合金的氧化处理主要分为化学氧化法和阳极氧化法。

1)化学氧化法。将工件放入弱碱或弱酸中获得氧化膜,氧化膜与基体铝结合牢固,主要用于提高工件的耐蚀性和耐磨性,也可作为涂装的良好底层,还可以着色作为表面装饰用。

① 碱性溶液法。溶液由无水碳酸钠50g/L、铬酸钠15g/L、氢氧化钠2.5g/L和余量水组成,溶液温度为80~100℃,处理5~8min。

② 酸性溶液法。溶液由磷酸59~60mL/L、铬酐20~25g/L、氟化氢铵3~3.5g/L、磷酸氢二铵2~2.5g/L、硼酸1~1.2g/L和余量水组成,溶液温度为30~36℃,处理3~6min。氧化后进行重铬酸钾填充封闭。

2)阳极氧化法。阳极氧化法是将工件置于电解液中,然后通电,得到硬度高、吸附力强的氧化膜的方法。常用的电解液有15%~20%(质量分数)的硫酸、3%~10%(质量分数)的铬酸、2%~10%(质量分数)的草酸。

阳极氧化膜可用热水煮,使氧化膜变成含水氧化铝,因体积膨胀而封死;也可用重铬酸钾溶液处理而封闭。目前,对铝、镁、钛等轻合金,又开发出微弧氧化新工艺。

2. 钢铁的磷化处理

磷化是将钢铁零件放入含有磷酸盐的溶液中,获得一层不溶于水的磷酸盐的过程。磷化膜由磷酸铁、磷酸锰、磷酸锌所组成，呈灰白色或灰黑色的结晶，厚度一般为 7～20μm。膜与基体金属结合十分牢固，并且有较高的电阻，绝缘性能好，击穿电压可达 250～380V。磷化膜比氧化膜的耐蚀性高 2～10 倍，在 200～300℃ 时仍具有一定的耐蚀性，磷化膜在大气、矿物油、动物油、植物油、苯及甲苯等介质中，均有很好的耐蚀性，但在酸、碱、氨水、海水及水蒸气中，耐蚀性差。

根据磷化膜的性质，钢铁磷化主要用于耐蚀防护、涂装底层、冷变形加工的润滑、滑动表面的减摩等。

(1) 磷化处理的种类　磷化处理根据处理温度可以分为以下三类：

1) 低温磷化（室温）。低温磷化处理时间长，磷化膜耐蚀性差，结合力弱，但不需要加热。

2) 中温磷化（50～70℃）。磷化处理时间短，但游离酸度稳定，容易掌握，磷化膜耐蚀性可达高温磷化膜水平，所以中温磷化效果好，应用广。

3) 高温磷化（90～98℃）。磷化处理时间短，磷化膜的耐蚀性较强。但槽液加热时间长，溶液挥发量大，游离酸度不稳定，结晶粗细不均匀，操作较困难。

(2) 中温磷化液　中温磷化溶液的组成见表 12-4。

表 12-4　中温磷化溶液的组成　　　　　　　　（单位：g/L）

成分名称	配方 1	配方 2	配方 3
磷酸锰铁盐　$xFe(H_2PO_4) \cdot yMn(H_2PO_4)_2$	30～45	—	30～40
磷酸二氢锌　$Zn(H_2PO_4)_2 \cdot 2H_2O$	—	30～40	—
硝酸锌　$Zn(NO_3)_2 \cdot 6H_2O$	100～130	80～100	80～100
硝酸锰　$Mn(NO_3)_2 \cdot 6H_2O$	20～30	—	—
亚硝酸钠　$NaNO_2$	—	—	1.2

(3) 磷化处理的施工方法　磷化处理的主要施工方法有三种：**浸渍法、喷淋法**和**浸喷组合法**。浸渍法适用于高、中、低温磷化工艺，可处理任何形状的工件，设备简单、质量稳定。喷淋法适用于中、低温磷化工艺，可以处理大面积工件，如汽车、电冰箱、洗衣机等的壳体，大型工件用于涂装底层和冷变形加工的润滑等。这种方法处理时间短，成膜反应快，生产率高。一般钢铁件磷化处理工艺流程如下：

化学脱脂→热水洗→冷水洗→酸洗→冷水洗→磷化处理→冷水洗→磷化后处理→冷水洗→去离子水洗→干燥。

3. 电镀和化学镀

(1) 电镀的基本原理和镀层功用　电镀的基本原理是将金属工件浸入欲镀金属盐溶液中并作为阴极，通以直流电，在直流电场的作用下，金属盐溶液中的阳离子在工件表面上沉积出来形成电镀层。镀层的沉积也是一个结晶过程。电镀中金属离子被吸引到阴极还原成原子，生成的细微核点便是晶核，然后长大成为镀层。镀层的功用主要有以下几种：

1) 防护性镀层。主要是防止金属在大气以及其他环境下的腐蚀，如钢铁工件镀锌、镀铬等。

2) 修复性镀层。增大零件尺寸或覆盖耐磨性镀层，如镀铬、镀铜、镀铁等。

3) 装饰性镀层。既能防止基体金属腐蚀又有美观装饰作用的镀层,如镀铬、镀金、镀银等。

4) 特殊用途镀层。如耐磨镀层(硬铬镀层)、防止局部渗碳镀层(镀铜)、提高导电能力的镀层(镀银层)等。

(2) 电镀金属　常用的电镀金属如下。

1) 镀铬。用于表面防护和装饰的镀铬层厚度一般为 $0.25 \sim 2\mu m$,用于表面耐磨的硬铬层厚度为 $5 \sim 80 \mu m$,为减摩可镀松孔铬。镀铬层在碱、硝酸、硫化物、碳酸盐、有机酸及大多数气候中耐蚀,因此应用广泛。

① 光亮镀铬　镀液配方见表12-5。

表12-5　光亮镀铬镀液配方　（单位：g/L）

铬酐	硫酸	三价铬	温度/℃	电流密度/(A/dm²)	时间/h	电压/V	阳极
300~400	3.5~4.0	3~5	45~55	30~80	13	4~15	铅锡合金

② 耐磨镀铬　镀液配方见表12-6。

表12-6　耐磨镀铬镀液配方　（单位：g/L）

铬酐	硫酸	温度/℃	电流密度/(A/dm²)
200~250	2~2.75	45~55	40~50

③ 松孔镀铬　镀液配方见表12-7。

表12-7　松孔镀铬镀液配方　（单位：g/L）

铬酐	硫酸	三价铬	温度/℃	电流密度/(A/dm²)
200~250	1.8~2.3	3~5	50~55	40~60

④ 镀黑铬　镀液配方见表12-8。

表12-8　镀黑铬镀液配方　（单位：g/L）

铬酐	硼酸	硝酸钡	氟硅酸	温度/℃	电流密度/(A/dm²)
250~300	20~25	7~11	0.1ml/L	18~35	35~60

2) 镀铜。用于镀金、银、镍的底层,防渗碳,用电镀层代替铜制零件。

① 普通镀铜　镀液配方见表12-9。

表12-9　普通镀铜镀液配方　（单位：g/L）

$CuSO_4 \cdot 5H_2O$	H_2SO_4	温度/℃	电流密度/(A/dm²)
175~250	45~70	18~25	1~1.5

② 氰化镀铜　镀液配方见表12-10。

表12-10　氰化镀铜镀液配方　（单位：g/L）

CuCN	NaCN	NaOH	$KNaC_2H_2 \cdot 4H_2O$(酒石酸钾钠)	温度/℃	电流密度/(A/dm²)
30~35	40~65	30~40	50~60	50~60	1~3

在电镀前，金属一般需经镀前处理，即脱脂、除锈、除尘等，镀后要经过钝化处理、封闭处理、氧化处理、着色处理、抛光处理等。所谓钝化处理是指在镀层上再形成一层坚实致密、稳定性高的薄膜。封闭处理是阳极氧化后放入热水中，镀层膨胀后把孔道封闭的处理方法。镀后处理方法要根据镀层种类、质量要求不同而进行选择使用。

（3）塑料基体上的电镀 塑料是非导体，只有通过一定的处理使其表面导电，才能进一步通过电沉积形成金属镀层，因此塑料基体电镀的关键是表面金属化。塑料表面金属化过程通常包括：表面清理（脱脂及去脱模剂等）、溶剂处理（使表面能在下一步调整处理液中呈现亲水性并使塑料轻微膨胀）、调整处理及粗化处理（使表面产生能和金属层以某种程度锁合的表面粗糙度和部分亲水集团）、催化表面准备（通过敏化——浸还原剂金属盐、活化——产生金属的均匀沉积层）。表面金属化后，就可以用常规电镀的方法进行电镀。可先用电镀铜的方法加厚表面的镀层，然后镀镍，镀镍以后再根据需要镀铬或仿金镀等表面装饰层。

（4）化学镀 化学镀也称为自催化沉积，指在固体表面催化作用下，通过水溶液中的还原剂与金属离子在液/固相界面的氧化-还原反应产生金属沉积的连续过程。与电解反应不同的是化学镀过程不需要外加电源。

化学镀镀液由主盐、还原剂、添加剂等构成。主盐提供被镀金属离子。迄今可化学镀出的金属有 Ni、Co、Pd、Cu、Au、Ag、Pt、Sn、In、Pb、Sb、Bi、Fe、Rh、Ru、Cd、Cr 等。以上述金属为基，也可化学镀出许多合金。还原剂是化学镀镀液的关键，主要有次磷酸（盐）、硼氢化物、氨基硼烷、甲醛及联氨（肼）等。添加剂包括络合剂、缓冲剂、稳定剂等。

化学镀能否顺利进行，与固体表面催化活性有关。不同金属材料表面的催化活性不同。同一金属材料表面在不同的还原体系中催化活性也不同。例如，从次磷酸（盐）体系中化学镀镍，Ⅷ族元素和金的表面都有较强的催化活性，可直接在其上进行化学镀镍；铜和银的表面催化活性低，难以直接化学镀镍，但却可以从硼氢化物体系中化学镀镍。无催化活性的表面可通过胶体钯活化等方法使其具有催化活性。化学镀可以在金属、非金属、半导体等各种不同的基体上镀覆。化学镀镍、化学镀铜等已在工业生产中采用。

1）化学镀镍。生产上大多采用次亚磷酸钠作还原剂，获得化学镀镍层。这种 Ni-P 镀比通常的电镀镍层硬度高得多，且孔隙度低，耐蚀性好。

2）化学镀铜。目前化学镀铜液主要分为两类：一类镀液用于镀塑料，另一类镀液用于镀覆印制电路板的导电膜。

4. 涂料与涂装

<u>涂装是采用一定的方法将涂料涂覆于材料表面以形成所需涂膜的工艺过程</u>。早期涂料大多以植物油为主要原料，故有"油漆"之称。现大多以合成树脂取代植物油，故统称为涂料。

（1）涂料 涂料主要由成膜物质、溶剂、颜料和助剂四部分组成。按成膜物质的性质，可分为<u>无机涂料</u>和<u>有机涂料</u>。有机涂料使用广泛，这里仅介绍有机涂料。

涂料的成膜物质是形成涂膜的主要物质，作为成膜物质的合成树脂有环氧树脂、酚醛树脂、醇酸树脂等。溶剂的作用是使涂料保持溶解状态，调整涂料黏度以便涂装。颜料的主要作用是使涂膜具备外观颜色和遮盖力，还可增强涂膜性能。助剂用于改善涂料的使用性能和工艺性能，包括催干、固化、增韧、防老化、消泡等。

涂料按成膜干燥机理可分为溶剂挥发类和固化干燥类。前者在成膜过程中不发生化学反应，借助溶剂挥发而使涂料干燥成膜。按所采用溶剂性质，溶剂挥发类又可分为有机溶剂型涂料和水基涂料。由于所有的有机溶剂对人体而言都是毒性物质，其挥发到大气或排放到土壤中都会导致环境污染，因此目前的发展趋势是限制有机溶剂在涂料中的使用量，大力推广应用水基涂料。

固化干燥类涂料的成膜物质一般是相对分子质量相对较低的线型聚合物，通过成膜过程中发生化学反应形成交联，转化为体型的网状结构。固化干燥类涂料有气干型、烘烤型、分装型和辐射固化型。

（2）涂装工艺 涂装工艺过程包括材料表面预处理、涂布、干燥固化等。涂布可采用人工涂布、浸淋、空气喷涂、高压无气喷涂、静电喷涂、电泳涂装等多种方法。

习题与思考题

12-1 零件的失效形式主要有哪些？失效分析对零件选材有什么意义？
12-2 说明材料表面处理方法的分类及主要目的。
12-3 表面预处理的主要方法及手段有哪些？
12-4 比较 CVD 和 PVD 两种气相沉积方法。
12-5 比较 TiN 和 TiC 涂层的性能。
12-6 比较钢铁的氧化与磷化工艺。
12-7 说明电镀的基本原理和镀铬的工艺过程及应用。
12-8 说明生产中常见零件、工具等所采用的表面处理技术。

第十三章
CHAPTER 13
材料与成形工艺的选择

第一节　材料与成形工艺的选择原则

在进行工程材料与成形工艺的选择时，一般遵循下列四条基本原则：**使用性能足够原则、工艺性能良好原则、经济性合理原则、环保性原则。**

一、使用性能足够原则

使用性能足够原则是指所选材料制造的零件必须满足其使用性能要求，使之在规定的使用期内正常工作。使用性能是保证零件完成所设计功能的必要条件，因而成为材料与成形工艺方法选择时考虑的最主要因素。不同零件所要求的使用性能不一样，因此在材料与成形方法选择时首要的任务就是要准确判断零件所要求的主要使用性能有哪些。

对所选用材料的使用性能要求，是在分析零件工作条件和失效形式的基础上提出的。零件的工作条件包括：

(1) 受力状况　主要有受力大小、受力形式（拉伸、压缩、弯曲、扭转以及摩擦力等）、载荷类型（静载、动载、交变载荷等）及其分布特点等。

(2) 环境状况　包括工作温度和介质情况（如高温、常温、低温、有无腐蚀等）。

(3) 特殊要求　例如要求导电性、导热性、磁性、密度和外观等。

零件的失效形式与其工作条件有关，当材料的使用性能不能满足零件工作条件的要求时，零件就以某种形式失去其应有的效能（即失效）。例如，在强烈摩擦条件下工作的零件，如果耐磨性不足，则可能以工作表面过量磨损的形式而失效。通常，机械零件都是在受力条件下工作的，所要求的使用性能主要是材料的力学性能。因而，只要针对零件的具体工作条件和主要失效形式，同时考虑对零件尺寸和重量的要求或限制以及零件的重要程度（重要件往往需要有较高的安全系数），就能确定零件材料应具有的主要力学性能，再通过有关的分析计算将其转化为相应的力学性能指标，必要时还应适当考虑其他有关的物理、化学性能判据，以此作为选材的基本依据。

常用的力学性能判据在用于选材时可分为两类，一类是可直接用于设计计算的，如 R_{eL}、R_m、σ_{-1}、E、K_{IC} 等；另一类不能直接用于计算，但可根据经验间接用于确定零件的性能，如 A、Z、KV_2 等。后一类性能判据往往作为保证安全的性能判据，其作用是提高零件的抗过载能力和使用安全性。而硬度判据（如 HBW、HRC、HV 等）虽然不能直接用于计算，但由于它在确定的条件下与其他性能判据（如强度、塑性、韧性、耐磨性等）密切相关，且硬度试验方法简便、迅速而又不破坏零件，因此实际生产中往往习惯于在零件的技术要求中以标注硬度值的方法来综合反映对其力学性能的要求，但在标注零件硬度要求的同时应注明材料的处理状态。在按照上述力学性能判据选材时，要注意解决好材料的强度和塑性、韧性合理配合的问题。大多数情况下，强度和塑性、韧性是矛盾的，提高了材料的强度，塑性和韧性就会降低，反之亦然。提高零件强度的目的是充分发挥材料的潜力，减小零件的尺寸和重量，但零件的安全性通常依靠适当的塑性、韧性来保证。这是因为零件上的形状突变处（如孔、槽、台阶等）以及材料内部存在的宏观缺陷（如气孔、夹杂物等），在工作时可能会形成应力集中，如果材料有足够的塑性、韧性，就可以通过局部塑性变形使应力松弛，并通过冷变形强化提高零件的强度，从而使零件不会发生破坏。当零件在工作中因各种原因出现短暂过载时，同样可以通过上述机制的作用来保证其使用安全性。实践表明，对于一般常用的机械零件，只要其结构设计合理且在使用中不会造成严重的应力集中，那么在其使用过程中并不要求很高的塑性和韧性，可以主要依据强度判据来选材，并依据不同零件的结构特点和工作条件，适当考虑塑性或韧性判据。但对于那些尺寸很大或材料内部有裂纹的零件，如大型电动机转子、经焊接而成的压力容器等，则选材时应以断裂韧度 K_{IC} 作为最主要的力学性能判据，以确保使用中不发生低应力脆断。

零件的使用要求也体现在产品的宜人化程度上，材料与成形方法选择时要考虑外形美观、符合人们的工作和使用习惯。

仅仅从零件使用性能要求的角度来选材，显然是不够的。在可用的材料与成形方法的选择中，如何进行优选，一般还要考虑其他几个原则。

二、工艺性能良好原则

选用材料和确定成形工艺时，必须考虑所选材料具备对于所采用的加工工艺的适应性，这就是材料与成形方法选择中的工艺性原则。例如某些材料仅从零件的使用要求来看是完全合适的，但加工制造困难甚至在现有的条件下无法加工制造，这就属于材料工艺性能不好的问题。材料工艺性能的好坏，在很大程度上影响着零件加工的难易程度、生产率、加工成本和加工质量等，因此，尽管与使用性能的要求相比，工艺性能处于次要地位，但在选材时的重要性同样不可忽视。在某些特殊情况下，工艺性能还可能成为决定材料取舍的主要因素。

对于金属材料而言，与各种常用加工方法相应的工艺性能主要有铸造性能、锻压性能、焊接性能、切削加工性能和热处理工艺性能等。

（1）铸造性能　材料的铸造性能通常用流动性、收缩性和偏析倾向等判据加以综合评定。流动性好，收缩性和偏析倾向小，则铸造性能好。在同一合金系中，以共晶成分或共晶点附近成分的合金铸造性能最好。几种常用金属材料的铸造性能见表13-1。铸铁由于铸造性能优良，熔炼方便，从而成为铸件最常用的材料。铸钢的铸造性能较差，主要用于强度、塑性和韧性要求较高或者具有特殊性能要求的铸件，球墨铸铁在许多场合现已可以替代铸钢。铸造铝合金适合于要求重量轻、强度高或有一定耐磨性的铸件。

（2）锻压性能　**锻压性能主要以金属的塑性和变形抗力来综合衡量。**金属在压力加工时，塑性越好，变形抗力越小，则锻压性能越好。热锻时，还应考虑金属锻造温度范围的宽窄和抗氧化性的好坏等。低碳钢的锻压性能好，随着含碳量的增加，碳素钢的锻压性能越来越差。合金钢的锻压性能不如相同碳含量的碳素钢。变形铝合金、铜合金等也有较好的锻压性能。

表 13-1 几种常用金属材料的铸造性能

材料	铸造性能						
	流动性	收缩性		偏析倾向	浇注温度/℃	吸气性	氧化倾向
		液态收缩	固态收缩				
灰铸铁	很好	小	小	小	1250~1450	较小	较小
铸钢	差	大	大	较大	1450~1550	较大	较小
铸造铝合金	较好	较小	小	较大	650~750	大	大

（3）焊接性能　焊接性能通常用材料在焊接加工时焊接接头产生裂纹、气孔等缺陷的倾向以及焊接接头对使用要求的适应性来衡量。常用金属材料的焊接性能见表 13-2。钢材是焊接结构件最常用的金属材料。

表 13-2 常用金属材料的焊接性能

材料	焊接性能	焊接性能说明
低碳钢、低合金结构钢、奥氏体不锈钢	良好	在普通条件下都能焊接，没有工艺限制。但当焊件厚度太大，或施焊温度过低时，焊前要预热。奥氏体不锈钢焊接时要注意防止产生晶间腐蚀
中碳钢、高碳钢、合金结构钢	一般或较差	随含碳量和合金含量增加，形成焊接裂纹的倾向增大。焊前应预热，焊后应热处理
铸铁	很差	焊接裂纹倾向大，且焊接接头易产生白口组织。主要用于铸铁件的补焊
铝及铝合金	较差	氧化倾向大，易形成夹杂物和未熔合等缺陷，焊接接头易产生热裂纹和氢气孔
铜及铜合金	较差	裂纹倾向较大，易产生气孔和未焊透等缺陷

（4）切削加工性能　切削加工性能一般用切削抗力大小、加工零件的表面粗糙度、加工时切屑排除难易程度和刀具磨损的快慢程度来衡量。铝合金、镁合金和易切削钢的切削加工性良好，碳素钢和铸铁的切削加工性能一般，奥氏体不锈钢、钛合金等材料较难切削。采用适当的热处理可调整某些材料的硬度，以改善其切削加工性能。

（5）热处理工艺性能　主要包括淬透性、淬硬性、变形开裂倾向、过热倾向、氧化脱碳倾向、回火脆性倾向和耐回火性等，它们将影响零件的热处理质量和使用性能。例如，形状复杂且要求整体硬度高的零件，就应该选用淬透性及淬硬性好、变形开裂倾向小的材料来制造。

工程非金属材料的成形工艺各有自身的特点，选用时应根据实际的生产条件等因素考虑其成形加工的可行性。陶瓷材料经烧结成形后具有极高的硬度，只能用碳化硅或金刚石砂轮磨削加工，一般不能进行其他加工。高分子材料可切削加工，但因其导热性较差，影响切削热的散出，工件在切削时易急剧升温，严重时可使材料软化或变焦。

选材时应根据具体零件的加工特点和生产批量来考虑其工艺性能要求。例如，对力学性能要求不高但结构较复杂的箱体零件，一般用铸造的方法生产毛坯，因此应主要考虑其铸造性能和切削加工性能。又如，大批量生产的冷镦螺钉、螺母，只要求其具有良好的锻压性能。再如，对于要求高强度、高精度的模具，选材时要着重考虑的工艺性能是材料的切削加工性能和热处理工艺性能。

三、经济性合理原则

在大多数的产品（尤其是民用产品）或零件设计中，总是把经济成本放在极其重要的地位。所以，采用便宜的材料，把总成本降至最低，获取最好的经济效益，使产品在市场上最具竞争力，始终是设计者要想方设法做到的，即要遵循经济性原则。一个产品或零件的总成本一般是由**材料成本**、**加工制造成**本以及**维修保养成本**（或售后服务成本）等构成的，其中前两部分是主要的，因此选材的经济性也可以从这两方面加以考虑。

(1) 合理降低材料的成本　在满足零件使用性能和使用寿命期限的前提下，无疑应优先选择价格尽量低廉且供应充足的材料。常用的金属材料中，碳素结构钢价格最低，低合金结构钢、优质碳素结构钢、碳素工具钢价格也比较便宜；铸铁件及铸钢件（含毛坯加工成本）、合金结构钢、低合金工具钢的价格较高些，为碳素结构钢价格的 2~4 倍；高合金钢和工程非铁合金的价格最为昂贵，可为碳素结构钢的 5 倍乃至数十倍。非金属材料的价格因品种不同也有较大的差异，但高聚物材料的单位体积价格往往相对较低，在某些场合用其代替金属材料，不仅可以降低成本，而且有较好的使用效果，值得加以重视。应当指出，单从价格的高低来决定材料的取舍，往往过于简单和片面。在很多情况下，从价值工程的角度，即根据材料的功能成本比（称为价值）来考虑选材的经济性问题显得更为合理。在选材过程中，可将材料的性能作为功能，与材料的成本或价格相比，从而得出其价值，根据价值的大小判断其经济性。例如，若一焊接构件可用 Q235 钢来制造，也可以用 Q420（15MnVN）钢来制造，当以强度为主要指标进行选材时，两者可简略列成表 13-3 进行价值比较，可见选用后者更好。生产实践表明，在许多时候，选用性能优良的材料，虽然价格贵些，但因提高了零件的质量和使用寿命，从而实际上比选用价低而性能差的材料更为经济。

表 13-3　两种钢的价值比较

钢　号	功能（F）		成本（C）	价值（V）　V=F/C
	屈服强度/MPa	比　值	相对价格	
Q235	235	1	1	1
Q420	450	1~9	1~3	1~47

(2) 节约成形与制造的成本　选择工艺性能好的材料，可方便加工过程的操作，通常能降低制造成本。这对于那些形状复杂、加工费用高的零件来说意义更大。许多过去用铸钢制造的零件现在为球墨铸铁件所代替就是这方面的例子。再如，对于要调质处理的零件，若选用合金调质钢（如 40Cr 钢），因其淬透性好，热处理变形小，废品率低，因而工艺成本比选用碳素钢（如 45 钢）低。

选择与加工成本低的工艺方法相适应的材料，往往也可使零件的总成本降低。例如，汽车发动机的曲轴、凸轮轴等可以铸造，也可以用模锻生产，但采用球墨铸铁进行铸造更能降低成本。又如，制造某些变速器箱体，虽然灰铸铁材料比钢板低廉，但在单件或小批量生产时，选用钢板焊接可能反而更经济，因为生产设备简单，省去了制作模样、造型和造芯等工序的费用并且缩短了制造周期。

此外，选材时应注意立足于本国资源，多采用国产材料，这样有利于保持材料货源的稳定。还应尽量减少材料的品种及规格，以求简化采购和管理等工作。

四、环保性原则

材料与成形方法选择时要以无毒无害的材料代替有毒有害的材料，尽可能对材料采取循环利用和重复利用，对废弃物进行综合利用，使生产过程中资源得到最大限度的利用，减少材料成形过程及废物对环境的污染。

第二节　材料与成形工艺选择的步骤与方法

一、材料与成形工艺选择的基本步骤

零件材料的选择通常可按以下步骤进行：

1）分析零件的工作条件和失效形式，根据分析结果提出零件最关键的性能要求，同时考虑其他性能要求。

2）对同类零件的用材和成形工艺情况和失效形式进行调查研究，这样可从其使用性能、原材料状况和加工工艺等方面分析其选材是否合理，以便在材料与成形工艺选择时作参考。

3）通过分析计算，确定零件应具有的主要力学性能判据，在特定条件下还要考虑物理、化学性能判据。

4）在以上工作的基础上，进行材料与成形工艺的预选择。此时不局限于选择一种材料与成形工艺，可提出多种方案，以便比较。

5）对预选的材料，经过工艺性和经济性分析后，进行综合评价。综合评价应采用定量与定性相结合的方法。由此可确定零件所用材料的牌号，并同时决定零件的成形工艺和热处理方法（或其他强化处理方法）。

6）必要时，对于重要的零件应在投产前先进行相关试验（实验室试验、台架和工艺试验等），初步检验所选材料与成形工艺是否满足所设计的性能判据要求以及零件加工过程有无困难。试验结果基本满意后可正式投产。

上述材料与成形工艺的选择步骤只就一般过程而言，并非一成不变。实际工作中，往往根据具体情况，侧重于其中某个或某些步骤，因而形成了以下几种方式。

1. 经验法

经验法也可称为套用法。它是根据以往生产相同零件时，材料与成形工艺选择的成功经验，或者根据有关设计手册对此类零件的推荐（它是总结前人的成功经验而得出的）作为依据来选择。此外，在国内外已有同类产品的情况下，可通过技术引进或进行材料成分与性能测试，套用其中同类零件所用的材料。

2. 类比法

通过参考其他种类产品中功能或使用条件类似，且实际使用良好的零件的用材与成形工艺情况，经过合理的分析、对比后，选择与之相同或相近的材料与成形工艺。

3. 替代法

在生产零件或维修机械更新零件时，如果原来所选用的材料因某种原因无法得到或不能使用，则可参照原用材料的主要性能作为判据，另选一种性能与之近似的材料与成形工艺。为了确保零件的使用安全性，替代材料的品质和性能一般应不低于原用材料。

4. 试差法

如果是新设计的关键零件，应按照上述步骤的全过程进行。如果试验结果未能达到设计的性能要求，应找出差距，分析原因，并对所选材料与成形工艺方法加以改进后再进行试验，直至其结果满足要求，并根据此结果确定所选材料与成形工艺方法。

所选择的材料与成形工艺是否能够很好地满足零件的使用和加工要求，还有待于在实践中进行检验。因此，材料与成形工艺方法选择的工作不仅贯穿于产品的开发、设计、制造等各个阶段，而且还要在使用过程中及时发现问题（如通过零件的失效分析），不断加以改进。

二、材料与成形工艺选择的具体方法和依据

1. 依据零件的结构特征选择

机械零件常分为：轴类、盘套类、支架箱体类及模具等。轴类零件几乎都采用锻造成形方法，材料为中碳非合金钢或合金钢，如 45 钢或 40Cr 钢；异形轴也采用球墨铸铁毛坯；特殊要求的轴也可采用特殊性能钢。盘套类零件以齿轮应用最为广泛，以中碳钢锻造及铸造为多。小齿轮可用圆钢为原料，也可采用冲压甚至直接冷挤压成形。箱体类零件以铸件最多，小批量支架类零件可采用焊接获得。

2. 依据生产批量选择

生产批量对于材料及其成形工艺的选择极为重要。一般的规律是，单件、小批量生产时铸件选用手工砂型铸造成形；锻件采用自由锻或胎模锻成形法；焊接件以手工或半自动的焊接方法为主；薄板零件则采用钣金、钳工等工艺。在大批量生产的条件下，则分别采用机器造型、模锻、埋弧焊及板料冲压等成形方法。

在一定的条件下，生产批量也会影响成形工艺。机床床身，一般情况下都采用铸造成形，但在单件生产的条件下，经济上往往并不合算；若采用焊接件，则可大大降低生产成本，缩短生产周期，当然焊接件的减振、耐磨性不如铸件。表 13-4 列出了各种生产类型适用的成形工艺方法。

表 13-4　各种生产类型适用的成形工艺方法

单件小批生产	成批生产	大量（连续）生产
型材锯床、热切割下料	型材下料（锯、剪）	型材剪切
木模手工砂型铸造	砂型机器造型	机器造型生产线
自由锻	模锻	压力铸造
电弧焊（手工、通用焊机）	冲压	热模锻生产线
冷作（旋压等）	电弧焊（专用焊机）、钎焊压制（粉末冶金）	多工位冲压、冲压生产线压焊、电弧焊自动线

3. 依据最大经济性选择

为获得最大的经济性，对零件的材料选择与成形方法要具体分析。如简单形状的螺钉、

螺栓等零件,不仅要考虑材料的相对价格,而且要注意加工方法和加工性能。如大批量制造标准螺钉,一般采用冷墩钢,使用冷墩、搓丝方法制造。许多零件都具有两种或两种以上的成形和加工方法的可能性,增加了选择的复杂性。如生产一个小齿轮,可以由棒料切削而成,也可以采用小余量锻造齿坯,还可以用粉末冶金制造。在以上方案中,最终应在比较全部成本的基础上得到,常用毛坯类型及其制品的比较见表13-5。

表13-5 常用毛坯类型及其制品的比较

毛坯类型 比较内容	铸件	锻件	冲压件	焊接件	轧材
成形特点	液态下成形	固态下塑性变形	同锻件	永久性连接	同锻件
对原材料工艺性能的要求	流动性好,收缩率低	塑性好,变形抗力小	同锻件	强度高,塑性好,液态下化学稳定性好	同锻件
常用材料	灰铸铁、球墨铸铁、中碳钢及铝合金、铜合金等	中碳钢及合金结构钢	低碳钢及非铁金属薄板	低碳钢、低合金钢、不锈钢及铝合金等	低、中碳钢,合金结构钢及铝合金、铜合金等
金属组织特征	晶粒粗大、疏松、杂质排列无方向性	晶粒细小、致密,晶粒呈方向性排列	拉深加工后沿拉深方向形成新的流线组织,其他工序加工后原始组织基本不变	焊缝区为铸造组织,熔合区和过热区有粗大晶粒	同锻件
力学性能	灰铸铁力学性能差,球墨铸铁、可锻铸铁及铸钢较好	比相同成分的铸钢好	变形部分强度、硬度提高,结构刚度好	接头的力学性能可达到或接近母材	同锻件
结构特征	形状一般不受限制,可以相当复杂	形状一般较铸件简单	结构轻巧,形状可以较复杂	尺寸、形状一般不受限制,结构较轻	形状简单,横向尺寸变化小
零件材料利用率	高	低	较高	较高	较低
生产周期	长	自由锻短,模锻长	长	较短	短
生产成本	较低	较高	批量越大,成本越低	较高	—
主要适用范围	灰铸铁件用于受力不大或承压为主的零件,或要求有减振、耐磨性能的零件;其他铁碳合金铸件承受重载或复杂载荷的零件;机架、箱体等形状复杂的零件	用于力学性能,尤其是强度和韧性要求较高的传动零件和工具、模具	用于以薄板成形的各种零件	主要用于制造各种金属结构,部分用于制造零件毛坯	形状简单的零件

（续）

毛坯类型 比较内容	铸件	锻件	冲压件	焊接件	轧材
应用举例	机架、床身、底座、工作台、导轨、变速箱、泵体、阀体、带轮、轴承座、曲轴、齿轮等	机床主轴、传动轴、曲轴、连杆、齿轮、凸轮、螺栓、弹簧、锻模、冲模等	汽车车身覆盖件、仪表、电器及仪器的壳体及零件，油箱、水箱各种薄金属件	锅炉、压力容器、化工容器管道、厂房构架、吊车构架、桥梁、车身、船体、飞机构件、重型机械的机架、立柱、工作台等	光轴、丝杠、螺栓、螺母、销子等

4. 依据力学性能要求选择

（1）以综合力学性能为主的选材　在机械制造生产中有相当多的结构零件按照这种方法选材，如一般轴类零件、连杆、重要的螺栓和低速轻载齿轮等。它们工作时承受循环载荷与冲击载荷，主要失效形式是过量变形和断裂（大多数是疲劳断裂）。因此，要求材料具有较好的综合力学性能，既要有较高的强度和疲劳极限，同时还要有良好的塑性和韧性，以增强零件抵抗过载和断裂的能力。

在要求综合力学性能的零件中，如果是一般零件，可选用调质或正火的中碳钢、淬火并低温回火状态的低碳钢、正火或等温淬火状态的球墨铸铁等材料；如果是重要的零件，尤其是要求整个截面性能均匀一致的零件，则可选用合金调质钢、经控制锻造的合金非调质钢、超高强度钢等；对于受力较小并要求有较高的比强度或比刚度的零件，可考虑选用变形铝合金、镁合金或工程塑料、复合材料等。

（2）以耐磨性为主的选材　磨损是工程中普遍存在的现象，机械零件在接触状态下运动时的相互摩擦、零件加工过程中被加工材料与工模具之间的相互摩擦等，都会导致磨损的产生。因此，有不少零件是以磨损为主要失效形式的。耐磨性是材料抗磨损能力的判据，它主要与材料的硬度以及显微组织等有关。但对于在不同使用条件下工作的且要求耐磨的零件，选材时还应进行具体分析，大致有以下三类情况。

1）受力较小、也不受大的冲击或振动，但摩擦较剧烈的零件，如钻套、顶尖、冲模、切削刀具、量具等。它们对塑性与韧性的要求不高，主要是要求高硬度，以保证高的耐磨性。因此，一般多选用经淬火及低温回火的高碳钢或高碳合金钢，其组织为高硬度的回火马氏体和碳化物，可满足其使用要求。通过适当的表面处理，还可进一步提高这类零件的表面硬度和耐磨性。有时还可选用硬质合金或陶瓷材料等。对于铸件，可采用耐磨铸铁，如白口铸铁、冷硬铸铁等。

2）同时受磨损与交变应力或冲击载荷作用的零件，它们的主要失效形式除磨损外，还可能是过量变形或断裂，因此不仅要求材料有较高的耐磨性，而且要有较高的强度、塑性及韧性，即同一零件的表面和心部具有不同的性能（"表硬内韧"）。选材时应根据零件的工作条件，优先考虑满足心部强韧性要求的材料，然后再用相应的表面硬化方法来满足其耐磨性要求。例如，机床齿轮、凸轮轴等零件，要求心部有良好的综合力学性能，通常选用中碳钢或中碳合金钢，经正火或调质后再进行表面淬火或渗氮处理；汽车变速齿轮、花键轴套等零件，因在较高的冲击载荷下工作，对心部的塑性、韧性要求高，可选用低碳钢或低碳合金钢，经渗碳淬火及低温回火处理；挖掘机铲齿、铁路道岔、坦克履带等零件，它们在高应力或剧烈冲击的条件下工作，要求有很高的韧性，则可用高锰钢进行水韧处理来满足性能要求。

3）在耐磨的同时还要求具有良好的减摩性（指具有低而稳定的摩擦因数）的摩擦副零件，如滑动轴承、轴套、某些蜗轮和齿轮等。其常用材料有轴承合金、青铜、灰铸铁和工程塑料（如聚四氟乙烯）等。

（3）以抗疲劳性能为主的选材　在交变应力条件下工作的零件，如发动机曲轴、滚动轴承和弹簧等，最主要的失效形式是疲劳破坏。因此，这类零件在选材时应着重考虑抗疲劳性能。

通常，材料的强度越高，抗疲劳性能指标（如疲劳极限、多冲抗力指标等）也越高；但在提高强度的同时，材料也应具有足够的韧性，以抵抗疲劳裂纹的扩展。常用的工程材料中，高分子材料和陶瓷材料的抗疲劳性能较差，金属材料的疲劳抗力较高，特别是钛合金和高强度钢。所以，抗疲劳的零件大多用金属材料制造。对于钢来说，有利于提高疲劳抗力的组织是回火马氏体（尤其是低碳马氏体）、回火托氏体、回火索氏体和贝氏体。因此，可选用低碳钢或低碳合金钢经淬火及低温回火、中碳钢或中碳合金钢经调质或淬火及中温回火、超高强度钢经等温淬火及低温回火，来获得较高的抗疲劳性能。此外，对抗疲劳性能要求较高的重要零件，应采用夹杂物含量低、纯净度高的优质钢材。

由于疲劳裂纹往往产生于零件表层，因此进行表面强化处理是提高疲劳抗力的有效方法，如表面淬火、渗碳、渗氮、喷丸和滚压等。这是因为表面强化能抑制表面裂纹的萌生和扩展，同时还往往在零件表面形成残余压应力，能够部分抵消工作时由载荷所引起的促进疲劳开裂的拉应力。

（4）以防止过量变形为主的选材　一般机械零件都是在弹性变形状态下工作，但是弹性变形过大也会造成一些零件失效，如机床主轴、机床导轨、镗杆、机座等就以过量弹性变形为常见失效形式。绝大多数零件在工作中都不允许有明显的塑性变形，但是有些零件却因工作中可能发生过载荷而出现过量塑性变形失效，如连杆螺栓等。这些零件的选材应考虑避免发生过量变形失效。

在零件结构和尺寸已确定的情况下，为了防止零件的弹性变形失效，选材时应考虑用弹性模量高的材料。在常用工程材料中，钢铁材料的弹性模量是较高的，仅次于陶瓷材料和难熔金属，而工程非铁合金则要低些，高分子材料的弹性模量最低。还要注意的是，弹性模量是一个对组织不敏感的力学性能判据，它主要取决于各种材料的本性，而受热处理、冷变形等工艺因素的影响很小。

塑性变形是零件的工作应力超过材料屈服强度的结果。因此，从选材的角度出发，零件应选用屈服强度较高的材料，来防止塑性变形失效出现。钢的屈服强度主要取决于其化学成分和组织，增加碳含量、合金化、热处理和冷变形强化等对提高钢的强度有显著作用，选用钢材时应综合考虑这些因素。例如，低碳钢经淬火及低温回火后的屈服强度可高于经调质处理的中碳钢；高强度合金钢经适当的热处理后可达到很高的屈服强度，在常用工程材料中仅次于陶瓷材料。非铁合金中，钛合金的屈服强度较高，与碳素钢大致相当；铜合金和铝合金的屈服强度要低一些。高分子材料的屈服强度一般较低。由于高分子材料和铝合金等在比强度、耐蚀性和价格等方面的优点，在零件结构和尺寸设计合理的情况下，也是可以选用的。

（5）选材时应注意的问题　在根据力学性能判据选用材料时，各种材料的性能数据一般都可以从相关的国家标准或设计手册中查到，但在具体应用这些数据时必须注意以下几方面的问题。

1）加工工艺及热处理工艺对材料性能的影响。同一种材料，如果加工工艺或热处理工艺不同，其内部组织是不一样的，因而性能数据也不会相同。如铸件与锻件，退火工件、正火工件与淬火工件等，其力学性能是有差别的，甚至差别很大。选择了材料牌号只是确定了材料的化学成分，只有同时也选择相应的加工工艺和热处理方法，才能决定材料的性能。因此，必须在零件的加工和热处理状态与标准或手册中的性能数据下所注明的状态相同时，才可直接利用这些数据。

2）材料性能数据的波动。实际使用材料的化学成分允许在一定范围内波动，零件热处理时，工艺参数也会有一定的波动，这些都会导致零件性能的波动。选材时应对此有所了解并作出估计。

3）实际零件性能与试验数据的差距。从标准或手册中查到的力学性能数据，一般都是由小尺寸标准试样在规定的试验条件下测得的结果。实践表明，它们不能直接代表材料制成零件后的性能，这是由于零件在实际使用中的受力情况往往比试验条件下更为复杂，并且零件的形状、尺寸和表面粗糙度等也与标准试样有所不同。通常，实际零件的性能数据往往随零件尺寸的增大而减小，称为材料的尺寸效应。其原因在于：尺寸越大，零件中存在各种缺陷的可能性也越大，性能受到的削弱也越大。对于需要淬火的零件来说，尺寸增大将使实际淬硬层深度减小，而使零件截面上不能获得与小尺寸试样处理状态相同的均一组织，从而造成性能的下降。淬透性越差的钢，尺寸效应就越明显。

4）零件硬度值的合理确定。零件硬度值的确定不仅要正确反映零件应有的强度等力学性能要求，而且要考虑到零件的工作条件和结构特点。通常，对于承受均匀载荷、无缺口或无变化截面的零件，因其工作时不发生应力集中，可选择较高的硬度；而对于使用时有应力集中的零件，则应选用偏低一些的硬度值，以使零件有较高的塑性；对于高精度的零件，一般应采用较高的硬度；对于一对摩擦副，两者的硬度值应有一定的差别，其中小尺寸零件的硬度值应比大尺寸零件的高出 25~40HBW。

5）非金属材料与金属材料的性能差别。在选材时，不能简单地直接用某种非金属材料取代金属材料，而要根据非金属材料的性能特点进行正确选用，必要时还必须重新设计零件结构。对于工程塑料，应注意它的如下特点：受热时的线胀系数比金属大得多，而其刚度比金属低一个数量级；其力学性能在长时间受热时会明显下降，一般在常温下和低于其屈服强度的应力下长期受力后会产生蠕变；缺口敏感性大；一般增强工程塑料的力学性能是各向异性的；有的工程塑料会吸湿，并引起尺寸和性能的变化。橡胶材料的强度和弹性模量也比金属小得多，不能耐高温，且易于老化，因此在选用时应注意零件的使用环境、工作温度和寿命周期的要求。陶瓷材料脆性较大，而且其强度对应力状态很敏感，它的抗拉强度虽低，但抗弯强度较高，抗压强度则更高，一般比抗拉强度高一个数量级。

第三节 典型零件的材料与成形工艺选择

一、轴类零件

1. 轴类零件的工作条件及对性能的一般要求

轴是机械工业中重要的基础零件之一。一般作回转运动的零件都装在轴上，大多数轴的工作条件为：传递转矩，同时承受一定的交变、弯曲应力；轴颈承受较大的摩擦；大多承受一定的过载或冲击载荷。

根据工作特点，轴失效的主要形式有疲劳、断裂、磨损、变形等。

根据工作条件和失效形式，对轴用材料提出如下性能要求：

1) 应具有优良的综合力学性能，即要求有高的强度和韧性，以防变形和断裂。
2) 应具有高的疲劳强度，防止疲劳断裂。
3) 应具有良好的耐磨性。

在特殊条件下工作的轴，还应满足特殊的性能要求。如在高温下工作的轴，则要求有高的蠕变变形抗力；在腐蚀性介质环境中工作的轴，则要求由耐该介质腐蚀的材料制成。

2. 选材

重要的轴几乎都选用金属材料。如选用高分子材料作为轴的材料，则因其弹性模量小，刚度不足，极易变形，所以不合适；如用陶瓷材料，则太脆，韧性差，也不合适。

对轴进行选材时，必须对轴的受力情况作进一步分析。与锻造成形的钢轴相比，球墨铸铁有良好的减振性、切削加工性及低的缺口敏感性；此外，它还有较高的力学性能，疲劳强度与中碳钢相近；耐磨性优于表面淬火钢，热处理后，其强度、硬度或韧性有所提高。因此，对于主要考虑刚度的轴以及主要承受静载荷的轴，采用铸造成形的球墨铸铁是安全可靠的。目前，部分负载较重但冲击不大的锻造成形轴已被铸造成形轴代替，既满足了使用性能的要求，又降低了零件的生产成本，取得了良好的经济效益。

3. 成形工艺的选择

（1）铸造成形　采用球墨铸铁制成的轴，采用铸造成形工艺，如曲轴、凸轮轴等。

铸造成形的轴的热处理主要采用正火处理。为提高轴的力学性能也可在调质或正火后进行表面淬火、贝氏体等温淬火等工艺。球墨铸铁轴和锻钢轴一样均可经氮碳共渗处理，使疲劳强度和耐磨性得到大幅度提高。和锻钢轴不同的是所得氮碳共渗层较浅，硬度较高。球墨铸铁制造的曲轴，一般制造工艺路线为：铸造→正火（或正火+高温回火）→矫直→清理→粗加工→去应力退火→表面热处理→矫直→精加工。

（2）锻造成形　铸造成形的轴最大的不足之处就在于它的韧性低，在承受过载或大的冲击载荷时易产生脆断。因而，对于以强度设计为主的轴，大多采用锻造成形。锻造成形的轴常用材料为中碳钢或中碳合金调质钢。这类材料的可锻性较好，锻造后配合适当的热处理，可获得良好的综合性能、高的疲劳强度以及耐磨性，从而可有效地提高轴抵抗变形、断裂及磨损的能力。根据所设计的轴的形状，结合生产设备、生产批量，对于形状较为简单的轴，可采用自由锻成形工艺，对于批量生产、形状复杂的轴，则以模锻为主，其制造工艺路线一般为：下料→锻造→正火→粗加工→调质→精车→表面淬火、低温回火→磨削。

表 13-6、表 13-7 列出了常用轴类零件的选材实例。

表 13-6　不同工作条件的主轴选用材料及热处理

序号	工作条件	材料	热处理	硬度	原因	应用举例
1	1）与滚动轴承配合 2）轻载荷或中等载荷，转速低 3）精度要求不高 4）稍有冲击载荷，交变载荷可以忽略不计	45	调质处理	220~250HBW	1）调质后，保证主轴具有一定强度 2）精度要求不高	一般机床主轴
2	1）与滚动轴承配合 2）轻载荷或中等载荷，转速略高 3）装配精度要求不太高 4）冲击和交变载荷可以忽略	45	调质后整体淬硬	42~47HRC	1）有足够的强度 2）轴颈及装配处有高的硬度 3）不承受大的冲击载荷 4）简化热处理操作	龙门铣床、立式铣床、小型立式车床等的主轴
3	1）与滑动轴承配合 2）轻载荷或中等载荷，转速低 3）精度要求不高 4）冲击和交变载荷不大	45	正火，调质，轴颈部分表面淬硬	170~217HBW 220~250HBW 48~53HRC	1）正火或调质后保证主轴具有一定的强度和韧性 2）轴颈处有滑动摩擦，需要有高的硬度	C650、C660、C8480等大重型车床的主轴
4	其他工作条件同序号3，但工作中受冲击载荷	40Cr （42MnVB）	调质，轴颈部分表面淬硬	220~250HBW 48~53HRC	1）调质后主轴有较高的强度和韧性 2）轴颈处得到需要的硬度	铣床、车床等的主轴
5	1）与滑动轴承配合 2）承受中等载荷，转速较高 3）承受较高的交变载荷与冲击载荷 4）精度要求较高	40Cr 40MnVB	调质处理，轴颈部分表面淬火，装配处表面淬硬	220~250HBW （250~280HBW） 52~57HRC 48~53HRC	1）调质后主轴具有高的强度和硬度 2）为获得良好的耐磨性选择表面淬硬 3）装配处有一定的硬度	车床主轴或磨床砂轮主轴（φ80mm以下）
6	其他条件同序号8但表面硬度和显微组织要求更高	GCr15 9Mn2V	渗碳后淬硬	250~280HBW 59HRC	1）获得高的表面硬度和耐磨性 2）超精磨性能好，表面粗糙度值易降低	较高精度的磨床主轴
7	1）与滑动轴承配合 2）受重载荷，转速较高 3）精度要求极高，轴隙小于0.003mm 4）受很高的疲劳应力和冲击载荷	38CrMoAlA	正火或调质渗氮	250~280HBW >900HV	1）有很高的心部强度 2）达到很高的表面硬度，不易磨损，保持精度稳定 3）优良的耐疲劳性能 4）畸变最小	高精度磨床、镗床、坐标镗床等的主轴

(续)

序号	工作条件	材料	热处理	硬度	原因	应用举例
8	1）与滑动轴承配合 2）受中等载荷，心部要求强度不高，但转速很高 3）精度要求不高 4）不大的冲击应力和较高的疲劳应力	20Cr 20MnVB 20Mn2B	渗碳后淬硬	表面硬度 58～63HRC	1）心部强度不高，受力易扭曲畸变 2）表面硬度高，适用于高速低载荷主轴	高精度精密车床、内圆磨床等的主轴
9	1）与滑动轴承配合 2）重载荷，高速运转 3）高的冲击力 4）很高的交变载荷	20CrMnTi 12CrNi3	渗碳后淬硬	表面硬度 58～63HRC	1）有很高的表面硬度、冲击韧度和心部硬度 2）热处理畸变比20Cr小	转塔车床、齿轮磨床、精密丝杠车床、重型齿轮铣床等的主轴

表13-7 各种曲轴所用材料及热处理

用途	材料	预备热处理		最终热处理		
		工艺	硬度HBW	工艺	层深/mm	硬度HRC
轿车、轻型车、拖拉机	45	正火	170～228	感应淬火	2～4.5	55～63
	50Mn	调质	217～277	碳氮共渗：570℃，180min 油冷	>0.5	500HV
	QT600-3	正火	229～302	碳氮共渗：560℃，180min 油冷	≥0.1	650HV
载货汽车及拖拉机	QT600-3	正火	220～260	感应淬火，自回火	2.9～3.5	46～58
	45	正火	163～196	感应淬火，自回火	3～4.5	55～63
	45	调质	207～241	感应淬火，自回火	≥3	≥55

二、齿轮类零件

齿轮主要用来传递转矩，有时也用来换档或改变传动方向，有的齿轮仅起分度定位作用。齿轮的转速可以相差很大，齿轮的直径可以从几毫米到几米，工作环境也有很大的差别，因此齿轮的工作条件是复杂的。

大多数重要齿轮受力的共同特点是：①由于传递转矩，齿轮根部承受较大的交变弯曲应力；②齿的表面承受较大的接触应力，在工作过程中相互滚动和滑动，表面受到强烈的摩擦和磨损；③由于换档、起动或啮合不良，轮齿会受到冲击。

齿轮在一般情况下的失效形式是断齿、磨损及齿面剥落等。因此，齿轮材料应具有以下主要性能：①高的弯曲疲劳强度和高的接触疲劳强度；②齿面有高的硬度和耐磨性；③轮齿心部要有足够的强度和韧性。

显然，作为齿轮用材料，陶瓷是不合适的，因为其脆性大，不能承受冲击。在一些受力不大或无润滑条件下工作的齿轮，可选用塑料（如尼龙、聚碳酸酯等）来制造。一些低应力、低冲击载荷条件下工作的齿轮，可用HT250、HT300、HT350、QT600-3、QT700-2等材料来制造。较为重要的齿轮，一般都用钢制造。对于传递功率大、接触应力大、运转速度高而又受较大冲击载荷的齿轮，通常选择低碳钢或低碳合金钢，如20Cr、20CrMnTi等来制造，并经渗碳及渗碳后热处理,最终表面硬度要求为 56~62HRC。属于这类齿轮的一般有精密机床的主轴传动齿轮、进给齿轮和变速箱的高速齿轮。对于小功率齿轮,通常选择中碳钢,并经表面淬火和低温回火,最终表面硬度要求为 45~50HRC 或 59~58HRC。属于这类齿轮的,通常是机床的变速齿轮。其中硬度较低的,用于运转速度较低的齿轮;硬度较高的,用于运转速度较高的齿轮;对于高速齿轮,一般选择中碳钢或中碳合金钢,在调质后进行渗氮处理。

应当指出,在满足齿轮工作要求的前提下,齿轮材料的选择和随后表面强化的热处理工艺是可以改变的。机床齿轮表面强化热处理,除高频感应淬火、渗碳、渗氮以外,还可进行碳氮共渗、硫氮共渗以及其他复合渗入元素等工艺。由于低淬透性钢的发展,也可选用 55TiD、60Ti 等低淬透性钢并进行高频感应淬火,以代替部分低碳钢或低碳合金钢的渗碳处理。

表 13-8、表 13-9 分别列出了汽车、拖拉机齿轮常用钢种及热处理技术要求和机床齿轮常用钢种及热处理工艺。表 13-10、表 13-11 分别列出了部分材料的接触疲劳极限和齿根弯曲疲劳极限。

表 13-8 汽车、拖拉机齿轮常用钢种及热处理技术要求

序号	齿轮类型	常用钢种	热处理 工艺	热处理 技术要求
1	汽车变速器和差速器齿轮	20CrMnTi、20CrMo 等	渗碳	层深:m_n[①] <3mm 时,0.6~1.0mm;3mm<m_n<5mm 时,0.9~1.3mm;m_n>5mm 时,1.1~1.5mm 齿面硬度:58~64HRC 心部硬度:m_n<5mm 时,32~45HRC;m_n>5mm 时,29~45HRC
		40Cr	渗碳共渗	层深:>0.2mm 齿面硬度:51~61HRC
2	汽车驱动桥主动及从动圆柱齿轮	20CrMnTi、20CrMo	渗碳	渗碳深度按图样要求,硬度要求同序号 1 中的渗碳工艺
	汽车驱动桥主动及从动锥齿轮	20CrMnTi、20CrMnMo	渗碳	层深:m_s[②] <5mm 时,0.9~1.3mm;5mm<m_s<8mm 时,1.0~1.4mm;m_s>8mm 时,1.2~1.6mm 齿面硬度:58~64HRC 心部硬度:m_s<8mm 时,32~45HRC;m_s>8mm 时,29~45HRC
3	汽车驱动桥差速器行星及半轴齿轮	20CrMnTi、20CrMo、20CrMnMo	渗碳	同序号 1 中的渗碳工艺
4	汽车发动机凸轮轴齿轮	HT150 HT200		170~229HBW
5	汽车曲轴正时齿轮	35、40、45、40Cr	正火调质	149~179HBW 207~241HBW

(续)

序号	齿轮类型	常用钢种	热处理	
			工艺	技术要求
6	汽车起动电动机齿轮	15Cr、20Cr、20CrMo、15CrMnMo、20CrMnTi	渗碳	层深：0.7~1.1mm 齿面硬度：58~63HRC 心部硬度：33~43HRC
7	汽车里程表齿轮	20	碳氮共渗	层深：0.2~0.35mm
8	拖拉机传动齿轮、动力传动装置中的圆柱齿轮及轴齿轮	20Cr、20CrMo、20CrMnMo、20CrMnTi、30CrMnTi	渗碳	层深不小于模数的0.18倍，但不大于2.1mm，各种齿轮渗层深度的上、下限差不大于0.5mm，硬度要求同序号1、2
9	拖拉机曲轴正时齿轮、凸轮轴齿轮、喷油泵驱动齿轮	45	正火	156~217HBW
			调质	217~255HBW
		HT200		170~229HBW
10	汽车、拖拉机油泵齿轮	40、45	调质	28~35HRC

① m_n—法向模数。
② m_s—端面模数。

表13-9 机床齿轮常用钢种及热处理工艺

序号	齿轮工作条件	钢号	热处理工艺	硬度要求
1	在低载荷下工作，要求耐磨性高的齿轮	15（20）	渗碳	58~63HRC
2	低速低载荷下工作的不重要变速箱齿轮和交换齿轮架齿轮	45	正火	156~217HBW
3	低速低载荷下工作的齿轮（如车床溜板上的齿轮）	45	调质	200~250HBW
4	中速中载荷或大载荷下工作的齿轮	45	高频感应淬火、中温回火	40~45HRC
5	速度较大或中等载荷下工作的齿轮，齿部硬度要求较高	45	高频感应淬火、低温回火	52~58HRC
6	高速中等载荷，要求齿面硬度高的齿轮	45	高频感应淬火、低温回火	52~58HRC
7	速度不大中等载荷，断面较大的齿轮	40Cr 42SiMn	调质	200~230HBW
8	高速高载荷，齿面硬度要求高的齿轮	40Cr 42SiMn	调质后表面淬火 低温回火	45~50HRC
9	高速中载荷受冲击，模数小于5mm的齿轮	20Cr 20CrMo	渗碳	58~63HRC
10	高速重载荷受冲击，模数大于6mm的齿轮	20CrMnTi 12CrNi3	渗碳	58~63HRC
11	在不高载荷下工作的大型齿轮	50Mn2 65Mn	正火	<241HBW
12	传动精度高，要求具有一定耐磨性的大型齿轮	35CrMo	正火加高温回火	255~302HBW

表 13-10　接触疲劳极限 σ_{Hlim}

材　　料	热处理方法	齿面硬度	σ_{Hlim}/MPa
碳素钢和合金钢	正火、调质	≤350HBW	(2HBW) 70
碳素钢和合金钢	整体淬火	38～50HRC	(18HRC) 150
碳素钢和合金钢	表面淬火	40～50HRC	(17HRC) 200
合金钢	渗碳淬火	56～65HRC	23HRC
合金钢	渗氮	550～750HV	1050
铸铁	—	—	2HBW

表 13-11　齿根弯曲疲劳极限 σ_{Flim}

材　　料	热处理方法	轮齿硬度 齿面	轮齿硬度 齿心	σ_{Flim}/MPa
碳素钢、合金钢（40、45、40Cr、40CrNi 等）	正火、调质	180～350HBW		1.8HBW
合金钢（40Cr、40CrNi、40CrVA 等）	整体淬火	45～55HRC		500
合金钢（40Cr、40CrNi、35CrMo 等）	表面淬火	48～58HRC	27～35HRC	600
合金钢（40Cr、40CrVA、38CrMoAlA 等）	渗氮	550～750HV	25～40HRC	(12HRC) 300
合金钢（20Cr、20CrMnTi 等）	渗碳淬火	57～62HRC	30～45HRC	750

例题：有一载货汽车的变速器齿轮，使用中受到一定的冲击，负载较重，齿表面要求耐磨，硬度为 58～62HRC，齿心部硬度为 30～45HRC，其余力学性能要求为 $R_m>1000$ MPa，$\sigma_{Flim} \geqslant 600$ MPa，$K>48$ J。试从所给材料中选择制造该齿轮的合适钢种。

35、45、20CrMnTi、38CrMoAl、T12。

分析：从所列材料中可以看出 35、45、T12 钢种不能满足要求。剩余两种钢的性能比较可见表 13-12。

表 13-12　两种钢的性能比较

材　料	热　处　理	R_{eL}/MPa	R_m/MPa	$A(\%)$	$Z(\%)$	K/J	σ_{Hlim}/MPa	σ_{Flim}/MPa
20CrMnTi	渗碳淬火	853	1080	10	45	55	1380	750
38CrMoAl	调质	835	980	14	50	71	1050	1020

从表中看出：20CrMnTi 能全面满足齿轮的性能要求。

其工艺流程如下：

下料→锻造→正火→机加工→渗碳→淬火、低温回火→喷丸→磨齿。

三、箱体、支架类零件

各种机械的机身、底座、支架、主轴箱、进给箱、溜板箱以及内燃机的缸体等，都可视为箱体、支架类零件。显然，箱体、支架类零件是机器中很重要的一类零件。

由于箱体、支架类零件大都结构复杂，一般多用铸造的方法生产出来。一些受力较大，要求高强度、高韧性，甚至在高温下工作的零件，如汽轮机机壳，应选用铸钢。一些受力不大，而且主要承受静力、不受冲击的箱体类零件，可选用灰铸铁。如该零件在服役时与其他件发生相对运动，其间有摩擦、磨损发生，则应选用珠光体基体的灰铸铁。受力不大、要求自重轻，或要求导热性好的零件，可选用铸造铝合金。受力很小、要求自重轻等的零件，可考虑选用工程塑料。受力较大，但形状简单且批量小的零件，可选用型钢焊接而成。如选用铸钢，为了消除粗晶组织、偏析及铸造应力，则应对铸钢进行完全退火或正火处理；对铸铁件一般要进行去应力退火；对铝合金应根据成分不同，进行退火或淬火时效等处理。

四、模具类零件

模具是用于模锻、冲压、冷挤压、压力铸造、注射成型等成形方式的重要工具，是现代制造业中实现无切削或少切削生产的一种重要手段，目前已广泛应用于汽车、拖拉机、电机及仪器仪表等元器件。模具的种类繁多，其工作条件、失效形式及性能要求各不相同。

在选择模具材料以前应对模具的工作条件、失效形式及性能要求进行分析，根据模具的性能要求进行选材。选材的基本原则为：

1）被选钢材应满足模具的性能要求。
2）模具的加工成本较高，为保证模具的使用寿命，在大批量生产中应尽量选用质量好的钢种。
3）模具选材范围较广，不必局限于专用钢种。
4）考虑到经济性原则，对于批量较小的简单件可选用价格便宜的钢材。

模具的毛坯成形一般为锻造。模具的热处理也是模具生产的关键。制订合理的加工工艺路线及合理的热处理工艺可有效防止模具生产中出现废品并提高模具使用寿命。

对于表面要求高硬度或耐蚀性的模具，还可采用适当的表面处理工艺提高其使用寿命，如渗氮、渗铬、渗硼等。

根据模具的工作条件不同，常用的模具可分为冷作模具、热作模具和塑料模具三大类。这里仅介绍冷作模具材料与成形工艺的选用。

冷作模具是指在常温下对材料进行冲压成形的模具。常用的冷作模具有：冲裁模、拉深模、冷镦模、冷挤压模等。

冲裁模是一种带有刃口使被加工材料沿着模具刃口的轮廓发生分离的模具。它包括落料、冲孔、切边、剪切模具等。

由于冲裁模的基本性能要求是高硬度、高耐磨性和高强度，故选用的钢材通常具有较高的碳含量。同时冲裁模的选材应综合考虑加工件的材料种类、形状、尺寸及生产批量等因素。目前常用于制造冲裁模的钢种主要有：碳素工具钢、低合金的冷作模具钢、Cr12型钢、高碳中铬钢、高速工具钢、降碳高速工具钢等。表13-13列出了常用冲裁模用钢及工作硬度。

表13-13 常用冲裁模用钢及工作硬度

模具类型	钢 号			工作硬度 HRC
	简单（轻载）	复杂（轻载）	重 载	
硅钢片冲裁模	CrWMn、Cr6WV、Cr4W2MoV、Cr12、Cr12MoV、Cr2Mn2SiWMoV	Cr6WV、Cr12、Cr12MoV、Cr4W2MoV、Cr2Mn2SiWMoV		58~62

（续）

模具类型	钢 号			工作硬度 HRC
	简单（轻载）	复杂（轻载）	重 载	
钢板落料冲孔模	45、T7A~T12A、9Mn2V、Cr2、9SiCr	CrWMn、Cr6WV、Cr12MoV、Cr4W2MoV、Cr2Mn2SiWMoV	Cr12MoV、Cr4W2MoV、5CrW2Si	56~60
切边模	T7A~T12A	CrWMn	Cr12MoV	50~55
剪刀	T7A~T12A、9Mn2V、9SiCr	9Mn2V、9SiCr、CrWMn	Cr12MoV	54~58
冲头	T10A、9Mn2V、9SiCr	9Mn2V、CrWMn、Cr6WV、Cr12MoV	W18Cr4V、W6Mo5Cr4V2、6W6Mo5Cr4V	52~56
小冲头	T7A、T10A、9Mn2V	Cr6WV、Cr12MoV、Cr4W2MoV	W18Cr4V、W6Mo5Cr4V2、6W6Mo5Cr4V	54~58

冲裁模的选材及热处理实例：

（1）选用材料 Cr12　由于硅钢片加工批量大，要求模具使用寿命较长，故采用高合金钢 Cr12。Cr12 是常用的冷作模具钢，高碳可保证模具具有高的硬度、强度和极高的耐磨性。铬的加入可大幅度提高钢的淬透性（油淬临界直径为 200mm），并使钢经高温淬火后残留奥氏体量增加，从而降低了钢淬火后的变形倾向。

（2）加工工艺路线　锻造→球化退火→切削加工→去应力退火→淬火→低温回火→磨削模具表面→检验。

（3）热处理工艺的说明　球化退火是为了消除锻造应力，降低硬度、方便切削加工，获得索氏体+碳化物组织，为淬火做好组织准备。

去应力退火是为了消除应力，减小模具淬火时的变形。

淬火时应注意：应在盐浴炉中预热，然后进行分级淬火，用以减小模具的内应力和变形开裂倾向。

五、刀具类零件

刀具在切削过程中受到切削力的作用，刀具的细薄切削刃上承受的压力最大，使刀具工作时产生磨损和崩刃。此外，切削速度较大时，由于摩擦产生热，从而使刀具温度升高，有时，刀具的主切削刃部分温度可高达 600~1000℃，会降低刀具的硬度。故要求刀具具有高的硬度、耐磨性，足够的韧性和塑性，高速切削时还应具有高的热硬性。

用于刀具的材料有碳素工具钢、低合金工具钢、高速工具钢、硬质合金等。刀具的毛坯成形方法为锻造成形。

例题：麻花钻头

高速钻削过程中，麻花钻头的周边和刃口受到较大的摩擦力，温度升高，故要求具有较高的硬度、耐磨性及高的热硬性。另外，钻头在钻孔时还将受到一定的转矩和进给力，故应具有一定的韧性。麻花钻头常用的材料及工艺规范如下：

（1）材料　选用 W6Mo5Cr4V2（高速工具钢）。W6Mo5Cr4V2 钢不仅具有较高的硬度、耐磨性及高的热硬性，且韧性比 W18Cr4V 高，工作时不易脆断。

（2）工艺路线　锻造→退火→加工成形→淬火→三次高温回火→磨削→刃磨→检验。

（3）热处理工艺说明　淬火工艺要经过两次盐炉中预热，加热到 1200℃后进行分级淬火，获得马氏体 + 少量碳化物 + 大量残留奥氏体，硬度为 40~46HRC。然后进行 560℃三次回火，获得回火马氏体 + 碳化物 + 少量的残留奥氏体，硬度为 62~64HRC。

例题：手用铰刀

手用铰刀主要用于降低钻削后孔的表面粗糙度值，以保证孔的形状和尺寸达到所需的加工精度。在加工过程中手用铰刀刃口受到较大的摩擦。它的主要失效形式是磨损和扭断。故手用铰刀对力学性能的主要要求是：刃口具有高的硬度、耐磨性以防止磨损，心部具有足够的强度与韧性以抵抗扭断，并应具有良好的尺寸稳定性。手用铰刀常用的材料及工艺规范如下：

（1）材料为 CrWMn（微变形钢）　手用铰刀应具有较高的碳含量，以保证淬火后获得高的硬度。少量的合金元素可提高钢的淬透性，并形成碳化物，提高钢的耐磨性。选用 CrWMn（微变形钢）淬火时变形量小，可保证手用铰刀的尺寸精度。

（2）工艺路线　锻造→球化退火→切削加工→去应力退火→铣齿、铣方柄→淬火→低温回火→磨削→检验。

（3）热处理工艺说明　淬火工艺为在 600~650℃盐炉中预热，加热到 800~820℃后进行分级淬火或等温淬火。回火后刃部硬度为 62~65HRC，柄部硬度为 35~45HRC。

第四节　计算机在零件材料与成形工艺选择时的应用

选择材料与成形工艺方法是一项需要考虑多方面因素的复杂工作，是由一系列的分析、比较、综合、判断所构成的决策过程。制造技术的发展对零件选择材料与成形工艺方法提出了越来越高的要求，使得选择材料与成形工艺方法由以往定性的以经验为主的评价方法，逐步向定性与定量相结合的系统的评价方法发展。计算机在选择材料与成形工艺方法中的应用是计算机技术和选材方法的发展与结合的必然产物，并且将推动选择材料与成形工艺方法趋向更加科学化、合理化、精确化和高效化。

一、计算机数据库技术在选择材料与成形工艺中的应用

通过将各种材料与成形工艺的各类数据如性能、化学成分、生产厂家、市场价格以及过去对它们的使用经验等收集存入计算机数据库中，并进而可以建立一些类似材料的热处理数据库，将它们的相变温度、等温转变图、淬透性、热处理工艺曲线、工艺参数与性能之间的关系等有关数据及数据关系都包括在库中。利用这类数据库，可以帮助设计人员方便快捷地检索和调用库内信息，进行分析比较和经验借鉴，以便做到正确选择材料与成形工艺方法，从而为选择材料与成形工艺方法提供了一个辅助决策环境。

二、计算机在选材的定量方法中的应用

选材的定量方法是用系统工程的观点，从影响选材的各种因素的相互联系中考查它们的

作用，并进一步加以量化，再根据一定的评价标准进行优化选择。采用选材的定量方法，可以从材料的关键性能着手，然后继续评价次要性质，最后综合判断；也可以同时对材料的各种性能按相对重要程度进行综合评价。选材的定量方法有加权性质法和最低成本法等，下面简单介绍一下加权性质法。

　　加权性质法可用于评价具有多种性能要求的材料，并从中选择最佳者。应用这种方法时，首先要确定材料各种性能的相对重要性系数（即加权因子）α_i。因为一个零件对所用材料提出的各种性能要求中，其相对重要性是不同的。各种性能的相对重要性，可以凭经验加以直观判断，但主观随意性较大，不够准确。通常是采用数字逻辑法进行评判，较为客观有效。使用数字逻辑法时，第一步必须将各项性能按自上而下和自左至右的顺序排列成一个矩阵表，然后用纵列的各性能与横行各性能进行逐一比较，按它们对实现零件功能的重要性进行评分，最后求得各性能的得分并依此除以所有性能得分的总和，即得各性能的相对重要性系数 α_i。第二步是对给定材料确定某种性能的定标值 β_i。因为材料的不同性能具有不同的单位量纲，因此各性能之间不具有直接可比性。为了解决这个问题，可将材料各性能的具体数值转化成无量纲的定标值（相对值）。β_i =（给定材料的性能数值/候选材料组中最佳性能的数值）×100。此式的含义是把一组候选材料中该性能最佳者的性能定为 100，其余者的该项性能则按比例定标。最后，求出每种候选材料各项性能指标的总和 $\gamma = \Sigma \alpha_i \beta_i$（$i$ = 1，2，3，…，n）。在候选材料中，以 γ 最高者为最佳材料。

　　可见，在采用定量方法选材时，必定会遇到大量的数据处理和计算工作，使用计算机来完成这些任务，可以避免人工处理易造成的差错，做到快速而准确。应用加权性质法时，可将其各个步骤阶段的运算编为计算机程序，并与相应的数据库相连，则整个选材过程便可以进行计算机操作。

　　在完善定量选材方法和建立选择材料与成形工艺方法选择数据库的基础上，可以开发出选择材料与成形工艺方法的计算机专家系统，必要时再借助计算机模拟技术，将能够形成选择材料与成形工艺方法的 CAD 系统。在这样的系统下，人们可以从零件的工作条件和使用要求出发，根据材料的性能指标、加工工艺要求及经济性分析，在最优化的考虑下选择材料与成形工艺方法，并同时生成相应的热处理工艺。

习题与思考题

　　13-1　工程技术人员一般在哪些场合会遇到选材的问题？合理选材有何重要意义？

　　13-2　选材的一般原则是什么？在处理实际的选材问题时应如何正确地运用这些原则？

　　13-3　"经济性原则就是指在满足使用性和工艺性要求的条件下，选用价格最便宜的材料"。这种说法对吗？应该如何全面准确地理解选材的经济性原则？

　　13-4　请用流程图（程序框图）的形式来表述选材的一般步骤以及其中各步骤之间的相互关系。

　　13-5　以你在金工实习中见过或用过的几种零件或工具为例，来说明它们的选材方法。

　　13-6　在零件选材时应注意哪些问题？应如何考虑材料的尺寸效应对选材的影响？

　　13-7　某一模具，可用甲、乙两种材料制造。用这两种材料制造该模具的成本和使用寿命分别列于下表中，试分析采用哪种材料较为合理。

材　料	材料价格/(元/kg)	材料单耗/kg	加工费用/元	使用寿命/件
甲	15	24.5	3600	140000
乙	9	26.8	3900	80000

注：使用寿命为该模具所能加工出的合格制件件数。

13-8　有一根轴用 45 钢制作，使用过程中发现摩擦部分严重磨损，经金相分析，表面组织为 $M_{回}+T$，硬度为 44～45HRC；心部组织为 F+S，硬度为 20～22HRC，其制造工艺为：

　　锻造──→正火──→机械加工──→高频感应淬火（油冷）──→低温回火

　　分析其磨损原因，提出改进办法。

13-9　一根轴尺寸为 $\phi30mm×250mm$，要求摩擦部分表面硬度为 50～55HRC，现用 30 钢制作，经高频感应淬火（水冷）和低温回火处理，使用过程中发现摩擦部分严重磨损，试分析其原因，并提出解决办法。

13-10　有一个从动齿轮用 20CrMnTi 钢制造，使用一段时间后发生严重磨损，齿已被磨秃，经分析得知：齿轮表面 w_C 为 1%，组织为 S+碳化物，硬度为 30HRC；心部 w_C 为 0.2%，组织为 F+S，硬度为 86HRB。试分析该齿轮失效原因，提出改进的方法，制订正确的加工工艺路线。

13-11　解放牌汽车活塞销冷挤凸模，采用 W6Mo5Cr4V2 钢制造，经常规处理后，常因破裂、粘模、磨损、疲劳而失效。请改进工艺及采用表面处理方法予以解决。

13-12　从下列材料中，选择表中加工模具的适用材料，并指出应采用的热处理方法。

30Cr13、3Cr2W8V、Cr12、W18Cr4V、45、GCr15、T12、CrWMn、T7A、40CrNiMo

工　件	适用材料	应采用的热处理	工　件	适用材料	应采用的热处理
手术刀			大型塑料模		
锉刀			磨损大的冷锻模		
高速切削刀具			铝合金压铸模		
形状简单、受力较大的冲裁模			小冲头		

13-13　结构复杂且受力较大的冲裁模，其硬度要求为 62～64HRC，试选用合适的钢材，确定其加工工艺流程并加以说明。

附 录

常用力学性能指标新、旧标准对照表

力学性能	性能指标 符号 新标准	性能指标 符号 旧标准	名称	单位	说 明
强度	R_m	σ_b	抗拉强度	MPa	断裂前所承受的最大载荷(F_m)对应的应力
	R_{eH}	σ_{sU}	上屈服强度	MPa	屈服强度是指当金属材料呈现屈服现象时,在试验期间达到塑性变形发生而力不增加的应力点。试样发生屈服而力首次下降前的最大应力称为上屈服强度。在屈服期间,不计初始瞬时效应时的最小应力称为下屈服强度
	R_{eL}	σ_{sL}	下屈服强度	MPa	
	R_p	σ_p	规定塑性延伸强度	MPa	塑性延伸率等于规定的引伸计标距百分率时对应的应力。使用的符号应附下标说明所规定的塑性延伸率,例如,$R_{p0.2}$表示规定塑性延伸率为0.2%时的应力
	R_r	σ_r	规定残余延伸强度	MPa	试样在加载过程中,标距部分的塑性伸长达到规定的原始标距百分比时的应力称为规定塑性延伸强度,用R_r表示,例如$R_{r0.2}$表示规定残余延伸率为0.2%时的应力
塑性	A	δ_5	断后伸长率	%	断后标距的残余伸长($L_u - L_o$)与原始标距(L_o)之比的百分率
	Z	ψ	断面收缩率	%	断裂后试样横截面积的最大缩减量($S_u - S_o$)与原始横截面积(S_o)之比的百分率
硬度	HBW	HBS HBW	布氏硬度	—	对一定直径的硬质合金球施加试验力压入试样表面形成压痕,布氏硬度与试验力除以压痕面积的商成正比
	HRC HRB HRA	HRC HRB HRA	洛氏硬度	—	根据压痕深浅来测量硬度值,硬度数可直接从洛氏硬度计表盘上读出。HRC、HRB、HRA分别表示用不同的压头和载荷测得的硬度值,也适用于不同场合
	HV	HV	维氏硬度	—	用正四棱锥形压痕单位面积上所受到的平均压力数值表示。可测硬而薄的表面层硬度

（续）

力学性能	性能指标				说　明
	符　号		名称	单位	
	新标准	旧标准			
冲击韧性	KV_2 KU_2 KV_8 KU_8	A_K	冲击吸收能量	J	用规定高度的摆锤对处于简支梁状态的缺口（分为 V 型、U 型两种）试样进行一次打击，试样折断时的冲击吸收能量。其中 KV_2 是 V 型缺口、KU_2 是 U 型缺口试样在 2mm 摆锤刀刃下的冲击吸收能量；KV_8 是 V 型缺口、KU_8 是 U 型缺口试样在 8mm 摆锤刀刃下的冲击吸收能量
抗疲劳性能	σ_{-1}	υ_{-1}	疲劳极限	MPa	材料的抗疲劳性能是通过试验确定的，通常在材料的标准试样上施加循环特性为 $r=\sigma_{\min}/\sigma_{\max}=-1$ 的对称循环交变应力或者 $r=0$ 的脉动循环（也称为零循环）等幅交变应力，并以循环的最大应力 $\sigma_{\max}$ 表征材料的疲劳极限

参考文献

[1] 张继世. 机械工程材料基础 [M]. 北京：高等教育出版社，2000.
[2] 单辉祖. 材料力学 [M]. 北京：高等教育出版社，2010.
[3] 赵忠. 金属材料与热处理 [M]. 3版. 北京：机械工业出版社，2002.
[4] 许德珠. 机械工程材料 [M]. 2版. 北京：高等教育出版社，2000.
[5] 丁德全. 金属工艺学 [M]. 北京：机械工业出版社，1998.
[6] 李景波. 金属工艺学（热加工）[M]. 北京：机械工业出版社，1996.
[7] 齐乐华. 工程材料及成形工艺基础 [M]. 西安：西北工业大学出版社，2002.
[8] 吕广庶，张远明. 工程材料及成形技术基础 [M]. 2版. 北京：高等教育出版社，2011.
[9] 赵程，杨建民. 机械工程材料 [M]. 3版. 北京：机械工业出版社，2015.
[10] 杨慧智. 工程材料及成形工艺基础 [M]. 3版. 北京：机械工业出版社，2006.
[11] 王纪安. 工程材料与材料成形工艺 [M]. 2版. 北京：高等教育出版社，2000.
[12] 卢志文. 工程材料及成形工艺 [M]. 北京：机械工业出版社，2005.
[13] 邓文英. 金属工艺学 [M]. 6版. 北京：高等教育出版社，2017.
[14] 司乃钧，许德珠. 热加工工艺基础 [M]. 3版. 北京：高等教育出版社，2008.